空间碎片环境与空间交通安全

张育林　张斌斌　胡　敏　左清华　著

科学出版社

北　京

内 容 简 介

随着巨型卫星互联网星座的出现，空间碎片环境面临的形势更加严峻。本书系统阐述空间碎片环境建模与空间交通安全管理理论和方法，内容主要包括空间系统复杂性概述、空间碎片环境的长期演化计算模型、空间碎片环境的长期演化结果与主要影响因素分析、解体空间碎片云长期演化的分布特点及其碰撞风险分析、大型在轨运行航天器系统受空间碎片碰撞风险评估、超级卫星星座系统对空间碎片环境的影响分析、中轨道导航卫星废弃轨道长期演化安全性分析、空间交通管理的概念与政策，并给出一些基本的空间交通管理的安全规则。

本书可作为航空宇航科学与技术专业高年级本科生和研究生的参考书，也可供相关领域科研人员和管理人员阅读。

图书在版编目（CIP）数据

空间碎片环境与空间交通安全／张育林等著. —北京：科学出版社，2022.10

ISBN 978-7-03-071821-1

Ⅰ. ①空… Ⅱ. ①张… Ⅲ. ①太空垃圾-研究②航天安全-研究 Ⅳ. ①X738②V528

中国版本图书馆 CIP 数据核字（2022）第 042247 号

责任编辑：张艳芬 李 娜／责任校对：崔向琳
责任印制：吴兆东／封面设计：蓝 正

科学出版社 出版
北京东黄城根北街 16 号
邮政编码：100717
http://www.sciencep.com
北京建宏印刷有限公司 印刷
科学出版社发行 各地新华书店经销
*
2022 年 10 月第 一 版 开本：720 × 1000 B5
2022 年 10 月第一次印刷 印张：18 彩插：4
字数：352 000

定价：168.00 元

（如有印装质量问题，我社负责调换）

前　言

1957 年 10 月 4 日，苏联发射了世界上第一颗人造卫星 Sputnik1。此后，全世界四十多个国家在长达六十多年的时间里总共发射了约 12000 颗卫星。当前，大约 8000 颗卫星还在轨道上，其中约有 5000 颗卫星目前仍在轨道上正常运行。这些在轨卫星主体上承担了通信导航和对地观察等信息服务功能，有力地促进了人类在地球表面的信息化建设。

人类太空活动也给近地空间环境带来了不可忽略的影响，产生了空间碎片环境问题。空间碎片(也称为太空垃圾、空间废弃物、空间残骸等)是指在稠密大气层之外的外层空间，特别是地球轨道上不再具有功能的废弃人造物体。空间碎片一直呈现不断增加的趋势，对航天器和空间飞行安全构成的威胁日益严重。从理论上讲，足够大的航天器碰撞可能会导致级联效应，它会以指数方式增加低地球轨道上空间碎片的数量和密度，使得在特定轨道范围内使用卫星，在很长一段时间内从经济角度都不再可行。近年来，随着巨型卫星互联网星座的出现，例如，星链计划由 42000 多颗卫星组成，彻底改变了人类进入太空的模式，使太空信息系统的发展出现了真正的颠覆，也使空间碎片环境面临的形势更加严峻。

本书是作者关于空间碎片环境建模与空间交通安全管理所做的长期研究工作的系统总结，书中对空间碎片环境长期演化研究中面临的主要问题给出解决途径，并根据大型航天器和卫星星座的工程实际，提出了空间交通安全管理理论与方法。全书共 13 章，第 1 章分析空间系统的复杂性。第 2 章综述空间碎片环境建模的最新进展。第 3、4 章系统介绍空间碎片环境建模研究方法，分为空间碎片环境的长期演化计算模型和空间碎片环境的分层离散化演化模型。第 5～8 章研究不同条件下空间碎片环境的长期演化分布特点，分析空间碎片环境的稳定性和主要影响因素，研究空间碎片环境带来的安全问题。第 9～11 章分别介绍中轨道卫星轨道长期预报模型、中轨道导航卫星废弃轨道长期演化安全性分析、中轨道导航卫星废弃轨道优化设计。第 12、13 章分别给出空间交通管理的概念与政策、安全规则与管理策略。

限于作者水平，本书难免存在不妥之处，敬请读者批评指正。

作　者

2022 年 6 月于浙江大学玉泉校区

目录

第1章　空间系统复杂性概述

随着空间技术的不断发展和人类航天活动的不断增多，外层空间飞行器的种类、数目快速增长，空间环境日益复杂，空间系统的安全运行管理问题已逐渐超越工程问题的范畴，对运行管理技术提出了新挑战。

空间系统是由空间环境和航天器一起构成的复杂大系统。多年来，对空间对象的研究主要停留在科学技术和工程层面，即使对于载人航天，人也仅作为工程系统的一个组成部分被研究，很少从管理角度考察人对航天活动和空间环境的影响。事实上，航天活动作为人类活动的外延，不可避免地受人作用的影响。随着系统构成的不断复杂、系统规模的不断增大、系统应用的不断增加，尤其是外层空间政治、经济、军事对抗因素的不断出现，空间系统的管理问题日益突出。

距离人类航天时代的开启已过了半个世纪，最早的航天器以科学技术实验为主要目的，应用也很简单。在很长一段时期内，航天技术作为美苏争霸的重要阵地，为炫耀技术水平不计代价，对经济效益往往不予考虑。随着冷战结束和航天技术的发展成熟，航天器逐渐走向实用，通信、遥感、导航等应用卫星获得了大发展，成为人们生活中不可缺少的重要内容。卫星的数目也以惊人的速度增长，截至2021年，所有编目的空间目标数量超过40000个，仍在轨运行的空间目标超过20000个，剩下的大部分坠入大气层销毁或坠落到地面。在轨运行的编目目标中，近80%是空间碎片，不可控空间目标的数目更是大得惊人，浩瀚的太空已不再宁静，太空垃圾将导致空间车祸的发生，空间交通已出现繁忙的端倪[1]。人们有理由相信，若干年后，空间交通不可能如现在一样，继续允许无序、自由地发展，而是要依据一定的统一规划，遵守一定的运行规则，甚至像城市交通系统一样，必须遵守交通管理部门的指挥和控制，空间系统管理将成为空间系统发展的必然要求。

目前，在航天器主要由国家和国际组织所有的情况下，开展空间系统管理的研究，提出空间交通的整体规划、运行规则、管理政策，相对于理论滞后于实践的城市交通管理，更为有利、及时，更可以获得理想的效果。事实上，在某些领域，人们已经注意到形成国际公认的航天器运行规则的重要性。例如，为避免地球静止轨道(geostationary earth orbit，GEO)卫星过于拥挤造成的问题，国际电信联盟规定，所有国家和组织发射地球静止轨道卫星前，必须向国际电信联盟提出轨道位置和卫星通信频率的申请，这对地球静止轨道的安全、有效利用发挥了重要作用。

空间环境、航天器系统的日益复杂，以及空间竞争因素的日益显现是空间系统建设和发展必须面对的问题。为了空间系统的安全有效运行，急需一个能够模拟空间系统的计算实验环境，为空间系统的安全性分析以及管理规则的制定提供支撑。

1.1 空间环境复杂性分析

空间环境的复杂性导致了空间系统的不确定性。

外层空间由于不受大气和磁场的保护，有着非常严酷的高能射线、高能粒子辐射环境。在大多数航天器运行的近地空间，存在来源于地球辐射带、银河宇宙线和太阳宇宙线的大量高能带电粒子，包括高能电子、质子和重核粒子，它们与航天器上的电子元器件和功能材料相互作用，引发特殊的空间辐射效应，如总剂量效应、单粒子效应等，从而对航天器产生严重的不良影响，甚至威胁航天器的安全。近年来，各种大规模、超大规模微电子器件和新型功能材料在航天器上广泛应用，虽然提高了航天器的性能，但是也增大了空间辐射效应引起故障的风险，各国航天器不断发生由空间辐射引起的在轨故障。空间辐射引起航天器的故障是典型的不确定性事件，是空间系统运行管理中不容忽视的一个因素。一方面，空间天气的变化，会影响在轨目标和空间粒子的相互作用，例如，当太阳活动增强时，会加快航天器表面材料的剥蚀，特别是表面油漆涂层的脱落，就形成了新的空间碎片；另一方面，空间天气的变化，会改变目标在轨受到的作用力。全球温室效应会降低高层空间中的大气温度和大气密度，从而使空间碎片在轨驻留时间增加，不利于空间碎片的自然清除。

对空间系统和空间活动有着致命性不确定影响的因素是空间碎片。空间碎片是人类空间活动的产物，包括完成任务的火箭箭体和卫星本体、火箭的喷射物、在执行航天任务过程中的抛射物、空间物体之间碰撞产生的碎片等，是空间环境的主要污染源。空间碎片对空间系统造成了很多威胁，小到改变航天器表面特性、降低载荷性能，大到造成航天器损坏甚至解体，也是载人航天面临的最致命威胁之一。在轨目标数量持续增加，尤其是近 10 年，在轨目标主要是空间碎片的数量呈现阶跃式增长。

空间碎片在空间中的分布与人类航天活动密切相关。低地球轨道(low earth orbit，LEO)空间是当前空间中最为拥挤的区域，在同步轨道高度以下已经被人类开发利用的空间中，低地球轨道空间仅占 0.3%，却包含了近 80%的编目目标(对应于 40%的空间目标质量)。在一些特殊的低地球轨道上运行的航天器，如太阳同步轨道(sun synchronous orbit，SSO)，已经面临严峻的空间碎片碰撞威胁问题。在太阳同步轨道上，尺寸在 $10m^2$ 左右的航天器，其遭受 1cm 尺寸空间碎片碰撞的年平均概率超过 0.8%。太阳同步轨道是近地空间范围内面临碰撞风险最大的轨道。研究表明，在 400km 高度，航天器每年遭遇分米级至米级尺度空间碎片碰撞的概率为千万分之一量级；每年遭遇厘米级尺度空间碎片碰撞的概率为百万分之一量级；每年遭遇毫米级尺度空间碎片碰撞的概率为百万分之四左右；每年遭遇 0.1mm 级尺度空间碎片约 2 次；每年遭遇 0.01mm 级尺度空间碎片 550～600 次。北京时间 2009 年 2 月 11 日 0 时 56 分，美国的“铱-33”移动通信卫星与俄罗斯已废弃的“宇宙-2251”军用通信卫星在西伯利亚北部上空约 790km 处相撞，巨大的动能使得两颗卫星瞬时化作两团碎片云。“铱-33”移动通信卫星重约 560kg，“宇宙-2251”军用通信卫星则重达 900kg，两颗卫星均运行于大倾角的近圆轨道，相撞时两者轨道夹角为 103.3°，相对速度高达 11.7km/s[2]。如此巨大的冲量产生了大量空间碎片，导致低地球轨道上的空间碎片数量再次剧增，这使得酿成“空间交通事故”的概率进一步增大。

由空间碎片导致的空间系统安全问题具有典型的不确定性和非线性特征，呈现出典型复杂系统的特点，既无法准确预知，也无法采用传统的监测、控制手段加以避免。

1.2　航天器系统复杂性分析

主要在地球大气层外空间飞行(运行)的飞行器，称为航天器。航天器可分为无人航天器和载人航天器两大类。无人航天器按是否绕地球运行又可分为人造地球卫星和空间探测器两类；载人航天器则包括载人飞船、空间站、航天飞机等类型。航天器是由人设计、制造、发射的，其使命由人决定，运行状态受人控制，也必然带有人的主观性、不确定性，航天器的种类、数目越是增多，由个体不确定性引起的整体不确定性效果就越突出。

最早的人造地球卫星都是执行单一任务或一类任务的单个航天器，航天器在轨运行期间，由地面多个测控站对其进行跟踪、定轨和控制。随着航天技术和航天应用的发展，航天器的规模不断增大，出现了卫星星座和卫星网的概念，如用于低轨通信的卫星星座、全球导航的卫星星座等。卫星星座通常由几十颗卫星组成，这些卫星运行在相同或相近的轨道上，其运行控制除了取决于自身任务和状态，还受整个星座系统任务的约束，需要考虑与星座其他成员的相互关系。例如，美国的全球定位系统(global positioning system，GPS)由 24 颗卫星构成，这些卫星均匀地分布在 6 个轨道面上，运行于高度为 20200km 的圆轨道上。根据卫星导航原理，为确保导航功能的实现，卫星构型的分布必须时刻确保地球表面的任意一点能同时见到至少 4 颗 GPS 导航卫星。俄罗斯的全球导航卫星系统(global navigation satellite system，GLONASS)、欧洲的伽利略卫星导航系统(Galileo satellite navigation system，GSNS)、我国的北斗二号卫星导航系统都是由多颗卫星组成的卫星星座，这些卫星星座的设计、规划、建设和运行控制中的关键问题都集中在目标制定、约束分析、应用模式、产业政策等方面，远远超越了传统工程技术的范畴。可见，空间系统本身规模和能力的发展，从物质层面催生了空间系统的管理问题。

近年来，以美国为代表的航天大国纷纷提出了智能化的航天器集群概念和研究计划，其本质意图是将在轨运行的航天器发展为具有自主感知、自主组网、自主控制的智能控制单元，从而实现航天器功能和能力的任意组合、重构，发挥航天器集群的整体能力，产生“1+1>2”的效果。

美国国防部高级研究计划局(Defence Advanced Research Projects Agency，DARPA)提出并开始执行的“快速、灵活、自由飞行和模块化航天器(Future, Fast, Flexible, Fractionated, Free-Flying)”计划，即 F6 计划，是第一个明确的航天器集群研究项目。F6 计划从 2007 年开始实施，已进行多次模块重组演示实验，并取得了相关技术的突破。参与 F6 计划的各个组成单位主要有美国的波音公司、通用动力公司、轨道科学公司、喷气推进实验室和海军研究实验室等，虽然 DARPA 于 2013 年 5 月宣布取消 F6 计划，但是 F6 计划的一些理念还是对航天器系统的发展产生了深刻影响。

F6 计划的基础方案是将一组模块航天器作为一个单位，以无线自组织网络组织在一起，通过集群内资源的合理配置实现一种或多种任务能力。与常规星座或编队不同，F6 计划的模块是各不相同的，飞行构型是松散的，资源和信息配置是动态的。

F6 计划将建立一种面向未来的航天器体系结构，将传统的整体式航天器分解为可组合的分离模块，各分离模块可以快速批量制造和独立发射，当其在轨运行时通过无线数据连接和无线能量传输，构成一个功能完整的虚拟航天器系统。该系统在全寿命周期都具备系统重构和功能再定义的能力，以此有效降低航天器全寿命周期中各种不确定因素对天基系统在设计、制造和运行阶段造成的严重影响，使航天器能够实现在轨故障修复、功能更换和扩展，提高航天器执行任务的范围和能力，增强航天器的灵活性和可靠性，降低全寿命周期费用和风险。模块的批量生产、分离发射入轨和在轨自主组网技术能够大大降低航天器从研制到投入使用的时间，甚至可以直接通过发射载荷模块对已有航天器进行任务更换和扩展以满足任务要求，从而大大提高空间任务的响应能力。

航天器的智能化、体系化，不但产生了空间系统交通管理的必要性，也为其可能性、可操作性提供了条件。

1.2.1 传统低轨卫星通信系统

传统低轨卫星通信系统起源于 20 世纪 80 年代，由摩托罗拉公司最先提出，主要为了创建覆盖全球的天基通信网络服务。从 20 世纪 80 年代末到 90 年代末，以铱星(Iridium)、轨道通信(Orbcomm)、全球星(Globalstar)为代表的公司相继完成第一代星座系统的组网运营。2000～2014 年，新铱星公司、轨道通信公司、全球星公司进行了第二代星座系统组网，极大地增强了地面通信手段[3]。

1. Iridium 卫星通信系统

Iridium 卫星通信系统是全球唯一采用星间链路组网、全球无缝覆盖的低轨星座系统，Iridium 一代系统在 1998 年建成并开始商业运营，1999 年宣告破产，后被新铱星公司收购。Iridium 卫星通信系统轨道高度为 780km，由分布于 6 个轨道面的 66 颗卫星组成，用户链路采用 L 频段。Iridium 二代系统通过对 Iridium 一代系统卫星的逐步升级，如 L 频段配置 48 波束的收发相控阵天线、用户链路增加 Ka 频段、配置软件定义可再生处理载荷等方式实现了更高业务速率、更大传输容量以及更多功能。2017 年～2019 年，Iridium 二代系统已完成全部组网发射，部署后传输速率可达 1.5Mbit/s，运输式、便携式终端速率分别可达 30Mbit/s、10Mbit/s。Iridium 二代系统还具备对地成像、航空监视、导航增强、气象监视等功能。

2. Orbcomm 卫星通信系统

Orbcomm 卫星通信系统于 1996 年正式启动，面向全球的数据通信商业服务。该系统由约 40 颗卫星及 16 个地面站组成，轨道高度为 740～975km，共 7 个轨道面。系统内部无星间链路，用户链路采用 VHF(very high frequency)频段。相比于 Orbcomm 一代系统，Orbcomm 二代系统卫星质量增加 3 倍，接入能力提升了 6 倍。其可以提供全球最大的天基船舶自动识别系统(automatic identification system，AIS)网络服务。

3. Globalstar 卫星通信系统

Globalstar 卫星通信系统于 1999 年开始投入商业运营，系统采用玫瑰星座设计(高度为 1400km)，由 48 颗卫星组成，用户链路为 L、S 频段，通过无星间链路、弯管透明转发的设计，降低了建设成本，Globalstar 二代系统进一步提高了系统传输速率，增加了互联网接入服务(广播式自动相关监视(automatic dependent surveillance-broadcast，ADS-B))、船舶自动识别系统(auto matic identification system，AIS)等新业务。

1.2.2　新兴低轨大规模卫星星座

1. Starlink 星座

SpaceX 公司的 Starlink 星座采用 Ku 频段进行用户通信，Ka 频段用于馈线链路。起初，Starlink 星座计划分三个阶段部署星座，第一阶段和第二阶段的轨道高度为 1110～1325km，第三阶段部署的星座轨道高度更低，卫星数目更多，共计 7518 颗卫星部署在高度为 340km 轨道附近，将使用 V 频段[2]。由于各方面因素的影响，Starlink 星座计划已经历三次修改：第一次修改旨在降低轨道高度，将原 1150km 的 1600 颗卫星，调整为 550km 的 1584 颗卫星，星座规模由 4425 颗卫星调整为 4408 颗卫星；第二次修改旨在实现更快部署，方法则是将轨道面由 24 个调整为 72 个，相应的每面卫星数由 66 颗降为 22 颗，保持总数不变；第三次修改旨在进一步降低卫星轨道高度，将原轨道高度 1110～1325km 的卫星降低至 540～570km。这一期的卫星代号为 Starlink Gen2，30000 颗卫星的轨道高度分布在 328～614km，共有 75 个轨道面[4-7]。图 1.1 给出了 Starlink 星座示意图。

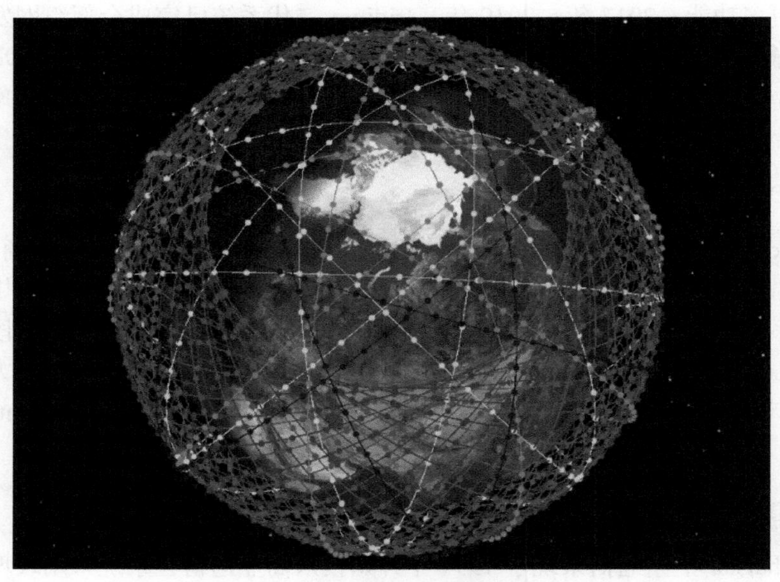

图 1.1　Starlink 星座示意图

2. OneWeb 星座

OneWeb 星座由 OneWeb 公司提出，计划部署近 6372 颗低轨卫星(图 1.2)。星座建设分三个阶段开展：第一阶段发射 720 颗 Ku/Ka 频段卫星，分布在高度为 1200km、倾角为 87.9°的 18 个轨道面，每个轨道面部署约 40 颗卫星，相邻轨道面间隔 9°，星座容量达 7Tbit/s，可为用户提供峰值速率为 500Mbit/s 的宽带服务，地-星-地延迟约为 50ms；第二阶段增加 720 颗 V 频段卫星，轨道高度与第一阶段卫星相同，星座容量达到 120Tbit/s；第三阶段增加 1280 颗 V 频段卫星，运行在更高的中地球轨道，星座容量达到 1000Tbit/s[4,8]。

图 1.2　OneWeb 星座示意图

3. Telesat 星座

Telesat 星座的 Ka 频段星座由不少于 117 颗卫星组成，卫星分布在两组轨道面上：第一组轨道面为极轨道，由 6 个轨道面组成，轨道倾角为 99.5°，高度为 1000km，每个轨道面至少有 12 颗卫星；第二组轨道面为倾斜轨道，由不少于 5 个轨道面组成，轨道倾角为 37.4°，高度为 1200km，每个轨道面至少有 10 颗卫星。从功能上看，第一组极轨道提供了全球覆盖；第二组倾斜轨道更关注全球大部分人口集中区域覆盖[4]。

4. Kuiper 星座

亚马逊的 Kuiper 系统由分布在 590km、610km 和 630km 轨道高度的 3236 个 Ka 频段卫星组成，不同轨道高度对应的轨道倾角范围为 33°～51.9°，共分布于 98 个轨道面上，以提供高速、低延迟的卫星宽带服务[9]。

表 1.1 给出了 Starlink 星座、OneWeb 星座、Telesat 星座和 Kuiper 星座的基本情况[4-9]。

表 1.1　新兴低轨大规模卫星星座基本情况

星座	申请提交时间	申请批准时间	卫星数量/颗	轨道高度/km
Starlink	2016 年 11 月	2018 年 3 月	4408	540～570
	2017 年 3 月	2018 年 11 月	7518	335～346
	2020 年 5 月	—	30000	328～614
OneWeb	2016 年 4 月	2017 年 6 月	648	1200
	2017 年 3 月	2020 年 9 月	1280	8500
	2020 年 5 月	—	6372	1200
Telesat	2016 年 11 月	2018 年 11 月	298	1245
	2020 年 5 月	—	1671	1325
Kuiper	2019 年 7 月	2020 年 7 月	3236	590～630

由表 1.1 可以看出，低轨大规模星座计划不断被提出，国外提出申请建设的主要星座卫星数量为 55431 颗，这将使未来的航天器系统更加复杂，为轨道安全和太空信息安全带来新的挑战。

1.3　空间竞争因素复杂性分析

当前，伴随空间及相关领域技术的飞速发展，大国战略与安全博弈也由传统公域向外层空间延伸和拓展，空间领域中大国之间竞争激烈，空间的自然属性和人文属性交织在一起，使空间竞争环境日益复杂化。随着航天技术的发展，空间轨道和频谱资源争夺异常激烈；各国航天器发射活动稳步推进，卫星数量不断增多，空间碰撞事件发生的概率增大，有效外空规则的制定却因长期博弈难以达成；各国重视在空间的战略利益，空间武器的发展难以遏制，外空武器化不断深化。外层空间是人类活动空间的延伸，人类的资源争夺、生存竞争不可避免地拓展到了外层空间。在 1958 年第一颗人造卫星发射不久，联合国大会就决定成立和平利用外层空间委员会，并于 1959 年将和平利用外层空间委员会作为常设机构，负责制定和平利用外层空间的原则和规章，促进各国在和平利用外层空间方面的合作，研究与探索和平利用外层空间相关的科技问题和可能产生的法律问题。由于外层空间和航天技术高度的战略地位及战略价值，各国在空间系统运行管理方面的合作非常有限，技术的透明度很低，更不用说潜在的空间对抗和军事化倾向[8]。这使得外层空间交通秩序的协调和管理不可能像地面交通一样，遵从统一的规则和指挥调度，作为空间活动参与者的各国，都必须面对对方系统的不确定性，这在客观上增加了空间系统的复杂性。

1.3.1　空间轨道和频谱资源争夺更加激烈

空间轨道和频谱资源是非常有限的资源。随着越来越多的航天器在太空部署，有限的空间轨道和频谱资源在急剧减少，很多优质的空间轨道位置和频率资源已经接近枯竭。对地球静止轨道来说，按目前的技术条件，为了确保地球静止轨道上的卫星安全，避免出现碰撞和干扰，两颗卫星使用相同频段覆盖相同或相近的服务区，其间隔 2°左右。因此，地球静止轨道上的同频段卫星通常不会超过 180 颗，而目前在航天国家对空间轨道和频谱资源的争夺中，地球静止轨道的卫星数量已经远远超过了这个数字，地球静止轨道已是“一位难求”。与地球静止轨道相比，在中、低地球轨道上必须部署大量卫星才能实现全球覆盖，但中、低地球轨道可容纳的星座数量同样十分有限。美国、俄罗斯等航天强国根据国际电信联盟的“先登先占”规则，已占据了绝大部分“黄金空间轨道和频谱资源”，随着巨型卫星星座的出现和发展，未来空间轨道和频谱资源的争夺将更加激烈，空间活动的安全和有序性将备受挑战。Starlink 星座就是美国太空探索技术公司的巨型卫星星座项目。美国太空探索技术公司计划在 2019～2024 年在太空搭建由约 12000 颗卫星组成的 Starlink 星座网络来提供互联网服务，截至 2020 年 6 月 13 日，该公司顺利完成了 Starlink 星座计划第 9 次发射任务，用一枚“猎鹰 9”火箭将 61 颗卫星送入了太空。

1.3.2　空间军事化和武器化进程不断深化

当前，空间军事化和武器化进程不断深化，美国积极推进太空空间军事力量改革，整合各军种优势发展空间力量，并常态化地开展空间作战演习。2019 年 8 月，美国成立新的太空司令部，并升级为一级作战司令部，负责统一指挥与控制美军各军种的空间作战力量，实施对各作战域的空间信息支援和空间攻防作战。2019 年 12 月，美国总统签署法案，批准在空军部组建天军。天军作为美国第六大军种，遂行夺取制天权，确保美国自由进出空间以及在空间域自由行动的职责。随后，多个国家纷纷效仿美国计划，推出空间军事化的举措。

与此同时，主要空间大国积极研发进攻性空间控制装备与技术，提高灵活可信的威慑能力和实战能力，例如，研发实验空间目标操控技术，验证自主接近目标卫星，近距离观测、捕获、操控目标的能力。美国通过“凤凰”“机器人燃料加注”“蜻蜓”“地球同步轨道卫星机器人服务”等项目，开展燃料加注、在轨装配、重置、升级等任务演示验证，以空间碎片移除、在轨服务等名义开发的具备目标俘获能力的飞行器技术，可用于空间操控武器研究，客观上能为空间操控武器提供技术储备。空间军事化与武器化的发展会带来外空军备竞赛，从而严重威胁到全球战略安全与稳定。随着空间利益争夺的不断加剧和空间能力的不断提升，发生空间军事冲突的可能性将进一步增大。

1.3.3 外空国际规则进入长期博弈期

外空国际规则主要明确各国开展航天活动应遵守的规则并协调各国利益。二十世纪六七十年代，在美苏两个超级大国冷战的背景下，国际社会制定了《外空条约》《登记公约》《责任公约》《营救协定》《月球协定》五大条约，这些条约不仅迎合了美苏两国利用规则约束对手的利益需要，而且符合其他国家对外空探索和利用的需要。之后，联合国大会通过了一系列决议，用于规范人类的外空活动。然而，这些规则存在以下问题：

第一，滞后性和妥协性，具有法律强制约束力的五大条约都是在六七十年代形成的，远远跟不上空间技术前进的脚步，很难解决因高新技术发展带来的一些新问题。例如，对像空天飞机这样新出现的航天装备不可能及早预见到，在外空国际条约层面留下了很多法律“真空”，同时，这些条约的制定实质上是各国相互妥协的产物，比较笼统，存在漏洞和缺陷。

第二，软弱性，因为国际社会缺乏凌驾于国家之上的强制实施国际法的权力机构来约束国家的行为，同时这五大条约都没有建立有力的条约执行机制，规定违反条约相应的惩罚措施，所以条约的强制约束力十分有限，另外，除这五大条约之外，联合国大会通过的一些决议都是以“原则”“宣言”等软法形式呈现的，显得倍加软弱。

基于上述外空国际规则存在的问题，近年来，国际社会围绕外空国际规则的制定在多个谈判平台上形成了多个规则草案的博弈。这些规则博弈虽然谈判平台不同，议题焦点不同，但议题内容并不是孤立的，而是相互交叉的，共同指向太空安全问题，多数议题都涉及外空活动信息共享、外空武器等内容，反映了当前太空规则话语权斗争的态势[10]。

参 考 文 献

[1] 王雪瑶. 国外在轨服务系统最新发展(下)[J]. 国际太空, 2017, (11): 65-69.

[2] 李滨. 美俄卫星相撞事件中的国际法问题探析[J]. 北京航空航天大学学报(社会科学版), 2011, 24(4): 33-37.

[3] 梁晓莉, 陈建光, 姚源, 等. 国外低轨卫星互联网发展现状分析[C]. 第十五届卫星通信学术年会论文集, 北京, 2019: 19-22.

[4] del Portillo I D, Cameron B G, Crawley E F. A technical comparison of three low earth orbit satellite constellation systems to provide global broadband[J]. Acta Astronautica, 2019, 159: 123-135.

[5] 任园园, 张小艳, 王青. 浅谈“星链”计划及其影响[J]. 网络安全技术与应用, 2022, (5): 34-35.

[6] 刘帅军, 徐帆江, 刘立祥, 等. Starlink 第二代系统介绍[J]. 卫星与网络, 2020, (12): 62-65.

[7] McDowell J C. The low earth orbit satellite population and impacts of the spaceX starlink constellation[J]. The Astrophysical Journal Letters, 2020, 892(2): L36.

[8] 张晓帆. 英国政府和印企买下一网, 拟投 10 亿美元使之复活[J]. 中国航天, 2020, (8): 74-75.

[9] 纪凡策. “柯伊柏”星座介绍及与其他星座对比分析[J]. 国际太空, 2020, (12): 27-31.

[10] 左清华, 芦雪. 外空国际规则对未来军事行动的影响及对策[J]. 北京航空航天大学学报(社会科学版), 2020, 33(3): 106-110.

第2章　空间碎片环境建模研究综述

2.1　空间碎片环境演化模型

构建空间碎片环境演化模型，对空间碎片环境的长期演化趋势进行预测和分析，获取空间碎片环境演化的内在机理和整体分布指标，是开展空间碎片环境评估以及制定空间碎片减缓策略的重要基础[1]。早在1978年，Kessler等[2]通过分析空间目标的相互碰撞作用，建立描述空间碎片数量变化的数学模型，对空间碎片的增长趋势进行了分析。近年来，空间碎片环境演化建模研究进展迅速，人们建立了诸如低地球轨道到地球静止轨道环境的空间碎片(LEO-to-GEO environment debris，LEGEND)模型、流星体和空间碎片环境参考(meteoroid and space debris terrestrial environment reference, MASTER)模型以及地球同步轨道碎片环境分析和监视(debris analysis and monitoring architecture for the geosynchronous environment，DAMAGE)模型等一系列演化模型，这些模型为人们认识和控制空间碎片环境的演化提供了理论和技术支撑。下面根据演化模型选取的演化状态量，分两类模型进行讨论。

2.1.1　以单个空间碎片的运动状态为变量的演化模型

在以单个空间碎片的运动状态为变量的演化模型中，通常以单个空间碎片或一类空间碎片典型代表的运动状态量，如空间碎片的轨道根数作为演化计算变量。在轨道动力学约束下，考虑使空间碎片增加和减少的影响因素，对所有空间碎片的运动状态进行长期计算更新，得到空间碎片环境的演化分布趋势。以单个空间碎片的运动状态为变量的演化模型主要有以下5种。

1. 低地球轨道到地球静止轨道环境的空间碎片模型

LEGEND模型由美国国家航空航天局(National Aeronautics and Space Administration，NASA)开发。LEGEND模型包括历史空间碎片状态仿真和未来空间碎片环境演化两部分。从2001年开始，美国国家航空航天局分三个阶段完成了LEGEND模型的开发：第一阶段，2003年完成了LEGEND模型的历史空间碎片状态仿真部分，旨在重新生成1957～2001年的历史空间碎片环境；第二阶段，2005

年完成了碰撞概率算法的开发，并将该算法命名为立方体(Cube)碰撞概率计算方法[3]；第三阶段，2006年完成了未来空间碎片环境演化的建模工作。

LEGEND模型的演化模型部分以单个空间碎片为计算对象，通过对所有空间碎片(包括发射入轨、目标解体产生的新碎片)的运动状态进行不断推算更新，实现对低地球轨道到地球同步轨道空间碎片的状态进行长达数百年的演化。LEGEND模型的长期演化模型的结构框架如图2.1所示。

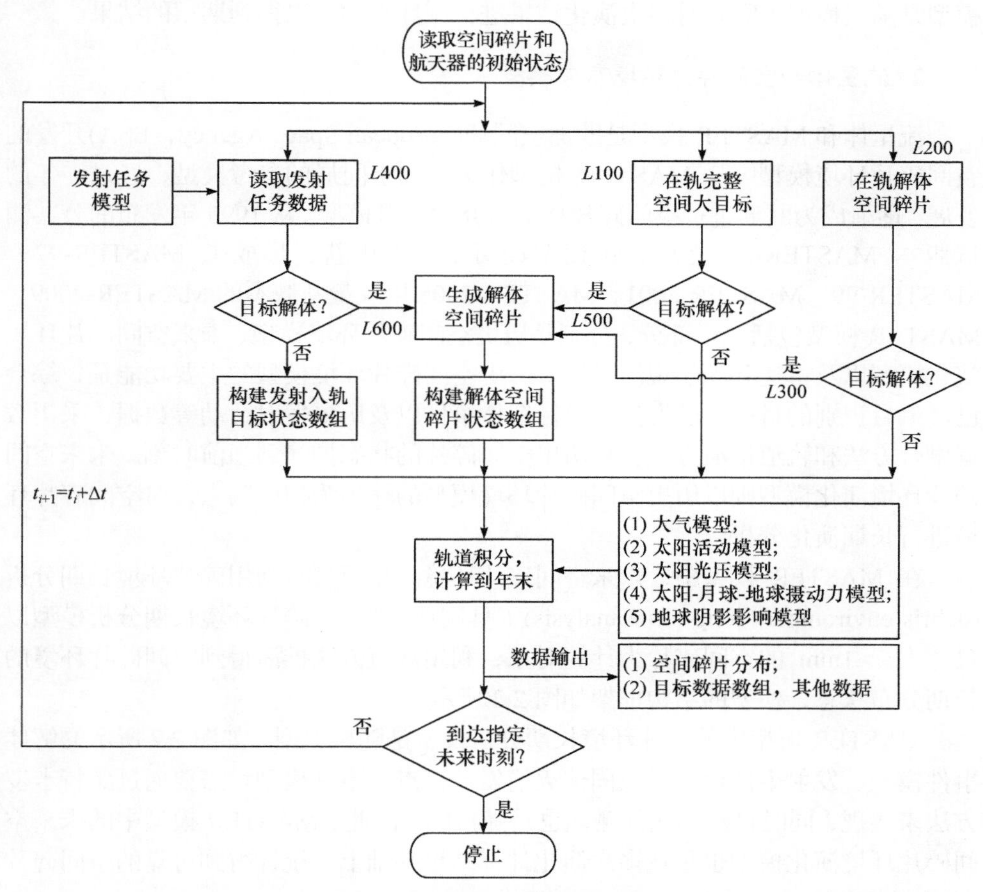

图2.1　LEGEND模型的长期演化模型的结构框架

LEGEND模型通过6个循环计算过程，即循环$L100$～$L600$，来实现空间碎片环境的长期演化计算。循环$L100$和循环$L200$分别对在轨完整空间大目标和在轨解体空间碎片的状态进行更新，直到演化计算结束，这里的在轨完整空间大目标是指工作或失效的航天器、火箭上面级等；循环$L300$处理解体空间碎片解体产生的新空间碎片，实现对解体空间碎片运动状态的更新；循环$L400$处理新发射入轨的空间目标，实现对目标运动状态的更新；循环 *L*500 处理在轨完整大目标解体产生的新空间碎片，实现对解体空间碎片运动状态的更新；循环 *L*600 处理新发射入轨空间目标解体产生的新空间碎片，实现对解体空间碎片运动状态的更新。

在演化计算过程中，LEGEND 模型利用蒙特卡罗方法，确定潜在爆炸目标是否会爆炸，以及具有一定碰撞概率的两个目标是否会发生碰撞。因此，LEGEND 模型是随机模型，需要对多次演化结果进行统计平均，以得到期望的结果。

2. 流星体和空间碎片环境参考模型

流星体和 MASTER 模型是欧洲空间局(European Space Agency，ESA)开发的空间碎片环境模型[4-8]。MASTER 模型作为欧洲空间局的参考模型，经过多年的发展，逐渐成为欧洲进行空间碎片环境研究的参考模型。从 1995 年发布的公共测试版本 MASTER-95 之后，该模型经历了多次更新，形成了 MASTER-97、MASTER-99、MASTER-2001、MASTER-2005 以及最新版本的 MASTER-2009。MASTER 模型包括三个部分，分别是历史空间碎片环境模型、未来空间碎片环境演化模型以及雷达和光学观测模型。历史空间碎片环境模型的主要功能是，综合已经编目识别的目标、已发生的目标解体事件以及历史发射活动等数据，采用数据融合方法和轨道推演方法，将历史空间碎片的状态推演到当前时刻。未来空间碎片环境演化模型则以历史空间碎片环境模型的输出为初始输入，对空间碎片环境进行长期演化分析。

在 MASTER 模型中，未来空间碎片环境演化模型是利用碎片环境长期分析(debris environment long-term analysis)工具实现的[9-11]。碎片环境长期分析模型以尺寸大于 1mm 的空间碎片为计算对象，利用数值方法推演得到空间碎片环境的长期分布状态，模型的结构框架如图 2.2 所示。

MASTER 模型中的碎片环境长期分析模型是随机模型。如图 2.2 所示的解体事件模型、发射事件模型以及固体火箭发动机点火事件模型均需要通过蒙特卡罗方法来实现，同时目标的相互碰撞也是随机的。因此，MASTER 模型中的未来空间碎片环境演化模型也是在多次演化计算结果基础上，统计得到可靠的空间碎片环境演化状态。

3. 空间碎片减缓长期分析模型

空间碎片减缓长期分析模型(space debris mitigation long-term analysis program，SDM)是在欧洲空间局的支持下，由意大利国家研究院开发的[12-14]。从 20 世纪 90 年代早期建立 SDM 1.0 版本开始，经过多次改进和更新，形成了当前最新的 SDM 4.1 版本[15]。SDM 可以实现对低地球轨道到地球静止轨道空间碎片环境的仿真演

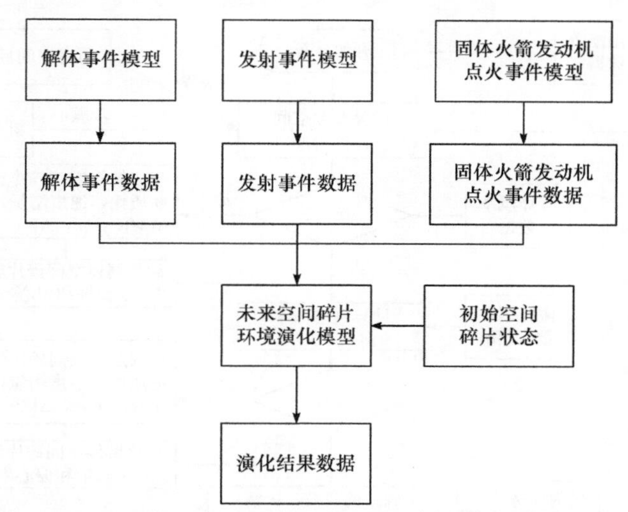

图 2.2　MASTER 模型中的碎片环境长期分析模型的结构框架

化，考虑了大气阻力、发射活动、碰撞解体等空间碎片环境的主要影响因素，可以对尺寸在 1mm 以上的空间碎片进行长期演化分析。

在 SDM 中，对不同尺寸目标的运动状态采取了不同的计算策略。对于尺寸较大的目标，其运行轨道是独立计算更新的。对于尺寸较小的目标，采用抽样的方法，利用一个轨道描述一类尺寸相当空间碎片的运动状态。具体方法是：首先将 0～40000km 高度的空间划分成间隔为 50km 的 800 个高度层；然后在每个高度层内，将空间碎片按尺寸大小划分到不同的尺寸区间内，每个尺寸区间内的目标用一个轨道来描述目标的运动状态。

图 2.3 中给出了 SDM 的结构框架。图中参考空间目标是当前计算步长内的初始空间目标，若有目标解体、航天器发射、目标再入大气层等，则需要将当前计算步长内的参考目标进行更新，作为下一个计算步长内的参考空间目标。在 SDM 中，根据参考空间目标密度确定空间目标之间发生碰撞的概率，目标碰撞解体产生的空间碎片不会影响当前演化循环中目标发生的碰撞概率。

4. 地球碎片环境演化模型

地球碎片环境演化模型(modelling the evolution of debris in the earth's environment，MEDEE)是法国国家太空研究中心(Centre National d'Etudes Spatiales，CNES)开发的空间碎片环境演化模型[16,17]。MEDEE 跟踪单个目标的运动状态，利用数值方法对空间碎片环境进行长达 100 年的演化计算。MEDEE 的特点在于其灵活性，可以通过改变模型的参数，如改变太阳活动参数、重力场模型精度、大气模型等，从而改变空间碎片的受力情况；通过改变航天器发射率、

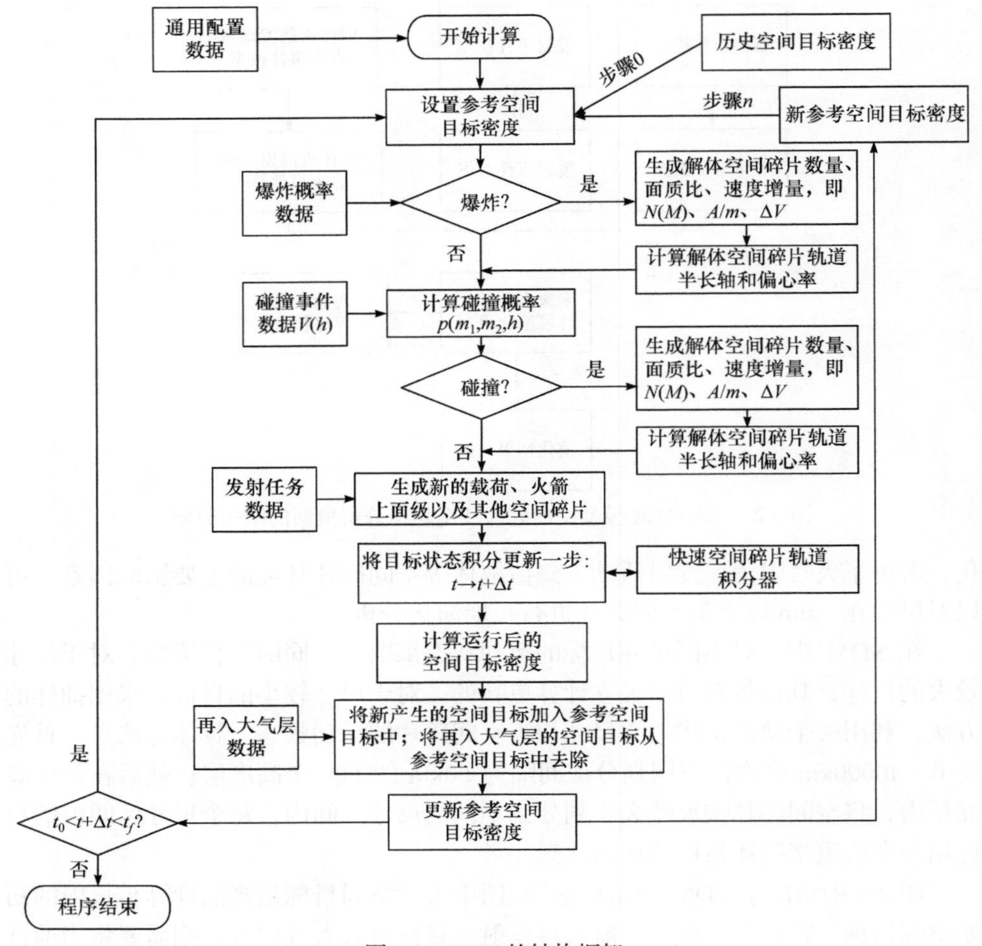

图 2.3　SDM 的结构框架

目标爆炸解体频率、目标解体模型等，来分析不同条件下空间碎片环境的长期演化结果，从而分析空间碎片环境对不同影响因素的敏感性。

MEDEE 的结构框架如图 2.4 所示。模型是基于模块化思想设计的，即用每一个模块表示一个函数或功能，如轨道推演模块、碰撞概率计算模块、目标解体模型实现模块等，使得模型在改变演化条件方面具有很强的灵活性。针对大量空间碎片轨道推演需要较多计算资源的问题，MEDEE 采用了并行计算技术，从而可以有效地利用法国国家太空研究中心的并行计算机系统。

5. 地球同步轨道碎片环境分析和监视模型

DAMAGE 模型是英国南开普敦大学开发的三维碎片环境计算模型。该模型

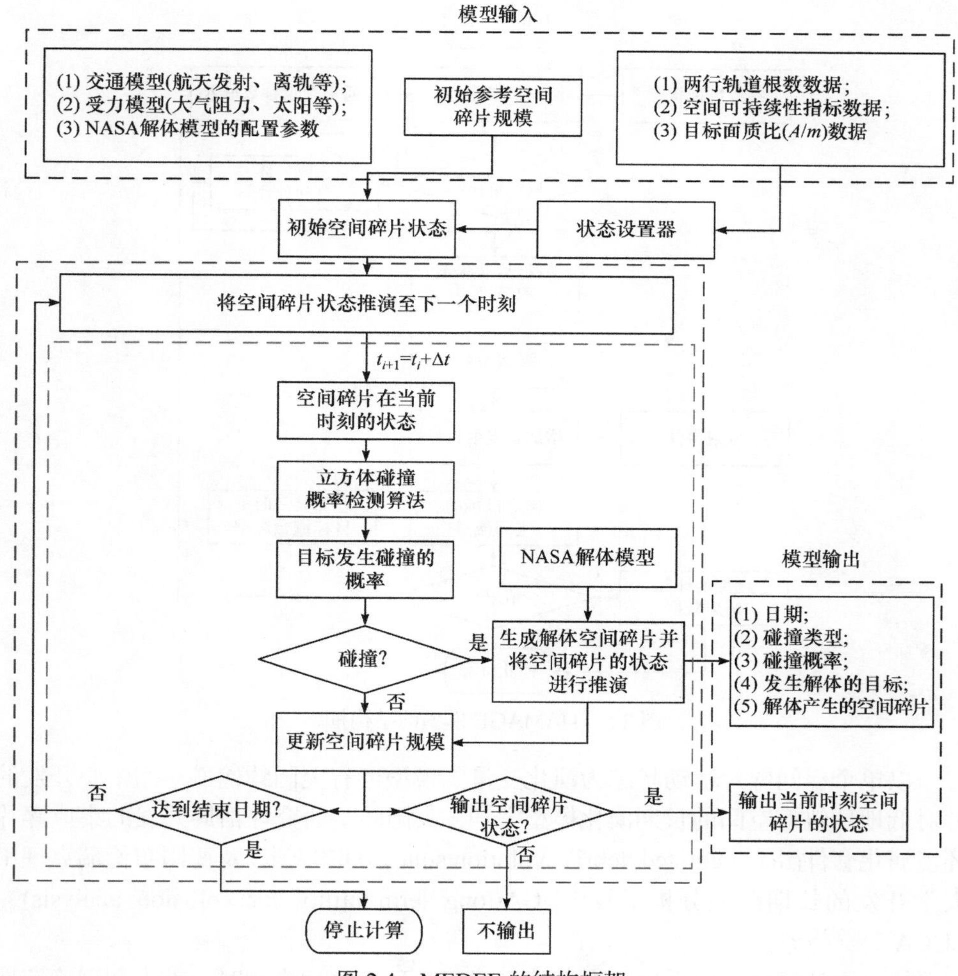

图 2.4　MEDEE 的结构框架

最初仅适用于仿真地球同步轨道碎片环境，经过扩展和改进，可以用来研究从低地球轨道到地球同步轨道范围内空间碎片环境的长期演化情况[18,19]。DAMAGE 模型可以对尺寸大于 10cm 的空间碎片进行仿真计算，也具备分析尺寸大于 1mm 空间碎片的能力。该模型的结构框架如图 2.5 所示。

DAMAGE 模型利用 LEGEND 模型中立方体碰撞概率模型确定目标之间的相互碰撞概率，并利用 NASA 标准解体模型模拟目标解体产生空间碎片的过程。DAMAGE 模型同样采用了半解析轨道积分器，可以实现对空间碎片运动状态的快速更新。为了处理模型中出现的随机因素，如目标之间的相互碰撞、目标的爆炸解体，DAMAGE 模型采用蒙特卡罗仿真方法，通过对多次运行结果进行统计分析，得到了可靠的演化计算结果。

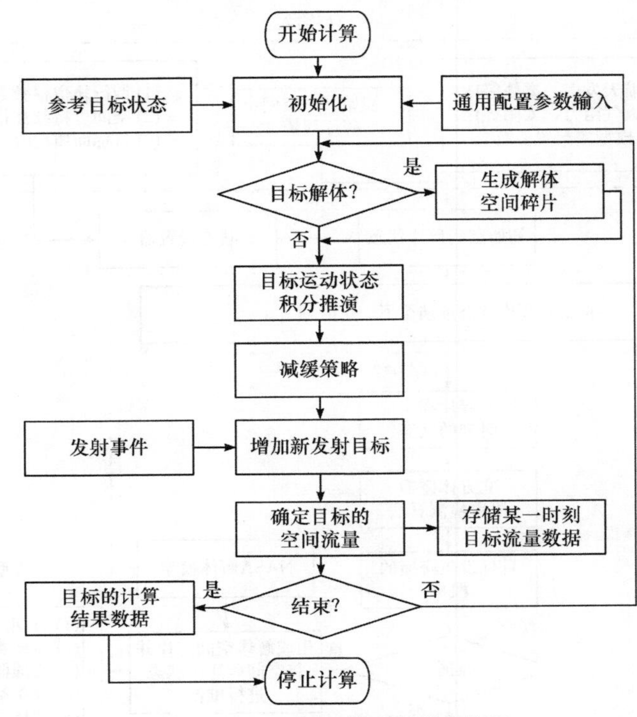

图 2.5　DAMAGE 模型的结构框架

以单个空间碎片运动状态为演化变量的模型还有美国约翰逊空间中心开发的针对低地球轨道空间的长期演化模型[20,21]，英国防卫研究评估局开发的集成碎片环境演化套件(the integrated debris evolution suite，IDES)[22]以及德国布伦瑞克理工大学开发的长期碰撞分析工具(LUCA(long term utility for collision analysis)，LUCA-2)[23,24]等。

综合上述模型可以看出，在构建空间碎片环境演化模型时，首先利用确定性或随机性方法，建立摄动力作用、航天发射活动、空间目标的相互碰撞解体以及在轨目标爆炸解体等影响因素的计算模型；然后利用轨道更新计算方法，不断对空间碎片的运动状态进行推演，从而得到空间碎片环境的长期演化结果。一方面，通过跟踪单个空间碎片的运动状态，可以建立精确的力学模型来确定空间碎片的运动状态；另一方面，跟踪每一个空间碎片的运动状态，当空间碎片规模不断增大时，需要消耗大量的计算资源才能得到空间碎片环境的长期演化结果。对于空间目标相互碰撞事件、目标在轨爆炸事件，一般通过蒙特卡罗随机仿真的方法实现。基于上述模型运行得到的一次演化计算结果只是众多随机结果的一种可能，需要在多次计算结果的基础上，统计得到期望的演化结果，这进一步提高了对演化计算资源的需求。因此，针对影响空间碎片环境演化的复杂因素，在建立精确可靠的计算模型的条件下，进一步设计高效的演化计算方法，是跟踪单个空间碎片的运动状态、构建空间碎片环境演化计算模型的关键。

2.1.2　以宏观状态量为变量的整体演化模型

在空间碎片环境的演化建模中，利用宏观状态量作为描述空间碎片演化的变量，如空间碎片在空间中的分布密度、空间碎片的数量等，建立空间碎片环境整体演化模型，利用解析或数值方法得到空间碎片环境的长期演化规律。Rossi 等[25,26]、Talent[27]、Lewis 等[28]、Nazarenko[29]以及 Kebschull 等[30]在整体演化模型方面展开了研究。

Rossi 等[25,26]将空间碎片按照其轨道半长轴、轨道偏心率以及质量的分布情况划分到不同的分组内。以每个分组内空间碎片的数量作为状态量，并利用一组微分方程描述空间碎片数量的变化规律，构建空间碎片随机分析工具(stochastic analog tool，STAT)模型。模型的建立分为三个阶段：第一阶段，由 Farinella 等[31]提出的利用物种间竞争模型(Lotka-Volterra 模型)来描述空间碎片数量的变化规律，即用两个相互耦合的一阶线性微分方程描述大尺寸空间目标(在轨运行的航天器等)和小尺寸空间目标(解体空间碎片等)在数量变化上的相互约束关系。尽管模型简单，但能够反映空间碎片环境演化的基本物理过程，即空间目标碰撞解体导致空间碎片数量的不断增长。第二阶段，Rossi 等[25]在假设所有空间碎片均运行在圆轨道上的条件下，将 400～1600km 高度范围的空间划分为 15 个高度层(400～700km 内按照 50km 间隔划分，700～1600km 内按照 100km 间隔划分)；每一个高度层的空间碎片按照其质量大小划分为 10 组，共构成 150 个空间碎片分组。利用 150 个相互耦合的一阶非线性微分方程来描述不同空间碎片分组内空间碎片数量的变化规律，方程中包含了大气阻力作用、目标相互碰撞解体和航天发射活动。第三阶段，Rossi 等[26]基于上述研究，将空间碎片的运行轨道拓展到椭圆轨道上，进一步将空间碎片按照其轨道偏心率划分到不同分组中，利用 $I \times J \times K$ 个非线性方程描述空间碎片数量的变化，其中 I、J 和 K 分别表示划分的高度层数、质量区间数和偏心率区间数。Kebschull 等[30]在 Rossi 等构建的模型基础上，增加了更多的空间碎片环境影响因素，构建了简单解析演化(simple analytical evolution，SANE)模型，并利用演化模型 LUCA 的蒙特卡罗仿真结果对简单解析演化模型进行了对比和分析。

在 Talent[27]的研究中，选取低地球轨道上目标的数量作为状态量，通过假设空间目标的运动特点与密闭空间内气体分子的运动特点相似，即空间目标可以随机到达任意低地球轨道上，建立了描述空间目标数量变化率的一阶二次微分方程，称为盒中粒子(particle-in-a-box，PIB)模型。盒中粒子模型基于气体分子运动理论确定空间目标的相互碰撞作用。空间目标的减少率、目标的爆炸以及发射活动的影响均通过参数来估计。其中，空间目标的减少率与目标总数量成正比，目标的爆炸和发射活动则是与目标数量无关的独立参数。利用盒中粒子模型能够得到空间碎片总数量的变化趋势，通过对一阶二次微分方程进行解析求解，还可以确定空间碎片数量变化的稳定性。Lewis 等[28]在 Talent 盒中粒子模型的基础上，同样在假设目标可以随机到达任意低地球轨道的基础上，选取总的目标数量、大尺寸完整目标数量(在轨工作航天器等)、碰撞解体产生的空间碎片数量以及爆炸解体产生的空间碎片数量作为状态量，利用 3 个一阶微分方程描述上述不同类型目标数量的变化，称该模型为快速碎片演化(fast debris evolution，FADE)模型。与 Talent 的盒中粒子模型不同的是，FADE 模型中的参数是通过地球同步轨道碎片环境分析和监视模型的运行结果来标定的，提高了 FADE 模型结果的可靠性。

Smirnov 等[32-34]和 Nazarenko[29]以空间碎片的空间密度为状态量，在借鉴流体力学理论的基础上，从质量守恒和动量守恒原理出发，建立了描述空间碎片密度变化的偏微分方程组，得到了空间碎片预测和分析(space debris prediction and analysis，SDPA)模型。SDPA 模型以时间和空间位置矢量为独立变量，在地球中心引力、大气阻力和太阳光压等的作用下，考虑了航天发射活动、目标相互碰撞以及目标爆炸解体等影响因素。由于模型中偏微分方程组具有强烈的非线性和耦合性，仅能通过数值求解，演化结果能够给出空间碎片密度随时间和空间的分布变化情况。McInnes[35,36]利用空间密度描述星座卫星在空间的分布状态，建立了一阶偏微分方程，得到了星座卫星在空间中的长期分布演化状态。Francesca 等[37,38]在 McInnes 研究的基础上，利用空间密度描述解体空间碎片云在空间中的分布状态，基于一阶偏微分方程建立了空间碎片云的演化模型。

在上述空间碎片环境的整体演化模型中，当选取空间碎片数量作为状态量时，利用常微分方程(组)建立演化模型，能够得到空间碎片数量的长期增长趋势；当选取空间密度作为状态量时，利用偏微分方程(组)建立演化模型，能够给出空间碎片在空间中的演化分布趋势。由于选取宏观量描述空间碎片的演化状态，不跟踪单个空间碎片的运动状态，在利用模型开展空间碎片环境长期演化计算时，不受空间碎片规模影响，通常只需要少量的计算资源。另外，由于对空间碎片环境的演化进行了理想的近似假设，限制了整体演化模型结果的精度。例如，上述模型中，Rossi 等[25,26]假设空间碎片运行在圆轨道上；Smirnov 等[32-34]和 Nazarenko[29]基于流体力学理论建立了演化模型，但空间碎片在空间中的分布是否符合连续介质假设，需要进一步研究。整体演化模型中空间碎片受到的作用力模型一般较为简单，例如，Rossi 等、McInnes 以及 Francesca 等在建立整体模型时仅考虑了大气阻力作用。

2.2　空间碎片环境长期演化建模的关键问题

2.2.1　空间碎片环境长期演化的力学模型

空间碎片在轨运行中受到的作用力，决定了空间碎片环境长期演化的分布状态。需要在力学模型精度和演化计算效率之间进行权衡，在能够反映空间碎片环境演化分布特点的基础上，降低摄动力计算的复杂度。表2.1统计了LEGEND、MASTER等演化模型中包含的摄动力因素。

表2.1　LEGEND、MASTER等演化模型中包含的摄动力因素

演化模型	地球非球形摄动项	大气密度模型	太阳/月球引力摄动	太阳光压	参考文献
LEGEND	带谐项：J_2、J_3、J_4 田谐项：$J_{2,2}$、$J_{3,1}$、$J_{3,3}$、$J_{4,2}$、$J_{4,4}$	Jacchia 1977大气密度模型	√	√	[39]
MASTER	带谐项：J_2、J_3 田谐项：$J_{2,2}$	指数大气模型	√	√	[4]、[10]
SDM	带谐项：J_2	指数大气模型	×	×	[12]、[25]
MEDEE	带谐项：J_2、J_3、J_4、J_5、J_6、J_7 田谐项：$J_{2,2}$	NRMLMSISE-00大气密度模型	√	√	[16]、[17]、[40]
DAMAGE	带谐项：J_2、J_3 田谐项：$J_{2,2}$	国际参考大气模型(CIRA-72)	√	√	[18]、[19]、[41]

Jehn[42]、Francesca等[38]、Zhang等[43]利用目标解体产生的空间碎片，分析了地球非球形摄动项，尤其是主要摄动项J_2项对空间碎片分布的长期作用。结果表明，地球非球形J_2项摄动会引起空间碎片轨道升交点赤经和近地点幅角的长周期变化，致使解体空间碎片在同一个高度层内不断扩散，对空间碎片的分布有着明显的影响。Chobotov[44]、McKnight[45]以及Ashenberg[46]等对J_2项摄动力作用下空间碎片的扩散速度进行了研究，给出了描述解体空间碎片扩散速度的经验公式。Stark[47]和Groves[48]针对地球非球形J_3、J_4项对空间碎片演化分布的作用进行了分析，当空间碎片初始状态不同时，在J_3、J_4项影响下，轨道的升交点赤经和纬度幅角的相对变化也不容忽略。非球形$J_{2,2}$等共振田谐项对高轨道空间碎片分布的影响较大[49-51]，会使地球静止轨道上空间碎片的定点经度呈现周期性变化。

大气阻力是影响空间碎片演化的重要摄动力，对低地球轨道上空间碎片的规模和分布状态起着关键作用。大气阻力是空间碎片自然清除的唯一作用力，即空间碎片再入大气层坠落地面或销毁，是一些整体演化模型中所考虑的唯一作用力因素。例如，Rossi等[25, 26]、Kebschull等[30]通过分析不同面质比空间碎片在不同高度区间内的驻留时间，作为计算大气阻力作用下空间碎片轨道高度的平均等效衰减量。Francesca 等[38]、McInnes[35,36]则直接定义空间碎片轨道高度的平均衰减速度的基本参考，作为衡量大气阻力作用的参数。Rossi 等[25, 26]、Kebschull 等[30]建立的高效快速演化模型中，通常选取简单的指数大气模型，对大气阻力的作用效果进行分析。在跟踪单个空间碎片进行空间碎片环境演化的模型中，通常建立更精确的大气密度模型，以便反映太阳活动、地球磁场变化等因素对大气密度的影响。如表 2.1 中 LEGEND 模型中选取的 Jacchia 1977 大气密度模型，MEDEE 演化模型中的 NRMLMSISE-00 大气密度模型，均能反映太阳周日效应、太阳黑子周期效应以及地磁场活动对大气密度的影响。

太阳或月球的引力摄动和太阳光压摄动，对高轨道上运行的空间碎片的影响较为明显，会对空间碎片轨道的升交点赤经、近地点幅角、偏心率等轨道参数产生长期影响[52,53]。

2.2.2 空间碎片状态推演积分方法

为了实现对空间碎片环境进行演化，需要根据空间碎片运动受到的作用力，采用一定推演方法对空间碎片的运行轨道进行更新，从而得到不同时刻空间碎片的运动状态。一般地，空间碎片轨道推演积分方法可以分为数值法、解析法和半解析法三种[54,55]。数值法的优势在于精度高，考虑的摄动力因素全面，摄动力模型一般也较为精确。但是，采用数值法进行轨道推演时需要进行大量运算，导致状态更新计算效率不高，不利于大规模空间碎片的长期演化[56]。

在 SDM 和 MASTER 演化模型中，以经典轨道根数为变量，建立了空间碎片状态解析推演模型。Rossi 等[13]在演化模型 SDM 3.0 及其之前的版本中，只考虑了大气阻力作用，利用 King-Hele 的大气阻力摄动方程[56,57]建立了空间碎片轨道的解析推演方法，该方法对空间碎片轨道半长轴、偏心率和轨道倾角进行更新。经过升级，SDM 4.0 版本的模型中增加了地球非球形 J_2 项摄动的影响，使得空间碎片轨道的推演更新能够反映轨道升交点赤经和近地点幅角的长周期变化[12]。MASTER 的解析轨道推演模型中包含了大气阻力作用、地球非球形 J_3、J_4、$J_{2,2}$ 摄动项影响、三体引力以及太阳光压的作用。以平均轨道根数为状态量，基于高斯型和拉格朗日型摄动方程，建立了平均轨道根数变化率的解析表达式[4]。可以看出，解析状态推演模型通常采用简化的摄动力计算方法，如表 2.1 所示，MASTER 和 SDM 均采用指数大气模型来确定空间碎片受到的大气阻力，且 SDM 中仅考虑了大气阻力的作用。

Liou 等[39]在演化模型 LEGEND 中采用了两个轨道推演模型，分别是针对同步轨道上目标运动状态积分推演器 GEOPROP，以及针对其他轨道上(低地球轨道、中地球轨道等)的积分推演模型 PROP3D。两个轨道推演积分器均采用了经典轨道根数作为计算变量，是基于平均原理建立的半解析轨道推演方法[58]。GEOPROP 对 6 个轨道根数进行更新计算；PROP3D 只对半长轴、偏心率、轨道倾角、升交点赤经、纬度幅角 5 个轨道根数进行更新，通过随机的方式给定目标在轨道上的位置，即目标的真近点角。在演化计算中，PROP3D 的积分步长可选为 5 天[59]。Dolado-Perez 等[16,17]在 MEDEE 演化模型中，利用非奇异轨道根数描述空间碎片的运动状态，采用半解析模型 STELA[60]对空间碎片的轨道进行更新。半解析模型 STELA 通过在空间碎片的运动状态中分离出短周期运行项，可在保持一定计算精度的条件下，将推演步长提高到 1 天以上，大大提高了状态推演计算效率。与数值结果对比表明，半解析模型 STELA 的计算偏差不超过 1%[60]。Lewis 等[41]在 DAMAGE 模型中也采用了半解析法对空间碎片的轨道进行推演更新，积分步长为 5 天。结合表 2.1 可以看出，半解析法可以处理主要的摄动力因素，在保证轨道更新计算精度的条件下，同时具有较高的计算效率。因此，半解析法兼具解析法和数值法的优点[61]，更适合应用于空间碎片环境的长期演化模型中。

2.2.3　空间碎片环境演化过程中目标碰撞概率的计算方法

获取目标之间的碰撞概率，是确定空间碎片环境演化过程中碰撞事件发生的基础。Öpik[62]最先对运行在两个轨道上的空间目标的碰撞概率进行了研究。假设其中一个目标运行在圆轨道条件下，通过分析两目标的相对轨道构型建立了计算碰撞概率的解析表达式。Rossi 等[63]针对 2700 个低地球轨道目标，利用 Öpik 方法分析了它们之间发生碰撞的概率，结果表明低地球轨道目标之间的平均碰撞概率是$(1.105 \pm 0.812)\times 10^{-9}(\text{年}\cdot \text{m}^2)^{-1}$。Rossi 等[64]进一步利用 Öpik 方法分析了低地球轨道空间碎片的长期演化情况。仿真计算表明，尽管通过两两判断的方法确定演化过程中目标发生碰撞的概率，但由于 Öpik 方法有解析的形式，仍能够以很高的效率确定任意目标之间发生碰撞的概率。Wetherill[65]对 Öpik 方法进行了改进，能够对运行在椭圆轨道上的两个目标进行碰撞概率分析。尽管改进后的 Öpik 方法适用条件更宽，但仍对目标的运行轨道做以下限制：轨道的半长轴、偏心率和倾角是常值，目标轨道的升交点赤经和近地点幅角在$[0,2\pi]$内均匀随机分布。这些约束影响了 Öpik 方法在空间碎片环境长期演化中的应用。

Kessler[66]从目标的空间密度分布以及目标之间的相对流量角度出发，构建了适合任意轨道构型的目标碰撞概率计算方法。Liou 等[3,67]在 Kessler[66]方法的基础上，通过将空间碎片分布的空间划分成若干空间体积元，在每个体积元内讨论空间目标的碰撞概率，建立了三维随机碰撞模型，将其命名为立方体碰撞概率模型。该模型对演化时刻进行了采样，即对于一个固定的演化时刻，只考虑该时刻目标之间发生碰撞的概率。立方体碰撞概率模型假设只有当两个目标同时位于一个空间体积元内时，两目标才有可能发生碰撞。通过假设两目标在空间体积元内是均匀分布的，即认为体积元内目标的运动满足气体动力学理论，从而利用气体碰撞理论确定两目标发生碰撞的概率。对于目标 i 和目标 j，其碰撞概率为[20]

$$P_{i,j} = s_i s_j V_{\text{imp}} \sigma \mathrm{d}U \tag{2.1}$$

式中，s_i、s_j 分别为目标 i 和 j 在空间体积元内的空间密度；V_{imp} 为两目标相对运动速度；σ 为空间目标碰撞截面积；$\mathrm{d}U$ 为空间体积元的体积。由于是通过跟踪空间体积元，在每个体积元内确定两个目标发生碰撞的概率，因此当空间体积元个数确定时，立方体碰撞概率模型的计算量随目标总数量 N 线性增长[3]。立方体碰撞概率模型对目标轨道和分布状态没有限制，同时具有较高的计算效率，在 LEGEND、MEDEE、DAMAGE 以及 LUCA 等演化模型中得到了应用[16,17,23,39,68,69]。

立方体碰撞概率模型在一个较小的空间尺度内研究目标之间相互碰撞的概率。在进行低地球轨道空间碎片演化时，Liou[3]建议立方体体积元的边长应小于或等于所有目标半长轴平均值的 1%，并推荐边长取值为 10km。考虑一种极限情况，若离散的空间体积元的尺寸扩大到能够包含所有空间目标，则立方体碰撞概率模型退化为盒中粒子模型(PIB 模型)。Blake 等[70]和 Dolado-Perez 等[17]进一步分析了立方体碰撞概率模型精度对离散的空间体积元尺寸、离散时间间隔的依赖性。研究发现，在空间碎片环境演化过程中，同一个体积元内目标之间碰撞概率的计算结果与体积元尺寸成反比，与离散时间间隔成正比；演化累计碰撞次数，与体积元尺寸成正比，与离散时间间隔成反比。在大规模空间碎片的长期演化中，一方面增大立方体体积元的尺寸，使得任意两个目标发生碰撞的概率减小；另一方面较大体积元内出现的目标数量增加，使得该体积元内潜在发生碰撞的目标数量增多，两个方面的作用效果相互抑制，使得总的碰撞次数与体积元尺寸的选取没有明显的相关性。在应用立方体碰撞概率模型进行碰撞概率计算时，不同演化模型采用了不同形式的空间体积元。在 LEGEND 模型和 DAMAGE 模型中，将空间划分成离散的立方体体积元；Ariyoshi 等[71]将空间离散化成不同的空间球体积元；Bastida-Virgili[9]在演化模型 DELTA 中将空间沿赤纬、赤经和高度方向划分成若干空间壳层元，在空间壳层元中分析目标发生碰撞的概率。

三维随机立方体碰撞概率模型是在假设体积元内目标运动符合气体分子运动规律的基础上建立的[3,67]，但实际中，空间目标的运动应满足轨道动力学约束。在计算空间目标碰撞概率时，通常需要首先确定目标之间的最接近位置，然后在最接近位置处分析目标运动状态的不确定性，最后利用不确定关系估计两目标发生碰撞的概率[72-88]。在空间碎片环境演化过程中，应在不降低计算效率的条件下，研究考虑目标相对运动状态的碰撞概率模型。

2.2.4　空间目标爆炸或碰撞解体的模拟方法

空间目标爆炸或相互碰撞解体会产生大量空间碎片，是导致空间碎片在演化中不断增加的重要原因。由爆炸或高速碰撞引起的目标解体过程非常复杂，不仅与解体前目标的运动状态有关，还受目标的材料、结构布局等因素的影响，很难运用纯理论方法进行建模研究。通常利用目标解体的地面试验数据和在轨观测数据，通过统计分析，建立解体空间碎片分布的经验模型[89]。Johnson 等[90]建立的标准解体模型，是开展目标解体建模研究的主要参考模型。在标准解体模型中，根据解体前目标质量、尺寸等属性参数以及目标的运动状态，建立了解体产生空间碎片的数量、面质比、速度增量等参数的分布模型，最后通过随机仿真方法确定解体空间碎片的数量和空间碎片的运动状态。空间碎片环境演化模型 LEGEND、SDM、MEDEE、DAMAGE 以及 LUCA 等[12,16,17,23,40,91]，均利用标准解体模型模拟生成解体空间碎片，开展空间碎片环境长期演化研究。

2.2.5　空间碎片环境演化的高效数值计算方法

基于演化计算模型，对空间碎片环境开展长期演化仿真，通常需要消耗大量计算资源[29,69]。为了更好地调用现代多核计算平台，甚至是超级计算机平台的计算资源，通常采用并行计算技术来实现空间碎片环境高效演化[92,93]。选取合理的空间碎片轨道积分数值计算方法，也可以提高长期演化的计算效率和稳定性。通常选取能够自启动的单步积分方法，如龙格-库塔积分器；或选取多步积分方法，如亚当斯预估校正积分器。从积分计算效率看，多步积分方法具有优势，因为其通常在积分步长内只进行一次摄动力计算，而单步积分方法在步长控制方面具有优势，当考虑空间碎片短周期运动项时，单步积分方法的稳定性更好[4,53]。

2.2.6　空间碎片环境长期演化结果的精度分析

采用蒙特卡罗方法对空间碎片环境进行长期演化分析，一次演化计算结果具有很强的随机性，不能代表演化模型的期望结果。根据随机抽样方法理论，蒙特卡罗仿真次数越多，多次结果的平均值越趋近于演化的期望结果[94]。Liou[95]和 Dolado-Perez 等[17]通过对空间碎片环境的多次演化结果进行抽样统计，研究了演化计算结果的精度与仿真次数的关系。在 Liou 的研究中，首先对 2005～2014 年的空间碎片环境进行了 200 次蒙特卡罗仿真计算，以 200 次结果的平均值作为空间碎片环境的期望演化结果。利用统计理论中的自助法[96]对 200 次结果的统计特性进行分析。结论表明，200 次结果的平均值可以很好地代表空间碎片环境演化结果的期望值，平均值的偏差为 1.5%，且以 90%的置信度落在平均值±2.5%区间内。然后，通过抽样方法，确定抽样次数和演化结果精度的关系。结果表明，10 次蒙特卡罗仿真结果的平均值，以 90%的概率落在期望结果(200 次蒙特卡罗仿真结果的平均值)±10%以内；若增加仿真次数，则仿真精度提高，例如，20 次蒙特卡罗仿真结果的平均值，以 90%的概率落在期望值±5%区间内。

图 2.6 给出蒙特卡罗仿真次数和空间碎片环境演化结果精度的关系，可以将其作为蒙特卡罗仿真次数选取的参考。然而，图 2.6 的结果与碰撞概率计算方法相关[95]。由于同样采用了立方体碰撞概率模型，Dolado-Perez[17]在分析 MEDEE 模型演化结果的可靠性时，得到与图 2.6 所示相似的结果。南开普敦大学 Lidtke 等[97]利用 25000 个蒙特卡罗仿真样本，对空间碎片环境演化结果的统计特性进行了分析，指出演化结果的可靠性随着蒙特卡罗仿真样本容量增加而提高。

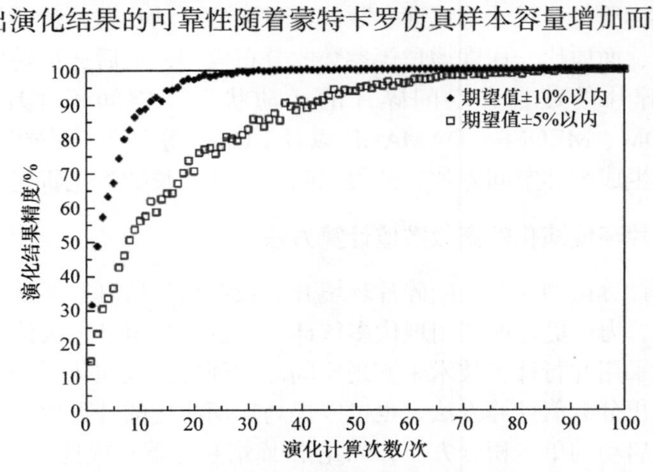

图 2.6　蒙特卡罗仿真次数和空间碎片环境演化结果精度的关系

2.3　空间碎片环境带来的安全问题研究

2.3.1　空间碎片环境对空间资源可持续开发利用带来的风险

根据已有的观测数据，空间碎片的数量逐年增加，若这种趋势一直保持下去，则有重要价值的轨道资源将更多地被空间碎片所挤占，航天器在轨运行受到的碰撞风险也会不断增大，从而严重影响空间资源的可持续开发利用。空间碎片环境的长期演化，空间碎片数量的增长速度，成为人类发展航天技术必须关注的重要安全课题。Kessler 等[2]在 1978 年率先对空间碎片环境的演化增长趋势进行了研究，通过分析人造卫星在轨发生碰撞解体的频率，指出在当时空间目标规模和分布状态下，空间碎片数量会有由于连锁碰撞而引起雪崩式增加的可能。后人将这种空间目标之间的连锁碰撞效应称为 Kessler 现象，这种效应最终会使空间充满了碎片，人类将无法继续利用空间资源。

Liou 等[59, 98]基于演化模型 LEGEND，通过跟踪每个空间目标的运动状态，对空间碎片环境的变化趋势进行了分析，并于 2006 年在 *Science* 杂志上发文指出，即使在停止一切航天发射任务的条件下，由于空间目标之间的相互碰撞作用，空间碎片的数量仍将持续增加，如图 2.7 所示。

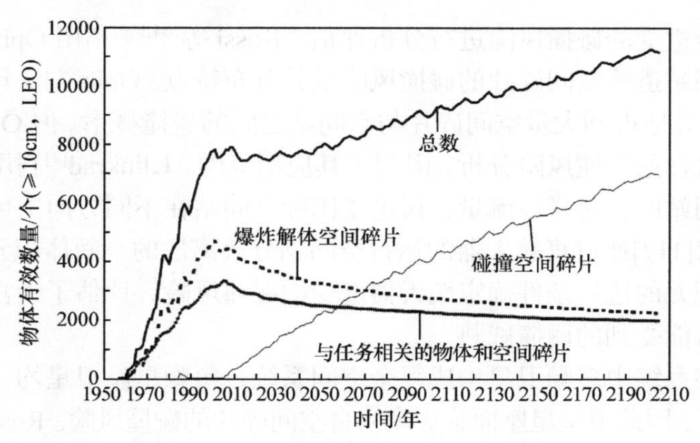

图 2.7　基于 LEGEND 模型得到的空间碎片环境的演化趋势

文献[4]、[12]、[16]、[17]和[99]～[103]进一步研究了在考虑航天发射活动、航天器爆炸解体等条件下空间碎片环境的演化状态。结果均表明，在上述影响因素的作用下空间碎片数量将以更快的速度增长。2013 年，在国际机构间空间碎片协调委员会(Inter-Agency Space Debris Coordination Committee，IADC)的组织下，Liou 等[15]分别利用 SDM、DELTA、LEGEND 和 DAMAGE 等 6 种演化模型，分析了空间碎片环境在未来 200 年内的演化状态，演化计算中，不考虑航天器爆炸解体；未来航天发射活动以 9 年为一个周期，重复 2001～2009 年的发射规模。上述演化模型的平均结果表明，即使 90%以上寿命末期的航天器均机动进入 25 年寿命轨道，未来 200 年内尺寸大于 10cm 的空间碎片数量仍将增加 30%，达到 2.3 万个。

针对空间碎片规模不断增加的趋势，文献[68]和[103]～[109]讨论了空间碎片增加趋势减缓的方法，指出采用空间绳系捕获离轨、离子束推移离轨以及机械臂抓捕离轨等主动空间碎片清除技术是最有效的手段，并通过空间碎片环境演化模型对主动清除方法进行了效能评估。然而，主动清除在轨实施的技术难度和经济代价高，设计经济可行的主动清除方法仍是一个难题[110-112]。

2.3.2　空间碎片环境对航天器的碰撞风险

大量无控的空间碎片，使得空间站、卫星星座等重要的空间系统面临被撞击失效甚至解体的风险。随着空间碎片数量的增加，这种碰撞风险也变得日益严峻。国际空间站作为当前在轨运行的最大型航天器，几乎每年都需要针对空间碎片的碰撞威胁进行碰撞规避机动[113-115]。在 2011 年 4 月～2012 年 4 月，国际空间站进行了 4 次空间碎片碰撞规避机动，还有 2 次由于未能及时地实施轨道机动，航天员只能临时撤离到联盟号飞船中去避险[113]。

基于空间碎片环境的长期演化结果，可以实现对航天器在轨运行期间或整个寿命期间可能遭受的碰撞风险进行分析评估。Rossi 等[64,116]利用 Öpik[62]方法，讨论了国际空间站遭受空间碎片的碰撞风险及其分布特点。Öpik 方法具有解析表达形式，能够高效地得到大量空间碎片与空间站之间的碰撞概率。但 Öpik 方法仅适合于圆轨道目标的碰撞风险分析，限制了其应用范围。Klinkrad[4]利用空间碎片相对于国际空间站的相对碰撞流量，讨论了国际空间站在不同方向上可能遭受的碰撞风险。文献[117]通过将航天器的运行空间划分成离散的空间体积元，利用目标穿越空间体积元的边界条件确定航天器遭受的碰撞风险，评估了天宫二号载人执行任务期间可能受到的碰撞威胁。

卫星星座系统由多颗卫星构成复杂空间系统，每颗星座卫星均"暴露"在空间碎片环境中，因此卫星星座面临更多来自空间碎片的碰撞风险。Rossi 等[64, 118, 119]利用 Öpik 方法，对卫星星座在轨运行期间遭受空间碎片碰撞的风险进行了分析。星座卫星均运行在同一个轨道高度上，且卫星分布构型相对稳定，因此若在星座卫星运行高度附近发生目标解体事件，则整个卫星星座系统将面临严重的碰撞威胁。文献[120]～[124]进一步讨论了由目标解体而产生的空间碎片云对卫星星座的长期碰撞风险。文献[125]讨论了星座卫星的解体可能引起局部高度范围内出现连锁式的碰撞效应。

参 考 文 献

[1] Zhang Y L, Wang Z K. Space traffic safety management and control[J]. IEEE Transactions on Intelligent Transportation Systems, 2016, 17(4): 1189-1192.

[2] Kessler D J, Cour-Palais B G. Collision frequency of artificial satellites: The creation of a debris belt[J]. Journal of Geophysical Research: Space Physics, 1978, 83(A6): 2637-2646.

[3] Liou J C. Collision activities in the future orbital debris environment[J]. Advances in Space Research, 2006, 38(9): 2102-2106.

[4] Klinkrad H. Space Debris: Models and Risk Analysis[M]. Berlin-Heidelberg: Springer Praxis, 2006.

[5] Klinkrad H, Bendisch J, Bunte K D, et al. The MASTER-99 space debris and meteoroid environment model[J]. Advances in Space Research, 2001, 28(9): 1355-1366.

[6] Bendisch J, Bunte K, Klinkrad H, et al. The MASTER-2001 model[J]. Advances in Space Research, 2004, 34(5): 959-968.

[7] Flegel S, Gelhaus J, Möckel M, et al. Maintenance of the ESA-MASTER Model[R]. Braunschweig: Institute of Aerospace Systems, 2011.

[8] Flegel S, Gelhaus J, Wiedemann C, et al. The MASTER-2009 space debris environment model[C]. Fifth European Conference on Space Debris, Darmstadt, 2009: 1-8.

[9] Bastida-Virgili B. DELTA(debris evolution long-term analysis)[C]. 6th International Workshop on Astrodynamics Tools and Techniques, Darmstadt, 2016:1-10.

[10] Martin C E, Cheese J E, Klinkrad H. Space debris environment analysis with DELTA 2.0[C]. 55th International Astronautical Congress, Vancouver, 2004: 1-10.

[11] Martin C, Walker R, Klinkrad H. The sensitivity of the ESA DELTA model[J]. Advances in Space Research, 2004, 34(5): 969-974.

[12] Rossi A, Anselmo L, Pardini C, et al. The new space debris mitigation(SDM 4.0) long-term evolution code[C]. 5th European Conference on Space Debris, Noordwijk, 2009:1-13.

[13] Rossi A, Anselmo L, Pardini C, et al. Analysis of the space debris environment with SDM 3.0 [C]. 55th International Astronautical Congress of the International Astronautical Federation, the International Academy of Astronautics, and the International Institute of Space Law, Vancouver, 2004: 1-8.

[14] Rossi A, Cordelli A, Pardini C, et al. Modelling the space debris evolution: Two new computer codes[J]. Advances in the Astronautical Sciences, 1995, 89: 1217.

[15] Liou J, Anilkumar A, Bastida B, et al. Stability of the future LEO environment: An IADC comparison study[C]. Sixth European Conference on Space Debris, ESOC, Darmstadt, 2013: 1-10.

[16] Dolado-Perez J C, di Costanzo R, Revelin B. Introducing MEDEE: A new orbital debris evolutionary model[C]. 6th European Conference on Space Debris, Darmstadt, 2013:1-11.

[17] Dolado-Perez J C, Revelin B, di Costanzo R. Sensitivity analysis of the long-term evolution of the space debris population in LEO[J]. Journal of Space Safety Engineering, 2015, 2(1): 12-22.

[18] Lewis H G, Swinerd G, Williams N, et al. DAMAGE: A dedicated GEO debris model framework[C]. 3rd European Conference on Space Debris, Darmstadt, 2001: 1-6.

[19] Lewis H G, Horbury T. Implications of prolonged solar minimum conditions for the space debris population[C]. 6th European Conference on Space Debris, Darmstadt, 2013:1-8.

[20] Reynolds R C, Eichler P. A comparison of debris environment projections using the evolve and chain models[J]. Advances in Space Research, 1995, 16(11): 127-135.

[21] Krisko P H. NASA long-term orbital debris modeling comparison: LEGEND and EVOLVE[C]. 54th International Astronautical Congress of the International Astronautical Federation, the International Academy of Astronautics, and the International Institute of Space Law, Darmstadt, 2003: 1-8.

[22] Martin C, Lewis H, Walker R. Studying the MEO&GEO space debris environments with the Integrated Debris Evolution Suite(IDES) model[C]. 3rd European Conference on Space Debris, Darmstadt, 2001: 1-4.

[23] Radtke J, Mueller S, Schaus V, et al. LUCA2: An enhanced long-term utility for collision analysis[C]. 7th European Conference on Space Debris, Darmstadt, 2017:1-12.

[24] Radtke J, Stoll E. Comparing long-term projections of the space debris environment to real world data: Looking back to 1990[J]. Acta Astronautica, 2016, 127: 482-490.

[25] Rossi A, Cordelli A, Farinella P, et al. Collisional evolution of the earth's orbital debris cloud [J]. Journal of Geophysical Research: Planets, 1994, 99(E11): 23195-23210.

[26] Rossi A, Anselmo L, Cordelli A, et al. Modelling the evolution of the space debris population [J]. Planetary and Space Science, 1998, 46(11/12): 1583-1596.

[27] Talent D L. Analytic model for orbital debris environmental management[J]. Journal of Spacecraft and Rockets, 1992, 29(4): 508-513.

[28] Lewis H G, Swinerd G G, Newland R J, et al. The fast debris evolution model[J]. Advances in Space Research, 2009, 44(5): 568-578.
[29] Nazarenko A I. Prediction of the space debris spatial distribution on the basis of the evolution equations[J]. Acta Astronautica, 2014, 100: 47-56.
[30] Kebschull C, Scheidemann P, Hesselbach S, et al. Simulation of the space debris environment in LEO using a simplified approach[J]. Advances in Space Research, 2017, 59(1): 166-180.
[31] Farinella P, Cordelli A. The proliferation of orbiting fragments: A simple mathematical model [J]. Science & Global Security, 1991, 2(4): 365-378.
[32] Smirnov N N, Nazarenko A I, Kiselev A B. Continuum model for space debris evolution with account of collisions and orbital breakups[J]. Space Debris, 2000, 2(4): 249-271.
[33] Smirnov N N, Nazarenko A, Kiselev A. Modelling of the space debris evolution based on continua mechanics[J]. Space Debris, 2001, 473: 391-396.
[34] Smirnov N N. Space Debris Hazard Evaluation and Mitigation[M]. New York: Taylor & Frabcis, 2002.
[35] McInnes C R. Simple analytic model of the long-term evolution of nanosatellite constellations [J]. Journal of Guidance, Control, and Dynamics, 2000, 23(2): 332-338.
[36] McInnes C R. An analyticcal model for the catastrophic production of orbital debris[J]. ESA Journal, 1993, 17(4): 293-305.
[37] Francesca L. Space debris cloud evolution in low earth orbit[D]. United Kingdom: University of Southampton, 2016.
[38] Francesca L, Colombo C, Lewis H G. Analytical model for the propagation of small-debris-object clouds after fragmentations[J]. Journal of Guidance, Control, and Dynamics, 2015, 38(8): 1478-1491.
[39] Liou J C, Hall D T, Krisko P H, et al. LEGEND: A three-dimensional LEO-to-GEO debris evolutionary model[J]. Advances in Space Research, 2004, 34(5): 981-986.
[40] Fraysse H, Morand V, le Fevre C, et al. Long term orbit propagation techniques developed in the frame of the French Space Act[C]. 22nd International Symposium on Space Flight Dynamics, Noordwijk, 2011:1-10.
[41] Lewis H G, White A E, Crowther R, et al. Synergy of debris mitigation and removal[J]. Acta Astronautica, 2012, 81(1): 62-68.
[42] Jehn R. Dispersion of debris clouds from on-orbit fragmentation events[C]. Dresden International Astronautical Federation Congress, Dresden, 1990:1-14.
[43] Zhang B B, Wang Z K, Zhang Y L. An analytic method of space debris cloud evolution and its collision evaluation for constellation satellites[J]. Advances in Space Research, 2016, 58(6): 903-913.
[44] Chobotov V. Dynamics of orbiting debris clouds and the resulting collision hazard to spacecraft [J]. Journal of the British Interplanetary Society, 1990, 43(5): 187-194.
[45] McKnight D. A phased approach to collision hazard analysis[J]. Advances in Space Research, 1990, 10(3): 385-388.
[46] Ashenberg J. Formulas for the phase characteristics in the problem of low-earth-orbital debris

[J]. Journal of Spacecraft and Rockets, 1994, 31(6): 1044-1049.
[47] Stark J P W. Evolution of debris clouds to microscopically chaotic motion[J]. Journal of Spacecraft and Rockets, 2001, 38(4): 554-562.
[48] Groves G V. Motion of a satellite in the earth's gravitational field[J]. Proceedings of the Royal Society of London, 1960, 254(1276): 48-65.
[49] Gladman B, Michel P, Froeschle C. The near-earth object population[J]. Icarus, 2000, 146(1): 176-189.
[50] Rossi A. Resonant dynamics of medium earth orbits: Space debris issues[J]. Celestial Mechanics and Dynamical Astronomy, 2008, 100(4): 267-286.
[51] Abbot R I, Wallace T P. Decision support in space situational awareness[J]. Lincoln Laboratory Journal, 2007, 16(2): 297.
[52] 蒋超. 航天器相对运动的摄动及其补偿控制[D]. 北京：清华大学, 2015.
[53] Montenbruck O, Gill E. Satellite Orbits: Models, Methods and Applications[M]. Berlin: Springer Science & Business Media, 2012.
[54] Gurfil P. Modern Astrodynamics[M]. Amsterdam: Butterworth-Heinemann, 2006.
[55] Gurfil P, Seidelmann P K. Celestial Mechanics and Astrodynamics: Theory and Practice[M]. Berlin: Springer, 2016.
[56] 李彬，桑吉章，宁津生. 空间碎片半解析法轨道预报精度性能分析[J]. 红外与激光工程, 2015, 44(11): 3310-3316.
[57] King-Hele D G. Satellite Orbits in an Atmosphere: Theory and Application[M]. Berlin: Springer Science & Business Media, 1987.
[58] Liou J C, Weaver J. Orbital dynamics of high area-to ratio debris and their distribution in the geosynchronous region[C]. 4th European Conference on Space Debris, Darmstadt, 2005:1-11.
[59] Liou J C, Johnson N L. Instability of the present LEO satellite populations[J]. Advances in Space Research, 2008, 41(7): 1046-1053.
[60] Fraysse H, Morand V, le Fevre C, et al. STELA: A tool for long term orbit propagation[C]. 6th European Conference on Space Debris, ESOC, Darmstadt, 2013:1-8.
[61] Rosengren A J. Long-term dynamical behavior of highly perturbed natural and artificial celestial bodies[D]. Boulder: University of Colorado at Boulder, 2014.
[62] Öpik E J. Collision Probabilities with the Planets and the Distribution of Interplanetary Matter [M]. Dublin: Royal Irish Academy, 1951.
[63] Rossi A, Farinella P. Collision rates and impact velocities for bodies in low earth orbit[J]. ESA Journal, 1992, 16(3): 339-348.
[64] Rossi A, Valsecchi G B. Collision risk against space debris in earth orbits[J]. Celestial Mechanics and Dynamical Astronomy, 2006, 95(1-4): 345-356.
[65] Wetherill G W. Collisions in the asteroid belt[J]. Journal of Geophysical Research, 1967, 72(9): 2429-2444.
[66] Kessler D J. Derivation of the collision probability between orbiting objects: The lifetimes of Jupiter's outer moons[J]. Icarus, 1981, 48(1): 39-48.
[67] Liou J C, Kessler D, Matney M, et al. A new approach to evaluate collision probabilities among

asteroids, comets, and Kuiper Belt objects[C]. Lunar and Planetary Institute Science Conference Abstracts, League City, 2003:1-2.
[68] White A E, Lewis H G. The many futures of active debris removal[J]. Acta Astronautica, 2014, 95: 189-197.
[69] Nations U. Technical report on space debris[R]. New York: United Nations Publication, 1999.
[70] Blake R, Lewis H. The effect of modelling assumptions on predictions of the space debris environment[C]. 65th International Astronautical Congress, Toronto, 2014: 1-10.
[71] Ariyoshi Y, Hanada T. GEODEEM4.0:Updated model for better understanding GEO debris environment[C]. The Twenty-seventh International Symposium on Space Technology and Science, Ibaraki, 2009:1-6.
[72] Patera R P. General method for calculating satellite collision probability[J]. Journal of Guidance, Control, and Dynamics, 2001, 24(4): 716-722.
[73] Akella M R, Alfriend K T. Probability of collision between space objects[J]. Journal of Guidance, Control, and Dynamics, 2000, 23(5): 769-772.
[74] Luo Y Z, Yang Z. A review of uncertainty propagation in orbital mechanics[J]. Progress in Aerospace Sciences, 2017, 89: 23-39.
[75] DeMars K J, Cheng Y, Jah M K. Collision probability with Gaussian mixture orbit uncertainty [J]. Journal of Guidance, Control, and Dynamics, 2014, 37(3): 979-985.
[76] 白显宗. 空间目标轨道预报误差与碰撞概率问题研究[D]. 长沙: 国防科学技术大学, 2013.
[77] 陈磊, 韩蕾, 白显宗. 空间目标轨道力学与误差分析[M]. 北京: 国防工业出版社, 2010.
[78] 白显宗, 陈磊. 基于空间压缩和无穷级数的空间碎片碰撞概率快速算法[J]. 应用数学学报, 2009, 32(2): 336-353.
[79] Serra R, Arzelier D, Joldes M, et al. Fast and accurate computation of orbital collision probability for short-term encounters[J]. Journal of Guidance, Control, and Dynamics, 2016, 39(5): 1009-1021.
[80] Rumpf C, Lewis H G, Atkinson P M. On the influence of impact effect modelling for global asteroid impact risk distribution[J]. Acta Astronautica, 2016, 123: 165-170.
[81] Mercurio M, Singla P. A tree-based approach for efficient and accurate conjunction analysis[J]. Cmes-Computer Modeling in Engineering & Sciences, 2016, 111(3): 229-256.
[82] Denenberg E, Gurfil P. Improvements to time of closest approach calculation[J]. Journal of Guidance, Control, and Dynamics, 2016, 39(9): 1967-1979.
[83] Vittaldev V, Russell R P. Collision probability for space objects using gaussian mixture models [C]. Proceedings of the 23rd AAS/AIAA Space Flight Mechanics Meeting, San Diego, 2013: 1-20.
[84] Coppola V T. Including velocity uncertainty in the probability of collision between space objects [J]. Spaceflight Mechanics 2012, 2012, 143: 2159-2178.
[85] Alfano S. Review of conjunction probability methods for short-term encounters [J]. Advances in the Astronautical Sciences, 2007, 127(1): 719.
[86] Chan K. Improved analytical expressions for computing spacecraft collision probabilities[J]. Advances in the Astronautical Sciences, 2003, 114: 1197-1216.

[87] Chan K. Analytical expressions for computing spacecraft collision probabilities[C]. Proceedings of the 11th Annual AAS/AIAA Space Flight Mechanics Meeting, Santa Barbara, 2001: 305-320.

[88] Akella M R, Alfriend K T. Probability of collision between space objects[J]. Journal of Guidance, Control, and Dynamics, 2000, 23(5): 769-772.

[89] 兰胜威，柳森，李毅，等. 航天器解体模型研究的新进展[J]. 实验流体力学，2014, 28(2): 73-78, 104.

[90] Johnson N L, Krisko P H, Liou J C, et al. NASA's new breakup model of evolve 4.0[J]. Advances in Space Research, 2001, 28(9): 1377-1384.

[91] Liou J C, Rossi A, Krag H, et al. A stability of the future LEO environment[R]. Inter-Agency Space Debris Coordination Committee, 2013.

[92] Möckel M. High performance propagation of large object populations in earth orbits[D]. Berlin: Technische Universität Braunschweig, 2015.

[93] Nikolaev S, de Vries W H, Henderson J R, et al. Modeling the Long-term evolution of space debris: U.S. Patent 9586704[P]. 2017-03-07.

[94] 康崇禄. 蒙特卡罗方法理论和应用[M]. 北京：科学出版社, 2015.

[95] Liou J C. A statistical analysis of the future debris environment[J]. Acta Astronautica, 2008, 62(2-3): 264-271.

[96] Efron B, Tibshirani R J. An Introduction to the Bootstrap[M]. New York: Chapman Hall, 1994.

[97] Lidtke A A, Lewis H G, Armellin R. Statistical analysis of the inherent variability in the results of evolutionary debris models[J]. Advances in Space Research, 2017, 59(7): 1698-1714.

[98] Liou J C, Johnson N L. Risks in space from orbiting debris[J]. Science, 2006, 311(5759): 340-341.

[99] Rossi A, Cordelli A, Farinella P, et al. Long term evolution of the space debris population[J]. Advances in Space Research, 1997, 19(2): 331-340.

[100] Rossi A. Population models of space debris[J]. Dynamics of Populations of Planetary Systems, 2005, 197: 427-438.

[101] Nazarenko A. Estimation of the contribution of the effect of collisions of objects larger than 1cm in size[C]. 30th IADC Meeting, Montreal, 2012:1-8.

[102] Nazarenko A I, Usovik I V. Space debris evolution modeling with allowance for mutual collisions of objects larger than 1cm in size[C]. 6th European Conference on Space Debris, Darmstadt, 2013:1-8.

[103] Liou J C. An active debris removal parametric study for LEO environment remediation[J]. Advances in Space Research, 2011, 47(11): 1865-1876.

[104] Shan M H, Guo J, Gill E. Review and comparison of active space debris capturing and removal methods[J]. Progress in Aerospace Sciences, 2016, 80: 18-32.

[105] White A E, Lewis H G. An adaptive strategy for active debris removal[J]. Advances in Space Research, 2014, 53(8): 1195-1206.

[106] DeLuca L T, Bernelli F, Maggi F, et al. Active space debris removal by a hybrid propulsion module[J]. Acta Astronautica, 2013, 91: 20-33.

[107] Liou J C, Johnson N L, Hill N M. Controlling the growth of future LEO debris populations with active debris removal[J]. Acta Astronautica, 2010, 66(5-6): 648-653.

[108] Lewis H G, Newland R J, Swinerd G G, et al. A new analysis of debris mitigation and removal using networks [J]. Acta Astronautica, 2010, 66(1-2): 257-268.

[109] Ansdell M. Active space debris removal: Needs, implications, and recommendations for today's geopolitical environment[J]. Journal of Public and International Affairs, 2010, 21: 7-22.

[110] Rossi A. Energetic cost and viability of the proposed space debris mitigation measures[J]. Journal of Spacecraft and Rockets, 2002, 39(4): 540-550.

[111] Wiedemann C, Krag H, Bendisch J, et al. Analyzing costs of space debris mitigation methods [J]. Advances in Space Research, 2004, 34(5): 1241-1245.

[112] Schaub H, Jasper L E Z, Anderson P V, et al. Cost and risk assessment for spacecraft operation decisions caused by the space debris environment[J]. Acta Astronautica, 2015, 113: 66-79.

[113] NASA. Increase in ISS debris avoidance maneuvers[J]. Orbital Debris Quarterly News, 2012, 16(2): 1-2.

[114] NASA. Large space object population near the international space station[J]. Orbital Debris Quarterly News, 2014, 18(1): 1-2.

[115] Veniaminov S S, Oleynikov I I, Melnikov E K. Indices of growth of danger for space activities from orbital debris and the related mitigation measures[J]. Kinematics and Physics of Celestial Bodies, 2016, 32(5): 227-232.

[116] Valsecchi G B, Rossi A. Analysis of the space debris impacts risk on the international space station[J]. Celestial Mechanics and Dynamical Astronomy, 2002, 83(1-4): 63-76.

[117] Zhang B B, Wang Z K, Zhang Y L. Collision risk investigation for an operational spacecraft caused by space debris[J]. Astrophysics and Space Science, 2017, 362(4): 1-10.

[118] Rossi A, Valsecchi G B, Farinella P. Risk of collisions for constellation satellites[J]. Nature, 1999, 399(6738): 743.

[119] Rossi A, Valsecchi G B, Farinella P. Collision risk for high inclination satellite constellations [J]. Planetary and Space Science, 2000, 48(4): 319-330.

[120] Pardini C, Anselmo L. Physical properties and long-term evolution of the debris clouds produced by two catastrophic collisions in earth orbit[J]. Advances in Space Research, 2011, 48(3): 557-569.

[121] Wang T. Analysis of debris from the collision of the Cosmos 2251 and the Iridium 33 satellites [J]. Science & Global Security, 2010, 18(2): 87-118.

[122] Pardini C, Anselmo L. Impact risk repercussions on the Iridium and Cosmo-skymed constellations of two recent catastrophic collisions in space[J]. Progress in Propulsion Physics, 2013, 4: 749-762.

[123] Swinerd G, Lewis H, Williams N, et al. Self-induced collision hazard in high and moderate inclination satellite constellations[J]. Acta Astronautica, 2003, 54(3): 191-201.

[124] Pardini C, Anselmo L. Revisiting the collision risk with cataloged objects for the Iridium and COSMO-SkyMed satellite constellations[J]. Acta Astronautica, 2017, 134: 23-32.

[125] Rossi A, Anselmo L, Pardini C, et al. Interaction of the Satellite Constellations with the Low Earth Orbit Debris Environment[M]. Dordrecht: Springer Netherlands, 1998.

第 3 章　空间碎片环境的长期演化计算模型

本章将通过跟踪单个空间碎片的运动状态，在深入分析空间碎片运动的力学环境、目标相互碰撞作用以及航天发射活动等影响因素的基础上，建立空间碎片环境的长期演化计算模型。长期演化计算模型的基本框架如图 3.1 所示。

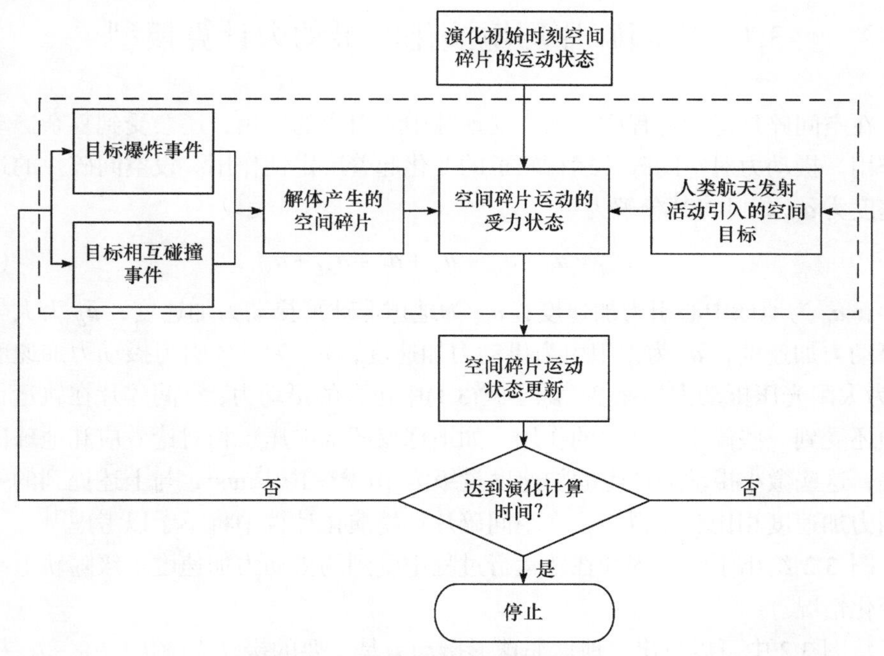

图 3.1　长期演化计算模型的基本框架

图 3.1 中用虚线框出了影响空间碎片环境演化的主要因素，其中目标爆炸事件、目标相互碰撞事件以及人类航天发射活动等都会引起空间碎片规模不断增大；空间碎片在空间运动过程中的受力，尤其是大气阻力的作用，会引起空间碎片运行轨道高度降低，最终导致空间碎片再入大气层销毁。在多种影响因素综合作用下，空间碎片数量将随时间不断动态变化。因此，在构建长期演化计算模型时，需要在不断增加的空间碎片数量、演化计算效率和精度以及计算平台的数值运算能力之间进行权衡，确保在有限计算资源和计算时间的条件下，得到空间碎片环境的长期演化结果。

本章首先在分析地球非球形摄动力、大气阻力、三体引力和太阳光压等的作用量级及其对空间碎片环境演化影响特点的基础上，建立能够反映空间碎片环境长期分布规律、适合长期演化计算的摄动力计算模型。然后，针对演化过程中目标相互碰撞事件，分别建立目标相互碰撞概率模型和目标解体产生空间碎片的模拟方法；针对航天发射活动，基于历史航天发射数据，确定未来通过航天发射进入空间碎片环境中的航天器规模。最后，建立空间碎片运动状态更新积分计算模型和大规模空间碎片的并行演化计算框架，实现空间碎片环境的长期数值演化。

3.1　空间碎片环境演化的摄动力计算模型

在空间碎片运动过程中，除了受地球中心引力的作用，还会受到复杂摄动力的作用。摄动力对空间碎片运行轨道的变化起着决定性作用。设空间碎片的运动加速度为$\boldsymbol{a}_{sd}$，可将其分解为

$$\boldsymbol{a}_{sd} = \boldsymbol{a}_0 + \boldsymbol{a}_{ns} + \boldsymbol{a}_d + \boldsymbol{a}_S + \boldsymbol{a}_M + \boldsymbol{a}_{sr} \tag{3.1}$$

式中，$\boldsymbol{a}_0$为地球中心引力加速度；$\boldsymbol{a}_{ns}$为地球非球形摄动力加速度；$\boldsymbol{a}_d$为大气阻力摄动力加速度；$\boldsymbol{a}_S$为太阳引力摄动力加速度；$\boldsymbol{a}_M$为月球引力摄动力加速度；$\boldsymbol{a}_{sr}$为太阳光压摄动力加速度。除了式(3.1)中包含的摄动力，空间碎片在轨运行过程中还受到一些微小摄动力的作用，如地球反照辐射压、相对论效应和地球固体潮等，这些微小摄动力产生的加速度量级为10^{-18}～$10^{-15}\mathrm{m/s^2}$，与上述提到的主要摄动力加速度相比要小得多，在空间碎片环境演化计算中将不予以考虑[1]。

图 3.2 给出了空间碎片在轨运行过程中受到的摄动力加速度量级随轨道高度的变化情况。

从图 3.2 中可以看出，地球非球形摄动力是主要的摄动力(图中$J_{2,0}$～$J_{4,4}$摄动项加和的变化曲线与J_2项摄动力的作用曲线重合)。大气阻力对低轨道目标影响较为明显。由于大气密度随轨道高度的增加呈现指数趋势衰减，大气阻力随轨道高度的增加迅速减小。当空间碎片轨道高度超过 3000km 时，可以近似忽略大气阻力的作用。太阳/月球的三体引力摄动随轨道高度的增加而缓慢增加，成为高轨道上空间碎片运动的主要摄动力。尽管地球非球形摄动力和三体引力摄动力是保守力，不会对空间碎片运行轨道高度产生长期衰减作用，但它们会对空间碎片的轨道倾角、偏心率等参数产生长期影响。太阳光压摄动会对空间碎片的轨道产生周期性的干扰作用，因此对于面质比较大的空间碎片，不能忽略太阳光压摄动力作用[2,3]。

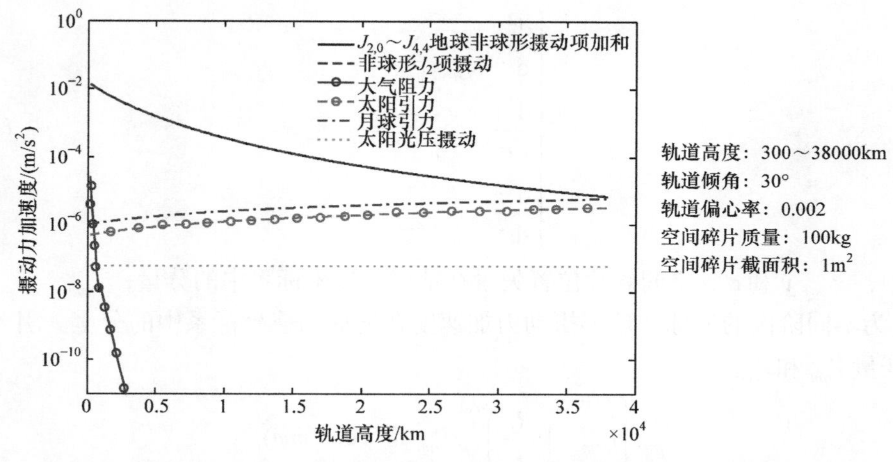

图 3.2　空间碎片受到的主要摄动力加速度量级随轨道高度变化情况

以上从整体上分析了摄动力的大小及其对空间碎片轨道的影响。摄动力的计算模型比较复杂，例如，对于地球非球形摄动力和大气阻力摄动力，考虑不同阶数的重力场模型和不同精度的大气密度模型，得到的计算精度和所需的计算量不同。下面将详细分析不同摄动力对空间碎片演化分布的作用，并确定适合空间碎片环境长期演化的摄动力计算模型。

3.1.1　地球非球形摄动力对空间碎片环境演化的影响

从图 3.2 中可以看出，地球非球形摄动力是空间碎片在轨运行受到的量级最大的摄动力。其中，非球形 J_2 项的摄动影响最为显著，会对空间碎片轨道产生周期性影响。为了方便讨论，本小节简略给出地球非球形摄动力加速度的计算方法[4,5]。地球非球形摄动力势函数通常用球谐函数展开，其表达式为

$$U=\frac{\mu_E}{r}\sum_{n=2}^{\infty}\sum_{m=0}^{n}\left(\frac{R_E}{r}\right)^n P_{nm}(\sin\phi)\left[C_{nm}\cos(m\varphi)+S_{nm}\sin(m\varphi)\right] \tag{3.2}$$

式中，μ_E 为地球引力常数；n 和 m 分别为地球重力场模型的阶数和次数；(r,φ,ϕ) 为空间碎片在地球固连坐标系内的位置坐标，分别对应地心距、地理经度和地理纬度；R_E 为地球平均半径；$P_{nm}(\cdot)$ 为缔合勒让德多项式；C_{nm}、S_{nm} 为地球引力场系数，由地球的质量分布情况决定。

定义地球固连坐标系 (x_B,y_B,z_B)，原点位于地心；x_B 轴在赤道平面内，指向本初子午线；z_B 轴垂直于赤道面，指向地理北极；y_B 轴构成右手坐标系。在地球非球形摄动力作用下，空间碎片运动加速度在地球固连坐标系中的分量表达式为

$$\begin{cases} \dfrac{\mathrm{d}^2 x}{\mathrm{d}t^2} = \sum\limits_{n=0}^{\infty}\sum\limits_{m=0}^{n} \ddot{x}_{nm} \\ \dfrac{\mathrm{d}^2 y}{\mathrm{d}t^2} = \sum\limits_{n=0}^{\infty}\sum\limits_{m=0}^{n} \ddot{y}_{nm} \\ \dfrac{\mathrm{d}^2 z}{\mathrm{d}t^2} = \sum\limits_{n=0}^{\infty}\sum\limits_{m=0}^{n} \ddot{z}_{nm} \end{cases} \tag{3.3}$$

式中，x、y和z为空间碎片位置矢量在地球固连坐标系中的分量；$\ddot{x}_{nm}$、$\ddot{y}_{nm}$和$\ddot{z}_{nm}$为不同阶次的地球非球形摄动力加速度在地球固连坐标系中的分量。引入中间变量V_{nm}和W_{nm}：

$$\begin{cases} V_{nm} = \left(\dfrac{R_E}{r}\right)^{n+1} P_{nm} \sin\phi \cos(m\varphi) \\ W_{nm} = \left(\dfrac{R_E}{r}\right)^{n+1} P_{nm} \sin\phi \sin(m\varphi) \end{cases} \tag{3.4}$$

利用变量V_{nm}和W_{nm}，式(3.3)中$\ddot{x}_{nm}$、$\ddot{y}_{nm}$和$\ddot{z}_{nm}$可利用下述迭代公式计算：

$$\ddot{x}_{nm} = \begin{cases} \left(\dfrac{\mu_E}{R_E^2}\right)\left(-C_{n0}V_{n+1,1}\right), \quad m=0 \\ \dfrac{1}{2}\left(\dfrac{\mu_E}{R_E^2}\right)\left[\begin{array}{l}\left(-C_{nm}V_{n+1,m+1} - S_{nm}W_{n+1,m+1}\right) \\ +(n-m+1)(n-m+2)\left(C_{nm}V_{n+1,m-1} + S_{nm}W_{n+1,m-1}\right)\end{array}\right], \quad m>0 \end{cases} \tag{3.5}$$

$$\ddot{y}_{nm} = \begin{cases} \left(\dfrac{\mu_E}{R_E^2}\right)\left(-C_{n0}W_{n+1,1}\right), \quad m=0 \\ \dfrac{1}{2}\left(\dfrac{\mu_E}{R_E^2}\right)\left[\begin{array}{l}\left(-C_{nm}W_{n+1,m+1} + S_{nm}V_{n+1,m+1}\right) \\ +(n-m+1)(n-m+2)\left(-C_{nm}W_{n+1,m-1} + S_{nm}V_{n+1,m-1}\right)\end{array}\right], \quad m>0 \end{cases} \tag{3.6}$$

$$\ddot{z}_{nm} = \left(\dfrac{\mu_E}{R_E^2}\right)\left[(n-m+1)\left(-C_{nm}V_{n+1,m} - S_{nm}W_{n+1,m}\right)\right] \tag{3.7}$$

式中，中间变量V_{nm}和W_{nm}的迭代计算公式为

$$\begin{cases} V_{nn} = (2n-1)\left(\dfrac{xR_E}{r^2}V_{n-1,n-1} - \dfrac{yR_E}{r^2}W_{n-1,n-1}\right) \\ W_{nn} = (2n-1)\left(\dfrac{xR_E}{r^2}W_{n-1,n-1} + \dfrac{yR_E}{r^2}V_{n-1,n-1}\right) \end{cases} \tag{3.8}$$

$$
\begin{cases}
V_{nm} = \dfrac{2n-1}{n-m}\left(\dfrac{z}{r}\right)\left(\dfrac{R_E}{r}\right)V_{n-1,m} - \dfrac{n+m-1}{n-m}\left(\dfrac{R_E}{r}\right)^2 V_{n-2,m} \\
W_{nm} = \dfrac{2n-1}{n-m}\left(\dfrac{z}{r}\right)\left(\dfrac{R_E}{r}\right)W_{n-1,m} - \dfrac{n+m-1}{n-m}\left(\dfrac{R_E}{r}\right)^2 W_{n-2,m}
\end{cases}, \quad n \neq m \tag{3.9}
$$

式(3.8)和式(3.9)的初始迭代启动项为

$$
\begin{cases}
V_{00} = \dfrac{R_E}{r} \\
V_{10} = \left(\dfrac{R_E}{r}\right)^2 \dfrac{z}{r} \\
W_{n0} = 0, \quad 0 \leqslant n \leqslant n_{\max}
\end{cases} \tag{3.10}
$$

利用式(3.3)～式(3.10)，能够计算出 $n \times m$ 阶重力场模型所对应的地球非球形摄动力加速度。尽管在空间碎片分布演化模型中引入高阶重力场模型，可以提高地球非球形摄动力的计算精度，但从上述计算公式中可以看出，地球重力场阶数越高，迭代计算量越大。需要根据不同地球非球形摄动项的量级，合理选取重力场模型的阶数，在能够反映地球非球形摄动力作用特点的基础上简化摄动力计算模型。

根据式(3.3)～式(3.10)，得到地球非球形主要摄动项产生的摄动力加速度随轨道高度的变化曲线，如图 3.3 和图 3.4 所示。

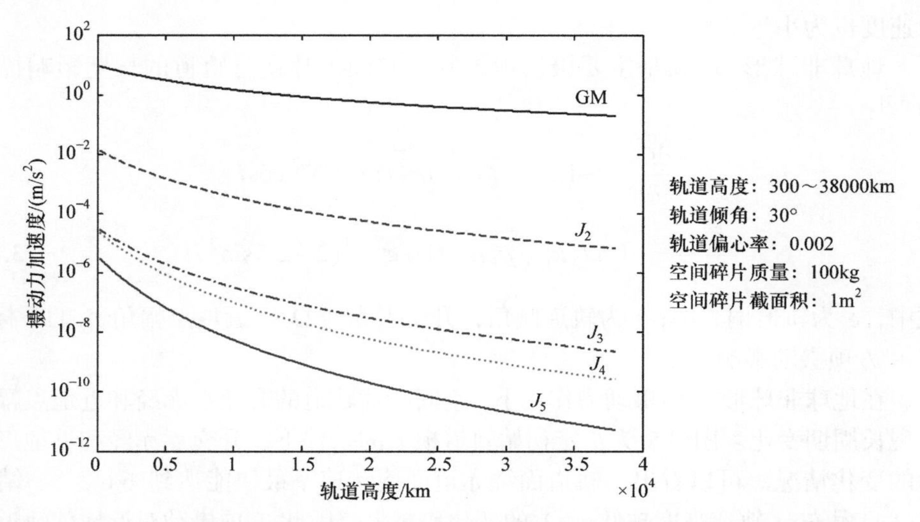

图 3.3　地球非球形主要带谐项引力摄动力加速度随轨道高度的变化曲线

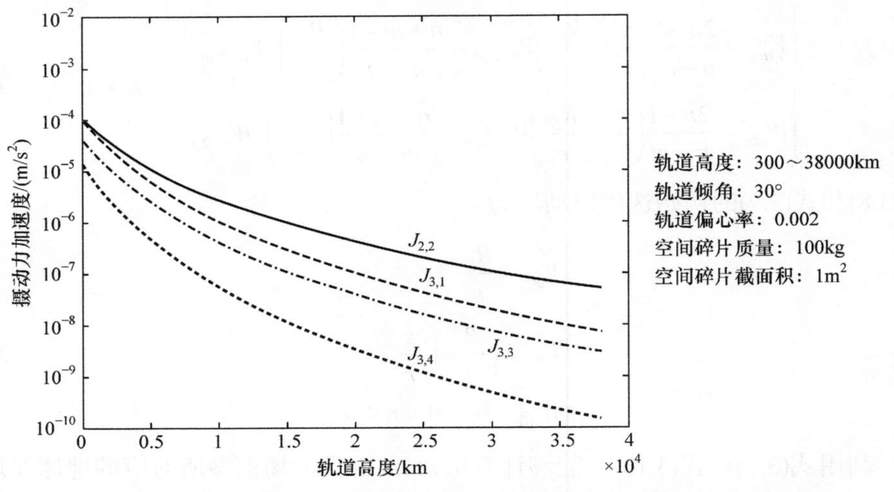

图 3.4　地球非球形主要田谐项引力摄动力加速度随轨道高度的变化曲线

图 3.3 中，地球引力常数曲线对应的是地球中心引力加速度。地球扁率 J_2 项是地球非球形主要摄动项，其大小比地球中心引力项近似小 3 个量级，而比其他地球非球形摄动项引起的加速度大 3 个量级以上。比 J_4 项更高阶的带谐项，如图 3.3 中 J_5 项，产生的摄动力加速度通常小于 10^{-6}m/s^2，且随轨道高度的增加而减小。图 3.4 中给出地球非球形主要田谐项引力摄动力加速度随轨道高度的变化曲线。与地球扁率 J_2 项摄动力加速度相比，比 $J_{4,4}$ 项更高阶的田谐项摄动力加速度也为小量。

地球非球形 J_2 项是主要摄动项，其对空间碎片运行轨道的长期影响描述为[6,7]：

$$\frac{\partial \Omega_2}{\partial t} = -1.5 J_2 R_E^2 \sqrt{\mu_E a^{-7}} (1-e^2)^{-2} \cos i \tag{3.11}$$

$$\frac{\partial \omega_2}{\partial t} = -1.5 J_2 R_E^2 \sqrt{\mu_E a^{-7}} (1-e^2)^{-2} (2-2.5\sin^2 i) \tag{3.12}$$

式中，e 为轨道偏心率；i 为轨道倾角；升交点赤经 Ω_2 和近地点幅角 ω_2 的下标 2 表示 J_2 项摄动影响(下同)。

在地球非球形 J_2 项摄动力作用下，空间碎片轨道的升交点赤经和近地点幅角呈现长周期变化。图 3.5 为给定初始轨道根数的条件下，升交点赤经和近地点幅角的变化情况。可以看出，轨道面绕赤道面旋转速率最快能达到 6.6°/天。结合式(3.11)可知，轨道高度越低，Ω_2 的变化率越大，因此 J_2 项摄动对低地球轨道上空间碎片分布演化的长期影响比较明显。同样，对于近地点幅角的变化率，随轨道倾角变化呈现余弦变化规律，在图 3.5 中给定的条件下，最大能达到 13.2°/天，且随轨道高度的降低变化率会增大。大规模空间碎片运行在不同的轨道上，在 J_2 项摄动力作用下，轨道升交点赤经和近地点幅角变化率出现差异。因此，在空间碎片环境的长期演化过程中，空间碎片轨道的升交点赤经和近地点幅角会逐渐趋于均匀分布，使得空间碎片，尤其是在低地球轨道上的空间碎片，在同一高度上呈现趋于均匀分布的特点。

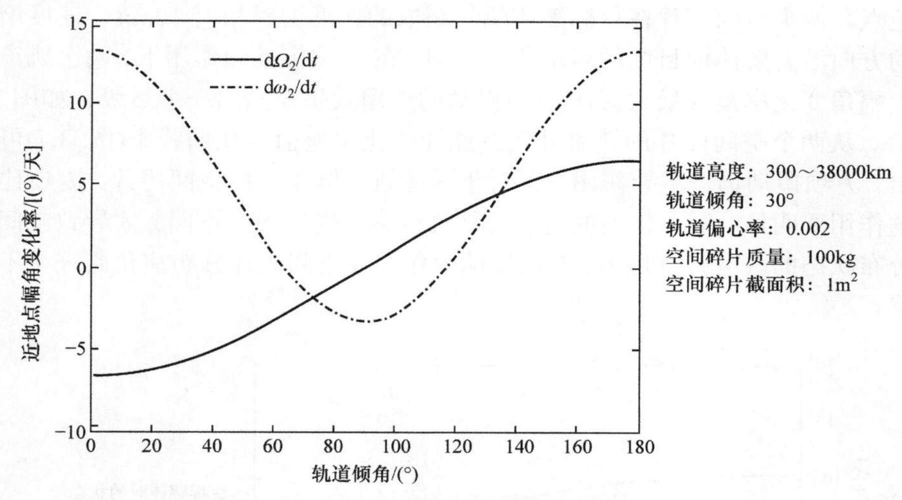

图 3.5　地球非球形 J_2 项对轨道面的长期影响

J_3、J_4 带谐项摄动对空间碎片轨道升交点赤经和近地点幅角也产生了长期影响。式(3.13)～式(3.16)为 J_3、J_4 带谐项摄动力作用下，升交点赤经和近地点幅角变化率的计算公式[6,7]。

$$\frac{\partial \Omega_3}{\partial t}=\frac{3}{8}J_3R_E^3\sqrt{\mu_E a^{-9}}e(1-e^2)^{-3}(15\sin^2 i-4)\cot i\sin\omega \tag{3.13}$$

$$\frac{\partial \omega_3}{\partial t}=-\frac{3}{8}J_3R_E^3\sqrt{\mu_E a^{-9}}e^{-1}(1-e^2)^{-3}\begin{bmatrix}5\cos^2 i-1\\+e^2(35\cos^2 i-4\csc^2 i)\end{bmatrix}\sin i\sin\omega \tag{3.14}$$

$$\frac{\partial \Omega_4}{\partial t}=-\frac{3}{14}J_4R_E^4\sqrt{\mu_E a^{-11}}(1-e^2)^{-4}\begin{bmatrix}(1+1.5e^2)(7\cos^2 i-3)\\-(7\cos^2 i-4)e^2\cos(2\omega)\end{bmatrix}\cos i \tag{3.15}$$

$$\frac{\partial \omega_4}{\partial t}=\frac{15}{32}J_4R_E^4\sqrt{\mu_E a^{-11}}(1-e^2)^{-4}\left\{\begin{array}{l}\begin{bmatrix}\left(49\cos^4 i-36\cos^2 i+3\right)\\+0.75e^2\left(63\cos^4 i-42\cos^2 i+3\right)\end{bmatrix}\\+\begin{bmatrix}\sin^2 i\left(7\cos^2 i-1\right)\\-0.5e^2\left(63\cos^4 i-56\cos^2 i+5\right)\end{bmatrix}\cos(2\omega)\end{array}\right\} \tag{3.16}$$

与地球非球形 J_2 项摄动力作用相比，J_3、J_4 带谐项摄动的影响作用较小，但在大规模空间碎片的演化过程中，尤其对于大量空间目标解体产生的空间碎片，J_3、J_4 带谐项摄动会产生长期影响。图 3.6 和图 3.7 分别给出了两个空间碎片轨道近地点幅角变化率差值和轨道升交点赤经变化率差值随轨道倾角的变化曲线。这两个空间碎片由一个空间目标解体产生，目标解体发生在其轨道的近地点。两个空间碎片在目标解体瞬间获取的速度增量相差 10m/s，速度增量差的方向沿着解体前目标的运动速度方向。在 J_3 项摄动力作用下，两个轨道近地点幅角变化率差异最大，比 J_2 项摄动的作用效果要高出一个量级，如图 3.6 所示。从两个空间碎片的轨道升交点赤经变化率差值变化曲线中(图 3.7)可以看出，J_2 项摄动仍占主导作用，但对于一些轨道倾角上的空间碎片，J_4 项比 J_3 项的作用要明显。需要指出的是，正是轨道参数变化率的不同，才导致空间碎片分布状态的改变，因此 J_3、J_4 项摄动力作用在空间碎片分布演化研究中不可忽略。

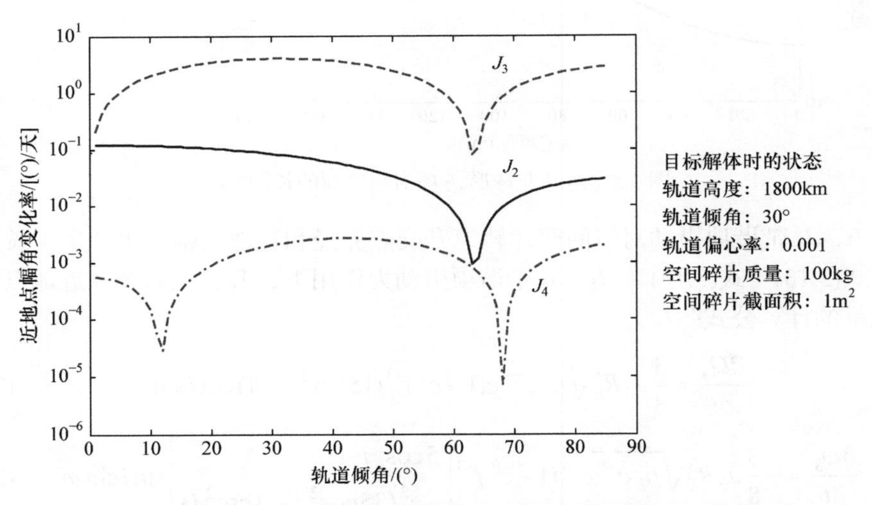

图 3.6　两个空间碎片的轨道近地点幅角变化率差值随轨道倾角的变化

田谐项摄动与经度相关，当空间碎片的轨道周期与地球自转周期为简单整数比时，田谐项摄动力作用效果会不断积累，导致空间碎片的轨道根数呈现长期性变化规律，如地球静止轨道，其周期与地球自转周期相同，在 $J_{2,2}$ 田谐项摄动力作用下形成了共振轨道，地球静止轨道上的空间碎片会出现东西漂移的现象[8-10]。空间碎片轨道在田谐项摄动力作用下的长期性变化，会导致空间碎片在一些特定区域呈现聚集现象，如地球静止轨道上，空间碎片会在东经 75.1°和西经 105.3°附近聚集[11]。因此，空间碎片的长期演化计算中应考虑田谐项的共振摄动力作用。

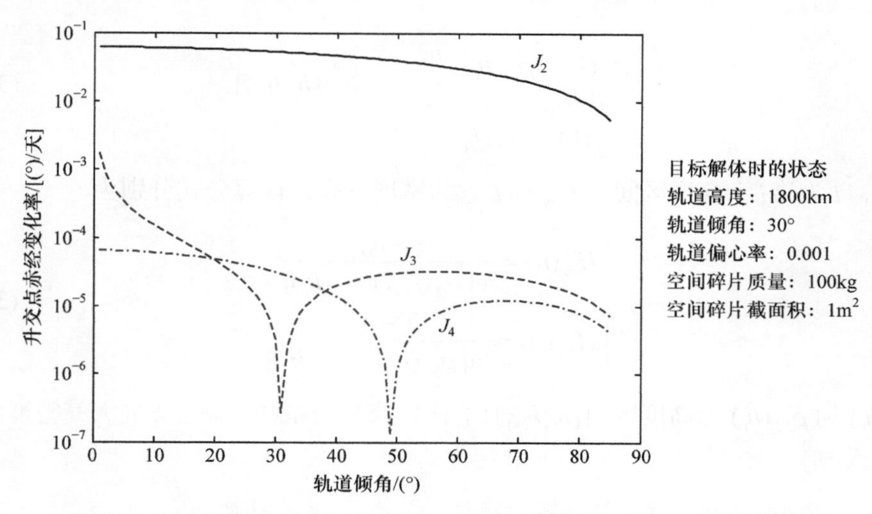

图 3.7　两个空间碎片的轨道升交点赤经变化率差值随轨道倾角的变化

综合上述分析，在建立的空间碎片长期演化计算模型中，地球非球形摄动力模型中将考虑主要带谐项 J_2、J_3、J_4，以及田谐项 $J_{2,1}$、$J_{2,2}$、$J_{3,1}$、$J_{3,2}$、$J_{3,3}$ 和 $J_{4,4}$ 的影响。

3.1.2　大气阻力对空间碎片产生的摄动力加速度

大气阻力是非保守耗散摄动力，能够引起空间碎片轨道高度不断衰减，最终进入大气层销毁，是唯一能够对空间碎片环境起到“净化”作用的摄动力。大气阻力摄动力加速度的表达式为

$$\boldsymbol{a}_d = -\frac{1}{2}C_D\frac{A}{m}\rho|\boldsymbol{v}_{\text{rel}}|\boldsymbol{v}_{\text{rel}} \tag{3.17}$$

式中，C_D 为空间碎片的大气阻力系数；A、m 分别为空间碎片的截面积和质量，截面积和质量的比值 (A/m) 为空间碎片的面质比；ρ 为空间碎片所在位置处大气密度；$\boldsymbol{v}_{\text{rel}}$ 为空间碎片与当地大气的相对运动速度。

在综合考虑大气密度模型复杂度和精度的基础上，选择 Harris-Priester 模型(以下简称为 H-P 模型)描述大气密度的分布状态。在 H-P 模型中，大气密度呈现周日变化、季节变化等周期性变化规律，并受太阳活动影响。在 H-P 模型中，通过对太阳 10.7cm 辐射流量作用的平均等效，计算出离散高度区间内大气密度周日变化的极大值和极小值，具体高度上大气密度则利用插值获取。若在高度区间 $[h_i,h_{i+1}]$，平均太阳活动强度下，大气密度的最小值和最大值分别为 $\rho_m(h_i)$ 和 $\rho_M(h_i)$，则该区间内任意高度 h 处峰底密度和峰顶密度分别为

$$\begin{cases} \rho_m(h) = \rho_m(h_i)\mathrm{e}^{\frac{h_i-h}{H_m}}, & h \in [h_i, h_{i+1}] \\ \rho_M(h) = \rho_M(h_i)\mathrm{e}^{\frac{h_i-h}{H_M}} \end{cases} \tag{3.18}$$

式中，i 为第 i 个高度区间；H_m 和 H_M 为密度标高，计算公式分别为

$$\begin{cases} H_m(h) = \dfrac{h_i - h_{i+1}}{\ln[\rho_m(h_{i+1})/\rho_m(h_i)]} \\ H_M(h) = \dfrac{h_i - h_{i+1}}{\ln[\rho_M(h_{i+1})/\rho_M(h_i)]} \end{cases} \tag{3.19}$$

$\rho_m(h_i)$ 和 $\rho_M(h_i)$ 为高度区间 $[h_i, h_{i+1}]$ 内 H-P 模型的系数。高度 h 处大气密度的计算公式为

$$\rho(h) = \rho_m(h) + [\rho_M(h) - \rho_m(h)]\cos^n\left(\frac{\phi}{2}\right) \tag{3.20}$$

式中，ϕ 为空间碎片地心矢径与周日峰顶方向矢量的夹角。设空间碎片地心矢径的方向矢量为 $\hat{\boldsymbol{r}}$，周日峰顶的方向矢量为 $\hat{\boldsymbol{r}}_S$，则有

$$\cos\phi = \hat{\boldsymbol{r}} \cdot \hat{\boldsymbol{r}}_S \tag{3.21}$$

地心矢径的方向矢量 $\hat{\boldsymbol{r}}$ 可以在空间碎片轨道积分过程中确定，$\hat{\boldsymbol{r}}_S$ 可以利用式(3.22)确定：

$$\hat{\boldsymbol{r}}_S = \begin{bmatrix} \cos\delta_\odot \cos(\alpha_\odot + \lambda_l) \\ \cos\delta_\odot \sin(\alpha_\odot + \lambda_l) \\ \sin\delta_\odot \end{bmatrix} \tag{3.22}$$

式中，$\alpha_\odot$ 和 $\delta_\odot$ 分别为太阳的赤经和赤纬；λ_l 为周日峰相对于太阳方向的滞后角，通常取值为 30°，即滞后 2h。

3.1.3 太阳/月球三体引力对空间碎片产生的摄动力加速度

太阳和月球对空间碎片的引力摄动力加速度 $\boldsymbol{a}_S$ 和 $\boldsymbol{a}_M$ 可以分别表示为

$$\begin{cases} \boldsymbol{a}_S = -\mu_S\left(\dfrac{\boldsymbol{r} - \boldsymbol{r}_S}{|\boldsymbol{r} - \boldsymbol{r}_S|^3} + \dfrac{\boldsymbol{r}_S}{|\boldsymbol{r}_S|^3}\right) \\ \boldsymbol{a}_M = -\mu_M\left(\dfrac{\boldsymbol{r} - \boldsymbol{r}_M}{|\boldsymbol{r} - \boldsymbol{r}_M|^3} + \dfrac{\boldsymbol{r}_M}{|\boldsymbol{r}_M|^3}\right) \end{cases} \tag{3.23}$$

式中，μ_S 和 μ_M 分别为太阳和月球的引力常数；$\boldsymbol{r}_S$ 和 $\boldsymbol{r}_M$ 分别为太阳和月球在 J2000 惯性坐标系中的位置矢量；$\boldsymbol{r}$ 为空间碎片在 J2000 惯性坐标系中的位置矢量。

3.1.4　太阳光压摄动力加速度

太阳光压摄动力加速度计算公式为

$$\boldsymbol{a}_{sr} = k_v C_R \frac{A}{m} P_{\odot} (\mathrm{AU})^2 \frac{\boldsymbol{r} - \boldsymbol{r}_S}{\left|\boldsymbol{r} - \boldsymbol{r}_S\right|^3} \tag{3.24}$$

式中，C_R 为光压参数，是与空间碎片表面材料相关的无量纲量；$P_{\odot}$ 为太阳辐射常数，可近似取值为 $4.56 \times 10^{-6}\mathrm{N/m^2}$；AU 为日地平均距离，取值为 $1.495979 \times 10^{11}\mathrm{m}$；$k_v$ 为阴影系数，当空间碎片在地球本影中时，$k_v = 0$；当空间碎片处于完全光照下时，$k_v = 1$；当空间碎片在地球半影中时，$0 < k_v < 1$。

3.2　空间碎片演化过程的碰撞事件建模

空间目标之间剧烈的碰撞作用会导致目标解体，产生大量的解体空间碎片，严重影响着空间碎片环境。对空间碎片环境演化过程的碰撞事件进行建模包含两个方面：一方面是建立碰撞概率计算模型，确定演化过程可能发生碰撞的空间目标；另一方面是建立目标解体产生空间碎片的模拟方法，产生解体空间碎片。

3.2.1　空间碎片环境演化的碰撞概率计算模型

在空间碎片环境演化计算的过程中，一个确定任意两个目标之间碰撞概率的直接方法是：在每次完成空间碎片运动状态更新后，对所有空间碎片进行两两判断分析，根据两个目标之间的相对运动状态确定是否发生碰撞。若有 N 个空间目标，则需要进行 $N(N-1)/2$ 次碰撞判断，且随着空间碎片数量的增加，碰撞判断的计算时间复杂度是二阶的，即 $O(N^2)$。这种方法计算量大，不利于对大规模空间碎片进行长期演化计算。立方体碰撞概率计算模型[12, 13]通过将空间碎片分布的空间划分成若干立方体单元，在每个立方体单元中判断空间目标是否发生碰撞。碰撞判断的计算量随立方体空间碎片规模线性增加，计算时间复杂度是一阶的[12]，提高了空间碎片环境的演化计算效率。然而，立方体碰撞概率计算模型假设目标相互碰撞服从气体分子运动特点，忽略了目标运动受轨道动力学的约束。

本节通过将空间碎片分布的空间划分成离散的空间体积元，在每个空间体积元内通过分析目标的相对运动状态确定目标是否发生碰撞，建立空间碎片环境演化过程中目标相互碰撞概率模型。

1. 基于离散化空间的碰撞概率计算方法

将空间碎片分布空间划分成离散的空间体积元。沿着地心距、赤经和赤纬方向，分别按照间隔 Δh 、$\Delta\lambda$ 和 $\Delta\varphi$ ，将空间碎片分布空间划分成若干空间体积元，如图 3.8 所示。空间体积元 $C_{i,j,k}$ 定义为

$$C_{i,j,k}=\left\{(r,\lambda,\varphi)\middle\|r-r_i|\leqslant\frac{\Delta h}{2},|\lambda-\lambda_k|\leqslant\frac{\Delta\lambda}{2},|\varphi-\varphi_j|\leqslant\frac{\Delta\varphi}{2}\right\} \tag{3.25}$$

式中，$(r_i,\lambda_k,\varphi_j)$ 为体积元 $C_{i,j,k}$ 中心的球坐标。

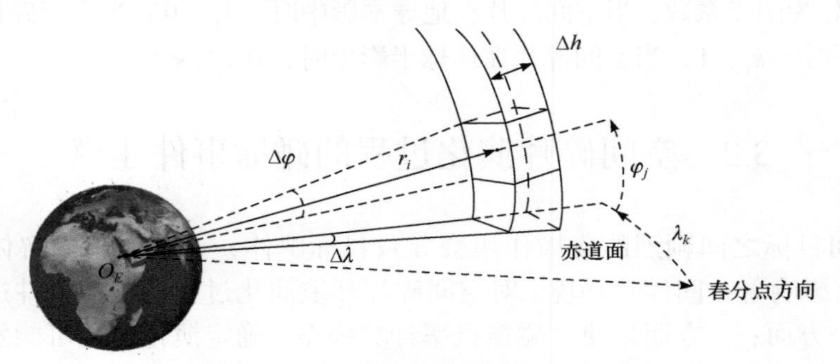

图 3.8　空间碎片分布空间的体积元划分示意图

体积元 $C_{i,j,k}$ 的体积记为 $V_{i,j,k}$ ，其计算公式为

$$\begin{aligned}V_{i,j,k}&=\int_{r_i-\frac{\Delta h}{2}}^{r_i+\frac{\Delta h}{2}}\int_{\varphi_j-\frac{\Delta\varphi}{2}}^{\varphi_j+\frac{\Delta\varphi}{2}}\int_{\lambda_k-\frac{\Delta\lambda}{2}}^{\lambda_k+\frac{\Delta\lambda}{2}}r^2\cos\varphi\mathrm{d}r\mathrm{d}\varphi\mathrm{d}\lambda\\&=\frac{2}{3}\left[3r_i^2+\frac{1}{4}(\Delta h)^2\right]\cos\varphi_j\sin\frac{\Delta\varphi}{2}\cdot\Delta\lambda\cdot\Delta h\end{aligned} \tag{3.26}$$

在确定空间体积元内目标相互碰撞概率的计算方法前，先给出两个假设：①在给定时刻，对于任意目标 i 和目标 j ，假设只有目标 i 和目标 j 处于同一个空间体积元内，两者才有可能发生碰撞；②在空间体积元内，只考虑两个目标发生碰撞的情况，不考虑两个以上目标同时发生碰撞的情况。在上述假设条件下，空间碎片环境演化过程中目标碰撞概率的计算问题，转化为根据目标的相对运动状态，确定同一个体积元内两个目标的碰撞概率问题。

下面针对同一个空间体积元内的两个目标，讨论目标碰撞概率的计算方法。记两个目标分别为目标 M 和目标 F，并假定两个目标同时位于空间体积元 $C_{i,j,k}$ 内。两空间目标外包络的最小外接球半径分别为 R_M 和 R_F ，外接包络球半径之和

记为 $R_c = R_F + R_M$。当两个目标的相对距离小于或等于 R_c 时，认为两个目标发生了碰撞。记两个目标在惯性坐标系中的位置和速度的期望矢量分别为 $\boldsymbol{r}_M$、$\boldsymbol{r}_F$ 和 $\boldsymbol{v}_M$、$\boldsymbol{v}_F$，它们均是时间的函数，则期望相对位置矢量 $\boldsymbol{\rho}$ 和期望相对速度矢量 $\boldsymbol{v}_r$ 可分别表示为

$$\begin{aligned} \boldsymbol{\rho} &= \boldsymbol{r}_F - \boldsymbol{r}_M \\ \boldsymbol{v}_r &= \boldsymbol{v}_F - \boldsymbol{v}_M \end{aligned} \tag{3.27}$$

考虑到空间目标的初始状态误差、动力学模型误差以及状态更新的数值计算误差，将演化计算得到某一时刻目标的运动状态视为随机量。通常空间目标之间相互接近碰撞过程持续的时间较短，可忽略目标碰撞过程中速度矢量的不确定性，在此条件下建立的碰撞概率计算模型为短距离碰撞模型[14,15]。下面主要分析当位置矢量存在随机误差时，两个目标之间的碰撞概率。记两个目标位置矢量的概率密度函数分别为 $p(\boldsymbol{r}_M)$ 和 $p(\boldsymbol{r}_F)$，两个目标的相对位置矢量也是随机量，其概率密度分布函数为 $p(\boldsymbol{\rho})$。以目标 M 的质心为原点，建立轨道坐标系 O_M - $x_U y_N z_W$，其中 x_U 轴与目标轨道相切，指向目标运动速度矢量方向；y_N 轴在目标轨道面内，垂直于目标速度矢量方向，方向从地心指向空间；z_W 轴垂直于轨道面，与 x_U 轴和 y_N 轴构成右手坐标系。称以 O_M 为原点、R_c 为半径的空间球为碰撞球，相应的球面为碰撞球面，如图 3.9 所示。在时间间隔 $[t, t+\mathrm{d}t]$ 内，空间目标 F 沿运行轨道进入碰撞球内的概率 $\mathrm{d}P_c$ 为

$$\mathrm{d}P_c = p(\boldsymbol{\rho})(-\boldsymbol{v}_r \cdot \hat{\boldsymbol{n}})\mathrm{d}S\mathrm{d}t \tag{3.28}$$

式中，P_c 为两个目标发生碰撞的概率；$\mathrm{d}S$ 为碰撞球面的面积微元；$\hat{\boldsymbol{n}}$ 为 $\mathrm{d}S$ 的法向矢量，矢量 $\hat{\boldsymbol{n}}$ 上面的尖角符号表示该矢量为单位矢量，下同。

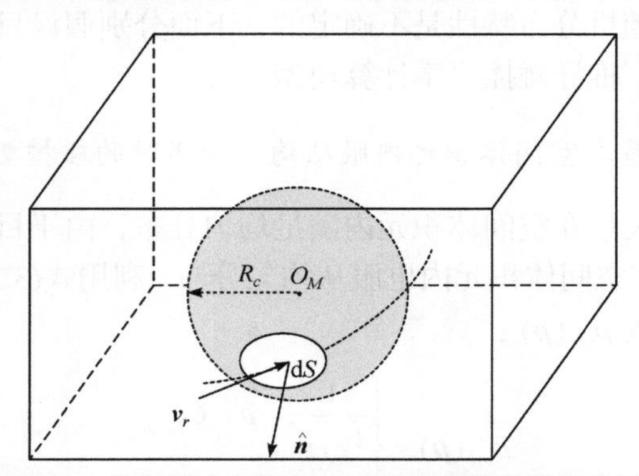

图 3.9　体积元内目标相互碰撞概率的计算示意图

记相对运动速度 $\boldsymbol{v}_r$ 在面积微元 $\mathrm{d}S$ 法向矢量的投影为 v_n，则 $v_n = \boldsymbol{v}_r \cdot \hat{\boldsymbol{n}}$。将式(3.28)沿碰撞球面 S 进行积分，得到时间间隔 $[t_0, t_f]$ 内两个目标发生碰撞的概率

P_c为

$$P_c = -\int_{t_0}^{t_f}\int_{S,v_n\leqslant 0}(\boldsymbol{v}_r\cdot\hat{\boldsymbol{n}})p(\boldsymbol{\rho})\mathrm{d}S\mathrm{d}t \tag{3.29}$$

式(3.29)计算目标F进入碰撞球的概率，即两个目标发生碰撞的概率。定义单位时间内目标相互碰撞的概率为

$$p_c = -\int_{S,v_n\leqslant 0}(\boldsymbol{v}_r\cdot\hat{\boldsymbol{n}})p(\boldsymbol{\rho})\mathrm{d}S \tag{3.30}$$

则碰撞概率可进一步表示为

$$P_c = \int_{t_0}^{t_f} p_c\mathrm{d}t \tag{3.31}$$

在利用式(3.29)确定目标相互碰撞概率时，需要确定目标相对位置矢量的概率分布函数。记两目标位置矢量的分布函数分别为$p(\boldsymbol{r}_M)$和$p(\boldsymbol{r}_F)$，考虑到空间目标的运动是相互独立的，则两个目标位置矢量的联合概率分布为

$$p(\boldsymbol{r}_M,\boldsymbol{r}_F) = p(\boldsymbol{r}_M)p(\boldsymbol{r}_F) \tag{3.32}$$

将$\boldsymbol{r}_F = \boldsymbol{\rho}+\boldsymbol{r}_M$代入式(3.32)中，并对$\boldsymbol{r}_M$进行积分，可以得到$p(\boldsymbol{r}_M,\boldsymbol{\rho}+\boldsymbol{r}_M)$关于$\boldsymbol{r}_M$的边缘概率分布，该分布同时为相对位置矢量的概率分布函数$p(\boldsymbol{\rho})$，则同一个体积元内两个目标相对位置矢量的概率分布函数的计算公式为

$$p(\boldsymbol{\rho}) = \int p(\boldsymbol{r}_M,\boldsymbol{\rho}+\boldsymbol{r}_M)\mathrm{d}\boldsymbol{r}_M \tag{3.33}$$

综上，已知同一个体积元内两目标位置矢量的分布特性，可以利用方程(3.33)得到相对位置矢量的概率分布函数，利用方程(3.29)计算目标之间的碰撞概率。通常目标位置矢量的随机分布特性是不确定的，下面分别假设目标位置矢量服从均匀分布和正态分布，推导碰撞概率计算模型。

2. 目标位置矢量在空间体积元内服从均匀分布时的碰撞概率计算方法

假设目标位置矢量在空间体积元内满足均匀分布，由于目标运动是相互独立的，相对位置矢量在空间体积元内也服从均匀分布，利用式(3.33)可以得到相对位置矢量$\boldsymbol{\rho}$的分布函数$p_{ud}(\boldsymbol{\rho})$：

$$p_{ud}(\boldsymbol{\rho}) = \begin{cases}\dfrac{1}{V_{i,j,k}}, & \boldsymbol{\rho}\in C_{i,j,k}\\ 0, & \boldsymbol{\rho}\notin C_{i,j,k}\end{cases} \tag{3.34}$$

由于目标发生碰撞过程的时间非常短，进一步假设两个目标在空间体积元内的接近过程中速度矢量保持不变，相对运动速度$\boldsymbol{v}_r$也为常矢量。选取计算坐标系，使

得计算坐标系的x轴与相对运动速度矢量方向一致，并用球坐标表示方程(3.29)中的各分量，即$\boldsymbol{v}_r=(v_r,0,0)^{\mathrm{T}}$，$\hat{\boldsymbol{n}}=(\cos\varphi\cos\lambda,\cos\varphi\sin\lambda,\sin\varphi)^{\mathrm{T}}$，$\mathrm{d}S=R_c^2\cos\varphi\mathrm{d}\varphi\mathrm{d}\lambda$。结合式(3.34)和式(3.29)可得

$$P_c=-\frac{R_c v_r}{\Delta V}\int_{t_0}^{t_f}\int_{-\frac{\pi}{2}}^{\frac{\pi}{2}}\int_{\frac{\pi}{2}}^{\frac{3\pi}{2}}\cos^2\varphi\cos\lambda\mathrm{d}\varphi\mathrm{d}\lambda\mathrm{d}t \tag{3.35}$$

对式(3.35)积分可得

$$P_c=\frac{\pi R_c^2 v_r}{\Delta V}(t_f-t_0) \tag{3.36}$$

由式(3.36)可以看出，在目标位置矢量服从均匀分布的假设条件下，对于同时出现在一个空间体积元内的两个目标，它们的碰撞概率正比于相对运动速度v_r。同样，碰撞球的截面积πR_c^2越大，碰撞概率也越大。在对空间碎片分布空间进行离散化时，参考立方体碰撞概率模型体积元划分方法，通常要求空间体积元尺寸不超过空间目标平均轨道半长轴的1%[12,13]。对于碰撞判断时间间隔t_f-t_0，为了保证两个目标相对运动速度矢量为常值的假设合理，要求选取的时间间隔t_f-t_0内，目标轨道没有发生较大变化。

3. 目标位置矢量在空间体积元内服从正态分布时的碰撞概率计算方法

前面假设目标位置矢量在空间体积元内服从均匀分布，得到了碰撞概率的解析表达式(3.36)。均匀分布假设过于简化，没有充分利用目标当前的运动状态。在无更多先验信息的条件下，可以认为通过观测或轨道推演得到的目标运动状态是出现概率最大的状态，并假定目标所在的位置满足正态分布特性。三维正态随机变量$\boldsymbol{x}\in\mathbb{R}^3$的概率密度函数形式为

$$p(\boldsymbol{x};\boldsymbol{\mu}_x,\boldsymbol{C}_x)=\frac{1}{(2\pi)^{3/2}(\det\boldsymbol{C}_x)^{1/3}}\mathrm{e}^{-\frac{1}{2}(\boldsymbol{x}-\boldsymbol{\mu}_x)^{\mathrm{T}}\boldsymbol{C}_x^{-1}(\boldsymbol{x}-\boldsymbol{\mu}_x)} \tag{3.37}$$

式中，$\boldsymbol{\mu}_x$和$\boldsymbol{C}_x$分别为随机变量$\boldsymbol{x}$的均值向量和协方差矩阵；$\det\boldsymbol{C}_x$为矩阵$\boldsymbol{C}_x$的行列式。根据正态分布的性质，有限个相互独立的正态随机变量的线性组合仍然服从正态分布，则相对位置矢量$\boldsymbol{\rho}=\boldsymbol{r}_F-\boldsymbol{r}_M$也服从正态分布，概率密度函数为$p(\boldsymbol{\rho};\boldsymbol{\mu}_\rho,\boldsymbol{C}_\rho)$，其中

$$\begin{cases}\boldsymbol{\mu}_\rho=\boldsymbol{\mu}_{r_F}-\boldsymbol{\mu}_{r_M}\\ \boldsymbol{C}_\rho=\boldsymbol{C}_{r_F}+\boldsymbol{C}_{r_M}\end{cases} \tag{3.38}$$

在利用相对位置矢量的正态概率密度函数计算碰撞概率之前，考虑下述碰撞

概率的定义：

$$P_V = \int_V p(\boldsymbol{\rho})\mathrm{d}V \tag{3.39}$$

式中，V 为碰撞球的体积。结合相对位置矢量概率密度函数的定义式(3.33)，可以看出 P_V 表示目标 F 位于碰撞球内的概率，此时两个目标发生了碰撞。从物质守恒的角度看，在时间间隔 $[t_0,t_f]$ 内，P_V 的变化等于目标 F 进入碰撞球内的概率减去目标 F 离开碰撞球的概率，即

$$P_V(t_f) - P_V(t_0) = \int_{t_0}^{t_f} p_c \mathrm{d}t - \int_{t_0}^{t_f}\int_{S,v_n>0} (\boldsymbol{v}_r \cdot \hat{\boldsymbol{n}}) p(\boldsymbol{\rho}) \mathrm{d}S\mathrm{d}t \tag{3.40}$$

若已知碰撞判断的初始时刻空间体积元目标未发生碰撞，即 $P_V(t_0)=0$，则有

$$P_V(t_f) = P_c - \int_{t_0}^{t_f}\int_{S,v_n>0} (\boldsymbol{v}_r \cdot \hat{\boldsymbol{n}}) p(\boldsymbol{\rho}) \mathrm{d}S\mathrm{d}t \tag{3.41}$$

由式(3.41)可以看出，时间间隔 $[t_0,t_f]$ 内目标 F 位于碰撞球内的概率 $P_V(t_f)$ 并不等于碰撞概率 P_c。假设仅考虑在给定时刻 t_f 位于同一空间体积元内两个目标的碰撞概率，可取 $t_f=0$、$t_0=-\infty$，且认为 t_f 时刻目标离开碰撞球的概率为 0，在此条件下：

$$P_V = P_c = \int_{-\infty}^{0} p_c \mathrm{d}t = \int_V p(\boldsymbol{\rho}_{t_f})\mathrm{d}V \tag{3.42}$$

式中，$\boldsymbol{\rho}_{t_f}$ 为 t_f 给定时刻目标之间的相对位置矢量。式(3.42)描述碰撞概率的含义是：在给定时刻，只有目标位于碰撞球内才可能发生碰撞。因此，可以用式(3.42)确定给定时刻位于同一体积元内两个目标发生碰撞的概率。

针对式(3.42)，通过一定简化可以得到考虑位置误差为正态分布的碰撞概率解析计算表达式。同样假设两个目标碰撞过程，目标的速度矢量为常值，即认为两个目标的相对运动是匀速直线运动，相对运动速度矢量不存在误差。利用两个目标的当前运动状态，可以确定两个目标相对距离最小的时刻 t_{TCA}，若两个目标发生碰撞，则最有可能在 t_{TCA} 时刻。进一步可以将判断同时位于一个空间体积元内两个目标是否发生碰撞问题，转化为在相对距离最小的时刻 t_{TCA} 两目标碰撞概率计算问题，即计算

$$P_c = \int_V p(\boldsymbol{\rho}_{t_{\mathrm{TCA}}})\mathrm{d}V \tag{3.43}$$

式(3.43)的求解是一个三维积分过程，而正态概率分布函数 $p(\boldsymbol{\rho}_{t_{\mathrm{TCA}}})$ 是相对位置的函数，很难积分得到解析结果。通常需要对式(3.43)中的积分式进行简化，将三维体积积分问题转化为二维面积积分问题，进一步利用级数展开得到近似的解

析解[14-19]，有利于提高大规模空间目标之间碰撞概率的计算效率。

假设处于同一个空间体积元内的两个目标，其位置矢量在各自轨道坐标系 O_M - $x_U y_N z_W$ 和 O_F - $x_U y_N z_W$ 的方差 $\boldsymbol{C}_{\boldsymbol{r}_M}^{UNW}$ 和 $\boldsymbol{C}_{\boldsymbol{r}_F}^{UNW}$ 分别为

$$\boldsymbol{C}_{\boldsymbol{r}_M}^{UNW} = \operatorname{var}(\boldsymbol{r}_M) = \begin{bmatrix} \sigma_{M_u}^2 & 0 & 0 \\ 0 & \sigma_{M_n}^2 & 0 \\ 0 & 0 & \sigma_{M_w}^2 \end{bmatrix}, \quad \boldsymbol{C}_{\boldsymbol{r}_F}^{UNW} = \operatorname{var}(\boldsymbol{r}_F) = \begin{bmatrix} \sigma_{F_u}^2 & 0 & 0 \\ 0 & \sigma_{F_n}^2 & 0 \\ 0 & 0 & \sigma_{F_w}^2 \end{bmatrix} \tag{3.44}$$

分析可知，在两个目标最接近时刻 t_{TCA}，相对位置矢量和相对速度矢量互相垂直，即 $\boldsymbol{\rho} \cdot \boldsymbol{v}_r = 0$。由此可以确定最接近距离 $\boldsymbol{\rho}_{t_{\mathrm{TCA}}}$ 为

$$\boldsymbol{\rho}_{t_{\mathrm{TCA}}} = \boldsymbol{\rho}(t_{\mathrm{TCA}}) = \boldsymbol{\rho} - \frac{\boldsymbol{\rho} \cdot \boldsymbol{v}_r}{\boldsymbol{v}_r \cdot \boldsymbol{v}_r} \boldsymbol{v}_r \tag{3.45}$$

定义垂直于相对运动速度矢量的平面为相遇平面，相遇坐标系 O_M-$x_c y_c z_c$ 为坐标系的原点位于主目标 M 的质心 O_M，z_c 轴指向两个目标的相对速度矢量 $\boldsymbol{v}_r$ 方向，x_c 轴和 y_c 轴位于相遇平面内，x_c 轴指向目标 F 的质心 O_F 在相遇平面的投影，y_c 轴与 x_c 轴垂直，x_c 轴与 y_c 轴和 z_c 轴构成右手坐标系。下面以相遇坐标系为计算坐标系，将碰撞概率计算式(3.43)中的三维积分转化为二维积分。根据定义，相遇坐标系在 J2000 惯性坐标系中的坐标表示分别为

$$\hat{\boldsymbol{i}}_c = \frac{\boldsymbol{\rho}_{t_{\mathrm{TCA}}}}{\left|\boldsymbol{\rho}_{t_{\mathrm{TCA}}}\right|}, \ \hat{\boldsymbol{j}}_c = \hat{\boldsymbol{k}}_c \times \hat{\boldsymbol{i}}_c, \ \hat{\boldsymbol{k}}_c = \frac{\boldsymbol{v}_r}{\left|\boldsymbol{v}_r\right|} \tag{3.46}$$

利用式(3.46)可以得到 O_M-$x_c y_c z_c$ 坐标系到 J2000 惯性坐标系的转换矩阵 $\boldsymbol{R}_{C\text{-}I}$ 为

$$\boldsymbol{R}_{C\text{-}I} = \begin{bmatrix} \hat{\boldsymbol{i}}_c & \hat{\boldsymbol{j}}_c & \hat{\boldsymbol{k}}_c \end{bmatrix} \tag{3.47}$$

同样，根据空间目标 M 和 F 轨道坐标系的定义，可以确定 O_M-$x_U y_N z_W$ 和 O_F-$x_U y_N z_W$ 坐标系到 J2000 惯性坐标系的转换矩阵 $\boldsymbol{R}_{M_{UNW}\text{-}I}$ 和 $\boldsymbol{R}_{F_{UNW}\text{-}I}$，则两个目标位置协方差矩阵在相遇坐标系中分别为

$$\begin{cases} \boldsymbol{C}_{\boldsymbol{r}_M}^{C} = \left(\boldsymbol{R}_{C\text{-}I}^{\mathrm{T}} \boldsymbol{R}_{M_{UNW}\text{-}I}\right) \boldsymbol{C}_{\boldsymbol{r}_M}^{UNW} \left(\boldsymbol{R}_{C\text{-}I}^{\mathrm{T}} \boldsymbol{R}_{M_{UNW}\text{-}I}\right)^{\mathrm{T}} \\ \boldsymbol{C}_{\boldsymbol{r}_F}^{C} = \left(\boldsymbol{R}_{C\text{-}I}^{\mathrm{T}} \boldsymbol{R}_{F_{UNW}\text{-}I}\right) \boldsymbol{C}_{\boldsymbol{r}_F}^{UNW} \left(\boldsymbol{R}_{C\text{-}I}^{\mathrm{T}} \boldsymbol{R}_{F_{UNW}\text{-}I}\right)^{\mathrm{T}} \end{cases} \tag{3.48}$$

两目标最接近时刻 t_{TCA}，目标 M 和 F 位置矢量在相遇坐标系中的均值分别为 $\boldsymbol{\mu}_{\boldsymbol{r}_M} = [0 \quad 0 \quad 0]^{\mathrm{T}}$ 和 $\boldsymbol{\mu}_{\boldsymbol{r}_F} = [|\boldsymbol{\rho}_{t_{\mathrm{TCA}}}| \quad 0 \quad 0]^{\mathrm{T}}$。根据方程(3.48)，可以得到相遇坐标系

中两个目标相对位置矢量的均值向量和协方差矩阵分别为

$$\begin{cases}\boldsymbol{\mu}_{\boldsymbol{\rho}}=[|\boldsymbol{\rho}_{t_{\mathrm{TCA}}}| \quad 0 \quad 0]^{\mathrm{T}} \\ \boldsymbol{C}_{\boldsymbol{\rho}}=\left(\boldsymbol{R}_{C\text{-}I}^{\mathrm{T}}\boldsymbol{R}_{M_{UNW}\text{-}I}\right)\boldsymbol{C}_{\boldsymbol{r}_M}^{UNW}\left(\boldsymbol{R}_{C\text{-}I}^{\mathrm{T}}\boldsymbol{R}_{M_{UNW}\text{-}I}\right)^{\mathrm{T}} \\ \qquad +\left(\boldsymbol{R}_{C\text{-}I}^{\mathrm{T}}\boldsymbol{R}_{F_{UNW}\text{-}I}\right)\boldsymbol{C}_{\boldsymbol{r}_F}^{UNW}\left(\boldsymbol{R}_{C\text{-}I}^{\mathrm{T}}\boldsymbol{R}_{F_{UNW}\text{-}I}\right)^{\mathrm{T}}\end{cases} \tag{3.49}$$

利用式(3.49)可以确定相遇坐标系中相对位置矢量的概率分布函数 $p(\boldsymbol{\rho}_{t_{\mathrm{TCA}}})$。

根据前面的假设可知，相对运动速度矢量是确定的常值。同时，考虑到在最接近时刻t_{TCA}，相对位置矢量在相对速度方向上的分量为0，即$\boldsymbol{\rho}\cdot\boldsymbol{v}_r=0$。因此，两目标初始相对位置矢量在相对速度上的分量，只会影响最接近时刻t_{TCA}的取值，即何时两目标可能发生碰撞。故只需要考虑最接近时刻，相对位置矢量在相遇平面内分量的不确定性。将式(3.49)中位置矢量的均值和协方差矩阵均投影到相遇平面，从而可以将三维积分问题转化为二维积分问题。将式(3.49)中相对位置矢量的协方差矩阵在相遇平面内投影，得到相对位置矢量在相遇平面的二维协方差矩阵，其形式为

$$\boldsymbol{C}_{\boldsymbol{\rho},2}=\begin{bmatrix}\sigma_x^2 & \gamma\sigma_x\sigma_y \\ \gamma\sigma_x\sigma_y & \sigma_y^2\end{bmatrix} \tag{3.50}$$

式中，$\gamma\in(-1,1)$为修正系数；σ_x和σ_y分别为相对位置坐标在相遇平面内的标准差；γ、σ_x和σ_y均可利用式(3.49)中协方差矩阵$\boldsymbol{C}_{\boldsymbol{\rho}}$的元素确定。通常式(3.50)中的协方差矩阵不是对角阵，为了方便计算，进一步将相遇平面绕$\hat{\boldsymbol{k}}_c$轴旋转一个角度θ，使得$\boldsymbol{C}_{\boldsymbol{\rho},2}$转化为对角矩阵$\boldsymbol{C}'_{\boldsymbol{\rho},2}$，即要求

$$\boldsymbol{C}'_{\boldsymbol{\rho},2}=\boldsymbol{R}_3(\theta)\boldsymbol{C}_{\boldsymbol{\rho},2}\boldsymbol{R}_3(\theta)^{\mathrm{T}}=\begin{bmatrix}\sigma_x'^2 & 0 \\ 0 & \sigma_y'^2\end{bmatrix} \tag{3.51}$$

式中，$\boldsymbol{R}_3(\theta)$为绕$\hat{\boldsymbol{k}}_c$轴旋转得到的旋转矩阵；σ'_x和σ'_y分别为旋转后坐标系内的坐标标准差。

将协方差矩阵$\boldsymbol{C}_{\boldsymbol{\rho},2}$的表达式(3.50)代入方程(3.51)中，整理可以得到

$$\begin{bmatrix}\begin{matrix}\sigma_x^2\cos^2\theta+\sigma_y^2\sin^2\theta \\ +2\gamma\sigma_x\sigma_y\sin\theta\cos\theta\end{matrix} & \begin{matrix}(\sigma_y^2-\sigma_x^2)\sin\theta\cos\theta \\ +\gamma\sigma_x\sigma_y(\cos^2\theta-\sin^2\theta)\end{matrix} \\ \begin{matrix}(\sigma_y^2-\sigma_x^2)\sin\theta\cos\theta \\ +\gamma\sigma_x\sigma_y(\cos^2\theta-\sin^2\theta)\end{matrix} & \begin{matrix}\sigma_x^2\sin^2\theta+\sigma_y^2\cos^2\theta \\ -2\gamma\sigma_x\sigma_y\sin\theta\cos\theta\end{matrix}\end{bmatrix}=\begin{bmatrix}\sigma_x'^2 & 0 \\ 0 & \sigma_y'^2\end{bmatrix} \tag{3.52}$$

对比方程(3.52)两边矩阵中的元素并结合式(3.49)，可以得到相遇平面内位置矢量的均值和协方差矩阵 $\boldsymbol{C}'_{\rho,2}$ 的元素值分别为

$$\begin{cases}\sigma_x'^2=\sigma_x^2\cos^2\theta+\sigma_y^2\sin^2\theta+\gamma\sigma_x\sigma_y\sin(2\theta)\\\sigma_y'^2=\sigma_x^2\sin^2\theta+\sigma_y^2\cos^2\theta-\gamma\sigma_x\sigma_y\sin(2\theta)\\\mu_x'=\rho_{\mathrm{TCA}}\cos\theta\\\mu_y'=-\rho_{\mathrm{TCA}}\sin\theta\end{cases}\tag{3.53}$$

旋转角 θ 可以从方程(3.54)中求解得到

$$(\sigma_y^2-\sigma_x^2)\sin\theta\cos\theta+\gamma\sigma_x\sigma_y(\cos^2\theta-\sin^2\theta)=0\tag{3.54}$$

通常从方程(3.54)能够得到两个解。根据矩阵分解理论，通过适当选取旋转角 θ，可以使 σ'_x 和 σ'_y 分别为协方差矩阵 $\boldsymbol{C}_{\rho,2}$ 的最大特征值和最小特征值。限制 θ 在区间 $(-\pi/2,\pi/2]$ 内取值，当修正系数 $\gamma\neq0$ 时，旋转角 θ 满足

$$\theta=\arctan\left[\frac{\sigma_y^2-\sigma_x^2}{2\gamma\sigma_x\sigma_y}+\sqrt{1+\left(\frac{\sigma_y^2-\sigma_x^2}{2\gamma\sigma_x\sigma_y}\right)^2}\cdot\operatorname{sgn}\gamma\right]\tag{3.55}$$

当修正系数 $\gamma=0$ 时，矩阵 $\boldsymbol{C}_{\rho,2}$ 为对角矩阵。为了确保 $\sigma'_x>\sigma'_y$，当 $\sigma_x\geqslant\sigma_y$ 时，取 $\theta=0$；当 $\sigma_x<\sigma_y$ 时，取 $\theta=\pi/2$，即交换坐标轴。

根据式(3.37)，相遇平面内位置矢量的正态概率密度函数可表示为

$$p(\boldsymbol{\rho}_{t_{\mathrm{TCA}}})=\frac{1}{2\pi\sigma'_x\sigma'_y}\mathrm{e}^{-\frac{1}{2}\left[\frac{(x-\mu'_x)^2}{\sigma_x'^2}+\frac{(y-\mu'_y)^2}{\sigma_y'^2}\right]}\tag{3.56}$$

将式(3.56)代入式(3.43)，可以得到相遇平面内两个目标的碰撞概率为

$$P_c=\iint\limits_{x^2+y^2\leqslant R_c^2}\frac{1}{2\pi\sigma'_x\sigma'_y}\mathrm{e}^{-\frac{1}{2}\left[\frac{(x-\mu'_x)^2}{\sigma_x'^2}+\frac{(y-\mu'_y)^2}{\sigma_y'^2}\right]}\mathrm{d}x\mathrm{d}y\tag{3.57}$$

针对式(3.57)中的二维积分，通过级数展开，可得到近似结果，即

$$\begin{cases}P_c\approx\sum\limits_{k=1}^{\infty}P_k\\P_k=\dfrac{v}{k}P_{k-1}-\dfrac{u^kv^k}{k!k!}\mathrm{e}^{-(v+u)},\quad k\geqslant1\\P_0=\mathrm{e}^{-v}(1-\mathrm{e}^{-u})\end{cases}\tag{3.58}$$

式中，u 和 v 分别定义为

$$u = \frac{R_c^2}{2\sigma_x'\sigma_y'}, \quad v = \frac{1}{2}\left(\frac{{\mu_x'}^2}{{\sigma_x'}^2} + \frac{{\mu_y'}^2}{{\sigma_y'}^2}\right) \tag{3.59}$$

当取 P_0 作为碰撞概率的近似值时，带来的截断误差与利用式(3.59)计算的碰撞概率比值量级约为10^{-5}；当取前两项作为近似时，即 $P_c \approx P_0 + P_1$，相应的截断误差与 P_c 的比值量级约为10^{-9} [18]。因此，通常取 $P_c \approx P_0 + P_1$，能够满足演化计算的精度需求。

在确定目标之间发生碰撞的概率后，可进一步通过随机抽样方法确定两个目标是否发生碰撞。首先，对于同一个体积元内的两个空间目标，利用碰撞概率计算式(3.58)计算碰撞概率为 P_c；然后，利用随机数发生器产生[0,1]的随机数 r_n；最后，比较 P_c 和 r_n 的大小，若 $P_c > r_n$，则认为两个目标发生碰撞，反之，则认为两个目标未发生碰撞。

3.2.2 目标解体产生空间碎片的模拟方法

在目标发生爆炸或目标相互碰撞解体时会产生大量解体空间碎片。在开展空间碎片环境长期演化计算的过程中，需要根据目标解体前的运动状态以及尺寸、质量等属性参数，模拟生成解体空间碎片。本小节在 NASA 标准解体模型的基础上，研究空间碎片环境演化计算过程的目标解体产生空间碎片的模拟方法。

标准解体模型是在分析大量在轨解体空间碎片的观测数据，以及地面超高速碰撞模拟实验数据的基础上建立的。定义空间碎片的特征尺寸为$l = (l_x + l_y + l_z)/3$，l_x、l_y 和 l_z 为空间碎片在三个正交主轴上的投影尺寸，特征尺寸又称为特征直径。利用模型模拟生成解体空间碎片的过程如下：首先，根据幂函数定律确定解体后产生空间碎片的数量 N 和空间碎片特征尺寸 l 的分布；然后，以特征尺寸 l 作为独立变量，利用概率分布模型确定空间碎片的面质比 A/m、有效横截面积 A 和速度增量 Δv 的分布；最后，根据 A/m、A 确定空间碎片质量 m。NASA 标准解体模型的计算流程如图 3.10 所示。

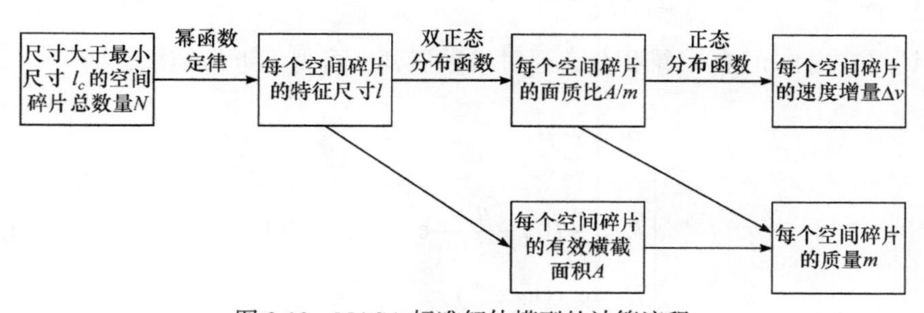

图 3.10 NASA 标准解体模型的计算流程

1. 目标解体空间碎片的总数量和空间碎片尺寸分布

目标相互碰撞解体和目标爆炸解体产生空间碎片的数量和空间碎片的尺寸分布，服从不同的分布函数。

1) 目标相互碰撞解体

当两个目标相互碰撞时，解体产生的空间碎片数量与相对运动速度，即相互碰撞时的能量相关。根据碰撞能量的大小，可将碰撞分为灾难性碰撞和非灾难性碰撞。一次碰撞是否为灾难性碰撞可通过式(3.60)判断：

$$E_p = \frac{m_p v_r^2}{2m_t} > E_p^* \tag{3.60}$$

式中，E_p^* 为确定发生灾难性碰撞的临界比能，标准解体模型中 E_p^* 取值为 40J/g，当式(3.60)成立时，碰撞为灾难性碰撞，反之则为非灾难性碰撞；m_p 为相互碰撞中较小质量的目标；m_t 为较大质量目标；v_r 为碰撞时两个目标的相对速度，即碰撞速度。

碰撞解体产生空间碎片的数量 N_f 与空间碎片的尺寸满足幂函数关系，即

$$N_f\left(l \geqslant l_c\right) = 0.1\hat{m}^{0.75}\hat{l}_c^{-1.71} \tag{3.61}$$

式中，l_c 为考虑解体空间碎片的最小尺寸；$\hat{m}$ 为两碰撞目标的等效质量，根据碰撞的剧烈程度，等效质量定义为[20]

$$\hat{m} = \begin{cases} \dfrac{m_t + m_p}{[\text{kg}]}, & E_p \geqslant E_p^* \\ \dfrac{m_p v_r^2}{[\text{kg}][\text{km/s}]^2}, & E_p < E_p^* \end{cases} \tag{3.62}$$

为使等效质量 $\hat{m}$ 的单位为 1，相对速度的单位取为 km/s。标量 $\hat{m}$ 上面的尖角符号表示该标量是单位归一化的，下同。

根据幂函数关系式(3.61)，可以进一步确定解体空间碎片尺寸分布函数为

$$F(l) = \begin{cases} 1 - \hat{l}_c^{1.71}\hat{l}^{-1.71}, & l \geqslant l_c \\ 0, & l < l_c \end{cases} \tag{3.63}$$

2) 目标爆炸解体

当目标爆炸解体时，解体空间碎片中特征尺寸大于 l_c 的空间碎片数量由以下幂函数规律确定：

$$N_f\left(l \geqslant l_c\right) = 6c_s\hat{l}_c^{-1.6} \tag{3.64}$$

式中，c_s为修正系数，与爆炸类型有关，对于火箭箭体和有效载荷，通常c_s取值为 1[21]。根据式(3.64)可得爆炸解体空间碎片的尺寸分布函数为

$$F(l)=\begin{cases}1-\hat{l}_c^{1.71}\hat{l}^{-1.71}, & l\geqslant l_c\\0, & l<l_c\end{cases} \tag{3.65}$$

2. 解体空间碎片的面质比分布

在标准解体模型中，空间碎片的面质比分布是空间碎片特征尺寸的函数，且不同尺寸区间内空间碎片面质比分布函数不同。

(1) 对于尺寸大于 11cm 的空间碎片，解体空间碎片的面质比分布由下述双元正态分布决定：

$$p(\gamma,\theta)=\varepsilon(\theta)p_1(\gamma)+\left[1-\varepsilon(\theta)\right]p_2(\gamma) \tag{3.66}$$

式中，$\gamma\overset{\text{def}}{=\!=}\lg(A/m/[\text{m}^2/\text{kg}])$；$\theta\overset{\text{def}}{=\!=}\lg\hat{l}$；$\varepsilon(\theta)$为权系数，根据不同的解体类型确定；$p_1(\gamma)$和$p_2(\gamma)$均为正态分布概率密度函数：

$$p_i(\gamma)=\frac{1}{\sigma_i\sqrt{2\pi}}\mathrm{e}^{-\frac{(\gamma-\mu_i)^2}{2\sigma_i^2}},\quad i=1,2 \tag{3.67}$$

式中，μ_i和σ_i分别为分布函数的均值和方差$(i=1,2)$。$\varepsilon(\theta)$、μ_i和σ_i等参数的取值，与解体目标类型有关。

对于火箭上面级的解体，空间碎片面质比分布函数的参数可表示为

$$\begin{cases}\varepsilon(\theta)=\begin{cases}1, & \theta\leqslant-1.4\\1-0.3571(\theta+1.4), & -1.4<\theta<0\\0.5, & \theta\geqslant0\end{cases}\\ \mu_1(\theta)=\begin{cases}0.45, & \theta\leqslant-0.5\\-0.45-0.9(\theta+0.5), & -0.5<\theta<0\\-0.9, & \theta\geqslant0\end{cases}\\ \sigma_1(\theta)=0.55\\ \mu_2(\theta)=-0.9\\ \sigma_2(\theta)=\begin{cases}0.28, & \theta\leqslant-1.0\\0.28-0.1636(\theta+1), & -1.0<\theta<0.1\\0.1, & \theta\geqslant0.1\end{cases}\end{cases} \tag{3.68}$$

对于航天器的碰撞解体，空间碎片面质比分布函数的参数可表示为

$$\left\{\begin{array}{l}\varepsilon(\theta)=\begin{cases}0, & \theta\leqslant -1.95\\ 0.3+0.4(\theta+1.2), & -1.95<\theta<0.55\\ 1, & \theta\geqslant 0.55\end{cases}\\ \mu_1(\theta)=\begin{cases}-0.6, & \theta\leqslant -1.1\\ -0.6-0.318(\theta+1.1), & -1.1<\theta<0\\ -0.95, & \theta\geqslant 0\end{cases}\\ \sigma_1(\theta)=\begin{cases}0.1, & \theta\leqslant -1.3\\ 0.1+0.2(\theta+1.3), & -1.3<\theta<-0.3\\ 0.3, & \theta\geqslant -0.3\end{cases}\\ \mu_2(\theta)=\begin{cases}-1.2, & \theta\leqslant -0.7\\ -1.2-1.333(\theta+0.7), & -0.7<\theta<-0.1\\ -2.0, & \theta\geqslant -0.1\end{cases}\\ \sigma_2(\theta)=\begin{cases}0.5, & \theta\leqslant -0.5\\ 0.5-(\theta+0.5), & -0.5<\theta<-0.3\\ 0.3, & \theta\geqslant -0.3\end{cases}\end{array}\right. \tag{3.69}$$

(2) 对于尺寸小于 1.7cm 的火箭上面级解体空间碎片和尺寸小于 8cm 航天器解体空间碎片，空间碎片的面质比满足正态分布律 $p_1(\gamma)$，即权重函数 $\varepsilon=1$。

$$p(\gamma,\theta)=p_1(\gamma) \tag{3.70}$$

无论是火箭上面级解体空间碎片还是航天器解体空间碎片，分布函数的参数统一表示为

$$\begin{aligned}&\mu(\theta)=\begin{cases}-0.3, & \theta\leqslant -1.75\\ -0.3-1.4(\theta+1.75), & -1.75<\theta<-1.25\\ -1.0, & \theta\geqslant -1.25\end{cases}\\ &\sigma(\theta)=\begin{cases}0.2, & \theta\leqslant -3.5\\ 0.2+0.1333(\theta+3.5), & \theta>-3.5\end{cases}\end{aligned} \tag{3.71}$$

(3) 对于尺寸为 1.7～11cm 的火箭上面级解体空间碎片和尺寸为 8～11cm 的航天器解体空间碎片，通过随机采样的方法确定其面质比。

首先生成服从均匀分布且取值在[0.0,1.0]内的随机变量 ζ，然后将 ζ 与利用式(3.72)计算得到的 $\tilde{\xi}(l)$ 进行对比，若 $\zeta>\tilde{\xi}(l)$，则利用式(3.66)确定空间碎片的面质比；反之，则利用方程(3.70)确定空间碎片的面质比。

$$\tilde{\xi}(l)=\begin{cases}10\left[\lg\left(\hat{l}/\hat{m}\right)+1.76\right], & \text{火箭箭体}\\ 10\left[\lg\left(\hat{l}/\hat{m}\right)+1.05\right], & \text{航天器}\end{cases} \tag{3.72}$$

3. 解体空间碎片的速度增量分布

解体空间碎片获取相对于解体前目标的速度增量满足正态分布，定义 $\nu = \lg(\Delta v)$、$\gamma = \lg(A/m)$，则 ν 满足

$$p(\nu) = \frac{1}{\sigma_\nu \sqrt{2\pi}} \mathrm{e}^{-\frac{(\nu-\mu_\nu)^2}{2\sigma_\nu^2}} \tag{3.73}$$

上述分布函数的均值和方差分别为

$$\begin{cases} \mu_\nu = \begin{cases} 0.2\gamma + 1.85, & \text{爆炸解体} \\ 0.9\gamma + 2.90, & \text{碰撞解体} \end{cases} \\ \sigma_\nu = 0.4 \end{cases} \tag{3.74}$$

当考虑目标解体时，空间碎片获取相对于解体目标速度增量的方向是随机的，其方向矢量记为

$$\Delta\hat{\boldsymbol{v}} = \begin{bmatrix} \cos\phi_1 \cos\phi_2 \\ \sin\phi_1 \cos\phi_2 \\ \sin\phi_2 \end{bmatrix} \tag{3.75}$$

式中，ϕ_1 和 ϕ_2 为方向角，分别在 $[-\pi/2, \pi/2]$ 和 $[0, \pi]$ 内服从均匀分布，从而速度增量的方向矢量 $\Delta\hat{\boldsymbol{v}}$ 均匀地指向空间中的任意方向。

4. 解体模型的数值仿真实现

在利用解体模型模拟生成解体空间碎片时，首先确定所要关心解体空间碎片的特征尺寸下限 l_c，并根据幂函数规律(3.61)或式(3.64)确定产生尺寸大于 l_c 空间碎片的总数目，再根据式(3.63)或式(3.65)、式(3.66)、式(3.70)以及式(3.73)和式(3.75)确定解体空间碎片特征尺寸、面质比以及速度增量矢量。在具体数值仿真实现的过程中，两个目标在解体前后还应满足质量守恒约束：

$$m_T = \sum_{i=1}^{N_f} m_i \tag{3.76}$$

式中，m_T 为发生碰撞的两个目标质量的加和，或爆炸解体目标的质量；m_i 为第 i 个解体空间碎片的质量。

考虑到本书仅研究尺寸大于 l_c 的解体空间碎片，因此约束式(3.76)是近似成立的，即要求解体空间碎片的总质量不超过碰撞前两个目标的质量和，且相差不大。在增加质量守恒约束后，解体空间碎片模拟实现流程如图 3.11 所示。质量守恒约束是通过额外产生较大质量的解体空间碎片来满足的。文献[20]结合实际观测数据，说明了在一次碰撞解体过程中，会随机产生较大质量的空间碎片，如燃料储箱、发动机喷嘴等部件，而这些大尺寸部件很难基于上述分布函数数值抽样得到。

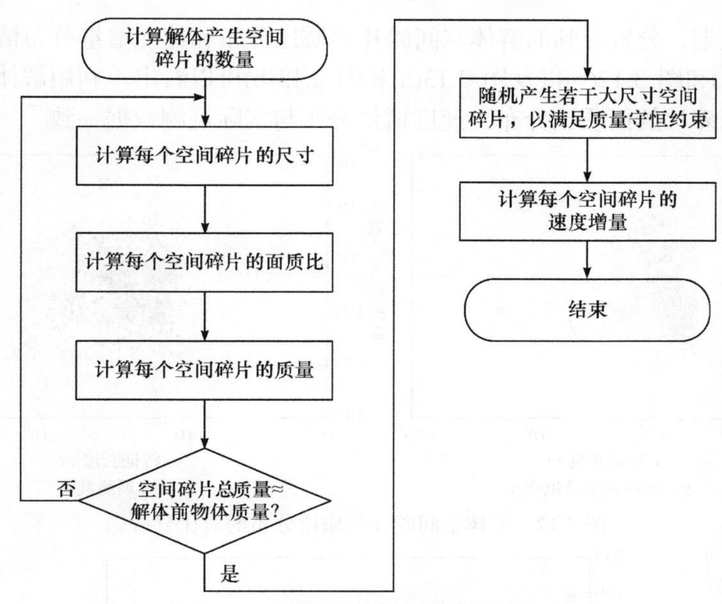

图 3.11　解体空间碎片模拟实现流程

在利用分布函数确定解体空间碎片特征尺寸、面质比以及速度增量矢量时，需要利用随机模拟，即蒙特卡罗实验，通过随机抽样的方法来实现。由于描述解体空间碎片分布状态的概率密度函数都是确定的，可采用反函数抽样方法进行随机变量的抽样。反函数抽样方法的基本依据是反函数抽样定理[22]。

反函数抽样定理　设 $F(x)$ 是连续且严格单调递增的分布函数，它的反函数存在且记为 $F^{-1}(x)$，即 $F(F^{-1}(x))=x$，有：

(1) 若随机变量 ζ 的分布函数为 $F(x)$，则 $F(\zeta)\sim U(0,1)$。

(2) 若随机变量 $R\sim U(0,1)$，则 $F^{-1}(R)$ 的分布函数为 $F(x)$。

因此，在利用上述分布函数确定解体空间碎片的过程中，首先产生 0～1 的均匀分布随机数，作为因变量，然后反解出分布函数中自变量的值，进而确定解体空间碎片的参数和运动状态。下面以一颗 Globalstar 星座卫星受空间碎片碰撞解体为例，通过与在轨观测的解体目标数据进行对比，检验目标解体的模拟方法。Globalstar 星座卫星质量约为 800kg，运行在高度为 1422km 的圆轨道上，解体时刻在 J2000 惯性坐标系中的位置和速度矢量分别为 $\boldsymbol{r}$ =[7784.400km 0km –0.001305km]，$\boldsymbol{v}$ =[0km/s 4.311km/s 5.721km/s]。星座卫星受空间碎片碰撞后，完全解体，产生 1780 个尺寸大于 5cm 的空间碎片。

图 3.12(a)和图 3.13(a)分别是利用解体模型模拟得到的解体空间碎片面质比分布和速度增量分布，图 3.12(b)和图 3.13(b)则是利用 1780 个在轨解体空间碎片的

长期观测数据，分析得到的解体空间碎片面质比分布和速度增量分布情况[20]。对比图 3.12(a)和图 3.12(b)以及图 3.13(a)和图 3.13(b)可以看出，利用解体模型得到的解体空间碎片的面质比分布、速度增量分布与实际观测数据一致。

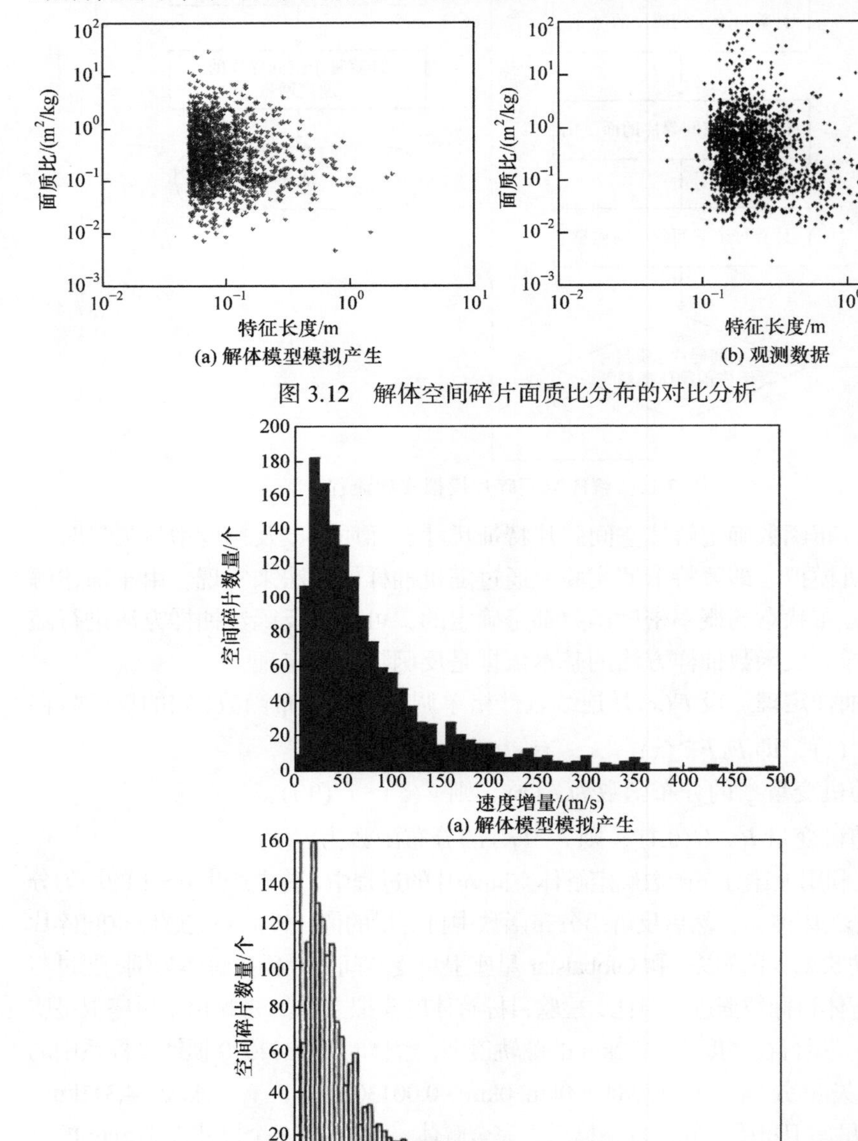

图 3.12 解体空间碎片面质比分布的对比分析

图 3.13 解体空间碎片速度增量分布的对比分析

3.3　空间碎片演化过程的航天发射活动

航天发射活动是导致空间大尺寸目标增多的唯一原因，是产生大量解体空间碎片的物质基础，对空间碎片环境的演化产生了重要影响。发射率 L 定义为每年发射入轨的航天器数量，其表达式为

$$L = f(t,h) \tag{3.77}$$

式中，t 为时间；h 为高度。对于给定的时间和高度，L 可取常值，也可依据历史发射任务确定。本节选取 2012～2016 年的发射活动作为演化计算中连续 5 年的参考航天器发射活动，每隔 5 年重复一次该发射模型，即发射模型是时间的周期性函数，周期为 5 年。新发射入轨的航天器在不同高度的分布情况，由 2012～2016 年的航天器发射分布情况确定(表 3.1)。

表 3.1　2012～2016 年的航天器发射情况

年份	2012 年	2013 年	2014 年	2015 年	2016 年
发射的航天器数量/个	88	119	144	150	163

3.4　基于春分点根数的空间碎片运动状态长期平均积分模型

在开展空间碎片环境长期演化计算中，需要对空间碎片的运动状态按照一定时间步长进行推演更新。由于空间碎片数量众多，且在长期演化过程中不断动态增加，对空间碎片状态推演更新方法的效率和精度均提出了较高要求。在地球中心引力和大气阻力、地球非球形摄动力等的作用下，空间碎片运行状态的变化可以分解为短周期变化、长周期变化和长期变化三个部分，如图 3.14 所示。利用轨道根数描述空间碎片运动状态，如采用开普勒轨道根数 a 、e 、i 、Ω 、ω 和 M ，分别为轨道半长轴、偏心率、轨道倾角、升交点赤经、近地点幅角和平近点角，则短周期变化体现在快变量 M 上，即空间碎片在轨道上的位置主要由地球的中心引力决定；长周期变化和长期变化主要体现在轨道根数 a 、e 、i 、Ω 和 ω 的变化上，主要由地球非球形摄动力、大气阻力等作用引起。参数 a 、e 、i 、Ω 和 ω 的变化进一步决定了空间碎片运行轨道构型的变化。

在对大规模空间碎片的分布状态进行长期演化计算时，人们更关注空间碎片

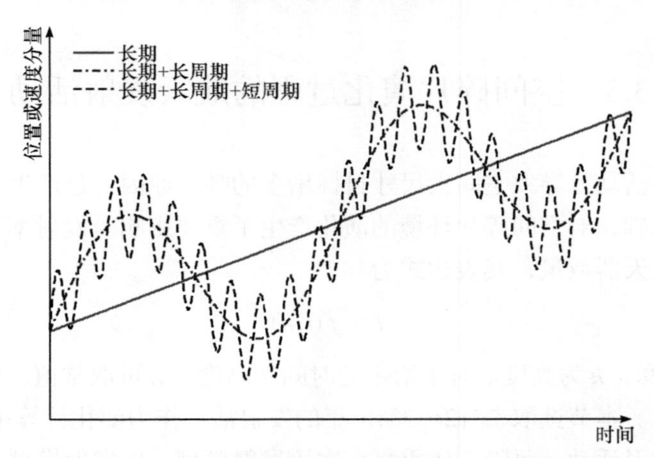

图 3.14　长期演化中空间碎片轨道的变化特点示意图

轨道构型的分布。首先，众多空间目标轨道构型的相对几何关系，从根本上决定了目标是否有可能发生碰撞，即只有运行在两个相交轨道上的两个目标才可能发生碰撞；其次，在进行长达百年的演化过程中，由于模型误差、数值计算误差等因素影响，目标在空间中的精确位置很难预测，因此在长期演化计算中，通常将目标在轨道上的位置视为随机量[23-28]。

在分析空间碎片运行轨道的长周期变化和长期变化时，可以通过对空间碎片的运动状态在一个轨道周期内求平均，分离出短周期运动部分，得到空间碎片运行的平均轨道。建立摄动力作用下，描述平均轨道变化率的运动方程。由于分离了短周期运动部分，可以采用较大的积分步长，如可将积分步长设置为 1 天，能够大大提高空间碎片运动状态的演化计算效率。

3.4.1　利用春分点根数描述的参数运动方程

为了避免空间碎片轨道偏心率或轨道倾角趋于 0 时，运动方程出现奇异的情况，选取春分点根数描述空间碎片的运行轨道。春分点根数记为 (a,h,k,p,q,λ)，与开普勒轨道根数的关系为

$$\begin{cases} a=a \\ h=e\sin(\omega+I\Omega) \\ k=e\cos(\omega+I\Omega) \\ p=\left[\tan(i/2)\right]^{I}\sin\Omega \\ q=\left[\tan(i/2)\right]^{I}\cos\Omega \\ \lambda=M+\omega+I\Omega \end{cases} \tag{3.78}$$

式中，h 和 k 为与偏心率矢量相关的量；p 和 q 与轨道升交点地心矢径的方向相关；λ 为平经度；I 为轨道逆行因子，当轨道为顺行轨道时，I 取值为 1；反之，当轨道为逆行轨道时，I 取值为−1。通过设置逆行因子，可以避免在轨道倾角 $i=0°$ 或 $i=180°$ 时，轨道根数 p 或 q 出现取值无穷大的情况。

与春分点根数对应，定义分点坐标系 $(\hat{\boldsymbol{f}},\hat{\boldsymbol{g}},\hat{\boldsymbol{w}})$，三轴的方向矢量分别为 $\hat{\boldsymbol{f}}$、$\hat{\boldsymbol{g}}$ 和 $\hat{\boldsymbol{w}}$。图 3.15 为顺行轨道的分点坐标系示意图。分点坐标系 $\hat{\boldsymbol{f}}$ 轴在轨道面内，且 $\hat{\boldsymbol{f}}$ 轴与过升交点的地心矢径的夹角为 Ω；$\hat{\boldsymbol{w}}$ 轴与轨道角动量方向平行，指向角动量方向；$\hat{\boldsymbol{g}}$ 轴在轨道面内，与 $\hat{\boldsymbol{f}}$ 轴和 $\hat{\boldsymbol{w}}$ 轴构成右手坐标系。O_E-XYZ 坐标系为 J2000 惯性坐标系。

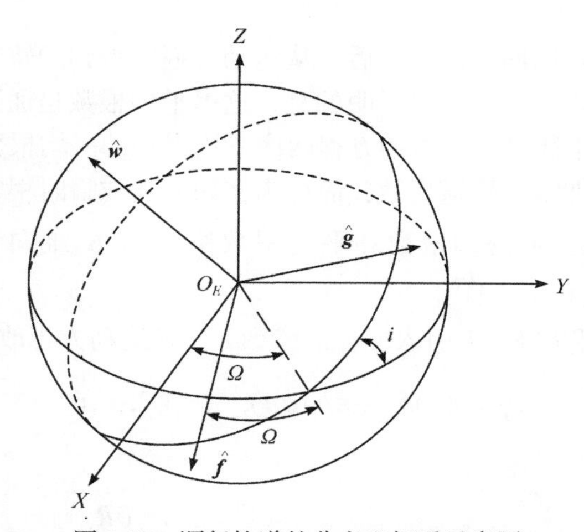

图 3.15　顺行轨道的分点坐标系示意图

在 J2000 惯性坐标系中，空间碎片的运动方程为

$$\ddot{\boldsymbol{r}}=-\frac{\mu\boldsymbol{r}}{r^3}+\boldsymbol{f}_{\text{non}}+\nabla R_S \tag{3.79}$$

式中，$\boldsymbol{r}$ 为空间碎片的地心矢径；$\boldsymbol{f}_{\text{non}}$ 为空间碎片受到的非保守摄动力加速度；R_S 为保守摄动力的势函数。为了方便地描述轨道根数在摄动力作用下的变化规律，进一步将式(3.79)转化为利用轨道根数描述的运动方程，即参数运动方程。文献[29]对 Cefola 等[30]和 McClain[31]的工作进行总结，归纳了利用春分点根数描述的参数运动方程为

$$\dot{a}_i=n\delta_{i6}+\frac{\partial a_i}{\partial\dot{\boldsymbol{r}}}\boldsymbol{f}_{\text{non}}-\sum_{j=1}^{6}(a_i,a_j)\frac{\partial R_S}{\partial a_j},\quad i=1,2,\cdots,6 \tag{3.80}$$

式中，$a_1,a_2,\cdots,a_6$ 分别对应春分点根数 a、h、k、p、q、λ；δ_{i6} 为克罗内克函数，

当i取值为 6 时，$\delta_{i6}=1$，当i取其他值时，$\delta_{i6}=0$；(a_i,a_j)为春分点根数的泊松括号，定义为

$$(a_i,a_j)=\frac{\partial a_i}{\partial \boldsymbol{r}}\frac{\partial a_j}{\partial \dot{\boldsymbol{r}}}-\frac{\partial a_i}{\partial \dot{\boldsymbol{r}}}\frac{\partial a_j}{\partial \boldsymbol{r}} \tag{3.81}$$

3.4.2　参数运动方程的一阶平均解

通过平均法可以将短周期运动从参数运动方程中分离出来，从而得到空间碎片轨道的长期变化规律和长周期变化规律。平均法是在庞特里亚金展开理论的基础上建立的，适合于分析周期性的振荡非线性系统，是摄动力影响下人造卫星轨道求解的重要工具[32]。

这里将分离出短周期运动项以后，从运动方程中得到的轨道根数称为平均轨道根数，简称为平均根数。需要说明的是，这里平均根数是通过对运动方程一次平均得到的，区别于通过对哈密顿方程两次平均得到的平均根数[33]。下面用$\hat{a}_i$表示密切轨道根数，即瞬时轨道根数，简称为密切根数或瞬时根数；用a_i表示平均根数；$\hat{\boldsymbol{a}}$和$\boldsymbol{a}$分别表示密切根数和平均根数构成的 6 维向量，即$\hat{\boldsymbol{a}}=(\hat{a},\hat{h},\hat{k},\hat{p},\hat{q},\hat{\lambda})^{\mathrm{T}}$，$\boldsymbol{a}=(a,h,k,p,q,\lambda)^{\mathrm{T}}$。

在参数运动方程(3.80)中引入变化的参数ε，将运动方程改写为

$$\dot{\hat{a}}_i=n(\hat{a})\delta_{i6}+\varepsilon F_i(\hat{\boldsymbol{a}},t),\quad i=1,2,\cdots,6 \tag{3.82}$$

式中

$$F_i(\hat{\boldsymbol{a}},t)=\frac{\partial \hat{a}_i}{\partial \dot{\boldsymbol{r}}}\cdot \boldsymbol{f}_{\text{non}}-\sum_{j=1}^{6}(\hat{a}_i,\hat{a}_j)\frac{\partial R_S}{\partial \hat{a}_i}$$

式中，参数$\varepsilon\in[0,1]$，且通常取值较小。当讨论非球形摄动项的影响时，ε的量级与引力位系数的量级相当；在分析三体引力摄动力的影响时，ε的量级与目标轨道半长轴和第三体的地心距的比值量级相当。式(3.82)是标准系统形式[32]，可以利用平均法确定长期和长周期解。

密切根数可以展开为利用平均根数表示的级数形式，即

$$\hat{a}_i=a_i+\sum_{j=1}^{\infty}\varepsilon^j\eta_i^j(\boldsymbol{a},t) \tag{3.83}$$

式中，ε的上标j表示幂指数；η的上标j表示阶数；η_i^j为第i个轨道根数的第j阶短周期变化项，是春分点根数λ的周期性函数。

下面基于式(3.82)和式(3.83)，利用平均法确定平均根数的微分约束控制方程，并给出平均根数解的一阶表达式。根据平均法，假设平均根数的微分约束方程的

形式为

$$\frac{\mathrm{d}a_i}{\mathrm{d}t} = n(a)\delta_{i6} + \sum_{j=1}^{\infty} \varepsilon^j A_i^j(a,h,k,p,q,t) \tag{3.84}$$

式中，A_i^j 描述了在摄动力作用下，平均根数的变化率，一般与快变量 λ 无关。可以看出，平均根数的变化仅依赖缓慢变化的平均根数。对方程(3.83)求一阶导数，得到密切根数的变化率方程为

$$\frac{\mathrm{d}\hat{a}_i}{\mathrm{d}t} = \frac{\mathrm{d}a_i}{\mathrm{d}t} + \sum_{j=1}^{\infty}\left(\varepsilon^j \sum_{k=1}^{6} \frac{\partial \eta_i^j}{\partial a_k}\frac{\mathrm{d}a_k}{\mathrm{d}t} + \varepsilon^j \frac{\partial \eta_i^j}{\partial t}\right) \tag{3.85}$$

结合式(3.84)和式(3.85)，整理可以得到用平均根数表达的密切根数变化率方程：

$$\frac{\mathrm{d}\hat{a}_i}{\mathrm{d}t} = n(a)\delta_{i6} + \sum_{j=1}^{\infty}\left\{\varepsilon^j\left[\frac{\partial \eta_i^j(\boldsymbol{a},t)}{\partial \lambda}n(a) + A_i^j + \frac{\partial \eta_i^j}{\partial t}\right]\right\} + \sum_{j=1}^{\infty}\sum_{l=1}^{\infty}\sum_{k=1}^{6} \varepsilon^{j+l}\frac{\partial \eta_i^j(\boldsymbol{a},t)}{\partial a_k}A_k^l \tag{3.86}$$

将方程(3.82)中空间碎片轨道的平均运动角速率函数 $n(\hat{a})$ 和摄动力函数 $F_i(\hat{\boldsymbol{a}},t)$ 在平均根数 $\boldsymbol{a}$ 的邻域内展开，即

$$\begin{aligned} F_i(\hat{\boldsymbol{a}},t) &= F_i\left[\begin{aligned} &a + \sum_{j=1}^{\infty}\varepsilon^j\eta_1^j(\boldsymbol{a},t), h + \sum_{j=1}^{\infty}\varepsilon^j\eta_2^j(\boldsymbol{a},t), k + \sum_{j=1}^{\infty}\varepsilon^j\eta_3^j(\boldsymbol{a},t), \\ &p + \sum_{j=1}^{\infty}\varepsilon^j\eta_4^j(\boldsymbol{a},t), q + \sum_{j=1}^{\infty}\varepsilon^j\eta_5^j(\boldsymbol{a},t), \lambda + \sum_{j=1}^{\infty}\varepsilon^j\eta_6^j(\boldsymbol{a},t) \end{aligned}\right] \\ &= F_i(\boldsymbol{a},t) + \sum_{j=1}^{\infty}\varepsilon^j f_i^j(\boldsymbol{a},t) \end{aligned} \tag{3.87}$$

式中

$$\begin{aligned} f_i^1 &= \sum_{j=1}^{6}\frac{\partial F_i(\boldsymbol{a},t)}{\partial a_j}\eta_j^1 \\ f_i^2 &= \sum_{j=1}^{6}\frac{\partial F_i(\boldsymbol{a},t)}{\partial a_j}\eta_j^2 + \frac{1}{2}\sum_{j=1}^{6}\sum_{k=1}^{6}\frac{\partial^2 F_i(\boldsymbol{a},t)}{\partial a_j \partial a_k}\eta_j^1\eta_k^1 \\ &\vdots \end{aligned} \tag{3.88}$$

$$n(\hat{a}) = n\left[a + \sum_{j=1}^{\infty}\varepsilon^j\eta_1^j(\boldsymbol{a},t)\right] = n(a) + \sum_{j=1}^{\infty}\varepsilon^j N^j(a) \tag{3.89}$$

其中

$$
\begin{cases}
N^1(a) = -\dfrac{3}{2}\dfrac{\eta_1^1}{a}n(a) \\
N^2(a) = \left[-\dfrac{3}{2}\dfrac{\eta_1^2}{a} + \dfrac{15}{4}\dfrac{(\eta_1^1)^2}{a^2}\right]n(a) \\
N^3(a) = \left[-\dfrac{3}{2}\dfrac{\eta_1^3}{a} + \dfrac{15}{4}\dfrac{\eta_1^1\eta_1^2}{a^2} - \dfrac{35}{16}\dfrac{(\eta_1^1)^3}{a^3}\right]n(a) \\
\quad\vdots
\end{cases}
\tag{3.90}
$$

将式(3.87)～式(3.90)代入式(3.87)，整理得到密切根数变化率方程：

$$
\frac{\mathrm{d}\hat{a}_i}{\mathrm{d}t} = n(a)\delta_{i6} + \varepsilon\left[F_i(\boldsymbol{a},t) + N^1(a)\delta_{i6}\right] + \sum_{j=1}^{\infty}\varepsilon^{j+1}\left[f_i^j(\boldsymbol{a},t) + N^{j+1}(a)\delta_{i6}\right] \tag{3.91}
$$

对比式(3.86)和式(3.91)可知，对于任意的参数ε，两个方程的右端项应相等，故两个方程右端项$\varepsilon^j\,(j=0,1,2,\cdots)$的系数恒等，可以得到

$$
A_i^1 + \frac{\partial\eta_i^1}{\partial\lambda}n(a) + \frac{\partial\eta_i^1}{\partial t} = F_i(\boldsymbol{a},t) + N^1(a)\delta_{i6} \tag{3.92}
$$

$$
A_i^2 + \frac{\partial\eta_i^2}{\partial\lambda}n(a) + \frac{\partial\eta_i^2}{\partial t} = f_i^1 + N^2(a)\delta_{i6} - \sum_{k=1}^{6}\frac{\partial\eta_i^1}{\partial a_k}A_k^1 \tag{3.93}
$$

$$
A_i^3 + \frac{\partial\eta_i^3}{\partial\lambda}n(a) + \frac{\partial\eta_i^3}{\partial t} = f_i^3 + N^4(a)\delta_{i6} - \sum_{k=1}^{6}\left(\frac{\partial\eta_i^1}{\partial a_k}A_k^2 + \frac{\partial\eta_i^2}{\partial a_k}A_k^1\right) \tag{3.94}
$$

$$
\vdots
$$

可以通过对式(3.92)～式(3.94)求平均得到平均根数的变化率函数A_i^j。对于一阶项A_i^1，由于短周期项η_i^1和$N^1(a)$均是快变量λ的周期性函数，将式(3.92)两端关于快变量λ求平均，可以得到

$$
A_i^1 = < F_i(\boldsymbol{a},t) > \tag{3.95}
$$

式中，“$<\cdot>$”为平均算子。

故一阶平均运动方程为

$$
\frac{\mathrm{d}a_i}{\mathrm{d}t} = n(a)\delta_{i6} + < F_i(\boldsymbol{a},t) > \tag{3.96}
$$

考虑平均根数的变化是多种摄动力作用的结果，且摄动力作用是相互独立的，可以将平均运动方程(3.96)进一步写成不同摄动力作用的分量表达形式：

$$
\frac{\mathrm{d}a_i}{\mathrm{d}t} = n(a)\delta_{i6} + \sum_{\nu} < F_{i,\nu}(\boldsymbol{a},t) > \tag{3.97}
$$

式中，ν为不同摄动力，如地球非球形摄动力、大气阻力、太阳光压等。在确定各摄动力的平均摄动函数$<F_{i,\nu}(\boldsymbol{a},t)>$后，利用数值方法对方程(3.97)进行求解，如采用 4 阶龙格-库塔积分器或 4 阶 Adams 预估校正积分器，可以得到给定时刻空间碎片的平均根数。由于从运动方程中剔除了短周期摄动项的影响，平均根数反映了长周期和长期摄动力作用。可以采用较大的积分步长求解方程(3.97)，通常步长可以取为 1 天，有利于提高大规模空间碎片的演化计算效率。

在确定各摄动力的平均摄动函数$<F_{i,\nu}(\boldsymbol{a},t)>$时，针对地球非球形摄动力、三体引力等保守力可以得到解析的平均摄动函数；大气阻力和太阳光压等非保守力摄动作用，仅能通过数值方法确定平均摄动函数。平均摄动函数的求解推导过程较为复杂，详细的过程和结果可参考 Danielson 等[29]对半解析模型的总结报告。为了应用和讨论方便，本节简要地给出不同摄动力的平均摄动函数及其作用下的一阶平均运动方程。

为了方便描述，引入中间变量A、B和C，分别定义为

$$\begin{cases} A=\sqrt{\mu a} \\ B=\sqrt{1-h^2-k^2} \\ C=1+p^2+q^2 \end{cases} \tag{3.98}$$

引入交叉微分算子$U_{,xy}$，定义为

$$U_{,xy}=x\frac{\partial U}{\partial y}-y\frac{\partial U}{\partial x} \tag{3.99}$$

1. 地球非球形带谐项摄动力作用下平均根数的一阶变化率

针对地球固连坐标系$(\boldsymbol{x}_B,\boldsymbol{y}_B,\boldsymbol{z}_B)$，定义指向地理北极的$\boldsymbol{z}_B$轴和分点坐标系的$\hat{\boldsymbol{f}}$、$\hat{\boldsymbol{g}}$及$\hat{\boldsymbol{w}}$轴之间夹角的余弦值为方向余弦，分别记为$\alpha$、$\beta$和$\gamma$，相应的计算公式为

$$\begin{cases} \alpha=\boldsymbol{z}_B\cdot\hat{\boldsymbol{f}} \\ \beta=\boldsymbol{z}_B\cdot\hat{\boldsymbol{g}} \\ \gamma=\boldsymbol{z}_B\cdot\hat{\boldsymbol{w}} \end{cases} \tag{3.100}$$

针对非球形带谐项摄动力，定义平均算子为

$$<F_{i,\alpha}(\boldsymbol{a},t)>=\frac{1}{2\pi}\int_{-\pi}^{\pi}F_{i,\alpha}(\boldsymbol{a},t)\mathrm{d}\lambda \tag{3.101}$$

取地球非球形摄动力势函数U表达式(3.2)中的带谐项，即令$m=0$，可以得到地球带谐项的平均势函数为

$$\bar{U}^z = -\frac{\mu}{a}\sum_{s=0}^{N-2}\sum_{n=s+2}^{N}(2-\delta_{0s})\left(\frac{R}{a}\right)^n J_n V_{n,s} K_0^{-n-1,s} Q_{n,s} G_s \tag{3.102}$$

式中，N为考虑带谐项中的最高阶数；$J_n=-C_{n0}$，为重力场带谐项系数；对于系数$V_{n,s}$，若$n-s$是奇数，则$V_{n,s}=0$；若$n-s$是偶数，则有

$$V_{n+2,s} = -\frac{n-s+1}{n+s+2}V_{n,s} \tag{3.103}$$

迭代方程(3.103)的初始启动项为

$$\begin{cases} V_{0,0}=1 \\ V_{s+1,s+1}=\left(\dfrac{1}{2s+2}\right)V_{s,s} \end{cases} \tag{3.104}$$

$K_0^{-n-1,s}$为Hansen系数核，可利用下述迭代式计算：

$$K_0^{-n-1,s} = \begin{cases} 0, & n=s\geqslant 1 \\ \dfrac{\chi^{1+2s}}{2^s}, & n=s+1\geqslant 1 \\ \dfrac{(n-1)\chi^2}{(n+s-1)(n-s-1)}\left[\begin{array}{l}(2n-3)K_0^{-n,s} \\ -(n-2)K_0^{-n+1,s}\end{array}\right], & 2\leqslant s+2\leqslant n \end{cases} \tag{3.105}$$

式中，$\chi=1/\sqrt{1-e^2}=1/\sqrt{1-h^2-k^2}$。

系数$Q_{n,s}=Q_{n,s}(\gamma)$，可通过下述迭代公式进行计算：

$$Q_{n,s}(\gamma) = \begin{cases} (2s-1)Q_{s-1,s-1}(\gamma), & n=s \\ (2s+1)\gamma Q_{s,s}(\gamma), & n=s+1 \\ \dfrac{(2n-1)\gamma Q_{n-1,s}(\gamma)-(n+s-1)Q_{n-2,s}(\gamma)}{(n-s)}, & n>s+1 \end{cases} \tag{3.106}$$

初始启动项选为$Q_{0,0}=1$，多项式G_s的迭代公式为

$$\begin{cases} G_s=(k\alpha+h\beta)G_{s-1}-(h\alpha-k\beta)H_{s-1}, & G_0=1 \\ H_s=(h\alpha-k\beta)G_{s-1}+(k\alpha+h\beta)H_{s-1}, & H_0=0 \end{cases} \tag{3.107}$$

通过对平均势函数$\bar{U}^z$进行求导运算，得到地球非球形带谐项摄动力作用下的一阶平均运动方程：

$$\begin{cases}\dfrac{\mathrm{d}a}{\mathrm{d}t}=0\\ \dfrac{\mathrm{d}h}{\mathrm{d}t}=\dfrac{B}{A}\dfrac{\partial\bar{U}^z}{\partial k}+\dfrac{k}{AB}\left(p\bar{U}^z_{,\alpha\gamma}-Iq\bar{U}^z_{,\beta\gamma}\right)\\ \dfrac{\mathrm{d}k}{\mathrm{d}t}=-\dfrac{B}{A}\dfrac{\partial\bar{U}^z}{\partial h}-\dfrac{h}{AB}\left(p\bar{U}^z_{,\alpha\gamma}-Iq\bar{U}^z_{,\beta\gamma}\right)\\ \dfrac{\mathrm{d}p}{\mathrm{d}t}=-\dfrac{C}{2AB}\bar{U}^z_{,\beta\gamma}\\ \dfrac{\mathrm{d}q}{\mathrm{d}t}=-\dfrac{IC}{2AB}\bar{U}^z_{,\alpha\gamma}\\ \dfrac{\mathrm{d}\lambda}{\mathrm{d}t}=-\dfrac{2a}{A}\dfrac{\partial\bar{U}^z}{\partial a}+\dfrac{B}{A(1+B)}\left(h\dfrac{\partial\bar{U}^z}{\partial h}+k\dfrac{\partial\bar{U}^z}{\partial k}\right)+\dfrac{1}{AB}\left(p\bar{U}^z_{,\alpha\gamma}-Iq\bar{U}^z_{,\beta\gamma}\right)\end{cases}\tag{3.108}$$

2. 太阳/月球三体引力作用下平均根数的一阶变化率

这里将太阳或月球视为质点，统称为第三体。定义方向余弦(α,β,γ)为第三体质心相对于地球质心的位置矢量与分点坐标系的$\hat{f}$、$\hat{g}$及$\hat{w}$轴之间夹角的余弦值，即

$$\begin{cases}\alpha=\dfrac{\boldsymbol{R}_3}{R_3}\cdot\hat{f}\\ \beta=\dfrac{\boldsymbol{R}_3}{R_3}\cdot\hat{g}\\ \gamma=\dfrac{\boldsymbol{R}_3}{R_3}\cdot\hat{w}\end{cases}\tag{3.109}$$

第三体引力摄动的平均算子同样采用式(3.101)，一阶近似的平均三体引力摄动势函数为

$$\bar{U}^{\mathrm{T}}=-\frac{\mu_3}{R_3}\sum_{s=0}^{N}\sum_{n=\max(2,s)}^{N}(2-\delta_{0s})\left(\frac{a}{R_3}\right)^n V_{n,s}K_0^{n,s}Q_{n,s}G_s\tag{3.110}$$

式中，系数$V_{n,s}$、$Q_{n,s}$和G_s分别用迭代公式(3.103)、式(3.106)和式(3.107)计算；系数$K_0^{n,s}$的迭代计算公式为

$$K_0^{n,s}=\begin{cases}\dfrac{2s-1}{s}K_0^{s-2,s-1},\quad n=s-1\geqslant 1\\ \dfrac{2s+1}{s+1}K_0^{s-1,s},\quad n=s\geqslant 1\\ \dfrac{2n+1}{n+1}K_0^{n-1,s}-\dfrac{(n+s)(n-s)}{n(n+1)\chi^2}K_0^{n-2,s},\quad n\geqslant s+1\geqslant 2\end{cases}\tag{3.111}$$

初始项为 $K_0^{0,0}=1$， $K_0^{0,1}=-1$ 。

三体引力作用下的一阶平均运动方程与方程(3.108)在形式上相同，但需要将方程(3.108)中的方向余弦替换为式(3.109)定义的方向余弦；将方程(3.108)中的平均势函数替换为 $\bar{U}^{\mathrm{T}}$ ，即平均根数的一阶变化率方程为

$$\begin{cases}\dfrac{\mathrm{d}a}{\mathrm{d}t}=0\\ \dfrac{\mathrm{d}h}{\mathrm{d}t}=\dfrac{B}{A}\dfrac{\partial\bar{U}^{\mathrm{T}}}{\partial k}+\dfrac{k}{AB}\left(p\bar{U}^{\mathrm{T}}_{,\alpha\gamma}-Iq\bar{U}^{\mathrm{T}}_{,\beta\gamma}\right)\\ \dfrac{\mathrm{d}k}{\mathrm{d}t}=-\dfrac{B}{A}\dfrac{\partial\bar{U}^{\mathrm{T}}}{\partial h}-\dfrac{h}{AB}\left(p\bar{U}^{\mathrm{T}}_{,\alpha\gamma}-Iq\bar{U}^{\mathrm{T}}_{,\beta\gamma}\right)\\ \dfrac{\mathrm{d}p}{\mathrm{d}t}=-\dfrac{C}{2AB}\bar{U}^{\mathrm{T}}_{,\beta\gamma}\\ \dfrac{\mathrm{d}q}{\mathrm{d}t}=-\dfrac{IC}{2AB}\bar{U}^{\mathrm{T}}_{,\alpha\gamma}\\ \dfrac{\mathrm{d}\lambda}{\mathrm{d}t}=-\dfrac{2a}{A}\dfrac{\partial\bar{U}^{\mathrm{T}}}{\partial a}+\dfrac{B}{A(1+B)}\left(h\dfrac{\partial\bar{U}^{\mathrm{T}}}{\partial h}+k\dfrac{\partial\bar{U}^{\mathrm{T}}}{\partial k}\right)+\dfrac{1}{AB}\left(p\bar{U}^{\mathrm{T}}_{,\alpha\gamma}-Iq\bar{U}^{\mathrm{T}}_{,\beta\gamma}\right)\end{cases}\tag{3.112}$$

3. 大气阻力、太阳光压等非保守力作用下平均根数的一阶变化率

大气阻力或太阳光压摄动力，统一用 $\boldsymbol{f}_{\mathrm{non}}$ 来表示，平均算子为式(3.101)。根据运动方程(3.80)，摄动力 $\boldsymbol{f}_{\mathrm{non}}$ 作用下平均根数变化率方程为

$$\dot{a}_i=\frac{1}{2\pi}\int_{-\pi}^{\pi}\frac{\partial a_i}{\partial\dot{\boldsymbol{r}}}\boldsymbol{f}_{\mathrm{non}}\mathrm{d}\lambda,\quad i=1,2,\cdots,6\tag{3.113}$$

积分式中春分点根数对速度的偏导数和摄动力 $\boldsymbol{f}_{\mathrm{non}}$ 通常是空间碎片在轨道上位置矢量的函数，更容易利用真近点角描述。引入辅助量、偏经度 F 和真经度 L，分别定义为

$$\begin{cases}F=E+\omega+I\Omega\\ L=f+\omega+I\Omega\end{cases}\tag{3.114}$$

式中，E 和 f 分别为开普勒轨道根数中的偏近点角和真近点角。偏经度 F 和平经度 λ 之间满足开普勒方程：

$$\lambda=F+h\cos F-k\sin F\tag{3.115}$$

从开普勒方程(3.115)中求解得到偏经度 F 后，真经度 L 可以通过式(3.116)计算：

$$\begin{cases}\sin L = \dfrac{(1-k^2 b)\sin F + hkb\cos F - h}{1-h\sin F - k\cos F} \\ \cos L = \dfrac{(1-h^2 b)\cos F + hkb\sin F - k}{1-h\sin F - k\cos F}\end{cases} \tag{3.116}$$

式中，$b=(1+B)^{-1}$。进一步利用复合函数的链式求导法则，方程(3.113)可以转化为关于真经度的积分，即

$$\dot{a}_i = \frac{1}{2\pi B}\int_0^{2\pi}\left(\frac{r}{a}\right)^2 \frac{\partial a_i}{\partial \dot{\boldsymbol{r}}} \boldsymbol{f}_{\text{non}} \mathrm{d}L \tag{3.117}$$

在积分式(3.117)中，地心距 r 关于真经度的计算公式为

$$r = \frac{a(1-h^2-k^2)}{1+h\sin L + k\cos F} \tag{3.118}$$

春分点根数关于位置矢量的偏导数可以描述为真经度的函数；摄动力 $\boldsymbol{f}_{\text{non}}$ 是时间、位置矢量和速度矢量的函数，同样是真经度的函数。利用数值方法，如 4 阶龙格-库塔积分器，可以求解出式(3.117)描述的平均根数变化率。

4. 地球非球形田谐项共振摄动力作用下平均根数的一阶变化率

由 3.1.1 节的分析可知，在地球非球形田谐项共振摄动力作用下，空间碎片轨道参数会呈现长期性的变化规律。由于地球非球形田谐项共振摄动力作用与地球自转相关，在计算其平均作用时，需要综合考虑地球自转周期和空间碎片轨道周期的相对关系。定义地球自转角为本初子午面与春分点之间的夹角，记为 θ；空间碎片所在位置的赤经为 α_B，则空间碎片的地理经度可表示为

$$\varphi = \alpha_B - \theta \tag{3.119}$$

将式(3.119)代入地球非球形摄动势函数(3.2)中，可以将势函数表达成地球转动角度的函数。在考虑地球转动效应后，定义田谐项摄动势函数的平均算子为

$$\begin{aligned}\bar{U}^{RT} &= \frac{1}{4\pi^2}\int_0^{2\pi}\int_0^{2\pi} U(\boldsymbol{a},\theta,t)\mathrm{d}\lambda\mathrm{d}\theta \\ &\quad + \mathrm{Re}\left[\frac{1}{2\pi^2}\sum_{(j,m)\in B} \mathrm{e}^{\mathrm{i}(j\lambda - m\theta)}\int_0^{2\pi}\int_0^{2\pi} U(\boldsymbol{a},\theta,t)\mathrm{e}^{-\mathrm{i}(j\lambda-m\theta)}\mathrm{d}\lambda\mathrm{d}\theta\right]\end{aligned} \tag{3.120}$$

式中，$\bar{U}^{RT}$ 为平均田谐项摄动势函数；i 为虚数单位，即满足 $\mathrm{i}^2=-1$；$\mathrm{Re}(\cdot)$ 为取复数的实部函数；集合 B 为正整数对集，定义为

$$B = \left\{(m,j)\middle| m\dot{\lambda} = j\dot{\theta}, m\in\mathbb{N}_+, j\in\mathbb{N}_+\right\} \tag{3.121}$$

式中，$\mathbb{N}_+$ 为正整数集。可以看出，只有当空间碎片运行的轨道周期与地球自转周期的比值为简单整数比，即 $m\dot{\lambda}=j\dot{\theta}$ 成立时，共振条件才成立，集合 B 不为空集；对于大部分空间碎片的轨道，条件 $m\dot{\lambda}=j\dot{\theta}$ 是不成立的，即集合 B 通常为空集。

在田谐项共振摄动力作用下，平均根数的变化率方程为

$$\begin{cases}\dfrac{\mathrm{d}a}{\mathrm{d}t}=\dfrac{2a}{A}\dfrac{\partial\bar{U}^{RT}}{\partial\lambda}\\ \dfrac{\mathrm{d}h}{\mathrm{d}t}=\dfrac{B}{A}\dfrac{\partial\bar{U}^{RT}}{\partial k}+\dfrac{k}{AB}\left(p\bar{U}^{RT}_{,\alpha\gamma}-Iq\bar{U}^{RT}_{,\beta\gamma}\right)-\dfrac{hB}{A(1+B)}\dfrac{\partial\bar{U}^{RT}}{\partial\lambda}\\ \dfrac{\mathrm{d}k}{\mathrm{d}t}=-\dfrac{B}{A}\dfrac{\partial\bar{U}^{RT}}{\partial h}-\dfrac{h}{AB}\left(p\bar{U}^{RT}_{,\alpha\gamma}-Iq\bar{U}^{RT}_{,\beta\gamma}\right)-\dfrac{kB}{A(1+B)}\dfrac{\partial\bar{U}^{RT}}{\partial\lambda}\\ \dfrac{\mathrm{d}p}{\mathrm{d}t}=-\dfrac{C}{2AB}\left[p\left(\bar{U}^{RT}_{,hk}-\bar{U}^{RT}_{,\alpha\beta}-\dfrac{\partial\bar{U}^{RT}}{\partial\lambda}\right)-\bar{U}^{RT}_{,\beta\gamma}\right]\\ \dfrac{\mathrm{d}q}{\mathrm{d}t}=-\dfrac{C}{2AB}\left[q\left(\bar{U}^{RT}_{,hk}-\bar{U}^{RT}_{,\alpha\beta}-\dfrac{\partial\bar{U}^{RT}}{\partial\lambda}\right)-I\bar{U}^{RT}_{,\alpha\gamma}\right]\\ \dfrac{\mathrm{d}\lambda}{\mathrm{d}t}=-\dfrac{2a}{A}\dfrac{\partial\bar{U}^{RT}}{\partial a}+\dfrac{B}{A(1+B)}\left(h\dfrac{\partial\bar{U}^{RT}}{\partial h}+k\dfrac{\partial\bar{U}^{RT}}{\partial k}\right)+\dfrac{1}{AB}\left(p\bar{U}^{RT}_{,\alpha\gamma}-Iq\bar{U}^{RT}_{,\beta\gamma}\right)\end{cases}\tag{3.122}$$

式(3.108)、式(3.112)、式(3.117)和式(3.122)是不同摄动力作用下，空间碎片的平均运动方程，利用数值方法可以计算得到不同摄动力作用下空间碎片运行的轨道状态。进一步将不同摄动力作用下得到的空间碎片轨道状态进行叠加，可以得到空间碎片运行的平均轨道。式(3.108)、式(3.112)、式(3.117)和式(3.122)构成了长期演化计算模型的空间碎片状态更新积分模型。

为了保证通过平均法能够从空间碎片的运动中分离出短周期运动，且式(3.108)、式(3.112)、式(3.117)和式(3.122)能够反映不同摄动力作用下，空间碎片轨道根数的长周期变化和长期变化，并要求在平均运动中二阶以上的平均摄动力作用较小，对一阶平均解和积分步长有以下约束[29]：

$$\begin{cases}\varDelta^2\left|\dfrac{\mathrm{d}^2a}{\mathrm{d}^2t}\right|\leqslant a\\ \varDelta^2\left|\dfrac{\mathrm{d}^2a_i}{\mathrm{d}^2t}\right|\leqslant a,\quad i=2,3,4,5,6\end{cases}\tag{3.123}$$

$$\begin{cases}\dfrac{1}{n}\left|\dfrac{\mathrm{d}a}{\mathrm{d}t}\right|\leqslant a\\ \dfrac{1}{n}\left|\dfrac{\mathrm{d}a_i}{\mathrm{d}t}\right|\leqslant 1,\quad i=2,3,4,5\\ \dfrac{1}{n}\left|\dfrac{\mathrm{d}\lambda}{\mathrm{d}t}-n\right|\leqslant 1\end{cases}\tag{3.124}$$

式中，$\varDelta$为利用数值方法求解式(3.108)、式(3.112)、式(3.117)和式(3.122)时的积分步长。

在满足不等式(3.123)的约束条件下，能够保证利用数值方法求解式(3.108)、式(3.112)、式(3.117)和式(3.122)时的积分误差较小；满足不等式(3.124)的约束，能够保证利用平均法确定的二阶以上摄动力作用对空间碎片的长期或长周期作用效果较小。

3.4.3　长期平均积分模型的计算结果分析

以运行在给定轨道上的空间碎片为计算对象，利用上述长期平均积分模型，对空间碎片的运动状态进行长期计算分析。通过与高精度积分模型的计算结果进行对比，分析长期平均积分模型的特点。本节选取了两种轨道：一种是空间碎片能够长期自然维持运行的轨道；另一种是在短周期内会衰减进入大气层的轨道，可分别说明积分模型的长期积分精度和轨道寿命预测精度。两种轨道的初始参数如表 3.2 所示。

表 3.2　用于分析长期平均积分模型的初始轨道参数

轨道	半长轴/km	偏心率	轨道倾角/(°)	升交点赤经/(°)	近地点幅角/(°)	真近点角/(°)
轨道 1	7878.14	0.1	60	0	0	0
轨道 2	6878.14	0.01	60	0	0	0

设空间碎片的质量为 1000kg，空间碎片为球形，截面积为 20m^2。长期平均积分模型中的摄动力包括地球非球形摄动力、大气阻力、太阳光压和太阳/月球三体引力，摄动力设置为 4×4 的重力场模型；大气密度采用 H-P 模型；阻力系数C_d选为 2.2；光压参数C_R选为 1.3。高精度积分模型采用的是某商业软件工具包中的高精度积分模型 HPOP(the high precision orbit propagator)，模型中包含的摄动力及其参数保持与长期平均积分模型一致。

在利用长期平均积分模型进行状态更新计算时，大气阻力和太阳光压摄动力作用下平均根数的变化率，即方程(3.117)的右端积分项，通过 4 阶龙格-库塔积分器求解，积分步长为 0.1rad；式(3.108)、式(3.112)、式(3.117)和式(3.122)则通过 4 阶 Adams-Bashforth-Moulton 预估矫正多步积分方法求解[1]，积分步长为 1 天。选用 4 阶 Adams-Bashforth-Moulton 预估矫正多步积分法，在每步积分计算中，只需对微分方程的右端进行一次计算，减少了摄动力的计算次数，有利于提高计算效率。

针对表 3.2 中提供的空间碎片运行轨道 1，对空间碎片的运动状态进行了 30 年的数值计算，结果在图 3.16～图 3.20 中给出。从图 3.16 中可以看出，HPOP 高精度模型给出的轨道半长轴的长期衰减趋势与长期平均积分模型是一致的，最大偏差保持在 10km 以内。HPOP 高精度模型的计算结果包含短周期运动项，呈现高频振荡的特点。

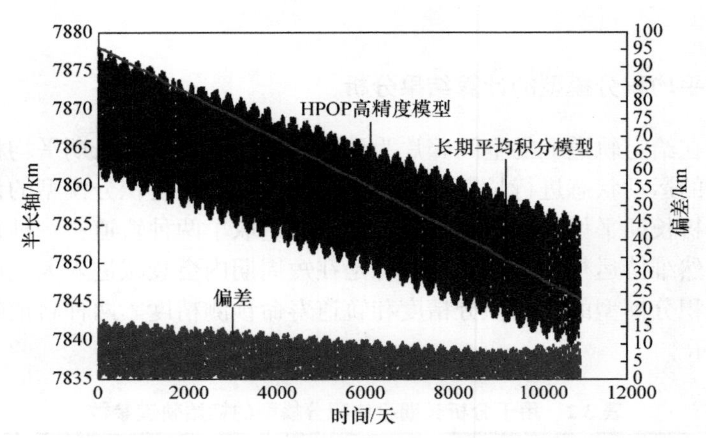

图 3.16　表 3.2 中轨道 1 对应的半长轴的长期推演积分结果

图 3.17 和图 3.18 分别给出了空间碎片轨道偏心率和轨道倾角的长期计算结果，利用长期平均积分模型计算得到的偏心率和轨道倾角均能与 HPOP 高精度模型的计算结果在长期变化趋势上保持一致，30 年内两种模型的轨道偏心率的最大偏差小于 0.002，轨道倾角的最大偏差小于 0.3°。

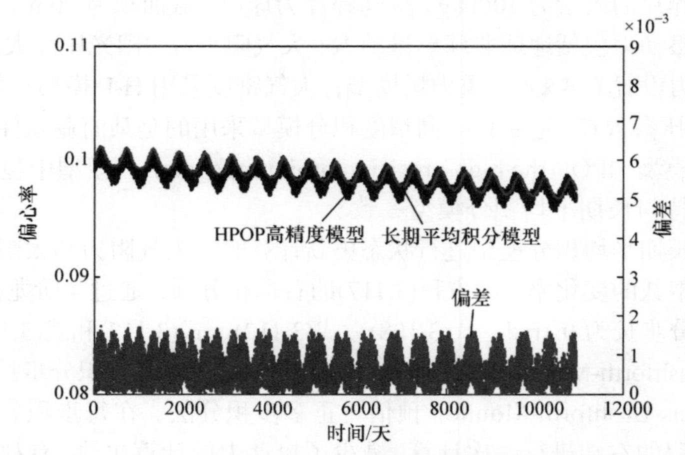

图 3.17　表 3.2 中轨道 1 对应的偏心率的长期推演积分结果

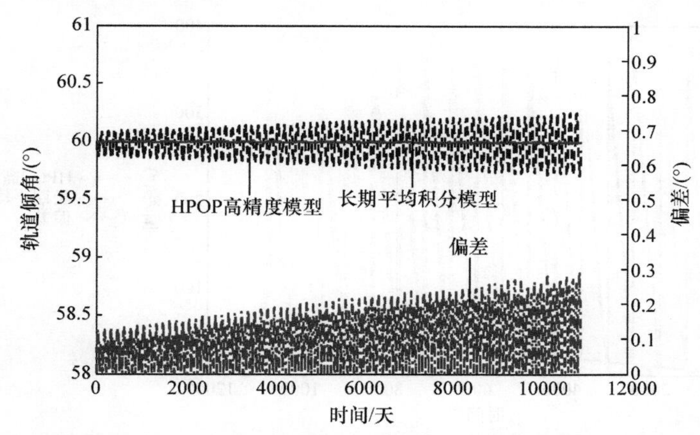

图 3.18　表 3.2 中轨道 1 对应的轨道倾角的长期推演积分结果

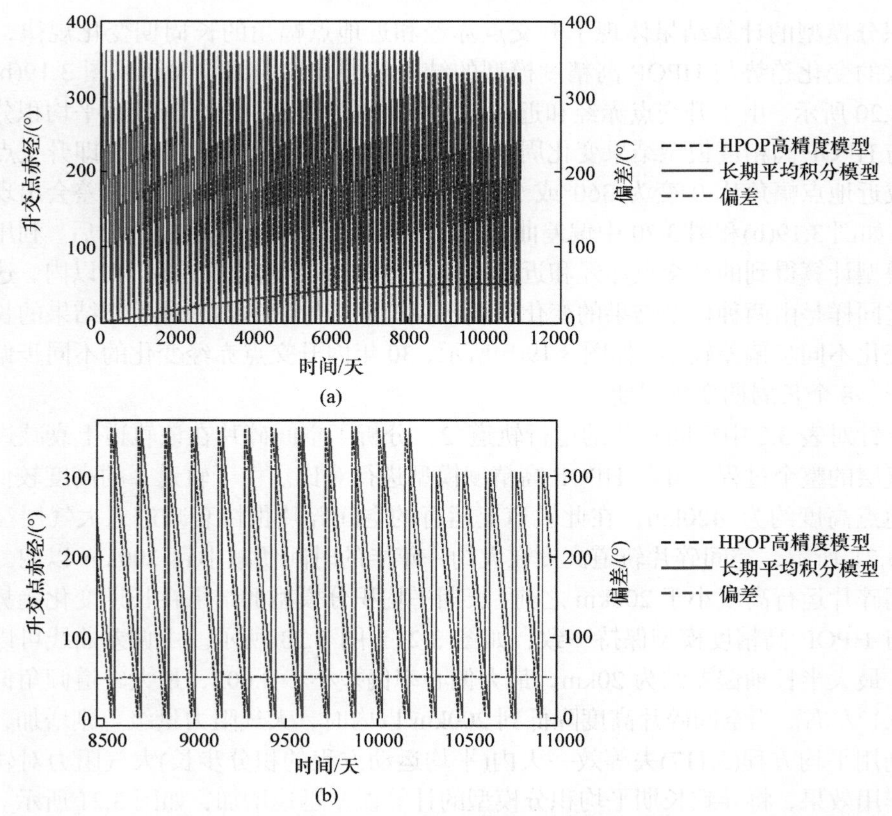

图 3.19　表 3.2 中轨道 1 对应的升交点赤经的长期推演积分结果

空间碎片运行轨道的升交点赤经和近地点幅角的长周期变化，能够反映平均积分模型在长周期项摄动力作用下的计算精度。如图 3.19 和图 3.20 所示，长期平

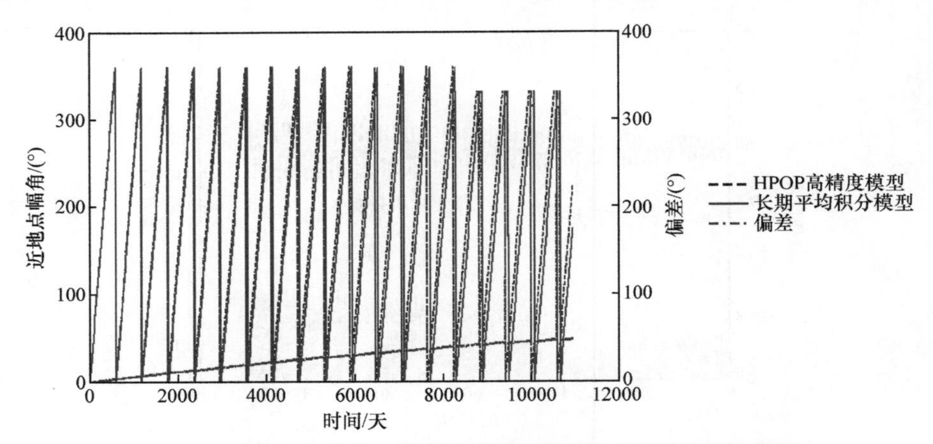

图 3.20　表 3.2 中轨道 1 对应的近地点幅角的长期推演积分结果

均积分模型的计算结果体现了升交点赤经和近地点幅角的长周期变化规律，且参数的变化趋势与 HPOP 高精度模型的结果相同，如局部放大结果图 3.19(b)和图 3.20 所示。由于升交点赤经和近地点幅角是周期性变化的，当长期平均积分模型与 HPOP 高精度模型结果变化周期不完全同步时，在角度跳变处，即升交点赤经或近地点幅角从 0°变为 360°或 360°变为 0°时，两种模型的结果偏差会出现跳变，如图 3.19(b)和图 3.20 中偏差曲线所示。在忽略偏差曲线跳变部分后，利用两种模型计算得到的升交点赤经和近地点幅角，在 30 年内的偏差在 50°以内，这种偏差同样是由两种模型结果的变化周期不完全同步导致的。两种模型结果的长周期变化不同步偏差较小，如图 3.19(b)所示，30 年内升交点赤经变化的不同步偏差小于 1/8 个长周期变化周期。

针对表 3.2 中空间碎片的运行轨道 2，分析了空间碎片在该轨道上衰减进入大气层的整个过程，并与 HPOP 高精度模型进行对比。由于轨道 2 的高度较低，近地点高度约为 420km，在此轨道上运行的空间碎片很快衰减进入大气层。如图 3.21 所示，空间碎片轨道高度在大约一年半的时间便减小到 200km 以内。在空间碎片运行高度小于 200km 之前，长期平均积分模型的结果在长期变化趋势上能与 HPOP 高精度模型保持一致，如图 3.21～图 3.23 所示。由偏差曲线可以看出，最大半长轴偏差约为 20km，最大偏心率偏差小于 0.002，最大轨道倾角偏差在 0.1°左右。当空间碎片高度降低到 200km 以内时，大气阻力量级急剧增加，此时利用平均方程(3.117)去等效一天内(平均运动方程的积分步长)大气阻力对轨道的作用效果，将导致长期平均积分模型的计算误差迅速增加，如图 3.21 所示。在进行大规模空间碎片长期演化计算时，当空间碎片轨道高度降低到 200km 以下时，可以认为空间碎片会迅速进入大气层销毁，不会影响空间碎片环境的整体分布特点。

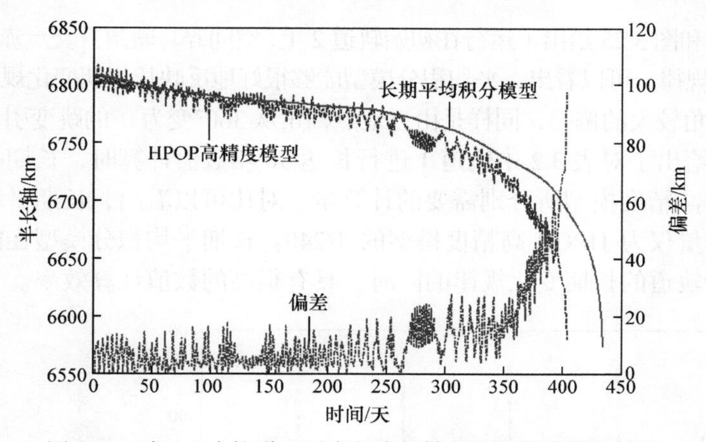

图 3.21　表 3.2 中轨道 2 对应的半长轴的长期推演积分结果

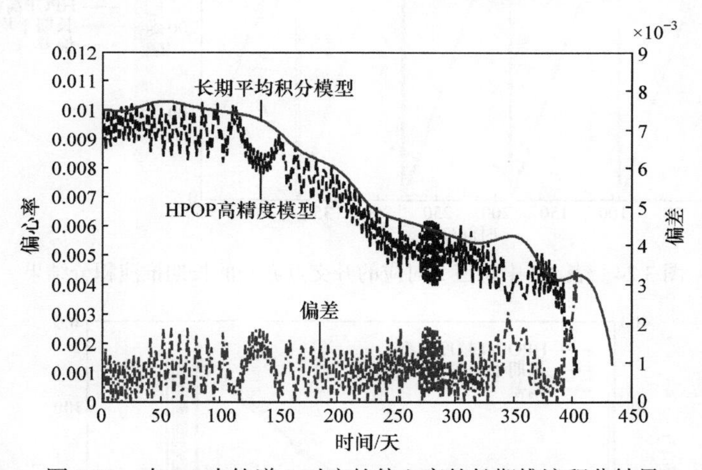

图 3.22　表 3.2 中轨道 2 对应的偏心率的长期推演积分结果

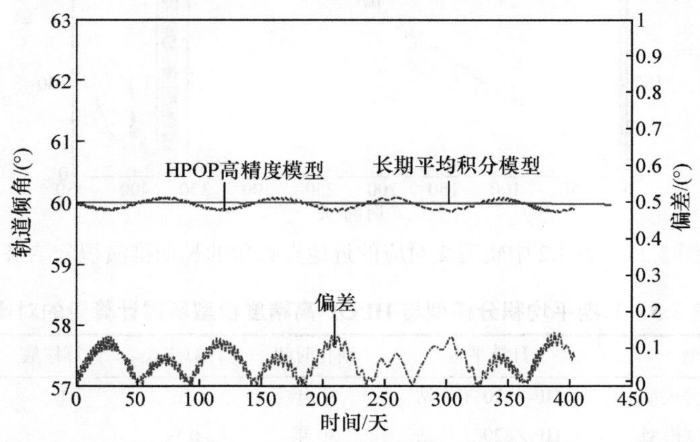

图 3.23　表 3.2 中轨道 2 对应的轨道倾角的长期推演积分结果

图 3.24 和图 3.25 给出了运行在初始轨道 2 上，空间碎片轨道升交点赤经和近地点幅角的变化规律。可以看出，平均积分模型能够很好地反映长周期变化规律。图 3.25 中近地点幅角较大的偏差，同样是由近地点幅角从 360°变为 0°的跳变引起的。

表 3.3 给出了对表 3.2 中轨道 1 进行长达 30 年数值计算时，长期平均积分模型和 HPOP 高精度模型所分别需要的计算量。对比可以看出，长期平均积分模型所需的计算量仅为 HPOP 高精度模型的 1/240。长期平均积分模型在能够反映空间碎片运行轨道的长期变化规律的同时，具有很高的数值计算效率。

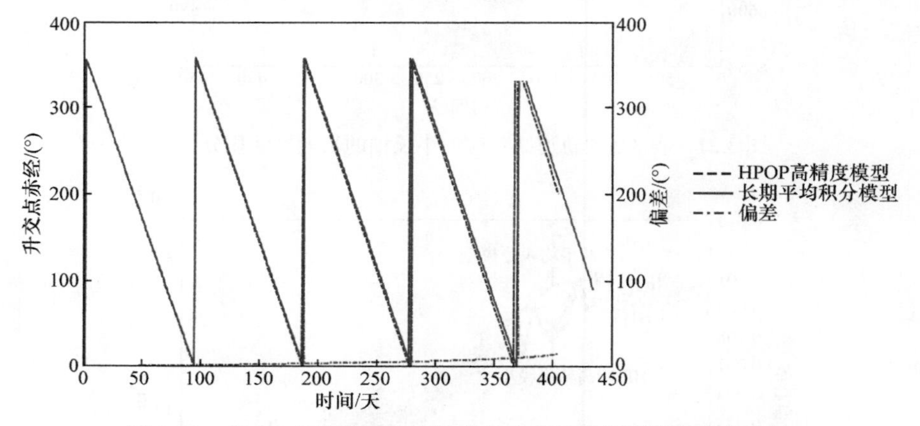

图 3.24　表 3.2 中轨道 2 对应的升交点赤经的长期推演积分结果

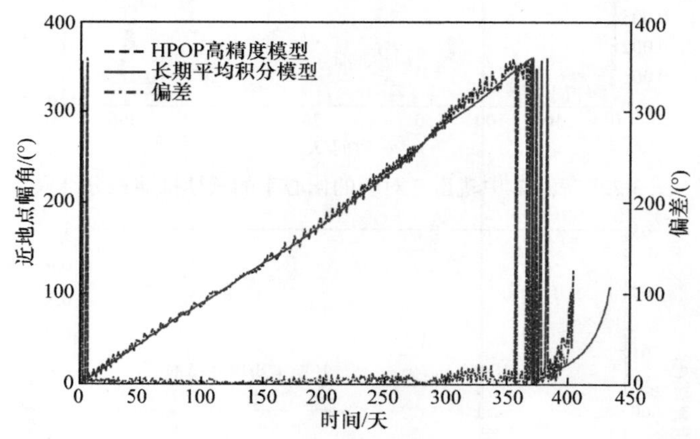

图 3.25　表 3.2 中轨道 2 对应的近地点幅角的长期推演积分结果

表 3.3　长期平均积分模型与 HPOP 高精度模型所需计算量的对比

计算模型	计算平台	演化时间	计算步长	计算核数	计算时长
长期平均积分模型	HP-Z820 工作站	30 年	1h	1	约 2min
HPOP 高精度模型	HP-Z820 工作站	30 年	0.1s	1	约 8h

3.5　大规模空间碎片演化的并行计算框架

空间碎片环境的长期演化，依赖现代强大的计算机技术，通过数值计算推演出空间碎片环境的未来状态。空间碎片环境数值演化的难点在于：

(1) 计算对象规模大。若仅考虑编目目标，则演化计算对象数量达到 17000 个，对目标运行状态进行更新、目标相互碰撞判断均需要消耗大量计算资源。

(2) 计算对象的规模动态变化。在大气阻力、发射活动、碰撞解体等因素作用下，空间碎片数量动态变化，导致计算对象的规模不断变化。

(3) 演化计算时间长。由于空间碎片环境的变化是一个缓慢的过程，通常需要进行上百年的演化计算。

设计针对大规模空间碎片演化的并行计算框架，可综合利用高性能计算平台的资源，实现在短时间内获取空间碎片环境上百年的演化结果。通常高性能计算平台包含大量计算节点，如“天河一号”超级计算机包含 7168 个计算节点，而高效并行计算方法则能够同时调用计算平台的众多节点进行数值运算。由对大规模空间碎片数值演化计算任务分析可知，消耗大量计算资源包括两个部分：①考虑空间碎片环境演化的力学环境，对每个空间碎片的运动状态进行数值更新；②确定任意两个空间碎片之间是否会发生碰撞。例如，针对当前近 17000 个编目目标，在每一个计算步长内，均需要对 17000 个编目目标的位置和速度矢量进行积分更新；若对编目目标进行两两判断，以确定是否发生碰撞，则每次需要进行约 1.5 亿次碰撞分析，且计算量随目标数量呈平方量级增加。下面分别针对空间碎片运动状态的更新和碰撞判断构建并行计算框架，实现并行演化。

3.5.1　空间碎片状态更新的并行计算框架

空间碎片状态更新的并行计算框架需满足以下要求：首先，确保每个计算进程的状态更新计算量相当；然后，要求各进程之间能够保持时间同步；最后，在满足前两个要求的条件下，能够适应空间碎片规模的动态变化，每个进程的计算量要进行动态调整。在满足上述三个要求的条件下，计算进程间能够保持同步，同时获取空间碎片在未来任意时刻的运动状态，以便进行空间碎片之间的碰撞判断。

根据上述分析，设计并行算法的基本框架结构如图 3.26 所示。

下面结合图 3.26，给出具体实现空间碎片状态的并行更新步骤。

步骤 1：根据空间目标运动状态的观测数据，如两行轨道根数(two line elements，TLE)等，确定目标的初始运动状态。

步骤 2：根据计算平台的性能和空间目标的总数量，确定进行目标运动状态

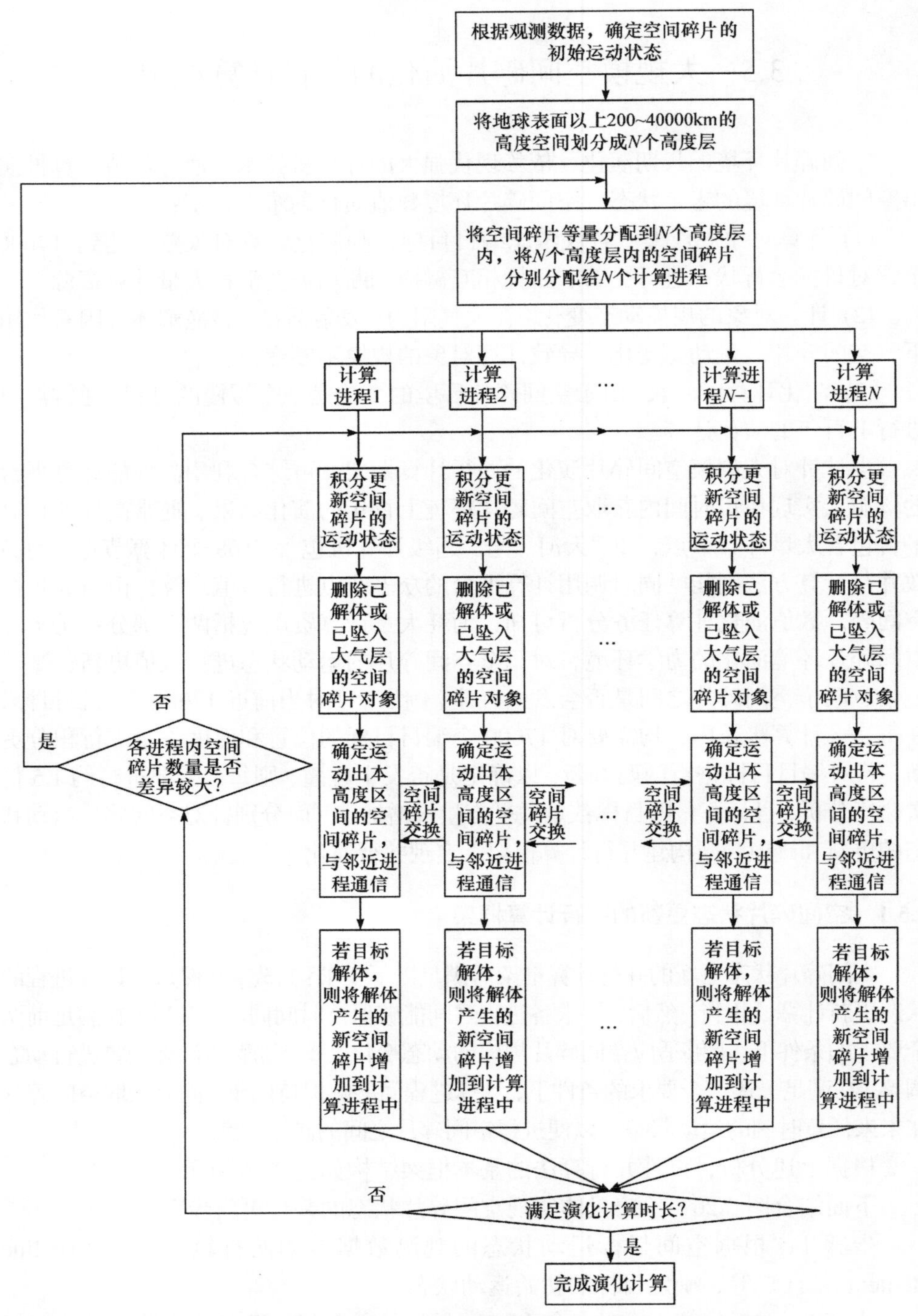

图 3.26　大规模空间碎片状态更新的并行计算基本框架结构

更新所需的进程数量，设共有 N 个计算进程，依次记为计算进程 1，计算进程 2，…，计算进程 N。

步骤 3：将地球表面以上 200～40000km 空间划分成 N 个高度层，如图 3.27 所示；将 N 个高度层按照距离地球表面由近及远的顺序，依次记为高度层 1，高度层 2，…，高度层 N；每个高度层所包含的高度范围，由空间目标的分布状态决定，以使得每个高度层内所包含的空间碎片数量相等。

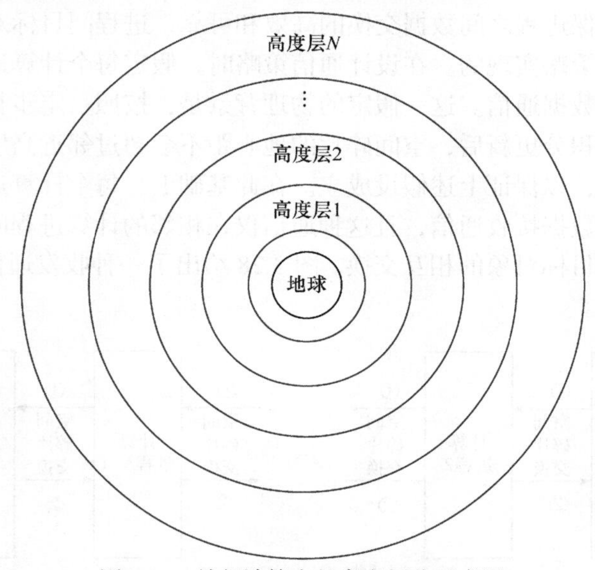

图 3.27　并行计算中的高度划分示意图

步骤 4：将空间目标按照其地心距从小到大排序，等量分配到每个高度层内；并将每一个高度层指定一个计算进程，该进程负责更新计算空间碎片的运动状态，即将高度层 i 所包含的空间碎片分配给计算进程 i，其中，$i=1, 2,\cdots, N$。

步骤 5：计算进程 i 对高度层 i 内的每个空间碎片的运动状态按设定时间步长进行积分推演，得到下一时刻空间碎片运动状态数据。

步骤 6：计算进程 i 根据空间碎片的运动状态，判断空间碎片是否再入大气层或解体，若是，则将对应空间碎片从计算进程中删除。

步骤 7：计算进程 i 根据空间碎片的运动状态，判断空间碎片是否仍在高度层 i 内，若空间碎片的轨道高度超出高度层 i 所包含的高度范围，则将空间碎片标记为待传递的对象。

步骤 8：计算进程 i 与相邻的计算进程进行目标对象交换，确保每个高度层内空间碎片的高度都位于该高度层内。

步骤 9：在各计算进程内，根据空间碎片演化的碰撞概率模型，判断目标之间是否发生碰撞；若有目标发生碰撞，则根据碰撞解体模型模拟产生解体空间碎片，并将新产生的解体空间碎片追加到当前计算进程中。

步骤 10：判断是否满足演化计算时长，若满足，则完成演化计算；否则，进一步判断各进程内的空间碎片数量是否差异较大，若是，则跳转到步骤 3 继续计算，否则，则跳转到步骤 5 继续计算，直至完成演化计算。

上述算法的步骤 8 中，进程间进行目标对象交换的目的是，确保每个目标的高度均位于对应高度层内，从而可以在每个计算进程内独立进行空间碎片的碰撞事件判断。为确保进程之间数据交换的高效和可靠，进程间目标对象的交换是基于一定进程通信策略实现的。在设计通信策略时，假定每个计算进程仅与相邻的计算进程间进行数据通信。这一假定的物理背景是：按照一定步长，对空间碎片的运动状态进行积分更新后，空间碎片的地心距不会超过邻近高度层。通常选取合适的积分步长，以保证上述假设成立。在此基础上，每个计算进程均进行两次数据发送和两次数据接收通信，且这种通信仅在相邻的计算进程间进行，即可实现计算进程之间目标对象的相互交换。图 3.28 给出了一种收发通信策略，称为循环数据交换策略。

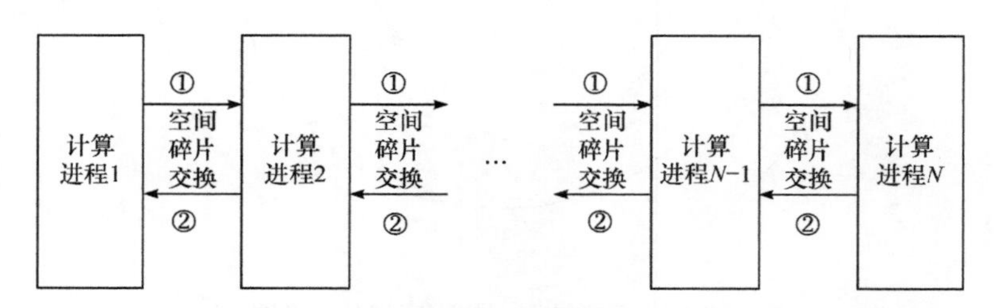

图 3.28　计算进程之间的循环数据交换策略

循环数据交换策略包含两个方向的数据传递，分别为右向传递和左向传递。将计算进程按照图 3.28 所示依次从左至右排列，图中标记为①的为右向传递，在此方向上，计算进程从相邻的左边进程中接收空间碎片对象数据，并向相邻的右边进程发送对象数据；标记为②的为左向传递，此时计算进程从相邻的右边进程中接收空间碎片对象数据，并向相邻的左边进程发送对象数据。右向传递和左向传递均完成后，刚好形成了计算进程之间的数据交换循环，故称为循环数据交换策略。需要指出的是，对于计算进程 1，只与右边进程进行接收和发送数据通信，而计算进程 N 只与左边进程进行接收和发送数据通信。

在算法的步骤 10 中，需要判断各进程内的空间碎片数量是否差异较大，其目的是确保各计算进程在进行步骤 5 计算时，计算量差异不大。否则，由于各进程的计算量不同，无法同时将空间碎片的运动状态积分推演至未来同一时刻。只有位于同一时刻，计算进程之间才能进行空间碎片对象的数据交换，以及进行空间碎片之间的碰撞概率计算。

3.5.2　碰撞概率的并行计算框架

分两种情况讨论目标的碰撞概率：①同一个高度层内目标的碰撞概率计算；②相邻高度层内目标的碰撞概率计算。对于同一个高度层内目标，经过进程之间的目标对象数据交换后，目标所在高度均位于该高度层内，从而在进行空间碎片之间碰撞概率计算时，每个进程可以独立判断对应高度层内空间碎片之间的碰撞概率，各进程可实现并行运算。根据 2.3.1 节中的碰撞概率模型，在计算空间碎片之间碰撞概率时，首先应将每个高度层包含的空间划分为离散的空间体积元。在每个空间体积元内，若同时出现两个以上空间目标，则通过碰撞概率模型计算目标之间的碰撞概率。对于相邻的两个空间体积元内的空间目标，当它们位于两体积元公共边界面附近时，碰撞的可能性也较大。因此，为了使空间碎片之间的碰撞概率计算较为准确，应综合考虑相邻空间体积元内空间目标的碰撞概率。

在三维空间中，与一个空间体积元相邻的空间体积元共有 26 个，如图 3.29(a)所示。考虑以一个空间体积元为中心，若与 26 个相邻空间体积元内目标均进行碰撞概率计算，则会出现重复计算的情况。为避免重复计算，中心空间体积元的目标仅与相邻空间体积元中的 13 个进行碰撞判断，图 3.29(b)给出了这 13 个相邻空间体积元的位置。

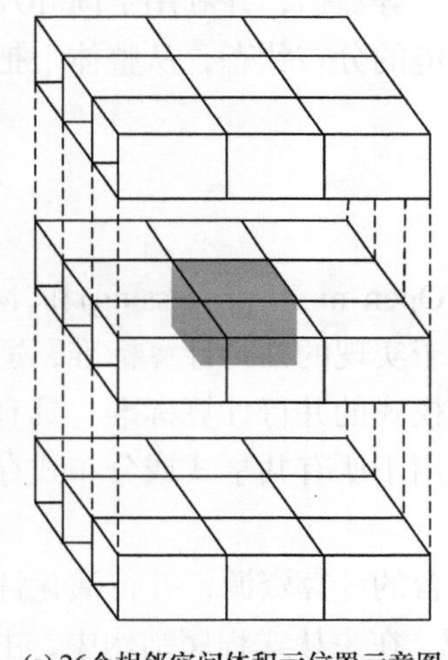
(a) 26个相邻空间体积元位置示意图

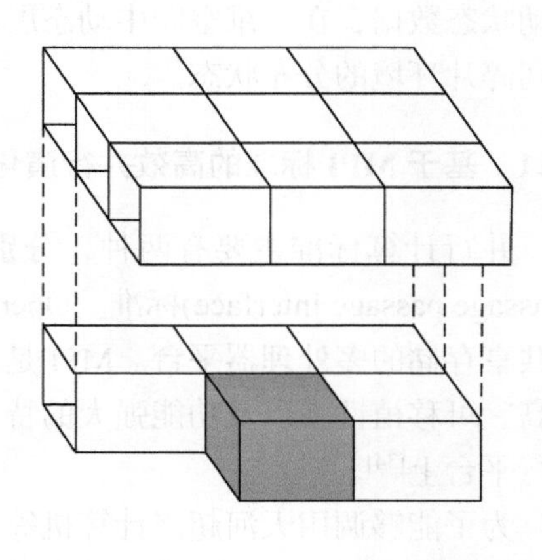
(b) 选取13个相邻空间体积元进行碰撞判断

图 3.29　与中心空间体积元相邻的空间体积元

对于不同高度层内的空间目标，若目标位于相邻高度层公共边界面附近，则也有可能发生碰撞。对于相邻的两个高度层，分别记为高度层 i 和 $i+1$，且高度层 i 在高度层 $i+1$ 的下方。将高度层 i 和高度层 $i+1$ 中与公共边界面相邻的空间体积元内的空间目标分别记为 LO_i 和 LO_{i+1}。采用图 3.28 所示的右向传递方法，通过进程间的目标对象数据传递通信，将 LO_i 传递给高度层 $i+1$ 对应的计算进程，即计算进程 $i+1$。在计算进程 $i+1$ 中，按照同一个高度层内目标碰撞概率的计算方法，计算目标 LO_i 和 LO_{i+1} 的碰撞概率。在计算进程 $i+1$ 中，目标 LO_i 仅参与碰撞概率计算，不进行状态更新，并且在碰撞概率计算完成后删除。

3.6 长期演化计算模型的软件实现方案

3.1～3.5 节研究了构建长期演化计算模型的理论和方法，为了能够对空间碎片环境开展长期演化分析，需要进一步将计算模型转化为计算机程序代码，建立长期演化计算模型的软件系统。软件系统由并行演化计算软件、结果处理与显示软件两部分组成。并行演化计算软件是长期演化计算模型实现的核心，能够调用超级计算机、高性能集群计算机等计算平台的资源，对空间碎片环境进行长期演化计算，并能够输出给定时刻空间碎片的状态数据、碰撞事件数据以及爆炸解体数据等演化数据。结果处理与显示软件的主要功能是对并行演化计算软件的结果进行统计分析，得到空间碎片的空间密度、尺寸分布等数据，并利用空间碎片的运动状态数据，在三维空间中动态展示空间碎片环境的分布状态，从整体上把握空间碎片环境的分布状态。

3.6.1 基于 MPI 标准的高效并行演化计算软件

并行计算标准主要有两种，分别是 OpenMP(Open multi-processing)和 MPI (massage passage interface)标准。OpenMP 是一个易于实现的并行计算标准，适合于共享存储的多处理器平台。MPI 是基于消息传递模式的并行计算标准，具有效率高、可移植性强以及功能强大的特点，几乎可应用于所有共享式或分布式存储并行平台上[34]。

为了能够调用天河超级计算机等分布式存储平台的计算资源，并行演化计算软件以 MPI 标准为基础，利用主从式程序结构实现。在主从式程序结构中，主进程只有一个，处于主导地位，负责管理、协调所有进程的计算资源和任务。各子进程的地位一样，功能和实现代码也相同。本节结合图 3.26 中给出的并行计算框架，设计了基于 MPI 标准的并行演化计算软件结构，如图 3.30 所示。

基于图 3.30 所示的 MPI 标准并行演化计算软件结构，通过调用 MPI 标准的函数接口，实现了图 3.26 和图 3.28 的并行计算任务。表 3.4 给出了并行演化计算软件中调用的主要函数。

并行演化计算软件基于标准 C++程序语言开发，采用了面向对象的程序设计方法，确保了软件的计算效率。以 2016 年 9 月空间监视网的编目目标数据为初始输入，在不考虑航天发射活动的条件下，演化得到空间碎片环境在未来 200 年内的分布状态。表 3.5 给出了利用天河超级计算机平台的不同计算核数，并行演化计算软件所需要的演化计算时间。可以看出，随着调用计算核数的增加，并行演

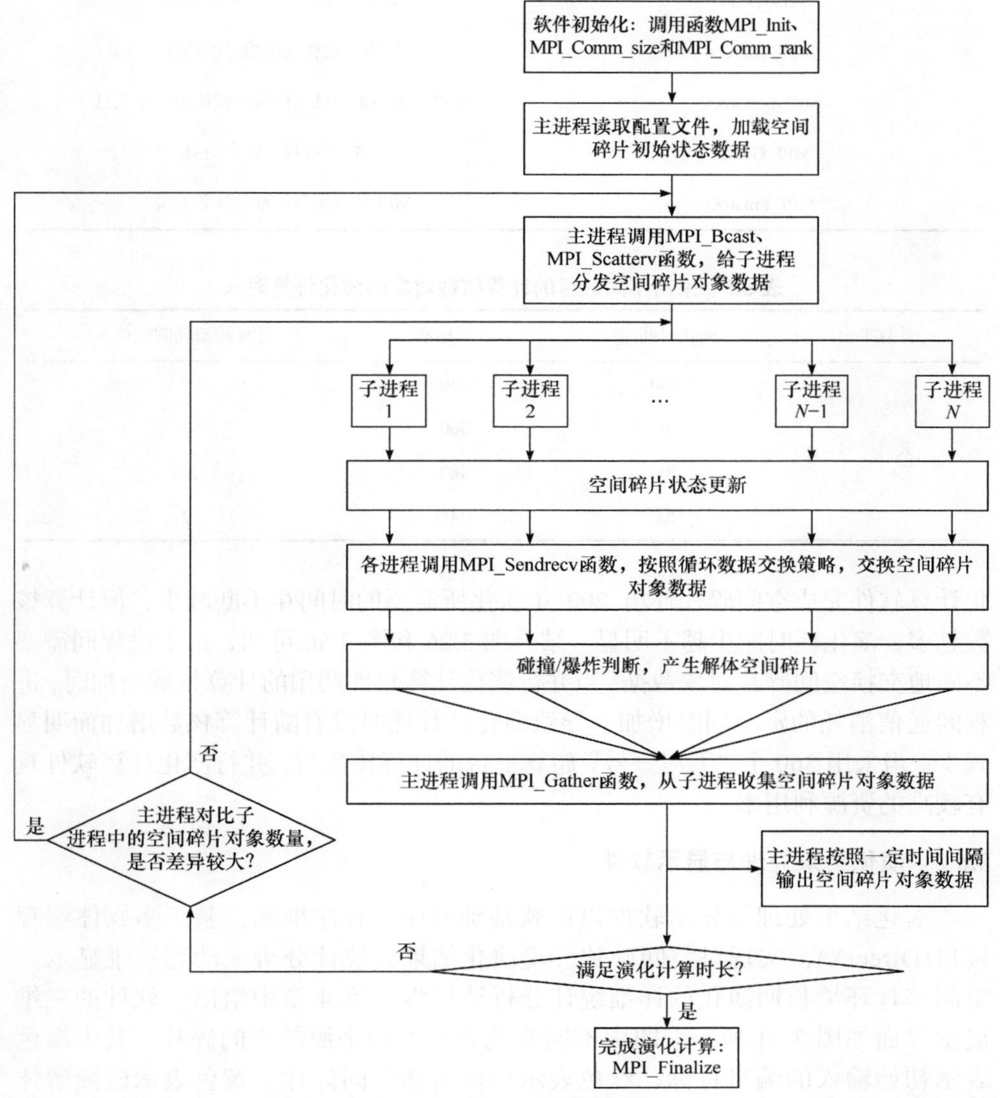

图 3.30　基于 MPI 标准的并行演化计算软件结构

表 3.4 MPI 标准的部分接口函数

函数名称	函数功能
MPI_Init	MPI 的初始化函数，开辟计算资源
MPI_Comm_size	确定并行计算的进程数
MPI_Comm_rank	指定当前进程的标识号
MPI_Bcast	向所有进程广播给定的消息
MPI_Scatterv	向所有进程发送给定的消息
MPI_Sendrecv	进程发送一条消息，同时等候接收一条消息
MPI_Gather	从每个进程中收集消息
MPI_Finalize	MPI 结束函数，释放计算资源

表 3.5 采用不同数量的计算核数对应的演化计算时长

计算平台	演化时间/年	计算核数	计算约消耗的时长/h
天河一号	200	240	5
	200	360	3
	200	480	2.5
	200	1000	2

化计算软件完成空间碎片环境 200 年演化所需要的时间在不断减少，但计算核数越多，演化耗时减少越不明显。结合图 3.26 和图 3.30 可知，由于进程间需要不断地交换空间碎片对象数据，当并行演化计算软件调用的计算核数增加时，进程间通信消耗的资源同时增加，导致演化计算耗时没有随计算核数增加而明显减少。当采用 360 个“天河一号”超算平台的计算核数时，并行演化计算软件具有较高的资源利用率。

3.6.2 演化结果处理与显示软件

演化结果处理与显示软件以微软基础类库为程序框架，基于多媒体编程接口(DirectX)，实现对空间碎片环境演化结果的统计分析、动态三维显示。空间碎片环境长期演化的详细统计分析结果将在第 4 章中给出。软件的三维展示界面如图 3.31 所示，图中不同颜色表示不同来源的空间碎片，其中绿色表示初始输入的编目目标，红色表示爆炸解体空间碎片，黄色表示碰撞解体空间碎片。软件还可以用来分析解体空间碎片随时间的演化分布情况，图 3.32

给出了 2009 年“铱-33”卫星和“宇宙-2251”卫星碰撞解体空间碎片的分布状态。

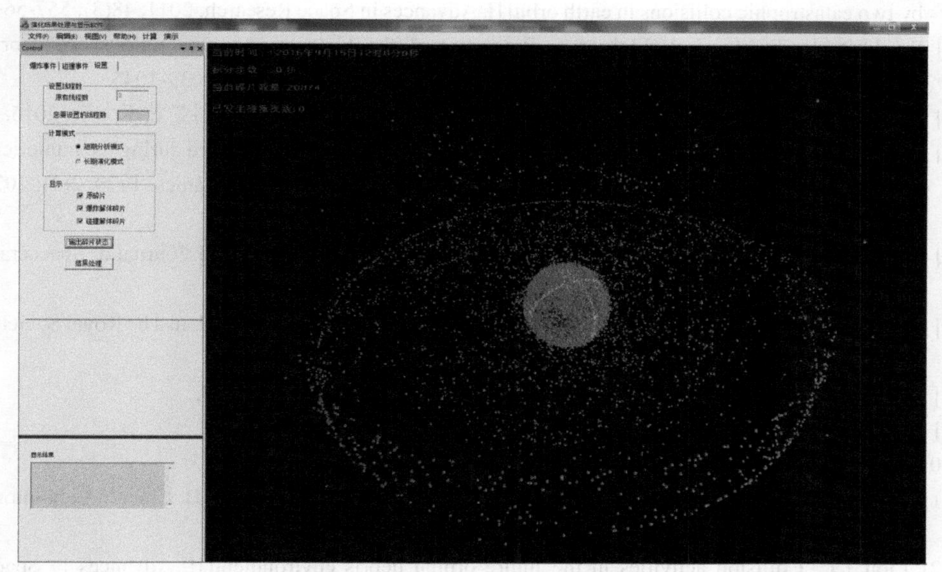

图 3.31　演化结果处理与显示软件的三维展示界面(见彩图)

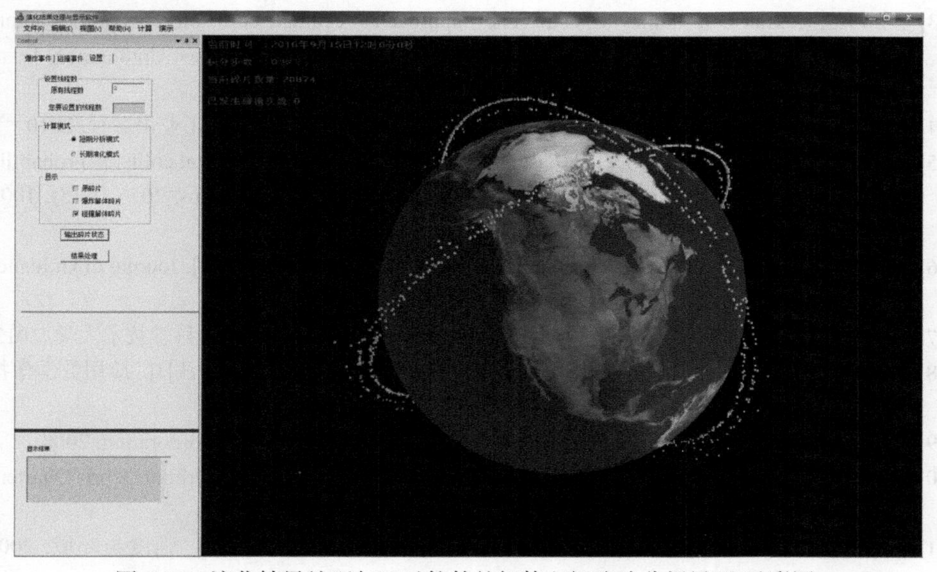

图 3.32　演化结果处理与显示软件的解体空间碎片分析界面(见彩图)

参 考 文 献

[1] Montenbruck O, Gill E. Satellite Orbits: Models, Methods and Applications[M]. Berlin: Springer

Science & Business Media, 2012.

[2] Pardini C, Anselmo L. Physical properties and long-term evolution of the debris clouds produced by two catastrophic collisions in earth orbit[J]. Advances in Space Research, 2011, 48(3): 557-569.

[3] Schildknecht T, Musci R, Flohrer T. Properties of the high area-to-mass ratio space debris population at high altitudes[J]. Advances in Space Research, 2008, 41(7): 1039-1045.

[4] 刘红卫. 天基重力测量的解析理论及其编队实现方法[D]. 长沙: 国防科学技术大学, 2015.

[5] Cunningham L E. On the computation of the spherical harmonic terms needed during the numerical integration of the orbital motion of an artificial satellite[J]. Celestial Mechanics, 1970, 2(2): 207-216.

[6] Stark J P W. Evolution of debris clouds to microscopically chaotic motion[J]. Journal of Spacecraft and Rockets, 2001, 38(4): 554-562.

[7] Groves G V. Motion of a Satellite in the Earth's Gravitational Field[M]. London: The Royal Society, 1960.

[8] 蒋超. 航天器相对运动的摄动及其补偿控制[D]. 北京: 清华大学, 2015.

[9] 刘林. 航天器轨道理论[M]. 北京: 国防工业出版社, 2000.

[10] 刘林, 汤靖师. 卫星轨道理论与应用[M]. 北京: 电子工业出版社, 2015.

[11] Abbot R I, Wallace T P. Decision support in space situational awareness[J]. Lincoln Laboratory Journal, 2007, 16(2): 297.

[12] Liou J C. Collision activities in the future orbital debris environment[J]. Advances in Space Research, 2006, 38(9): 2102-2106.

[13] Liou J C, Kessler D J, Matney M, et al. A new approach to evaluate collision probabilities among asteroids, comets, and Kuiper Belt objects[C]. Lunar and Planetary Science Conference, Texas, 2003: 1-2.

[14] 陈磊, 韩蕾, 白显宗. 空间目标轨道力学与误差分析[M]. 北京: 国防工业出版社, 2010.

[15] Serra R, Arzelier D, Joldes M, et al. Fast and accurate computation of orbital collision probability for short-term encounters[J]. Journal of Guidance, Control, and Dynamics, 2016, 39(5): 1009-1021.

[16] Akella M R, Alfriend K T. Probability of collision between space objects[J]. Journal of Guidance, Control, and Dynamics, 2000, 23(5): 769-772.

[17] 白显宗. 空间目标轨道预报误差与碰撞概率问题研究[D]. 长沙: 国防科学技术大学, 2013.

[18] 白显宗, 陈磊. 基于空间压缩和无穷级数的空间碎片碰撞概率快速算法[J]. 应用数学学报, 2009, 32(2): 336-353.

[19] Chan F K. Spacecraft Collision Probability[M]. El Segundo: Aerospace Corporation, 2008.

[20] Krisko P H. Proper implementation of the 1998 NASA breakup model[J]. Orbital Debris Quarterly News, 2011, 15(4): 4-5.

[21] 李灿安, 庞宝君, 许可, 等. 爆炸解体空间碎片的空间密度分布[J]. 强度与环境, 2009, 36(4): 42-49.

[22] 高惠璇. 统计计算[M]. 北京: 北京大学出版社, 1995.

[23] Klinkrad H. Space Debris: Models and Risk Analysis[M]. Berlin-Heidelberg: Springer Praxis, 2006.

[24] Klinkrad H, Bendisch J, Bunte K D, et al. The MASTER-99 space debris and meteoroid environment model[J]. Advances in Space Research, 2001, 28(9): 1355-1366.
[25] Bendisch J, Bunte K, Klinkrad H, et al. The MASTER-2001 model[J]. Advances in Space Research, 2004, 34(5): 959-968.
[26] Flegel S, Gelhaus J, Möckel M, et al. Maintenance of the ESA-MASTER Model[J]. Final Report, 2011.
[27] Flegel S, Gelhaus J, Wiedemann C, et al. The MASTER-2009 space debris environment model[C]. 5th European Conference on Space Debris, Darmstadt, 2009: 1-8.
[28] Liou J C, Hall D T, Krisko P H, et al. LEGEND-A three-dimensional LEO-to-GEO debris evolutionary model[J]. Advances in Space Research, 2004, 34(5): 981-986.
[29] Danielson D A, Sagovac C P, Neta B, et al. Semianalytic satellite theory[R]. Monterey: Defense Technical Information Center, 1995.
[30] Cefola P, Long A, Holloway J G. The long-term prediction of artificial satellite orbits[C]. 12th Aerospace Sciences Meeting, Washington D.C., 1974:1-6.
[31] McClain W D. A recursively formulated first-order semianalytic artificial satellite theory based on the generalized method of averaging[J]. Volume 1: The generalized method of averaging applied to the artificial satellite problem, 1977: 1-291.
[32] Burd V. Method of Averaging for Differential Equations on an Infinite Interval: Theory and Applications[M]. New York: CRC Press, 2007.
[33] Gurfil P, Seidelmann P K. Celestial Mechanics and Astrodynamics: Theory and Practice[M]. Berlin: Springer, 2016.
[34] Pacheco P S. An Introduction to Parallel Programming[M]. Waltham: Morgan Kauffmann, 2011.

第 4 章　空间碎片环境的分层离散化演化模型

跟踪单个空间碎片的运动状态开展空间碎片环境演化计算，通常需要大量的计算资源。当计算平台的计算资源有限时，很难在短时间内获得空间碎片环境的长期演化计算结果。本章以描述空间碎片环境分布状态的宏观量为状态变量，考虑影响空间碎片环境演化的主要因素，建立空间碎片环境整体演化动力学方程，为空间碎片环境的稳定性分析和减缓策略的制定奠定理论基础。

本章选取低地球轨道空间碎片环境为研究对象，首先按照空间碎片运行的轨道高度以及空间碎片的面质比大小，将空间碎片划分到不同的空间碎片组内；然后分析大气阻力和目标相互碰撞作用对空间碎片环境演化的平均作用效果，以每个空间碎片组作为整体，构建分层离散化演化模型；最后讨论分层离散化演化模型的求解方法。

4.1　基于平均空间密度的空间碎片分布状态描述方法

对于任意粒子，其在空间中分布的状态，可以用空间位置 $\boldsymbol{x}$ 处的局部密度函数 $s(\boldsymbol{x})$ 来刻画，而不论粒子在空间中是否均匀分布[1]。考虑在一个空间体积元 $\Delta V = \Delta x_1 \Delta x_2 \Delta x_3$ 中，其中 x_i（$i = 1,2,3$）是位置矢量 $\boldsymbol{x}$ 的第 i 个坐标分量，存在 ΔN 个粒子，则粒子密度定义为

$$s(\boldsymbol{x}) = \lim_{\Delta V \to V^*} \frac{\Delta N}{\Delta V} \tag{4.1}$$

式中，V^* 为与粒子分布状态相关的量，对其进行合理取值才能确保粒子密度函数 $s(\boldsymbol{x})$ 有意义。一般地，要求 V^* 足够小，但与粒子之间平均相对运动空间相比，又要求 V^* 足够大，以便包含大量的粒子，使得密度函数 $s(\boldsymbol{x})$ 能够反映粒子的分布特点[2]。

相对于近地空间的体积容量，空间碎片数量是一个小量，无法直接利用式(4.1)来确定空间碎片的空间密度。以低地球轨道上的空间碎片环境为例，空间体积达到 $10^{11}\mathrm{km}^3$，编目的空间碎片数量约为 12000 个，故处于低地球轨道上空间碎片的平均密度只有 $10^{-7}\mathrm{km}^{-3}$。为了能够描述空间碎片的密度，引入停留概率的概念。对于任意空间碎片，其轨道周期为 T，穿越空间体积元 ΔV 历时 Δt，则空间碎片

在空间体积元内的停留概率 $p_s = \Delta t / T$。停留概率的含义是，当观测者随机地在空间体积元 ΔV 内进行探测时，发现空间碎片的概率。进一步定义空间碎片在空间体积元内的密度为

$$s(\boldsymbol{x}) = \lim_{\Delta V \to V^*} \frac{\Delta t}{T \cdot \Delta V} \tag{4.2}$$

式中，ΔV 为空间体积元的体积。所有空间碎片在空间体积元 ΔV 内密度的加和，即为空间体积元 ΔV 内空间碎片的空间密度。

上述空间目标分布密度的定义方法最初是由 Öpik[3]提出的，用来描述小行星带内天体的分布状态。在假设空间目标轨道的近地点幅角和升交点赤经的变化服从均匀分布的基础上，Kessler[4]给出了物体空间密度的计算方法，计算时，将空间密度随轨道高度和赤纬的变化进行分解，分别得到了以轨道高度和赤纬为变量的空间密度计算公式：

$$s(r) = \begin{cases} \dfrac{1}{4\pi^2 ra\sqrt{(r-r_p)(r_a-r)}}, & r_p < r < r_a \\ 0, \quad r > r_a \text{ 或 } r < r_p \end{cases} \tag{4.3}$$

式中，r 为目标的地心距；a 为目标轨道的半长轴；r_a 和 r_p 分别为目标轨道远地点和近地点的地心距。

$$f(\beta) = \frac{2}{\pi\sqrt{\sin^2 i - \sin^2 \beta}}, \quad |\beta| < i \tag{4.4}$$

式中，i 为目标轨道倾角；β 为目标所在位置的赤纬。

上述公式适用于分析单个空间碎片在某一高度或某一纬度上的空间密度。当需要确定空间目标在空间位置处的空间密度时，可结合式(4.3)和式(4.4)得到

$$s(r,\beta) = s(r) \cdot f(\beta) = \frac{1}{2\pi^3 ra\sqrt{(\sin^2 i - \sin^2 \beta)(r-r_p)(r_a-r)}} \tag{4.5}$$

式(4.5)要求 $r_p < r < r_a$ 且 $\beta < i$，当 $r < r_p$、$r > r_a$ 或 $\beta > i$ 时，$s(r,\beta) = 0$。

利用式(4.5)可以计算出任意高度和纬度位置的空间密度。当计算空间体积元 ΔV 内空间目标的平均密度时，可以通过对式(4.5)进行平均得到。在有限空间体积元内，空间目标的密度定义为

$$\overline{s} = \frac{\int s\mathrm{d}U}{\int \mathrm{d}U} \tag{4.6}$$

根据式(4.6)，文献[4]推导了空间密度的近似计算方法。对于高度区间 $[r_i^{\mathrm{m}}, r_i^{\mathrm{M}}]$

内的空间目标，如图 4.1 所示，空间密度的近似计算公式为

$$\overline{s}(r_i^{\mathrm{m}},r_i^{\mathrm{M}})=\frac{1}{2\pi^2 a(r_i^{\mathrm{M}}-r_i^{\mathrm{m}})(r_i^{\mathrm{M}}+r_i^{\mathrm{m}})}\cdot\left[\arcsin\left(2\frac{r_i^{\mathrm{M}}-a}{r_a-r_p}\right)-\arcsin\left(2\frac{r_i^{\mathrm{m}}-a}{r_a-r_p}\right)\right] \tag{4.7}$$

式中，r_i^{M} 和 r_i^{m} 分别为第 i 高度层上、下界的地心距。当 $r_i^{\mathrm{M}}-r_i^{\mathrm{m}}<0.1r_i^{\mathrm{m}}$ 时，利用式(4.7)可以得到精度较高的空间密度值，但当高度区间 $[r_i^{\mathrm{m}},r_i^{\mathrm{M}}]$ 的跨度增加时，式(4.7)的计算误差会不断增加。考虑近似计算式(4.7)的局限性，本节给出空间密度精确的计算式。

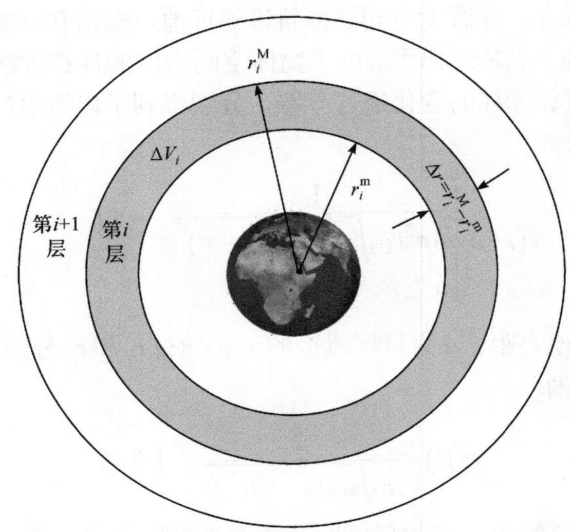

图 4.1　高度区间 $[r_i^{\mathrm{m}},r_i^{\mathrm{M}}]$ 内空间目标密度计算示意图

根据式(4.3)可以得到空间目标在任意高度上的空间密度，对其在高度区间 $[r_i^{\mathrm{m}},r_i^{\mathrm{M}}]$ 内求平均，即

$$\overline{s}(r_i^{\mathrm{m}},r_i^{\mathrm{M}})=\frac{\int s(r)\mathrm{d}V}{\int \mathrm{d}V} \tag{4.8}$$

将式(4.3)代入式(4.8)中，并整理可得

$$\overline{s}(r_i^{\mathrm{m}},r_i^{\mathrm{M}})=\frac{\int_{r_i^{\mathrm{m}}}^{r_i^{\mathrm{M}}}\frac{1}{4\pi^2 ra\sqrt{(r-r_p)(r_a-r)}}4\pi r^2\mathrm{d}r}{\int_{r_i^{\mathrm{m}}}^{r_i^{\mathrm{M}}}4\pi r^2\mathrm{d}r},\quad r_p<r<r_a \tag{4.9}$$

为了对式(4.9)进行积分，引入中间量：

$$t = 2\frac{r-a}{r_a - r_p}, \quad t \in (-1,1) \tag{4.10}$$

将t代入式(4.9)中，得到

$$\overline{s}(r_i^{\mathrm{m}}, r_i^{\mathrm{M}}) = \frac{3}{4\pi^2 a[(r_i^{\mathrm{M}})^3 - (r_i^{\mathrm{m}})^3]} \int_{2\frac{r_i^{\mathrm{m}}-a}{r_a-r_p}}^{2\frac{r_i^{\mathrm{M}}-a}{r_a-r_p}} \frac{(r_a - r_p)t + r_a + r_p}{2\sqrt{1-t^2}} \mathrm{d}t, \quad t \in (-1,1) \tag{4.11}$$

进一步，将积分变量替换为

$$\theta = \arcsin t, \quad \theta \in \left(-\frac{\pi}{2}, \frac{\pi}{2}\right) \tag{4.12}$$

将θ代入式(4.11)，积分得到空间密度的计算表达式为

$$\overline{s}(r_i^{\mathrm{m}}, r_i^{\mathrm{M}}) = \frac{1}{4\pi^2 a[(r_i^{\mathrm{M}})^3 - (r_i^{\mathrm{m}})^3]} \left\{ \begin{aligned} & 3a\left[\arcsin\left(2\frac{r_i^{\mathrm{M}}-a}{r_a-r_p}\right) - \arcsin\left(2\frac{r_i^{\mathrm{m}}-a}{r_a-r_p}\right)\right] \\ & -3\left[\sqrt{\left(r_i^{\mathrm{M}}-r_p\right)\left(r_a-r_i^{\mathrm{M}}\right)} - \sqrt{\left(r_i^{\mathrm{m}}-r_p\right)\left(r_a-r_i^{\mathrm{m}}\right)}\right] \end{aligned} \right\} \tag{4.13}$$

在利用式(4.13)计算目标空间密度时，根据目标轨道r_a、r_p与高度区间$[r_i^{\mathrm{m}}, r_i^{\mathrm{M}}]$的相对关系，分以下几种情况确定给定高度区间$[r_i^{\mathrm{m}}, r_i^{\mathrm{M}}]$内目标的空间密度。

(1) 当$r_p \neq r_a$且$[r_i^{\mathrm{m}}, r_i^{\mathrm{M}}] \subseteq [r_p, r_a]$时，可以直接利用式(4.13)计算目标的空间密度。

(2) 当$r_p \neq r_a$、$[r_i^{\mathrm{m}}, r_i^{\mathrm{M}}] \cap [r_p, r_a] \neq \varnothing$且$r_i^{\mathrm{M}} > r_a$或$r_i^{\mathrm{m}} < r_p$时，令式(4.13)的分子中$r_i^{\mathrm{M}} = r_a$或$r_i^{\mathrm{m}} = r_p$，即可将式(4.13)转化为

$$\overline{s}(r_i^{\mathrm{m}}, r_i^{\mathrm{M}}) = \begin{cases} \dfrac{3a\left[\dfrac{\pi}{2} - \arcsin\left(2\dfrac{r_i^{\mathrm{m}}-a}{r_a-r_p}\right)\right] + 3\sqrt{\left(r_i^{\mathrm{m}}-r_p\right)\left(r_a-r_i^{\mathrm{m}}\right)}}{4\pi^2 a[(r_i^{\mathrm{M}})^3 - (r_i^{\mathrm{m}})^3]}, \\ \qquad r_p \neq r_a, [r_i^{\mathrm{m}}, r_i^{\mathrm{M}}] \cap [r_p, r_a] \neq \varnothing, r_i^{\mathrm{M}} > r_a \\ \dfrac{3a\left[\arcsin\left(2\dfrac{r_i^{\mathrm{M}}-a}{r_a-r_p}\right) + \dfrac{\pi}{2}\right] - 3\sqrt{\left(r_i^{\mathrm{M}}-r_p\right)\left(r_a-r_i^{\mathrm{M}}\right)}}{4\pi^2 a[(r_i^{\mathrm{M}})^3 - (r_i^{\mathrm{m}})^3]}, \\ \qquad r_p \neq r_a, [r_i^{\mathrm{m}}, r_i^{\mathrm{M}}] \cap [r_p, r_a] \neq \varnothing, \ r_i^{\mathrm{m}} < r_p \end{cases} \tag{4.14}$$

(3) 当$r_p = r_a \in [r_i^{\mathrm{m}}, r_i^{\mathrm{M}}]$时，分别令式(4.13)分子中的$r_i^{\mathrm{M}} = r_a$、$r_i^{\mathrm{m}} = r_p$，得到

$$\overline{s}(r_i^{\mathrm{m}}, r_i^{\mathrm{M}}) = \frac{3}{4\pi[(r_i^{\mathrm{M}})^3 - (r_i^{\mathrm{m}})^3]} \tag{4.15}$$

(4) 其他情况，$\overline{s}(r_i^{\mathrm{m}}, r_i^{\mathrm{M}})=0$。

一般地，若在高度区间$[r_i^{\mathrm{m}}, r_i^{\mathrm{M}}]$内有$N$个空间碎片，则该高度区间内空间碎片的空间密度的计算公式为

$$\begin{aligned}&\overline{s}(r_i^{\mathrm{m}}, r_i^{\mathrm{M}})\\&=\sum_{k=1}^{N}\frac{1}{4\pi^2 a_k[(r_i^{\mathrm{M}})^3-(r_i^{\mathrm{m}})^3]}\left\{\begin{aligned}&3a_k\left[\arcsin\left(2\frac{r_i^{\mathrm{M}}-a_k}{r_{a_k}-r_{p_k}}\right)-\arcsin\left(2\frac{r_i^{\mathrm{m}}-a_k}{r_{a_k}-r_{p_k}}\right)\right]\\&-3\left[\sqrt{\left(r_i^{\mathrm{M}}-r_{p_k}\right)\left(r_{a_k}-r_i^{\mathrm{M}}\right)}-\sqrt{\left(r_i^{\mathrm{m}}-r_{p_k}\right)\left(r_{a_k}-r_i^{\mathrm{m}}\right)}\right]\end{aligned}\right\}\end{aligned} \tag{4.16}$$

式中，a_k、r_{a_k}和r_{p_k}分别为第k个空间碎片运行轨道的半长轴、远地点地心距和近地点地心距。根据上述讨论，式(4.16)中的求和项可用式(4.14)或式(4.15)替代。在下面章节中，若无特殊声明，符号$\overline{s}$或s均表示给定高度区间内空间碎片的空间密度。

4.2 空间碎片分布空间的分层离散化

利用编目目标的观测数据，可以统计得到空间碎片在空间中分布的基本特点。在此基础上，通过对空间碎片的分布状态进行简化，将空间碎片划分到不同分组内。以每个空间碎片分组为研究对象，为建立空间碎片环境的整体演化模型奠定基础。

4.2.1 编目目标在空间中的分布特点

空间目标在不同轨道高度上的分布差异较大，在一些轨道高度上出现较为集中的分布特点，如图 4.2 所示。图 4.2 给出的结果是基于空间监视网 2016 年的编目目标数据，利用目标空间密度公式(4.16)计算得到的。从结果可以看出，编目目标在两个区域内密集分布，一个在低地球轨道区域，如图 4.2(a)所示 3000km 高度以下的区域。在低地球轨道上，[700km, 900km]高度区间内的目标分布最为密集，该高度区间内包含大量运行在太阳同步轨道上的目标；另一个目标分布较为集中

的高度区间是[1400km, 1600km]，该区间内运行着美国的 Globalstar、俄罗斯的 Rodnik 等低轨通信星座卫星。在 GEO 轨道高度附近分布的空间目标也较为集中，见图 4.2(b)所示 36000km 高度邻域。因此，在低地球轨道、布置了星座的轨道(Globalstar、GPS 卫星等)以及一些特殊轨道上，如 GEO 轨道等，空间目标的分布较为集中。对于目标分布较为集中的轨道，在空间碎片环境的演化过程中通常目标发生碰撞的概率越大，产生的解体空间碎片越多，最终影响空间碎片在空间中的分布状态。

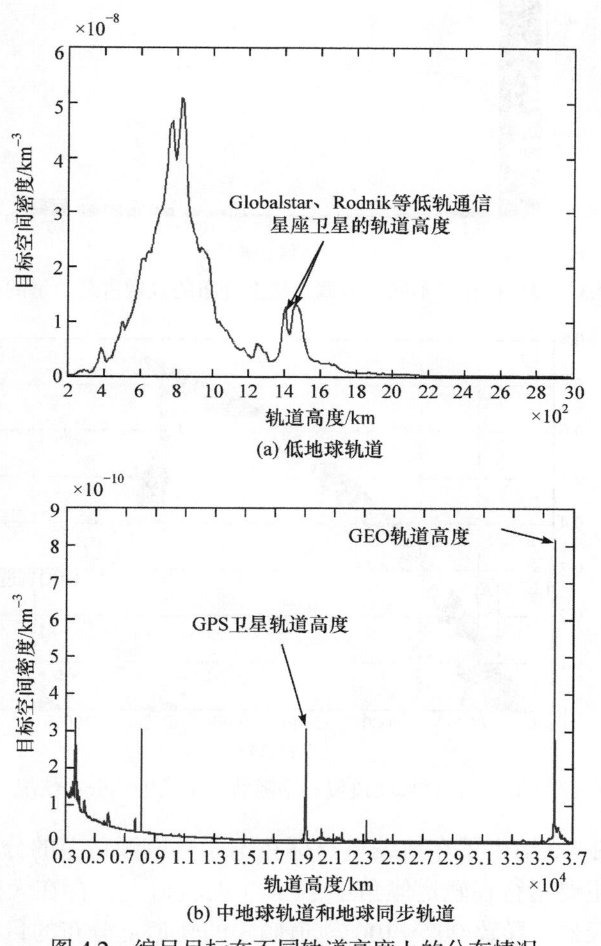

图 4.2　编目目标在不同轨道高度上的分布情况

根据编目目标数据，空间目标主要运行在圆轨道上。如图 4.3 所示，85%以上目标的轨道偏心率小于 0.1，不到 1%的目标运行在偏心率超过 0.5 的大椭圆轨道上。图 4.4 给出了编目目标轨道偏心率随轨道半长轴的分布情况，图中每个点代表一个空间目标。可以看出，在低地球轨道和地球同步轨道上的目标偏心率绝大部分小于 0.1；中地球轨道上目标的轨道偏心率较大，很大一部分偏心率超过 0.4。

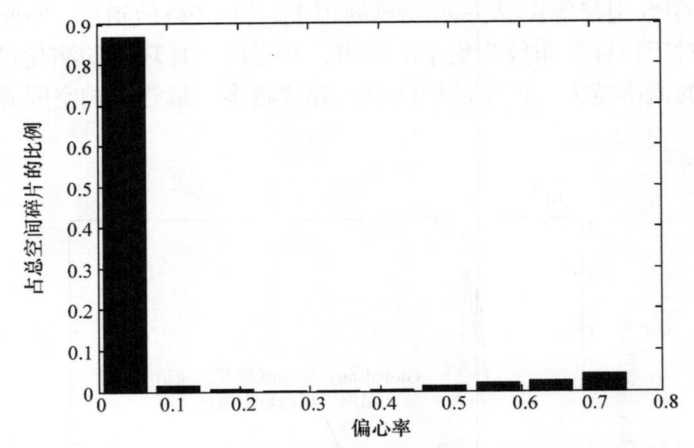

图 4.3　编目目标在不同轨道偏心率上分布的数量占总数量的比例

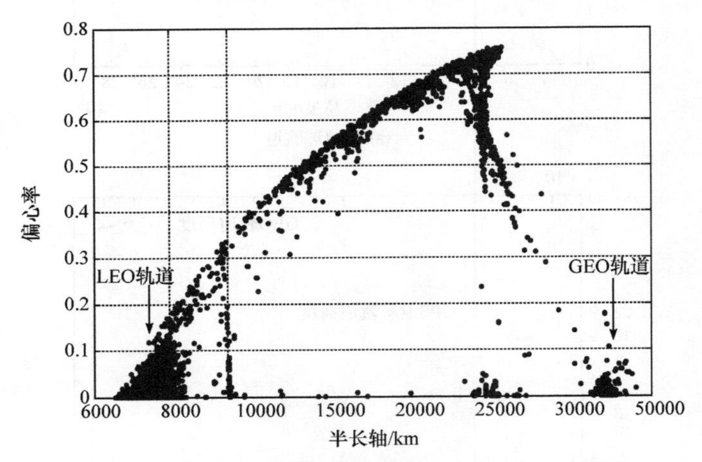

图 4.4　编目目标轨道偏心率随轨道半长轴的分布情况

图 4.5 和图 4.6 给出了在轨编目目标在不同轨道倾角上的分布情况，可以看出，空间目标主要运行在轨道倾角小于 100°的轨道上；存在大量运行在太阳同步轨道上的航天器，导致 90°～100°轨道倾角的轨道上分布的目标相对集中，占总空间目标数量的 35%以上。由图 4.6 可以看出，低地球轨道上目标的轨道倾角分布区间大，在 100°轨道倾角附近分布的目标较多；地球同步轨道上目标的轨道倾角集中分布在 0°附近，即主要在地球静止轨道上。

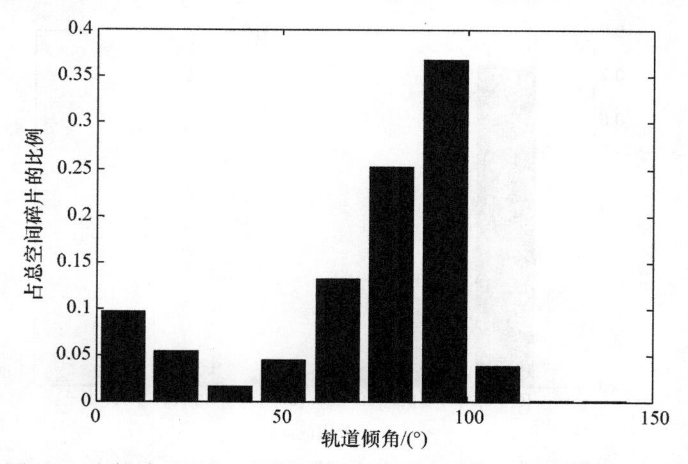

图 4.5　在轨编目目标不同轨道倾角上分布的数量占总数量的比例

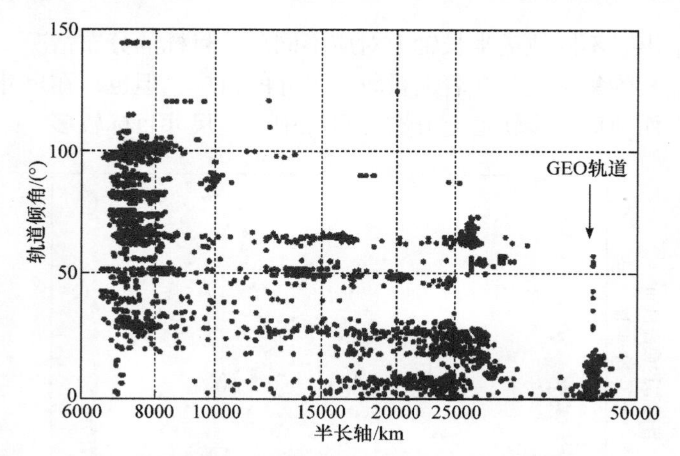

图 4.6　在轨编目目标轨道倾角随轨道半长轴的分布情况

根据编目目标的尺寸分布情况，可以进一步确定目标的组成和不同高度上空间碎片的分布特点。目标的雷达截面积是反映目标尺寸大小的测量值，通常雷达截面积越大对应的目标尺寸越大。图 4.7 根据目标雷达截面积，给出了不同尺寸区间内编目目标的数量分布情况。从图 4.7 中可以看出，70%以上目标的尺寸在[$0m^2$, $1m^2$]，若近似认为目标雷达截面积等于目标横截面积，且假设目标为球体，则 70%以上目标的尺寸均小于 1m，剩下近 30%的目标尺寸大于 1m，这里面有 3.2%的目标是尺寸大于 5m(对应雷达截面积值大于 $20m^2$)的较大尺寸目标，这类大尺寸目标对未来空间碎片环境的演化起着重要影响。对于大尺寸空间目标，通常其受到的潜在碰撞风险也较大，且大尺寸空间目标一旦解体将产生大量空间碎片，造成空间碎片数量急剧增加。

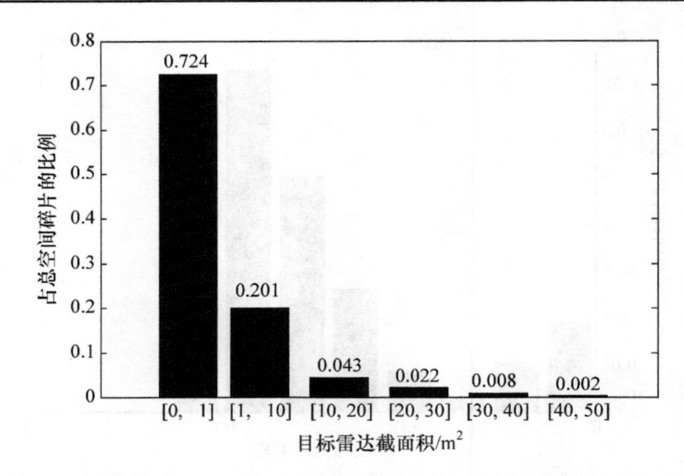

图 4.7　在轨编目目标在不同尺寸区间内的数量分布情况

图 4.8 给出了不同轨道半长轴上对应不同尺寸目标的分布情况，可以看出在低地球轨道上较为集中地分布着大量较小尺寸的目标，但也存在尺寸大于 5m 的大尺寸目标，而地球同步轨道上分布的目标中，大尺寸目标较多。

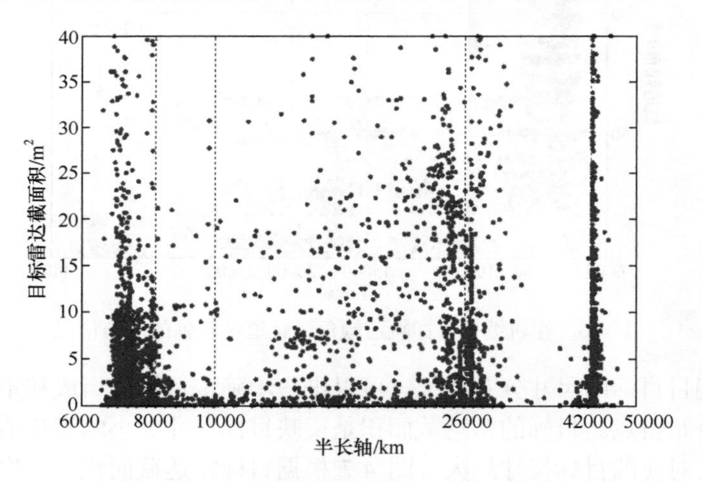

图 4.8　在轨编目目标的雷达截面积随轨道半长轴的分布情况

4.2.2　空间碎片分布空间的离散化

根据编目目标的分布特点，首先给出如下假设：①空间碎片运行在圆轨道上；②空间碎片近似为匀质球形。由 4.2.1 节的分析结果可知，对于大多数空间碎片，第一个假设是合理的。图 4.3 和图 4.4 给出了低地球轨道上编目目标轨道偏心率的分布，可以看出近 90%目标轨道的偏心率小于 0.1，并且在圆轨道上运行的目标，若发生碰撞或爆炸解体，产生的解体空间碎片也主要运行在圆轨道上。图 4.9 显示了在 2009 年“铱-33”卫星和“宇宙-2251”卫星相撞事件中，编目目标解体空间碎片在碰撞解体时刻和运行演化 3 年后轨道偏心率的分布情况。可以看出，所有编目目标解体空间碎片的轨道偏心率均小于 0.1，约 80%的解体空间碎片的轨道偏心率小于 0.001。随着空间碎片在轨运行演化，受大气阻力的衰减作用，空间碎片的轨道会进一步圆化，如图 4.9(b)所示。第二个假设可方便确定空间碎片的尺寸，而且可以忽略空间碎片姿态变化对空间碎片运动状态的影响，有利于简化演化计算模型。

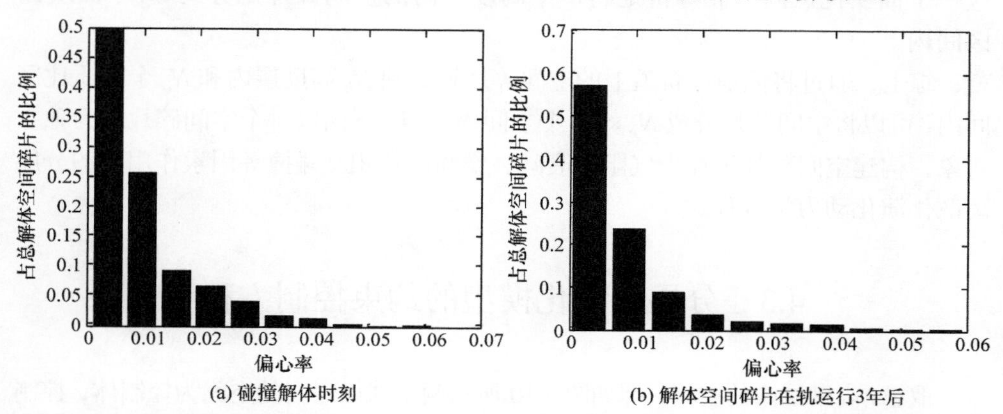

(a) 碰撞解体时刻　(b) 解体空间碎片在轨运行3年后

图 4.9　“铱-33”卫星和“宇宙-2251”卫星产生的编目目标解体空间碎片的轨道偏心率分布

在上述假设的基础上，将低地球轨道上的空间碎片划分到 N_h 高度层内，如图 4.10 所示。对于同一个高度层内的空间碎片，由 3.1.1 节的分析结果可知，在

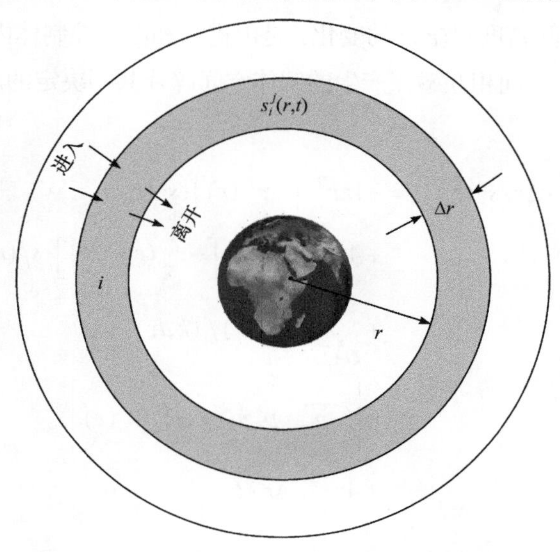

图 4.10　空间碎片组 G_i^j 所在的约束控制体示意图

地球非球形摄动力主要是 J_2 项摄动力作用下，空间碎片轨道的升交点赤经和近地点幅角趋向于均匀随机分布。因此，在空间碎片环境的长期演化过程中，可认为空间碎片在同一个高度层内是均匀分布的。然而，不同高度层内的空间碎片在大气阻力摄动力作用下，在高度方向的分布会出现差异。为了体现大气阻力对空间碎片环境的影响，进一步将同一个高度层内的空间碎片按照其尺寸大小划分到 N_a 个尺寸区间内。在上述第二个假设条件下，每个尺寸区间对应一个面质比区间，故等价地将一个高度层内的空间碎片划分到 N_a 个面质比区间内。

综上，通过将低地球轨道上的空间碎片划分到 N_h 高度层内和 N_a 个面质比区间内，可以将空间碎片分成 $N_h \times N_a$ 个空间碎片组。下面以每个空间碎片组为独立对象，构建空间碎片组在大气阻力衰减、空间碎片相互碰撞等因素作用下的分层离散化演化动力学方程。

4.3　分层离散化模型的约束控制方程

取第 i 高度层内的空间，即如图 4.10 所示两个球面之间的空间为控制体，控制体的体积可表示为 $4\pi r^2 \cdot \Delta r$。以该高度层内面质比取值在第 j 个面质比区间的空间碎片组为研究对象，记为 G_i^j。选取空间碎片组 G_i^j 的空间密度即 $s_i^j(r,t)$，作为状态变量。若空间碎片组 G_i^j 内有 N_i^j 个空间碎片，则 $s_i^j(r,t)$ 可以利用计算式(4.16)来确定。分析可知，空间密度 $s_i^j(r,t)$ 的变化，是由进入和离开控制体内的空间碎片以及控制体内空间目标之间相互碰撞产生的解体空间碎片共同决定的。$s_i^j(r,t)$ 变化的约束控制方程为

$$
\begin{aligned}
\frac{\partial}{\partial t}\left[4\pi r^2 \cdot \Delta r \cdot s_i^j(r,t)\right] = & -4\pi r^2 \cdot \left[-v_{r_i^j}(r)\right] \cdot s_i^j(r,t) \\
& + 4\pi(r+\Delta r)^2 \cdot \left[-v_{r_i^j}(r+\Delta r)\right] \cdot s_i^j(r+\Delta r,t) \\
& + \sum_{k=1, l \geqslant k}^{N_a} p_i^{k,l}(r) f_i(k,l,j) \\
& - \left[\sum_{k=1, k \neq j}^{N_a} p_i^{k,j}(r) + 2 p_i^{j,j}(r)\right] \\
& + 4\pi r^2 \cdot \Delta r \cdot L_i^j
\end{aligned}
\tag{4.17}
$$

式中，Δr 为第 i 个高度层上、下界的差；r 为地心距；$v_{r_i^j}(r)$ 为在大气阻力作用下，空间碎片组 G_i^j 的轨道高度的平均衰减速度；$p_i^{k,l}(r)$ 为控制体内，第 k 个和第 l 个面质比区间内空间目标的单位时间平均碰撞概率；$f_i(k,l,j)$ 为空间碎片组 G_i^k 和 G_i^l 内目标发生碰撞后，解体产生属于空间碎片组 G_i^j 的空间碎片数量；L_i^j 为单位时间内，由人类航天发射活动引入的属于空间碎片组 G_i^j 的空间目标密度。

由方程(4.17)可以看出，方程左边表示空间碎片组 G_i^j 内空间碎片数量的变化率，方程右边则是引起这种变化的因素。方程(4.17)右边的第一项和第二项分别表示在大气阻力作用下从空间碎片组 G_i^j 内迁移出去的空间碎片数量，以及新迁移进入该空间碎片组的空间碎片数量；第三项和第四项都表示空间碎片之间的相互碰撞作用，使得空间碎片组 G_i^j 内空间碎片数量的改变量；最后一项表示由人类航天发射活动引入的新的空间目标。

求解方程(4.17)，便可以得到低地球轨道上空间碎片的演化分布结果。但是，需要提前确定方程(4.17)中目标轨道的平均衰减速度 $v_{r_i^j}(r)$、单位时间内目标相互平均碰撞概率 $p_i^{k,l}(r)$，以及描述碰撞解体产生空间碎片数量的函数 $f_i(k,l,j)$ 等参量的计算方法。方程(4.17)中航天发射活动 L_i^j 参考 2.4 节中的方法确定。下面重点分析大气阻力摄动引起的平均衰减作用和目标相互碰撞作用。

4.3.1　大气阻力作用下轨道高度的平均衰减速度

在大气阻力作用下，空间目标的轨道高度会不断衰减，目标会从较高的高度层进入较低的高度层，最后进入大气层销毁或坠落在地面。大气阻力对目标轨道高度的平均衰减作用，用平均衰减速度来描述。对于空间碎片组 G_i^j，在一个轨道周期内，平均衰减速度 $v_{r_i^j}(r)$ 可利用摄动方程来确定。在近似认为地球大气相对于惯性坐标系静止不动的条件下，大气阻力加速度计算公式为

$$\boldsymbol{a}_d = -\frac{1}{2}C_d\frac{A}{m}\rho|\boldsymbol{v}|\boldsymbol{v} \tag{4.18}$$

式中，$\boldsymbol{v}$ 为目标的速度矢量。

在大气阻力作用下，目标运动的摄动方程在式(4.19)中给出。

$$
\begin{cases}
\dot{a} = \dfrac{2}{n\sqrt{1-e^2}}\left(1+2e\cos f+e^2\right)^{1/2} f_u \\
\dot{e} = \dfrac{\sqrt{1-e^2}}{na}\left(1+2e\cos f+e^2\right)^{-1/2}\left[2(\cos f+e)\cdot f_u - \sqrt{1-e^2}\sin E\cdot f_n\right] \\
\dot{i} = \dfrac{r\cos(\omega+f)}{na^2\sqrt{1-e^2}} f_h \\
\dot{\Omega} = \dfrac{r\sin(\omega+f)}{na^2\sqrt{1-e^2}\sin i} f_h \\
\dot{\omega} = \dfrac{\sqrt{1-e^2}}{na}\left(1+2e\cos f+e^2\right)^{-1/2}\left[2\cos f\cdot f_u + (\cos E+e)\cdot f_n\right] - \cos i\cdot\dot{\Omega} \\
\dot{M} = n - \dfrac{1-e^2}{nae}\left(1+2e\cos f+e^2\right)^{-1/2}\left[\left(2\sin f+\dfrac{2e^2}{\sqrt{1-e^2}}\sin E\right)\cdot f_u + (\cos E-e) f_n\right]
\end{cases}
\tag{4.19}
$$

式中，a 为轨道半长轴；i 为轨道倾角；Ω 为升交点赤经；e 为轨道偏心率；E 为偏近点角；f 为真近点角；M 为空间物体轨道平近点角；n 为平均运动角速度；ω 为近拱点角；f_u、f_n 和 f_h 为大气阻力加速度的三个分量，分别沿速度方向、地心径方向和轨道面法向，如图 4.11 所示。

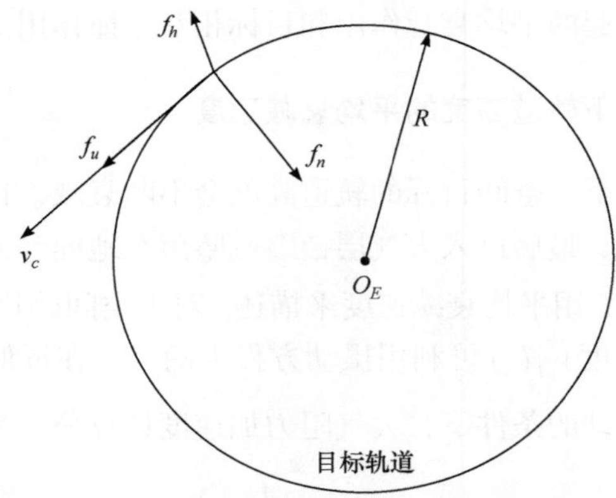

图 4.11　大气阻力加速度在三个坐标轴方向上的分量

由大气阻力加速度计算式(4.18)可以看出，大气阻力加速度与物体运动速度方向相反，大气阻力摄动在三个方向的分量分别为

$$
\begin{cases}
f_u = -\dfrac{1}{2}C_d\dfrac{A}{m}\rho v^2 \\
f_n = 0 \\
f_h = 0
\end{cases}
\tag{4.20}
$$

将分量表达式(4.20)代入摄动方程(4.19)中，并对摄动方程在一个轨道周期内求平均，可得

$$\begin{cases}\bar{\dot{a}} = \dfrac{1}{T}\displaystyle\int_0^T \dfrac{2}{n} f_u \mathrm{d}t \\ \bar{\dot{e}} = \dfrac{1}{T}\displaystyle\int_0^T \dfrac{2\cos f}{na} f_u \mathrm{d}t \\ \bar{\dot{i}} = 0 \\ \bar{\dot{\Omega}} = 0 \\ \bar{\dot{\omega}} = \dfrac{1}{T}\displaystyle\int_0^T \dfrac{\sqrt{1-e^2}}{na} 2\cos f \cdot f_u \mathrm{d}t \\ \bar{\dot{M}} = \dfrac{1}{T}\displaystyle\int_0^T n - \dfrac{2\sin f}{nae} f_u \mathrm{d}t \end{cases} \tag{4.21}$$

对于运行在圆轨道上的目标，轨道偏心率$e=0$，将其代入式(4.21)中进一步可得

$$\begin{cases}\bar{\dot{a}} = \dfrac{2}{n} f_u \\ \bar{\dot{e}} = 0 \\ \bar{\dot{i}} = 0 \\ \bar{\dot{\Omega}} = 0 \\ \bar{\dot{\omega}} = 0 \\ \bar{\dot{M}} = n \end{cases} \tag{4.22}$$

综合式(4.20)和式(4.22)，并考虑到圆轨道上目标的速度大小为$v=\sqrt{\mu / a}$，从而得到目标轨道高度的平均衰减速度为

$$v_r = \bar{\dot{a}} = -\rho C_d \frac{A}{m}\sqrt{\mu a} \tag{4.23}$$

式中，大气密度ρ利用指数模型确定，即

$$\rho = \rho_0 \mathrm{e}^{-\frac{r-r_0}{H}} \tag{4.24}$$

式中，ρ_0为参考椭球面$r=r_0$处的大气密度；H为密度标高。

针对空间碎片组G_i^j，结合式(4.23)和式(4.24)，可得平均衰减速度计算公式为

$$v_{r_i^j}(r) = -C_d\left(A/m\right)_j \rho_{i_0}\sqrt{\mu r}\mathrm{e}^{-\frac{r-r_{i_0}}{H_i}} \tag{4.25}$$

式中，$(A/m)_j$ 为第 j 个面质比区间的平均面质比；r_{i_0} 和 H_i 分别为第 i 个高度层的参考地心距和密度标高；ρ_{i_0} 为 r_{i_0} 处的参考大气密度。对于不同高度层，r_{i_0}、ρ_{i_0} 和 H_i 取值不同，可以通过查表获取[6]。

为了简化，进一步将式(4.25)中的系数定义为

$$\mathrm{Cont}_i^j \overset{\mathrm{def}}{=\!=} \sqrt{\mu} C_D (A/m)_j \rho_{i_0} \tag{4.26}$$

容易看出，对于给定的空间碎片组，Cont_i^j 是常数。空间碎片组 G_i^j 内目标轨道高度的平均衰减速度的计算表达式为

$$v_{r_i^j}(r) = -\mathrm{Cont}_i^j \sqrt{r} \mathrm{e}^{-\frac{r-r_{i_0}}{H_i}} \tag{4.27}$$

4.3.2 目标相互碰撞作用的平均等效方法

针对空间碎片组 G_i^k 和 G_i^l，根据前面的假设，空间碎片在控制体内是均匀分布的，此时单位时间内空间碎片组 G_i^k 撞击到碰撞截面积 $\sigma(k,l)$ 上的空间碎片数量可以表示为 $s_i^k(r,t)\cdot\sigma(k,l)\cdot\overline{v}_i^{\mathrm{rel}}(r)$，其中 $\overline{v}_i^{\mathrm{rel}}(r)$ 是控制体内空间碎片之间的平均碰撞速度。空间碎片组 G_i^l 内共有 $4\pi r^2\cdot\Delta r\cdot s_i^l(r,t)$ 个空间碎片，两个空间碎片组的平均碰撞概率为

$$p_i^{k,l}(r) = 4\pi r^2\cdot\Delta r\cdot s_i^l(r,t)\cdot s_i^k(r,t)\cdot\sigma(k,l)\cdot\overline{v}_i^{\mathrm{rel}}(r) \tag{4.28}$$

空间碎片组 G_i^k 和 G_i^l 的碰撞截面积 $\sigma(k,l)$ 可以根据空间碎片的截面积来确定。若空间碎片组 G_i^k 和 G_i^l 内空间碎片的平均截面积分别为 A_k 和 A_l，则 $\sigma(k,l)$ 为

$$\sigma(k,l) = \left(\sqrt{A_k} + \sqrt{A_l}\right)^2 \tag{4.29}$$

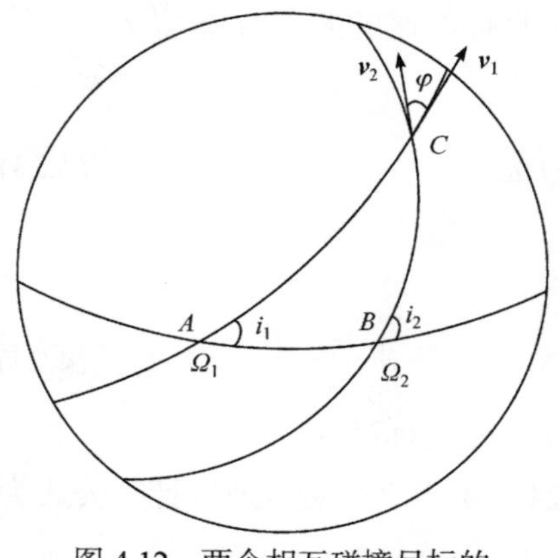

图 4.12 两个相互碰撞目标的相对轨道构型

平均碰撞速度 $\overline{v}_i^{\mathrm{rel}}(r)$ 反映了控制体内空间碎片的相对运动状态，可以通过分析空间碎片的相对轨道构型来确定。如图 4.12 所示，对于两个空间目标，轨道倾角和轨道半长轴分别为 i_1、i_2 和 a_1、a_2，轨道升交点赤经分别为 Ω_1 和 Ω_2，两目标在交汇点 C 处的相对运动速度为碰撞速度。记碰撞速度矢量为 $\boldsymbol{v}^{\mathrm{rel}}$，两目标在交汇时刻的速度矢量分别为 $\boldsymbol{v}_1$ 和 $\boldsymbol{v}_2$，则 $\boldsymbol{v}^{\mathrm{rel}} = \boldsymbol{v}_2 - \boldsymbol{v}_1$，且满足

$$\left|\boldsymbol{v}^{\mathrm{rel}}\right|^2=\left|\boldsymbol{v}_1\right|^2+\left|\boldsymbol{v}_2\right|^2-2\left|\boldsymbol{v}_1\right|\cdot\left|\boldsymbol{v}_2\right|\cdot\cos\varphi \tag{4.30}$$

式中，φ 为两个目标在交汇时刻速度矢量的夹角。

当两个目标均运行在圆轨道上时，两个目标的速度倾角均为零，目标相互碰撞时刻的速度夹角与两目标轨道面夹角相等，同样用 φ 来表示。在球面三角形 ABC 中，已知 $\angle CAB=i_1$，$\angle CBA=\pi-i_2$，$\overset{\frown}{AB}=\Delta\Omega=\Omega_2-\Omega_1$，则碰撞时刻速度夹角可通过角的余弦公式得到

$$\cos\varphi=-\cos i_1\cos(\pi-i_2)+\sin i_1\sin(\pi-i_2)\cos\Delta\Omega \tag{4.31}$$

对于圆轨道上的目标，速度大小可以表示为

$$v_k=\sqrt{\frac{\mu}{r}},\quad k=1,2 \tag{4.32}$$

将式(4.31)和式(4.32)代入方程(4.30)中，整理可得

$$v^{\mathrm{rel}}=\sqrt{\frac{2\mu}{r}}\sqrt{1-\left(\cos i_1\cos i_2+\sin i_1\sin i_2\cos\Delta\Omega\right)} \tag{4.33}$$

考虑到控制体内目标轨道的升交点赤经是均匀随机的，故两个目标轨道升交点赤经差 $\Delta\Omega$ 也是均匀随机的。将式(4.33)对 $\Delta\Omega$ 在一个周期内求平均，并称为一次平均碰撞速度，即

$$\overline{v}^{\mathrm{rel}}=\frac{1}{2\pi}\sqrt{\frac{2\mu}{r}}\int_0^{2\pi}\sqrt{1-\left(\cos i_1\cos i_2+\sin i_1\sin i_2\cos\Delta\Omega\right)}\mathrm{d}\Delta\Omega \tag{4.34}$$

方程(4.34)是可积的，积分结果可表示为

$$\overline{v}^{\mathrm{rel}}=\frac{2}{\pi}\sqrt{\frac{2\mu}{r}}\sqrt{1-\cos(i_1+i_2)}\,\mathrm{EllipticE}\left[\sqrt{\frac{2\sin i_1\sin i_2}{1-\cos(i_1+i_2)}}\right] \tag{4.35}$$

式中，$\mathrm{EllipticE}[\cdot]$ 函数为第二类完全椭圆积分，定义为

$$\begin{aligned}\mathrm{EllipticE}(x)&=\mathrm{EllipticE}\left(x,\frac{\pi}{2}\right)\\&=\int_0^{\frac{\pi}{2}}\sqrt{1-x^2\sin^2\varphi}\,\mathrm{d}\varphi,\quad |x|<1\end{aligned} \tag{4.36}$$

根据积分结果表达式(4.35)，在控制体内，一次平均碰撞速度仅与目标的轨道倾角相关。对于运行在高度为 500km 圆轨道上的两个目标，图 4.13 给出了一次平均碰撞速度随轨道倾角变化的分布曲线。可以看出，当两个目标正碰时，对应的轨道面夹角 $\varphi=\pi$，一次平均碰撞速度最大，为 15km/s；当两个目标轨道面夹角 $\varphi=0$ 时，一次平均碰撞速度最小，为 0km/s。

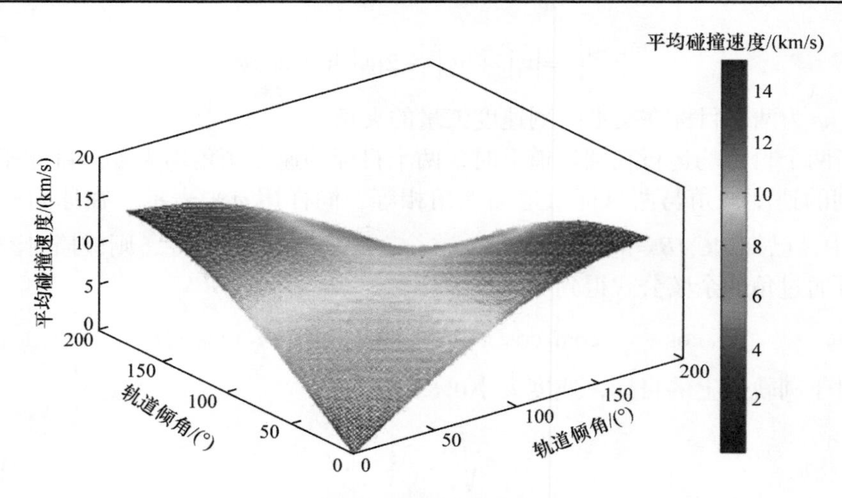

图 4.13　一次平均碰撞速度随轨道倾角变化的分布曲线

为了得到控制体内空间碎片的平均碰撞速度，进一步假设同一高度层内空间碎片的轨道倾角是均匀分布的。将一次平均碰撞速度对轨道倾角在$[0,\pi]$内进行平均，并称为二次平均碰撞速度，即

$$\overline{v}^{\mathrm{rel}}=\frac{2}{\pi}\sqrt{\frac{2\mu}{r}}\int_0^{\pi}\int_0^{\pi}\sqrt{1-\cos(i_1+i_2)}\,\mathrm{EllipticE}\left[\sqrt{\frac{2\sin i_1\sin i_2}{1-\cos(i_1+i_2)}}\right]\mathrm{d}i_1\mathrm{d}i_2 \tag{4.37}$$

从方程(4.37)中得到解析的积分结果较为困难，可采用数值方法估计方程的近似表达式。例如，采用自适应洛巴托数值方法[5]，对方程(4.37)中积分项进行估计，得到下述近似表达式：

$$\overline{v}^{\mathrm{rel}}\approx\frac{14\sqrt{2}}{15}\sqrt{\frac{\mu}{r}} \tag{4.38}$$

利用计算式(4.38)可以方便地确定同一个高度层内空间碎片的平均碰撞速度。图 4.14 是根据计算式(4.38)得到的平均碰撞速度随轨道高度变化曲线。可以看出，平均碰撞速度随轨道高度的增加而减小，低地球轨道上目标之间的平均碰撞速度约为 9.6km/s。这些结果与 Rossi 等[7]的研究结果是一致的。

约束控制方程(4.17)中的目标解体函数 $f_i(k,l,j)$ 利用 3.2.3 节建立的碰撞解体模型来确定。考虑空间碎片组 G_i^j 内空间碎片尺寸的取值区间为$[l_j^{\mathrm{down}},l_j^{\mathrm{up}}]$，则空间碎片组 G_i^k 和 G_i^l 内目标发生碰撞后，解体产生属于空间碎片组 G_i^j 的空间碎片数量通过方程(4.39)计算，即

$$f_i(k,l,j)=N_f\left(l\geqslant l_j^{\mathrm{down}}\right)-N_f\left(l\geqslant l_j^{\mathrm{up}}\right) \tag{4.39}$$

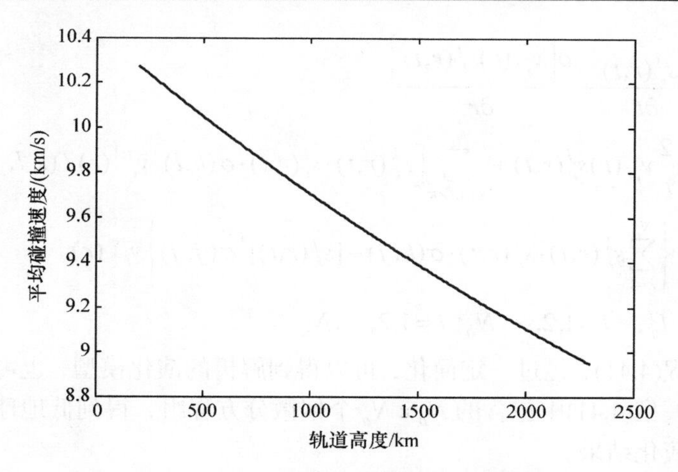

图 4.14　平均碰撞速度随轨道高度变化曲线

解体空间碎片数量计算公式[式(4.39)]的适用条件是，同一个高度层目标解体产生的空间碎片仍位于当前高度层内。

将式(4.29)和式(4.38)代入方程(4.28)中，得到不同空间碎片组之间的碰撞概率，进一步结合方程(4.39)确定碰撞产生的解体空间碎片数量。

4.3.3　约束控制方程的微分形式

将式(4.27)和式(4.28)代入约束控制方程(4.17)中，整理可得

$$\begin{aligned}\frac{\partial}{\partial t}\left[4\pi r^2\cdot\Delta r\cdot s_i^j(r,t)\right]=&-4\pi r^2\left[-v_{r_i^j}(r)\right]s_i^j(r,t)\\&+4\pi(r+\Delta r)^2\left[-v_{r_i^j}(r+\Delta r)\right]s_i^j(r+\Delta r,t)\\&+4\pi r^2\Delta r\sum_{k=1,l\geqslant k}^{N_a}s_i^k(r,t)s_i^l(r,t)\sigma(k,l)\overline{v}_i^{\mathrm{rel}}(r)f_i(k,l,j)\\&-4\pi r^2\Delta r\left[\begin{aligned}&\sum_{k=1,k\neq j}^{N_a}s_i^k(r,t)\cdot s_i^j(r,t)\cdot\sigma(k,l)\cdot\overline{v}_i^{\mathrm{rel}}(r)\\&+2[s_i^j(r,t)]^2\cdot\sigma(k,l)\cdot\overline{v}_i^{\mathrm{rel}}(r)\end{aligned}\right]\\&+4\pi r^2\cdot\Delta r\cdot L_i^j\end{aligned}\tag{4.40}$$

将方程(4.40)两边同时除以 $4\pi r^2\Delta r$，并在给定时刻令 Δr 足够小，即令 $\Delta r\to 0$，可得微分形式的分层离散化模型为

$$
\begin{aligned}
&\frac{\partial s_i^j(r,t)}{\partial t}+\frac{\partial\left[v_{r_i^j}(r)s_i^j(r,t)\right]}{\partial r}\\
&=-\frac{2}{r}v_{r_i^j}(r)s_i^j(r,t)+\sum_{k=1,l\geqslant k}^{N_a}\left[s_i^k(r,t)\cdot s_i^l(r,t)\cdot\sigma(k,l)\cdot\overline{v}_i^{\text{rel}}(r)f(k,l,j)\right]\\
&\quad-\left\{\sum_{k=1}^{N_a}s_i^k(r,t)\cdot s_i^j(r,t)\cdot\sigma(k,j)+[s_i^j(r,t)]^2\sigma(j,j)\right\}\overline{v}_i^{\text{rel}}(r)\\
&\quad+L_i^j,\quad i=1,2,\cdots,N_h;\ j=1,2,\cdots,N_a
\end{aligned}\tag{4.41}
$$

针对方程(4.41)，经过一定简化，可以得到解析的演化模型；也可以利用数值方法，求解模型(4.41)中包含的 $N_h\times N_a$ 个偏微分方程组，得到低地球轨道上空间碎片的长期演化结果。

4.4 分层离散化模型的解

控制方程(4.41)是非线性的，且空间碎片组 G_i^j 空间密度的变化与同一个高度层内其他空间碎片组的状态是高度耦合的。故需要求解 $N_h\times N_a$ 个耦合的非线性偏微分方程，才能得到各空间碎片组的演化状态。本节首先仅考虑大气阻力的衰减作用，得到解析的演化模型；然后分析一般情况下分层离散化模型的数值求解方法。

4.4.1 简化分层离散化模型的解析解

对分层离散化模型进行简化，忽略空间碎片之间的相互碰撞作用，分析在大气阻力作用下空间碎片环境的长期演化特点。将碰撞相关项从方程(4.41)中去除，并整理得到仅有大气阻力作用下，空间碎片环境演化的约束方程：

$$
\begin{aligned}
&\frac{\partial s_i^j(r,t)}{\partial t}+v_{r_i^j}(r)\frac{\partial s_i^j(r,t)}{\partial r}=-\left[\frac{2}{r}v_{r_i^j}(r)+\frac{\mathrm{d}v_{r_i^j}(r)}{\mathrm{d}r}\right]s_i^j(r,t)+L_i^j,\\
&\qquad i=1,2,\cdots,N_h;\ j=1,2,\cdots,N_a
\end{aligned}\tag{4.42}
$$

简化后的约束方程(4.42)包含了 $N_h\times N_a$ 个相互独立的一阶线性偏微分方程。在空间碎片环境演化初始时刻，空间碎片的分布状态可利用观测结果确定，即 $s_i^j(r,0)$ 已知，则方程(4.42)解的确定转化为一阶线性偏微分方程的柯西问题，可以利用特征线方法进行求解。针对空间碎片组 G_i^j ，将方程(4.42)等价地转化为常微分方程，即

$$
\begin{cases}
\dfrac{\mathrm{d}r}{\mathrm{d}t}=v_{r_i^j}(r), & r\Big|_{t=0}=\alpha \\
\dfrac{\mathrm{d}s_i^j(r,t)}{\mathrm{d}t}=-\left[\dfrac{2}{r}v_{r_i^j}(r)+v'_{r_i^j}(r)\right]s_i^j(r,t)+L_i^j, & s_i^j(r,t)\Big|_{t=0}=\varphi_i^j(\alpha)
\end{cases}
\tag{4.43}
$$

式中，α 为引入的中间变量；$\varphi_i^j(\cdot)$ 为演化计算初值，即 $s_i^j(r,0)$。将衰减速度 $v_{r_i^j}(r)$ 的表达式(4.27)代入方程(4.43)，整理得到

$$
\frac{\mathrm{d}r}{\mathrm{d}t}=-\mathrm{Cont}_i^j\sqrt{r}\mathrm{e}^{-\frac{r-r_{i_0}}{H_i}},\quad r\Big|_{t=0}=\alpha \tag{4.44}
$$

$$
\frac{\mathrm{d}s_i^j(r,t)}{\mathrm{d}r}=\left(\frac{1}{H_i}-\frac{5}{2r}\right)s_i^j(r,t)-\frac{1}{\mathrm{Cont}_i^j\sqrt{r}}L_i^j\mathrm{e}^{\frac{r-r_{i_0}}{H_i}},\quad s_i^j(r,t)\Big|_{t=0}=\varphi_i^j(\alpha) \tag{4.45}
$$

对于给定的高度层，令 $\sqrt{r}\approx\sqrt{r_{i_0}}$。计算表明，对于 3000km 高度以下的轨道，若高度层跨度为 10km，则 $\sqrt{r_{i_0}}$ 和 $\sqrt{r}$ 的偏差仅为 $\sqrt{r}$ 的万分之一。在上述近似条件下，从方程(4.44)中求解出中间变量 α 的表达式为

$$
\alpha=H_i\ln\left(\frac{\varepsilon\sqrt{r_{i_0}}}{H_i}\mathrm{e}^{\frac{r_{i_0}}{H_i}}t+\mathrm{e}^{\frac{r}{H_i}}\right) \tag{4.46}
$$

下面求解方程(4.45)。定义中间变量：

$$
\begin{cases}
P(r)=-\left[\dfrac{1}{H_i}-\dfrac{5}{2r}\right] \\
Q(r)=-\dfrac{1}{\mathrm{Cont}_i^j\sqrt{r_{i_0}}}L_i^j\mathrm{e}^{\frac{r-r_{i_0}}{H_i}}
\end{cases}
\tag{4.47}
$$

将式(4.47)代入方程(4.45)，整理可得标准形式的一阶非齐次常微分方程为

$$
\frac{\mathrm{d}s_i^j(r,t)}{\mathrm{d}r}+P(r)s_i^j(r,t)=Q(r),\quad s_i^j(r,t)\Big|_{t=0}=\varphi_i^j(\alpha) \tag{4.48}
$$

其通解的形式为

$$
s_i^j(r,t)=\frac{\int u(r)Q(r)\mathrm{d}r+C}{u(r)} \tag{4.49}
$$

式中，积分因子 $u(r)$ 为

$$u(r)=\mathrm{e}^{\int P(r)\mathrm{d}r} \tag{4.50}$$

将式(4.47)和式(4.50)代入通解式(4.49)中，整理得到通解的具体表达式为

$$s_i^j(r,t)=-\frac{2}{7\mathrm{Cont}_i^j\sqrt{r_{i_0}}}r\mathrm{e}^{\frac{r-r_{i_0}}{H_i}}L_i^j+\left[\varphi_i^j(\alpha)+\frac{2}{7\mathrm{Cont}_i^j\sqrt{r_{i_0}}}\alpha\mathrm{e}^{\frac{\alpha-r_{i_0}}{H_i}}L_i^j\right]\left(\frac{\alpha}{r}\right)^{\frac{5}{2}}\mathrm{e}^{\frac{r-\alpha}{H_i}} \tag{4.51}$$

式中，变量α利用式(4.46)来确定。

给定低地球轨道上空间碎片的初始状态，即$s_i^j(r,0)$，对于任意给定的时刻t，利用方程(4.51)，可以直接计算得到任意空间碎片组的空间密度，从而确定对应时刻空间碎片环境的分布状态。

4.4.2　分层离散化模型的数值解

当考虑空间目标之间的相互碰撞作用时，可通过求解方程(4.41)得到空间碎片环境的演化状态。将方程(4.41)改写成下述形式：

$$\begin{aligned}\frac{\partial s_i^j(r,t)}{\partial t}+v_{r_i^j}(r)\frac{\partial s_i^j(r,t)}{\partial r}=&-\left[\frac{2}{r}v_{r_i^j}(r)+\frac{\mathrm{d}v_{r_i^j}(r)}{\mathrm{d}r}\right]s_i^j(r,t)\\&+\sum_{k=1,l\geqslant k}^{N_a}\left[s_i^k(r,t)\cdot s_i^l(r,t)\cdot\sigma(k,l)\cdot\overline{v}_i^{\mathrm{rel}}(r)f(k,l,j)\right]\\&-\left[\sum_{k=1}^{N_a}s_i^k(r,t)\cdot s_i^j(r,t)\cdot\sigma(k,j)+s_i^j(r,t)s_i^j(r,t)\sigma(j,j)\right]\overline{v}_i^{\mathrm{rel}}(r)\\&+L_i^j,\quad i=1,2,\cdots,N_h;\ j=1,2,\cdots,N_a\end{aligned} \tag{4.52}$$

可以看出，考虑目标相互碰撞时的分层离散化模型由$N_h\times N_a$个高度耦合的一阶线性双曲型偏微分方程构成，可通过逼近双曲方程的差分格式进行数值求解[8]。将式(4.52)改写成标准的双曲型为

$$\frac{\partial s}{\partial t}+\boldsymbol{A}\frac{\partial s}{\partial r}=f \tag{4.53}$$

式中，$\boldsymbol{A}$为对角矩阵，$\boldsymbol{A}=\mathrm{diag}\{v_{r_1^1}(r),\cdots,v_{r_i^j}(r),\cdots,v_{r_{N_h}^{N_a}}(r)\}$；函数$f$为一个包含$N_h\times N_a$个元素的矩阵，第$i$行、第$j$列对应的元素表示为$f_i^j$，等于方程(4.52)的右端项，则逼近方程组(4.52)的差分格式为

$$\frac{s_{i,n+1}^j - s_{i,n}^j}{\tau} + v_{r_i^j}(r)\Delta^* s_{i,n}^j = f_i^j \tag{4.54}$$

式中

$$\Delta^* s_{i,n}^j = \begin{cases} \dfrac{s_{i,n}^j - s_{i-1,n}^j}{h}, & v_{r_i^j}(r) \geqslant 0 \\ \dfrac{s_{i+1,n}^j - s_{i,n}^j}{h}, & v_{r_i^j}(r) < 0 \end{cases} \tag{4.55}$$

式中，τ 和 h 分别为差分逼近时的离散时间间隔和离散高度间隔；下标 n 表示第 n 个离散时间步长。容易证明，当满足约束条件：

$$\frac{\tau}{h}\max_{i,j}\left|v_{r_i^j}(r)\right| \leqslant 1 \tag{4.56}$$

时，差分格式(4.54)可以对方程(4.52)实现稳定逼近。需要说明的是，为了确保约束控制方程(4.52)成立，在选择离散时间间隔和离散高度间隔时，应保证每一步计算，同一高度层内的空间碎片最多衰减到下一个高度层内。

参 考 文 献

[1] Hastings D, Garrett H. Spacecraft-Environment Interactions[M]. Cambridge: Cambridge University Press, 2004.

[2] 王惠民. 流体力学基础[M]. 3 版. 北京：清华大学出版社, 2013.

[3] Öpik E J. Interplanetary Encounters[M]. New York: Elsevier, 1976.

[4] Kessler D J. Derivation of the collision probability between orbiting objects: The lifetimes of Jupiter's outer moons[J]. Icarus, 1981, 48(1): 39-48.

[5] Gander W, Gautschi W. Adaptive quadrature-revisited[J]. BIT Numerical Mathematics, 2000, 40(1): 84-101.

[6] Vallado D A. Fundamentals of Astrodynamics and Applications[M]. 3rd. New York: Microcosm Press, Hawthorne, and Springer, 2007.

[7] Rossi A, Valsecchi G B. Collision risk against space debris in earth orbits[J]. Celestial Mechanics and Dynamical Astronomy, 2006, 95(1): 345-356.

[8] 李荣华, 刘播. 微分方程数值解法[M]. 4 版. 北京：高等教育出版社, 2009.

第 5 章　空间碎片环境的长期演化结果与主要影响因素分析

低地球轨道空间是当前目标分布最为密集的区域。在同步轨道高度以下已经被人类开发利用的空间中，低地球轨道空间仅占 0.3%，却包含了近 80%的编目目标。本章将以低地球轨道空间碎片环境为研究对象，利用长期演化计算模型和分层离散化模型，开展空间碎片环境长期演化分析。这里选取低地球轨道空间碎片环境的空间分布范围是，距地面高度为 200～3000km 的空间，且仅考虑尺寸大于 10cm 的空间碎片。

首先，针对一种理想演化情况，即在停止一切航天发射活动的条件下，通过对比分层离散化模型和长期演化计算模型的长期演化结果，以及两种模型在演化计算过程中消耗的计算资源，对两种模型的特点和适用条件进行讨论分析。然后，在分别考虑停止一切航天发射任务、航天器正常发射、目标爆炸解体以及采用空间碎片减缓策略的条件下，对空间碎片环境进行长期演化，研究空间碎片环境的稳定性和长期增长趋势，讨论影响空间碎片环境演化的主要因素。

5.1　理想演化条件下两种模型的长期演化结果与对比分析

理想演化条件是指在空间碎片环境演化过程中，仅考虑空间碎片受到的作用力和空间目标之间的相互碰撞作用。在演化计算中，假设在轨工作航天器不进行碰撞规避机动。空间目标的初始状态利用观测数据确定。根据空间监视网的观测数据，截至 2016 年 9 月，低地球轨道上运行着 12000 个编目目标。将低地球轨道空间，即距地面高度为 200～3000km 的空间，按 10km 间隔划分为 280 个高度层；对于同一个高度层内的空间碎片，按照等对数间隔的原则将空间碎片划分到 10 个尺寸区间内，即要求各尺寸区间边界对数值的差值相等。依据第 3 章中空间密度的计算方法，利用编目目标数据，可以得到初始空间密度分布。

根据上述分层离散化方案，在表 5.1 中，将低地球轨道上的空间碎片划分到 280 个空间碎片组(单位：km)。对于同一个高度层内的解体空间碎片，按照等对数间隔的原则将空间碎片划分到 10 个尺寸区间(单位：m)内，即要求各尺寸区间边界对数值的差值相等。下面将分两种演化条件进行讨论：第一种是空间碎片在演化过程中只受力学约束，用来分析分层离散化模型和长期演化计算模型的力学条件是否一致，并讨论空间碎片环境的自我净化能力；第二种是理想演化条件，研究两种模型演化结果的特点，并基于演化结果讨论空间碎片环境的稳定性。

表 5.1　低地球轨道上编目目标的初始空间密度分布　(密度单位：个/km^3)

280 个高度层/km	10 个碎片尺寸区间/m						
	[0.01, 0.02)	⋯	[0.04, 0.08)	[0.08, 0.16)	⋯	[2.56, 5.12)	[5.12, +∞)
[200, 210)	0	⋯	0	1.194×10^{-10}	⋯	4.443×10^{-11}	1.722×10^{-11}
⋮	⋮		⋮	⋮		⋮	⋮
[800, 810)	0	⋯	0	1.740×10^{-08}	⋯	1.342×10^{-09}	1.433×10^{-10}
[810, 820)	0	⋯	0	1.765×10^{-08}	⋯	1.609×10^{-09}	7.006×10^{-11}
[820, 830)	0	⋯	0	1.937×10^{-08}	⋯	2.413×10^{-09}	4.506×10^{-11}
⋮	⋮		⋮	⋮		⋮	⋮
[2980, 2990)	0	⋯	0	5.687×10^{-12}	⋯	3.001×10^{-11}	9.581×10^{-12}
[2990, 3000)	0	⋯	0	5.679×10^{-12}	⋯	3.060×10^{-11}	9.518×10^{-12}

数据来源：空间监视网(网站：www.space-track.org，访问日期 2016 年 9 月 2 日)。

5.1.1　仅有摄动力作用下的长期演化结果

在仅有摄动力的作用下，基于解析的分层离散化模型即方程(4.51)，来获取空间碎片环境的长期演化结果。空间碎片环境的初始状态 $s_{i,j}(r,0)$ 在表 5.1 中给出。针对尺寸大于 10cm 的空间碎片，仿真计算其在未来 200 年内的演化分布状态。空间碎片的增长趋势和分布状态分别如图 5.1 和图 5.2 所示。

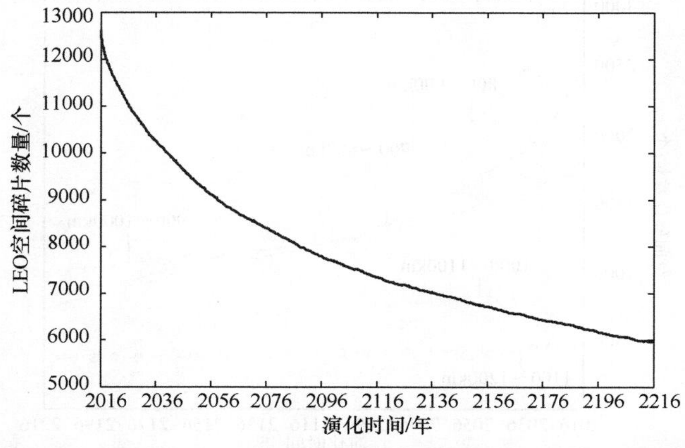

图 5.1　摄动力作用下利用简化分层离散化演化模型得到的空间碎片数量变化趋势

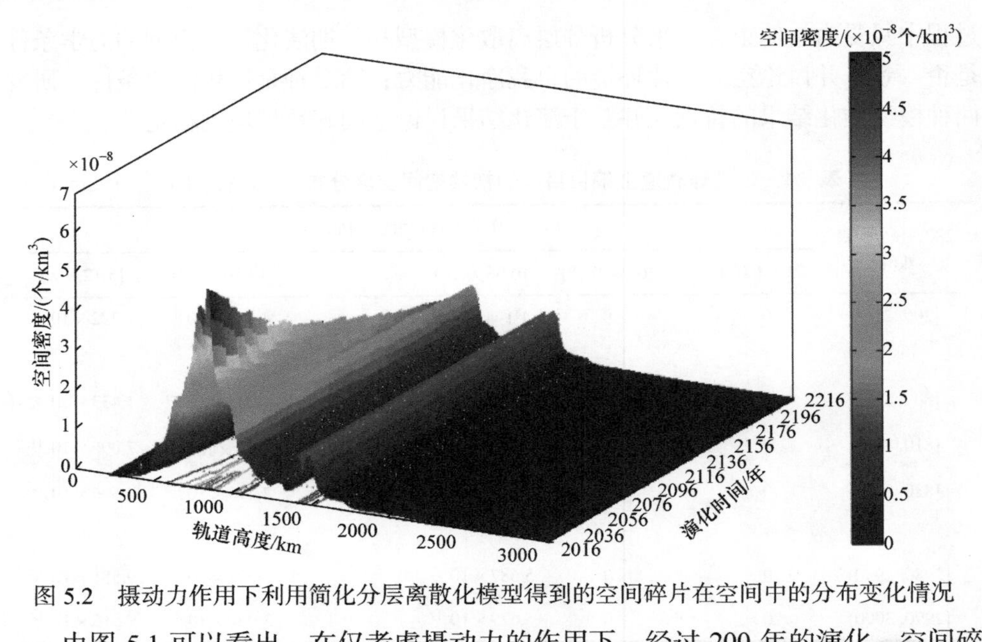

图 5.2 摄动力作用下利用简化分层离散化模型得到的空间碎片在空间中的分布变化情况

由图 5.1 可以看出，在仅考虑摄动力的作用下，经过 200 年的演化，空间碎片的规模从初始 12000 个减少到 5800 多个。进一步由图 5.2 可以看出，位于 1000km 高度以下空间碎片的密度减小趋势较为明显，1000km 高度以上空间碎片的密度没有明显变化。空间碎片密度在不同高度上的变化趋势与分层离散化解析模型的力学约束相关。分层离散化模型中大气阻力是空间碎片轨道高度不断变化的唯一作用力，而大气阻力随大气密度线性变化，当大气密度随轨道高度呈现指数减小时，导致轨道高度较高的空间碎片数量减少非常缓慢。

为了进一步说明不同轨道高度上空间碎片的变化趋势，图 5.3 给出了 700～

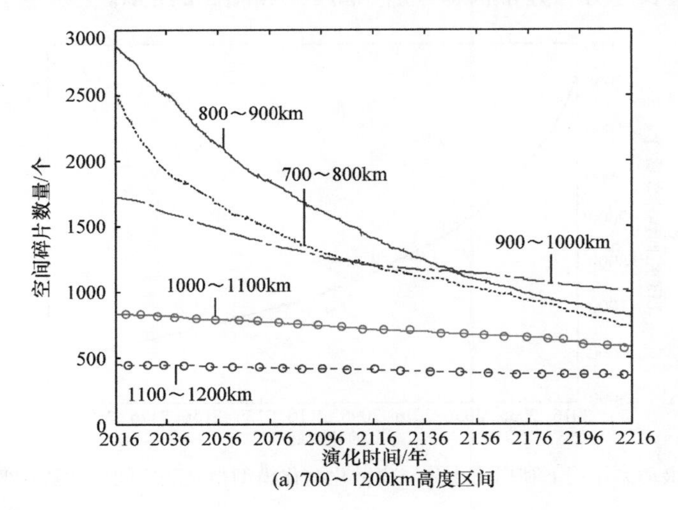

(a) 700～1200km高度区间

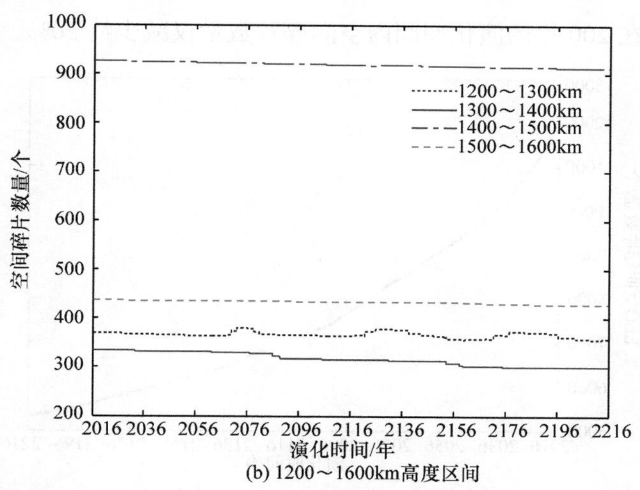

(b) 1200～1600km高度区间

图 5.3　摄动力作用下利用简化分层离散化模型得到的不同高度区间内空间碎片数量的变化情况

800km、800～900km 等一系列高度层内空间碎片数量随演化时间的变化情况。可以看出，700～800km、800～900km、900～1000km 高度层内空间碎片数量随演化时间不断减少，如图 5.3(a)所示，而 1000km 以上的高度层内空间碎片数量减少非常缓慢，如图 5.3(a)和图 5.3(b)所示。

作为对比，利用长期演化计算模型，以初始 12000 个编目目标的运动状态为输入，对低地球轨道空间碎片环境未来 200 年内的状态进行演化分析。长期演化计算模型的参数配置在表 5.2 中给出。

表 5.2　长期演化计算模型的参数配置

摄动力模型	大气阻力：大气密度采用 H-P 模型； 地球非球形摄动：J_2、J_3、J_4，$J_{2,1}$、$J_{2,2}$、$J_{3,1}$、$J_{3,2}$、$J_{3,3}$、$J_{4,1}$、$J_{4,2}$、$J_{4,3}$、$J_{4,4}$； 太阳、月球引力摄动； 太阳光压摄动
基于春分点根数的长期平均积分模型步长	1 天

在演化计算中，以一个月为时间间隔，输出空间碎片的运动状态数据到结果文件中，共产生 2400 个结果文件，对这些数据文件进行统计分析，得到如图 5.4～图 5.6 所示的空间碎片环境演化结果。对比图 5.1 和图 5.4、图 5.2 和图 5.5 可以看出，仅考虑摄动力作用下，利用两种模型计算得到的空间碎片数量的减少趋势、空间碎片在空间中的分布状态的变化都是一致的。综合两种模型的演化结果，说明在摄动力的作用下空间碎片环境具有一定的自我净化能力，但这种自然清除过

程较为缓慢，在 200 年的演化期间内空间碎片数量仅减少约 50%。

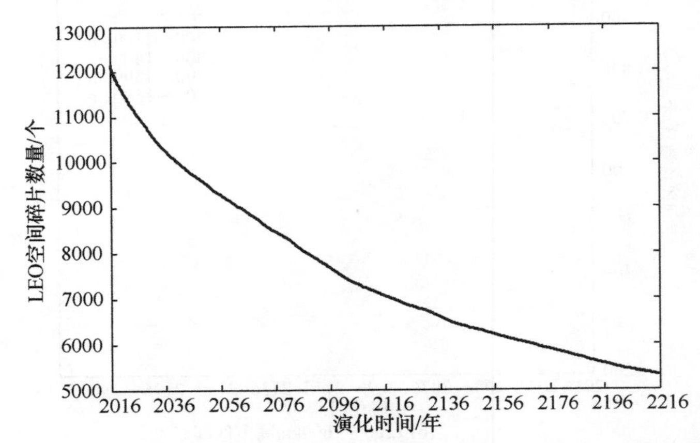

图 5.4　摄动力作用下利用长期演化计算模型得到的空间碎片数量变化趋势

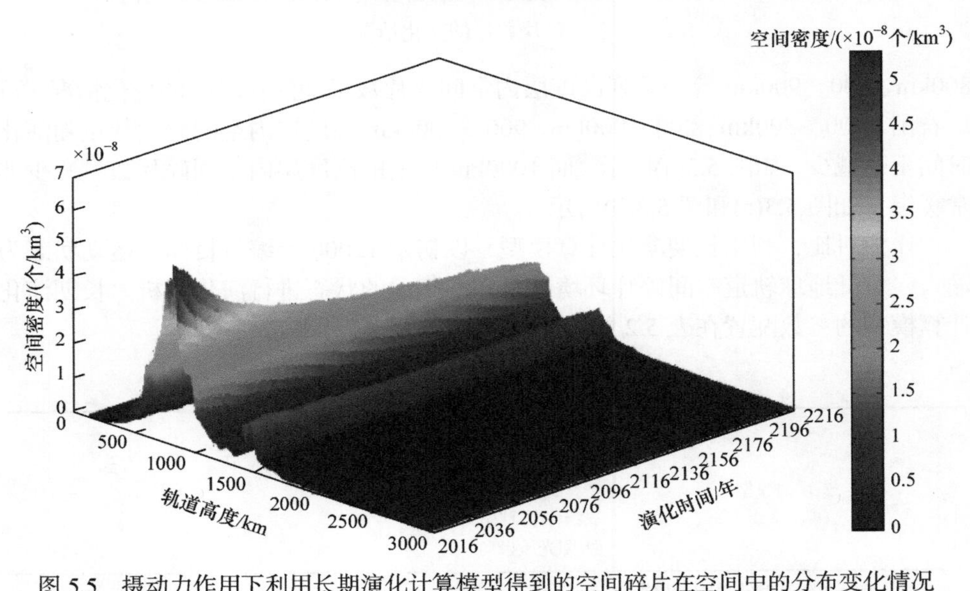

图 5.5　摄动力作用下利用长期演化计算模型得到的空间碎片在空间中的分布变化情况

根据长期演化计算模型的计算结果，可以统计出不同高度层内空间碎片数量随演化时间的变化特点，如图 5.6 所示。可以看出，较低轨道高度上空间碎片数量随着演化时间是不断减少的，如图 5.6(a)所示，这与图 5.3(a)所示分层离散化模型的结果是一致的；但对于轨道高度较高的空间碎片，与分层离散化模型的结果不同，长期演化计算模型的结果显示出不同高度层内空间碎片数量在缓慢变化。这是由于长期演化计算模型中包含了更多的摄动力作用，导致空间碎片的轨道构型在缓慢变化。如图 5.6(b)所示，高度层为 1300～1400km 内空间碎片数量在缓慢增加，高度层为 1400～1500km 内空间碎片数量在缓慢减少。因此，相较于分层离散化模型，长期演化计算模型能更好地反映局部空间内空间碎片环境的演化分布特点。

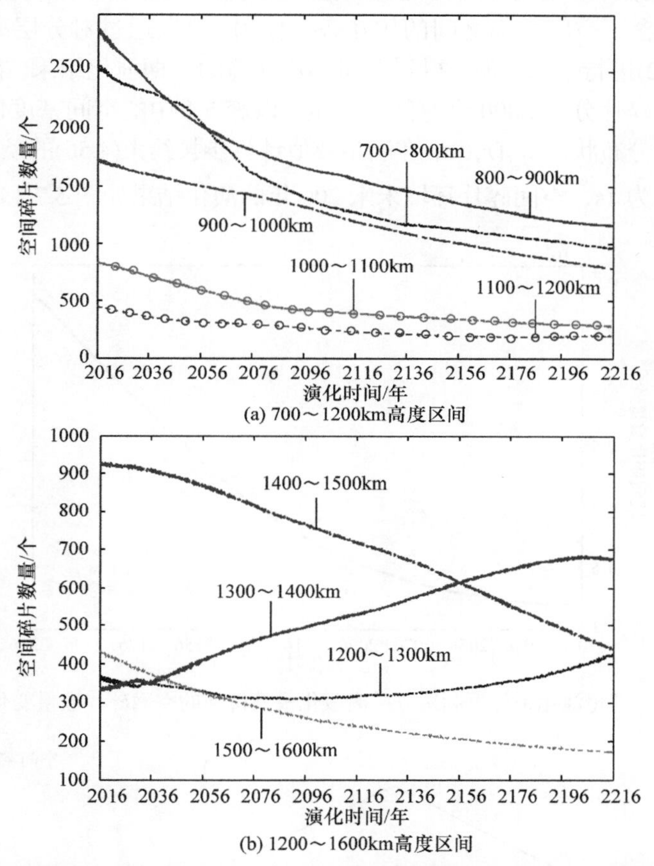

图 5.6　摄动力作用下利用长期演化计算模型得到的不同高度区间内空间碎片数量的变化情况

两种模型均能给出空间碎片环境的长期演化结果，但两种模型所需要的计算量相差较大。针对相同规模的空间碎片，演化时间均为 200 年。表 5.3 给出了两种模型所需要计算量的统计，可以看出，长期演化计算模型需要的计算量约为分层离散化模型所需计算量的 10^4 倍。

表 5.3　考虑摄动力作用时两种演化模型的计算量统计

演化模型	计算平台	演化时间/年	计算核数	计算时长	合计/(核 · h)
分层离散化模型	天河一号①	200	1	约 5min	0.833
长期演化计算模型	天河一号	200	360	约 4h	1440

① 国家超级计算天津中心(http://www.nscc-tj.cn/[2016-12-31])。

5.1.2 理想演化条件下的长期演化结果

理想演化条件下空间碎片环境的演化，既考虑了空间碎片运动过程中受到的作用力，也包含了空间目标之间的相互碰撞作用。可以通过对分层离散化模型的一般形式(4.52)进行数值求解，得到空间碎片环境的长期演化结果。在数值仿真计算时，将空间碎片分为 2800 个空间碎片组，以表 5.1 中的空间密度值作为空间碎片环境的初始分布状态 $s_{i,j}(r,0)$；在满足数值计算步长约束(4.56)的条件下，仿真计算时间步长取为 1s，空间碎片环境未来 200 年的演化结果如图 5.7 和图 5.8 所示。

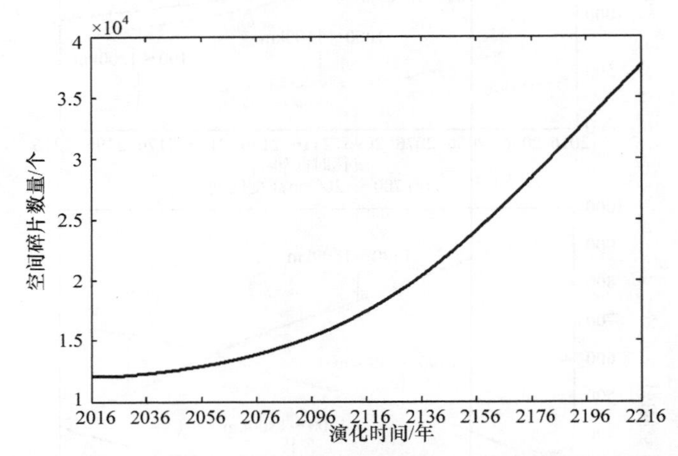

图 5.7　理想演化条件下利用分层离散化模型得到的空间碎片数量变化趋势

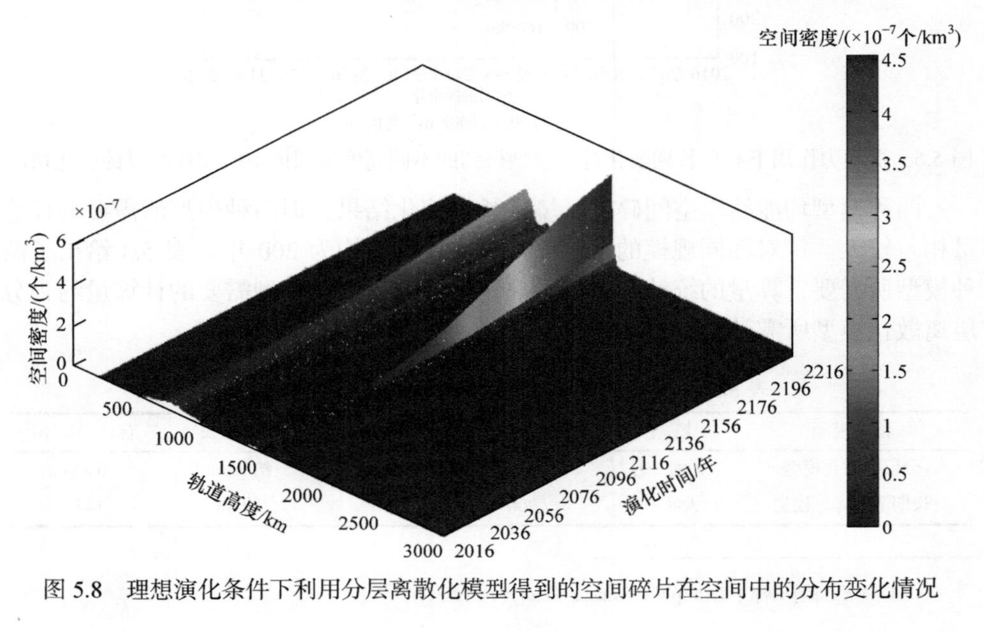

图 5.8　理想演化条件下利用分层离散化模型得到的空间碎片在空间中的分布变化情况

作为对比，在理想演化条件下，进一步利用长期演化计算模型对空间碎片环境未来 200 年内的演化状态进行分析。模型的参数配置与表 5.2 相同。针对包含随机碰撞的长期演化计算模型，采用蒙特卡罗方法来模拟实现。空间碎片环境的长期演化计算过程可视为随机过程，记为 $X(t)$，利用长期演化计算模型开展一次长期演化计算是对该随机过程的一次抽样，抽样的样本值记为 $X_i(t)$，则空间碎片环境的期望演化结果为[1]：

$$\bar{X}(t)=\frac{1}{N_{\text{run}}}\sum_{i=1}^{N_{\text{run}}}X_i(t) \tag{5.1}$$

式中，N_{run} 为演化计算次数，当 N_{run} 越大时，期望结果 $\bar{X}(t)$ 越接近实际的空间碎片环境的演化分布状态。受仿真计算时间和计算资源的约束，通常只能进行有限次演化计算，一般可通过 10～30 次结果的平均来近似估计期望的演化结果[2, 3]。本节通过对空间碎片环境的 20 次演化结果进行统计平均，估计空间碎片环境的长期演化状态，结果如图 5.9 和图 5.10 所示。

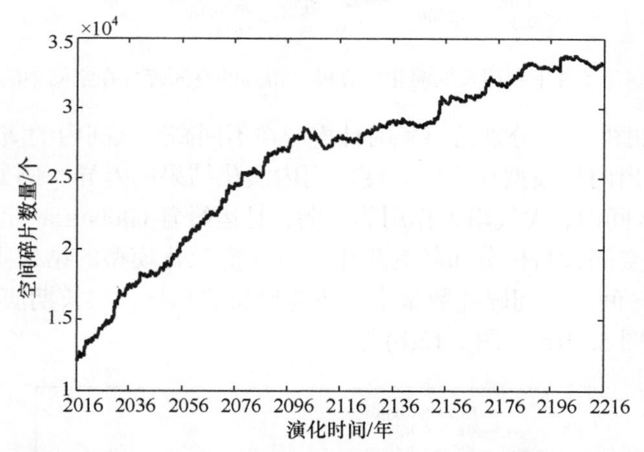

图 5.9　理想演化条件下利用长期演化计算模型得到的空间碎片数量变化趋势

对比图 5.7 和图 5.9 可以看出，在理想演化条件下，利用分层离散化模型和长期演化计算模型得到空间碎片在未来 200 年内的增加量相当，分别为 37000 个和 33000 个。分层离散化模型计算得到的空间碎片增长速度比长期演化计算模型更快，在较高的轨道上这种差异更为明显，如图 5.8 和图 5.10 所示的 1000～1500km 高度区间。分层离散化模型采用平均等效方法分析目标相互碰撞给空间碎片环境带来的影响，将目标相互碰撞产生的解体空间碎片平均到每一个空间碎片组上。这种平均等效方法，能够反映空间碎片环境的整体演化趋势，如 200 年内空间碎片规模的增长情况。但对于空间目标分布较为集中的高度区间，尤其是空间大目标较多的高度区间，当碰撞作用占主导时，利用分层离散化模型将得到更多的空间碎片。

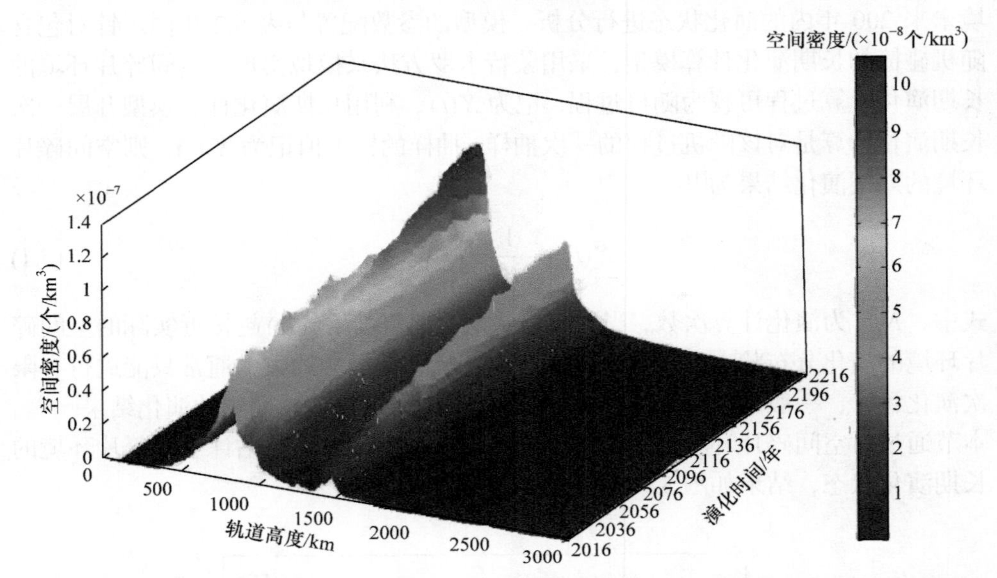

图 5.10 理想演化条件下利用长期演化计算模型得到的空间碎片在空间中的分布变化情况

图 5.11 和图 5.12 分别给出了两种模型在不同高度区间内的演化计算结果，可以进一步看出两种模型在不同高度区间内演化结果的差异。例如，在 1400～1500km 高度区间内，大气阻力作用非常弱，且运行着 Globalstar 星座卫星，使得该高度区间内空间大目标分布较为集中。分层离散化模型的结果则显示 1400～1500km 高度区间内空间碎片数量呈现快速增长的趋势，与长期演化模型的结果相差较大，如图 5.11(b)和图 5.12(b)所示。

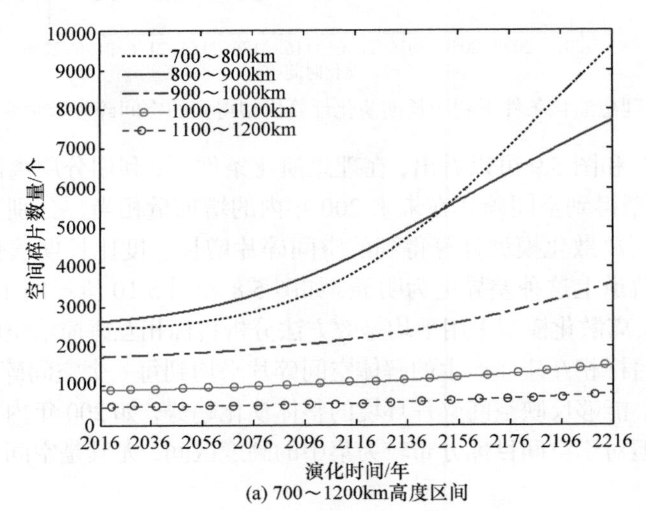

(a) 700～1200km高度区间

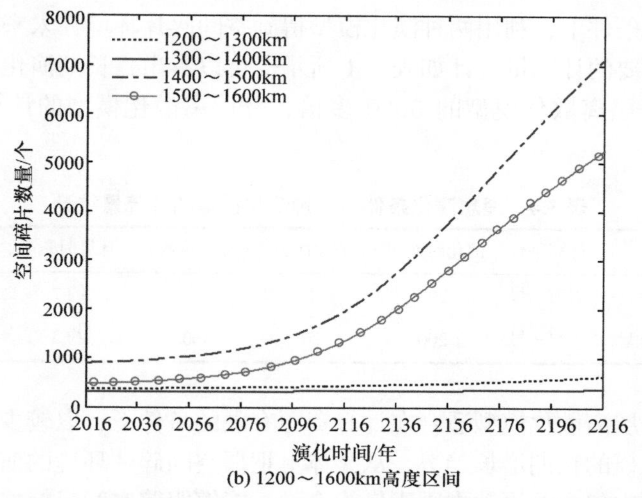

(b) 1200～1600km高度区间

图 5.11　理想演化条件下利用分层离散化模型得到的不同高度区间内空间碎片数量的变化情况

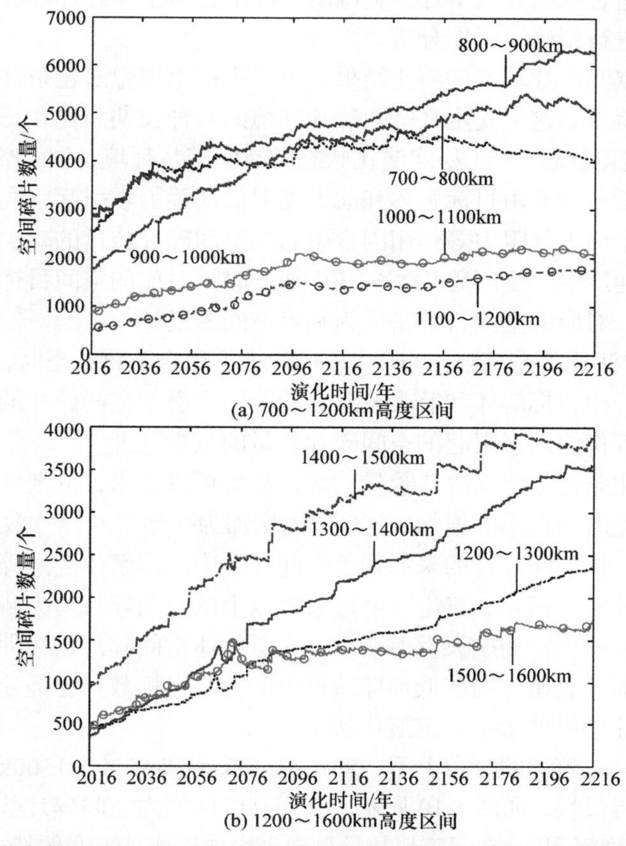

(b) 1200～1600km高度区间

图 5.12　理想演化条件下利用长期演化计算模型得到的不同高度区间内空间碎片数量的变化情况

理想演化条件下，利用两种演化模型得到空间碎片环境在未来 200 年内的演化结果，所需要的计算量统计如表 5.4 所示。可以看出，长期演化计算模型需要的计算量是分层离散化模型的 3000 多倍，分层离散化模型的计算成本优势十分显著。

表 5.4　理想演化条件下两种演化模型的计算量统计

演化模型	计算平台	演化时间/年	演化次数	计算核数	计算时长/h	合计/(核 · h)
分层离散化模型	天河一号	200	1	1	约 7	7
长期演化计算模型	天河一号	200	20	360	约 3	21600

综上，分层离散化模型适合在计算资源有限的条件下，以较少的计算量，得到空间碎片规模的长期增长趋势，从整体上把握空间碎片环境的演化特点。长期演化计算模型中包含的摄动力因素较为全面，能够跟踪空间目标之间发生的每一次碰撞事件，适合在具有大量计算资源的条件下，对空间碎片环境的增长规模、空间分布状态进行精确、可靠分析。

下面利用空间碎片环境的演化结果，进一步讨论理想演化条件下空间碎片环境的长期演化特点。这里先定义空间碎片环境的两种长期演化状态：

(1) 稳定演化状态。处于稳定演化状态的空间碎片环境，空间碎片数量保持不变，甚至在不断减少。由目标解体和航天发射活动等因素引起空间碎片的增加速度，小于或等于由大气阻力等作用因素引起的空间碎片数量的减少速度。当空间碎片数量增加速度等于空间碎片数量减少速度时，对应的空间目标数量称为临界空间目标数量，对应的空间目标密度为临界空间密度。

(2) 不稳定演化状态。当空间碎片环境处于不稳定演化状态时，空间碎片的数量在持续增加。由目标解体和航天发射活动等因素引起空间碎片的增加速度，大于由大气阻力等作用因素引起的空间碎片数量的减少速度。

从理想演化条件下空间碎片数量的增长趋势可以看出，低地球轨道上总空间碎片数量随演化时间在不断增加，200 年内增加为初始空间碎片数量的近 3 倍，如图 5.9 所示。从空间碎片的来源看，空间碎片中碰撞解体空间碎片所占比例在逐年增加，如图 5.13 所示，演化结束时 80%以上的空间碎片均为碰撞解体空间碎片。因此，即使停止一切航天发射活动，大量解体空间碎片仍将促使总的空间碎片数量持续增加。表明，当前低地球轨道上的空间目标数量已经超越稳定的临界数量，空间碎片环境处于不稳定演化状态。

进一步从空间碎片的分布上看，800～1000km 和 1300～1500km 高度区间内空间碎片增加得最快，如图 5.10 所示。不同高度区间内空间碎片数量增加的速度不同，在较低高度区间内，空间碎片数量呈现先增加后保持不变的特点，如图 5.12(a)

所示高度区间 700～800km 内的空间碎片数量；对于 800km 高度以上的空间内，空间碎片数量均在稳步增长。图 5.14 给出了不同高度层内累计剧烈性碰撞次数的统计结果，可以看出 800～1000km 高度区间内发生碰撞的次数最多。700～800km 高度区间内碰撞次数也较多，但 700～800km 高度区间内的空间碎片数量并没有持续增加。其主要原因是：一方面，较低轨道高度上的目标受大气阻力作用较为明显，低轨道上空间碎片自然清除能力较强；另一方面，目标相互碰撞产生的解体空间碎片的面质比参数，相较碰撞前目标的面质比参数通常会增大，从而导致解体空间碎片在大气阻力作用下衰减更快。因此，目标相互碰撞作用也是低地球轨道上空间碎片环境自然净化的驱动力。从图 5.12 中还可以看出，1300～1500km

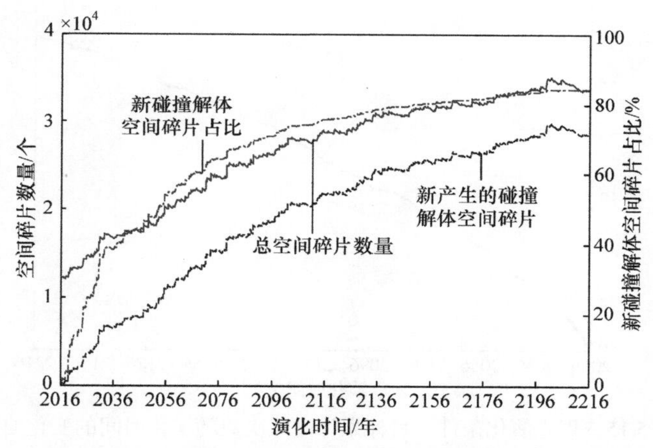

图 5.13　理想演化条件下碰撞解体空间碎片的增长情况

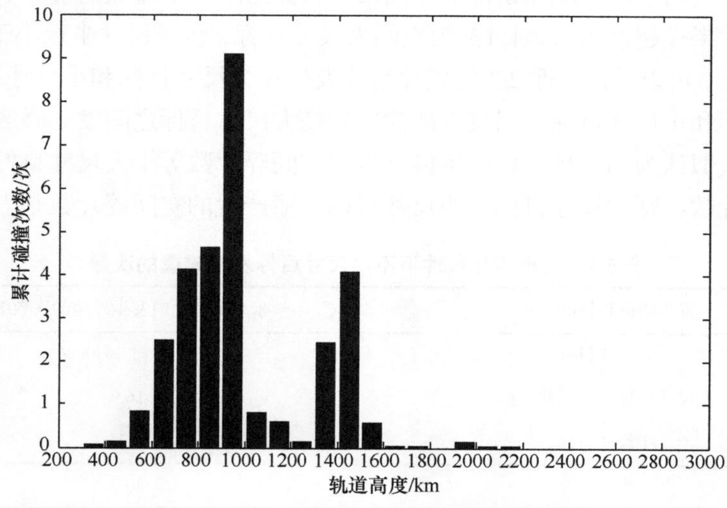

图 5.14　理想演化条件下不同高度层内累计碰撞次数的统计结果

高度区间内空间碎片数量的增加速度，较其附近高度区间内空间碎片数量增加的速度更快。这主要是由于该高度区间内运行着 Globalstar 星座卫星，这些卫星是空间大目标，一旦发生碰撞会产生大量的空间碎片，这与分层离散化模型的计算结果是一致的，如图 5.11(b)所示。

图 5.15 给出了从长期演化计算模型计算结果中，统计得到的目标累计灾难性碰撞次数随演化时间变化曲线。可以看出，在未来 200 年内，目标之间将发生近 30 次灾难性碰撞，累计碰撞次数随演化时间呈现线性增长趋势，这与 LEGEND 模型的演化结果是一致的[4]。

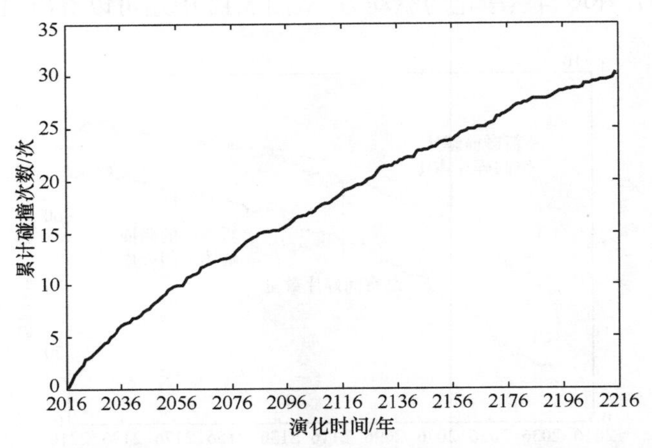

图 5.15　理想演化条件下目标累计碰撞次数随演化时间的变化曲线

表 5.5 给出了理想演化条件下不同尺寸目标之间发生碰撞的次数。统计时，若包络尺寸半径超过 1m，则目标为空间大尺寸目标，包络尺寸半径小于 1m 的为小尺寸目标。可以看出，近 2/3 的碰撞解体发生在大尺寸目标和小尺寸目标之间，大尺寸目标和小尺寸目标之间发生碰撞次数是大尺寸目标之间发生碰撞次数的 3 倍多。若近似认为两个目标碰撞解体产生的空间碎片数等于大尺寸目标解体产生的空间碎片数，则大尺寸目标与小尺寸目标碰撞产生的空间碎片数是大尺寸目标

表 5.5　理想演化条件下不同尺寸目标发生碰撞的次数

发生碰撞目标的尺寸	未来 200 年内发生碰撞的次数/次
大尺寸目标	5.3
大尺寸目标与小尺寸目标	16.9
小尺寸目标	8.1
合计	30.3

之间碰撞解体产生空间碎片数的 1.5 倍。因此，大尺寸目标解体会产生大量解体空间碎片，解体空间碎片会进一步与大尺寸目标发生碰撞，产生更多的解体空间碎片，这种“碰撞-解体空间碎片-碰撞”反馈连锁碰撞效应，使得解体空间碎片数量不断增加。

5.2　航天器爆炸解体对空间碎片环境演化的长期影响

尽管早在 2002 年，联合国机构间空间碎片协调委员会就提出了避免航天器在轨爆炸解体的空间碎片减缓策略，但在轨爆炸事件却未能完全消除。图 5.16 给出了 1996～2012 年每年发生的在轨爆炸解体事件数量[5]，可以看出平均每年至少发生一次爆炸解体事件。

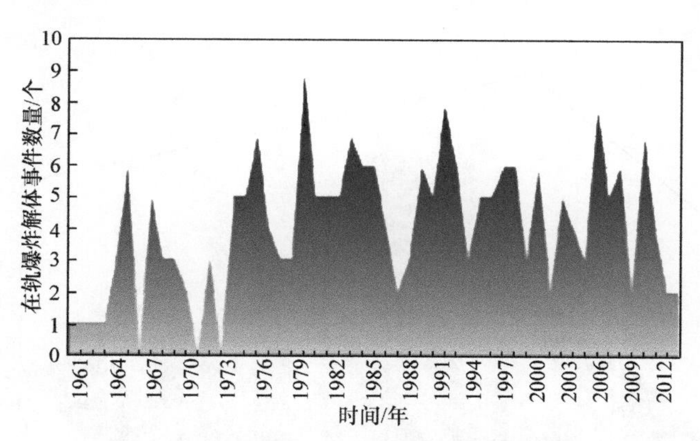

图 5.16　每年发生的在轨爆炸解体事件数量

本节在理想演化条件的基础上，针对低地球轨道空间碎片环境，利用长期演化计算模型，通过设置随机在轨爆炸事件，分析目标爆炸解体对空间碎片环境的影响。假定演化计算时间段内，每年随机发生一次爆炸解体事件。演化计算中，仅考虑尺寸较大目标发生爆炸解体，这里设置爆炸解体目标直径最小为 1m。这里利用蒙特卡罗仿真模拟爆炸解体事件：首先，统计所有直径大于 1m 的空间目标数量，记为 N_L；然后，在判断目标是否爆炸解体时，随机产生一个 1～N_L 的整数，该随机整数对应的目标便是当年发生爆炸解体事件的目标；最后，利用目标爆炸解体模型模拟生成解体空间碎片。对空间碎片环境的 20 次演化结果进行统计平均，结果如图 5.17～图 5.19 所示。

在每年发生一次爆炸解体事件的条件下，低地球轨道上空间碎片规模不断增大，200 年内空间碎片数量增加到初始空间碎片数量的近 9 倍，约 100000 个，

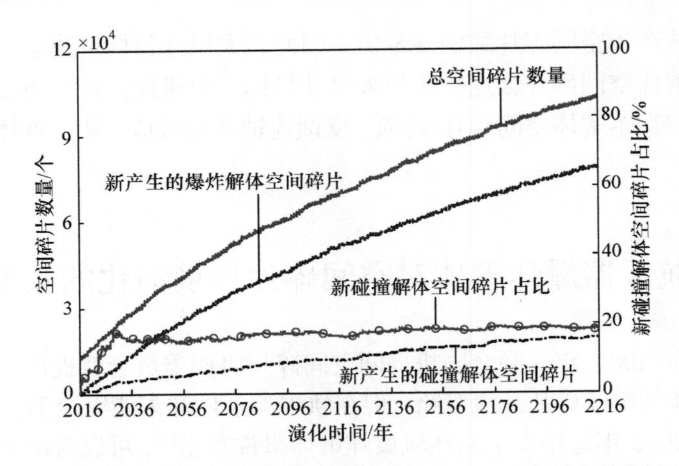

图 5.17　考虑目标爆炸解体时空间碎片数量随时间的变化曲线

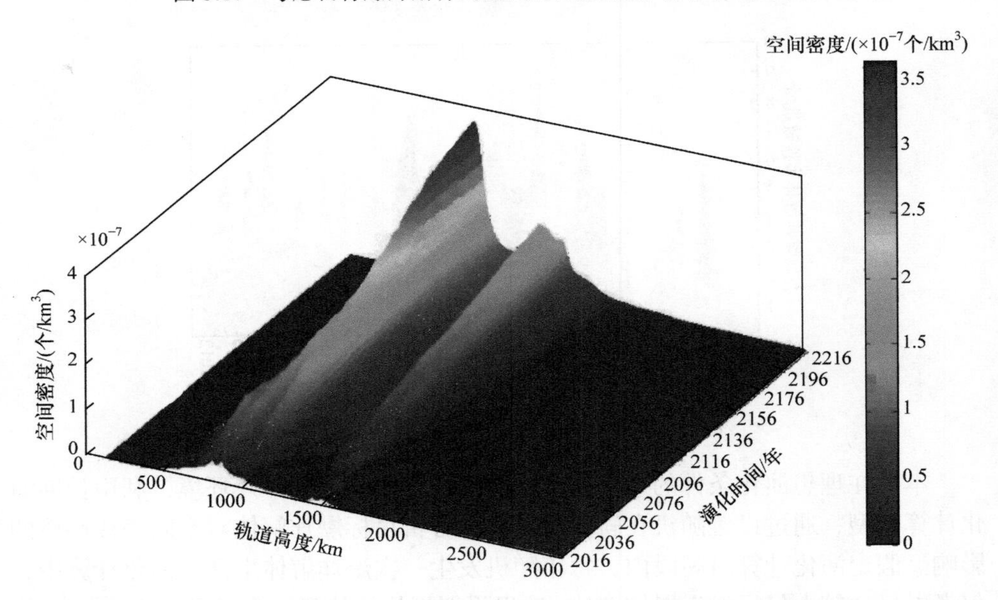

图 5.18　考虑目标爆炸解体时碎片在空间中的密度分布随演化时间的变化

如图 5.1 所示。目标之间相互碰撞产生的解体空间碎片持续增加，但对空间碎片规模的增大不起决定性作用；近 200 次爆炸解体事件，使得爆炸解体产生的新空间碎片成为近地空间碎片的最主要组成部分。

考虑目标爆炸解体的条件下，800～1000km 和 1300～1500km 高度区间内仍是空间碎片增加最快的两个高度层。在目标爆炸解体空间碎片的作用下，每个高度区间内空间碎片数量都在持续增加，如图 5.18 和图 5.19 所示。

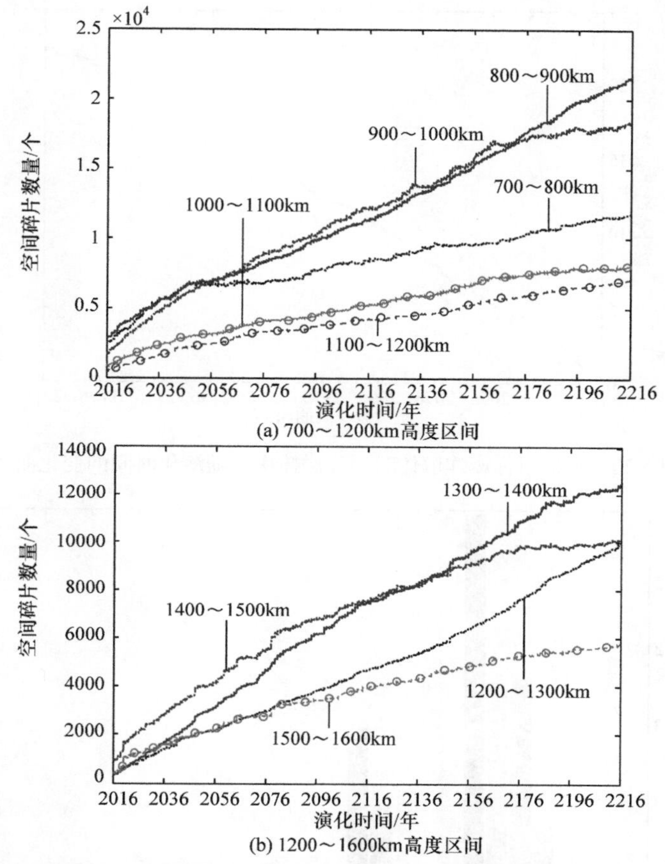

(a) 700～1200km高度区间

(b) 1200～1600km高度区间

图 5.19　考虑目标爆炸解体时不同高度区间内空间碎片数量随演化时间的变化

根据长期演化计算模型的结果，统计得到碰撞次数的增长和分布情况，如图 5.20 和图 5.21 所示。累计碰撞次数随着演化时间近线性增加，但与理想演化条件下的演化结果相比，总的碰撞次数却减少了。由前面分析可知，大尺寸目标解体产生的空间碎片会进一步和新的大尺寸目标发生碰撞，导致空间碎片数量和碰撞次数都不断增加。考虑目标爆炸解体后，潜在发生碰撞的空间大尺寸目标数量减少了,从而导致演化过程中碰撞次数相较于理想演化条件下的结果并未增加，反而略有减少。

表 5.6 给出了考虑目标爆炸解体时不同尺寸目标之间发生碰撞的次数。与表 5.5 中理想演化条件下的统计结果进行对比可以看出，考虑爆炸解体后，大尺寸目标之间发生的碰撞次数、大尺寸目标与小尺寸目标发生碰撞的次数均在减少。与上述分析相符，即目标爆炸解体减少了潜在可能发生碰撞解体的大尺寸目标数量。

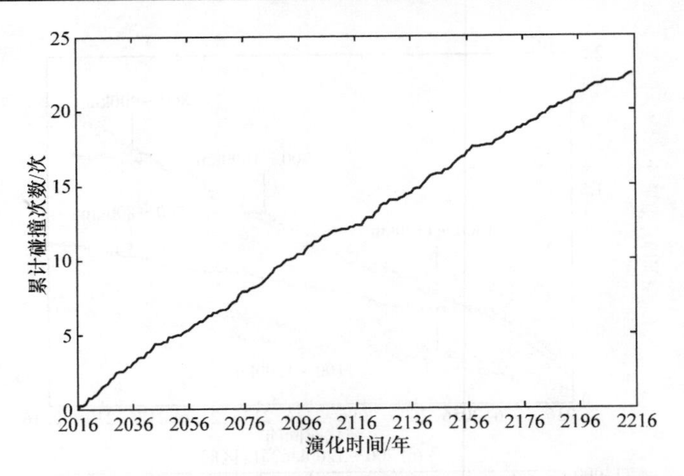

图 5.20　考虑目标爆炸解体时累计碰撞次数随演化时间的变化曲线

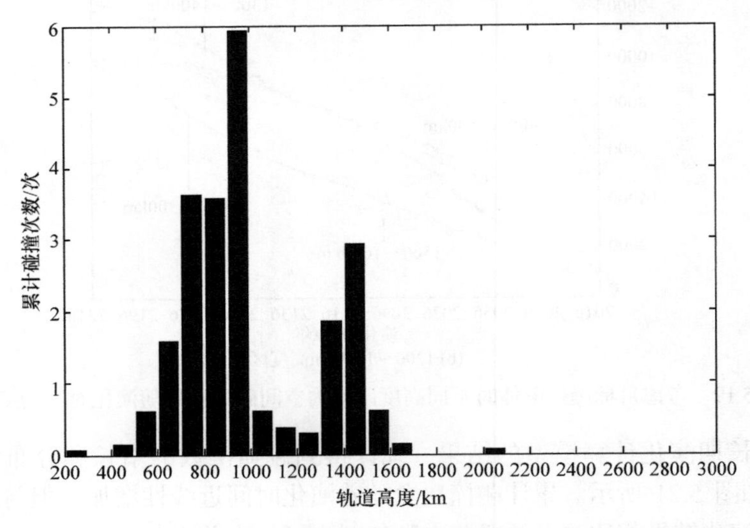

图 5.21　考虑目标爆炸解体时不同高度层内累计碰撞次数的统计结果

表 5.6　考虑目标爆炸解体时不同尺寸目标发生碰撞的次数

发生碰撞目标的尺寸	未来 200 年内发生碰撞的次数/次
大尺寸目标	2.7
大尺寸目标与小尺寸目标	12.7
小尺寸目标	5.6
合计	21.0

表 5.7 给出了考虑目标爆炸解体后演化计算所需要的计算量。表明，考虑目标爆炸解体后，总的空间碎片规模在增大，导致演化计算时消耗的计算资源是理想演化条件下的 4 倍。

表 5.7 考虑航天器爆炸解体条件下演化计算所需要的计算量

演化模型	计算平台	演化时间/年	演化次数/次	计算核数	计算时长/h	合计/(核 · h)
长期演化计算模型	天河一号	200	20	480	约 9	86400

5.3 航天发射活动对空间碎片环境演化的长期影响

本节针对低地球轨道空间碎片环境，基于 2.4 节建立的航天发射活动模型，分析发射活动对空间碎片环境的影响。在演化计算中，假设航天器在轨工作期间轨道构型不发生变化；航天器不进行主动碰撞规避；航天器失效后变成空间碎片。在理想演化条件的基础上，增加航天发射活动，通过对演化模型 20 次输出结果进行统计平均，得到空间碎片环境在未来 200 年内的演化结果如图 5.22 和图 5.23 所示。

考虑航天发射活动时，空间碎片数量急剧增加，在 200 年内尺寸大于 10cm 空间碎片数量增加到约 160000。碰撞解体空间碎片占总空间碎片比例也在逐年增加，至演化结束时刻，95%以上空间碎片是由目标碰撞解体产生的，如图 5.22 所示。

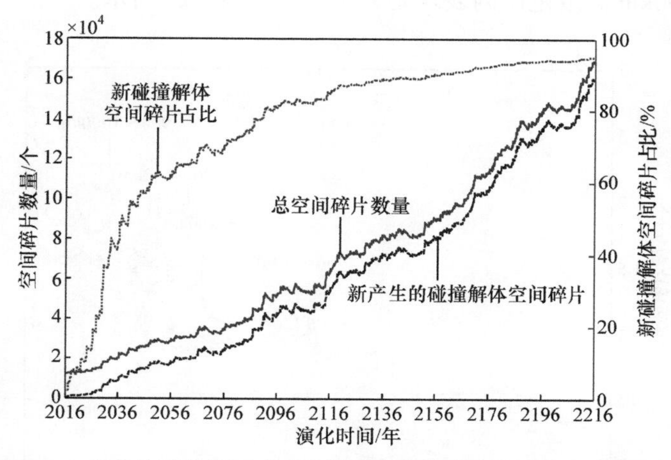

图 5.22 考虑航天发射活动时空间碎片数量随演化时间的变化曲线

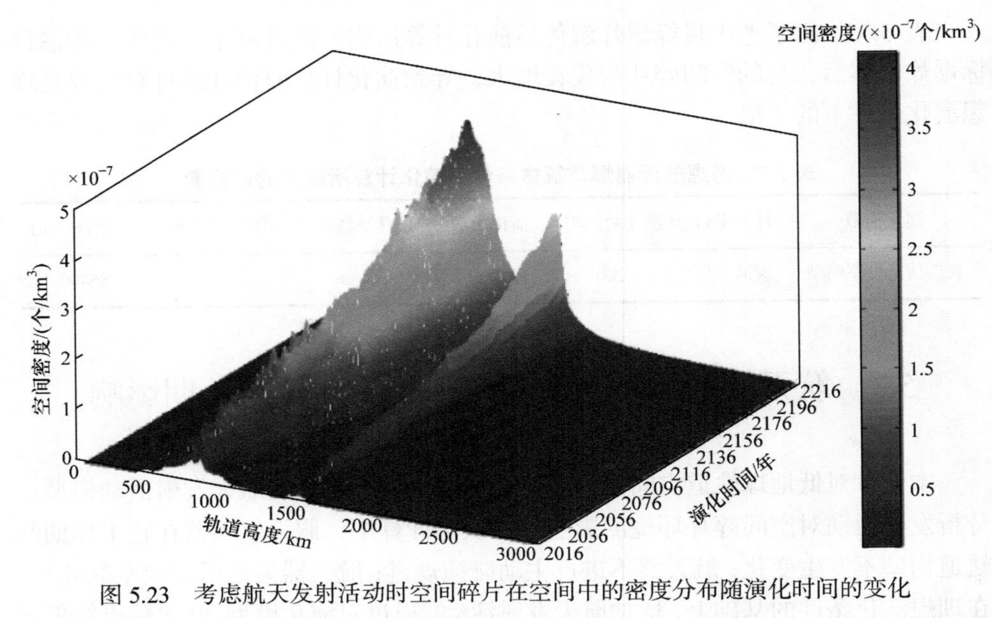

图 5.23 考虑航天发射活动时空间碎片在空间中的密度分布随演化时间的变化

从空间碎片在空间中的密度分布状态可以看出，500～1000km 和 1300～1500km 高度区间内空间碎片数量在 2116 年以后均呈现快速增长的趋势。图 5.24 给出了部分高度区间内空间碎片的增长趋势，可以看出，1000km 高度以下空间碎片数量增长最快。结合碰撞次数的统计结果(图 5.25 和图 5.26)可以看出，由于航天发射活动不断向空间中引入大尺寸空间目标，“碰撞-解体空间碎片-碰撞”的反馈连锁碰撞效应加强，导致低地球轨道上空间碰撞解体空间碎片数量迅速增加，这在 500～800km 高度范围内表现尤为明显，如图 5.26 所示。

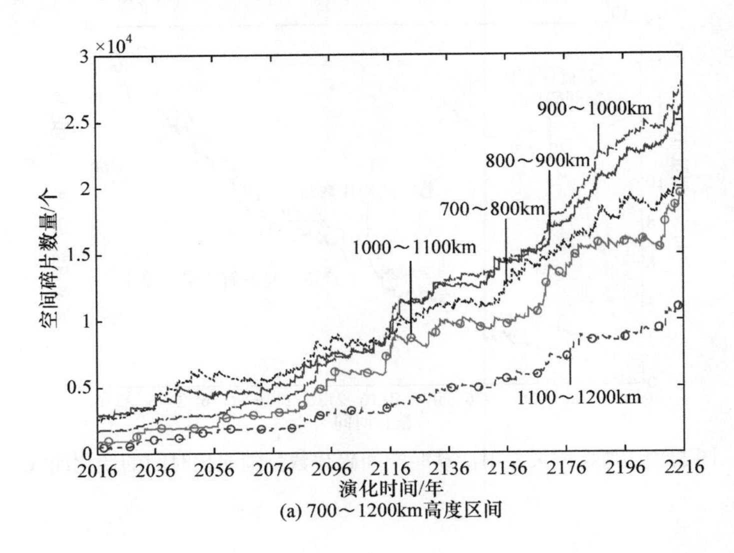

(a) 700～1200km高度区间

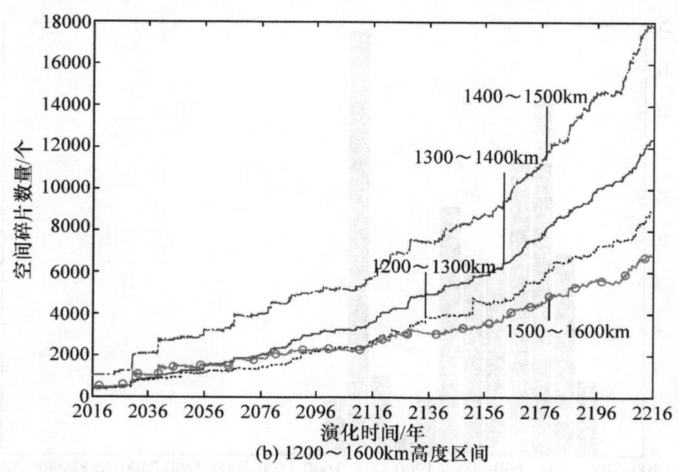

(b) 1200～1600km高度区间

图 5.24 考虑航天发射活动时不同高度区间内空间碎片数量随演化时间的变化曲线

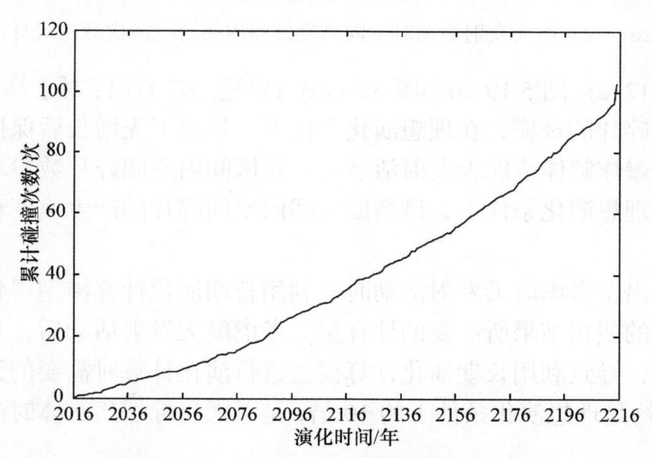

图 5.25 考虑航天发射活动时累计碰撞次数随演化时间的变化曲线

表 5.8 给出了不同尺寸目标之间发生碰撞的次数，与理想演化条件下的演化结果相比，大尺寸目标之间发生碰撞的次数、大尺寸目标与小尺寸目标发生碰撞的次数都明显增加了，进一步说明航天发射活动促进了空间碎片环境的连锁碰撞效应。

表 5.8 考虑航天发射活动时不同尺寸目标发生碰撞的次数

发生碰撞目标的尺寸	未来 200 年内发生碰撞的次数/次
大尺寸目标	7.7
大尺寸目标与小尺寸目标	33.8
小尺寸目标	61.3
合计	102.8

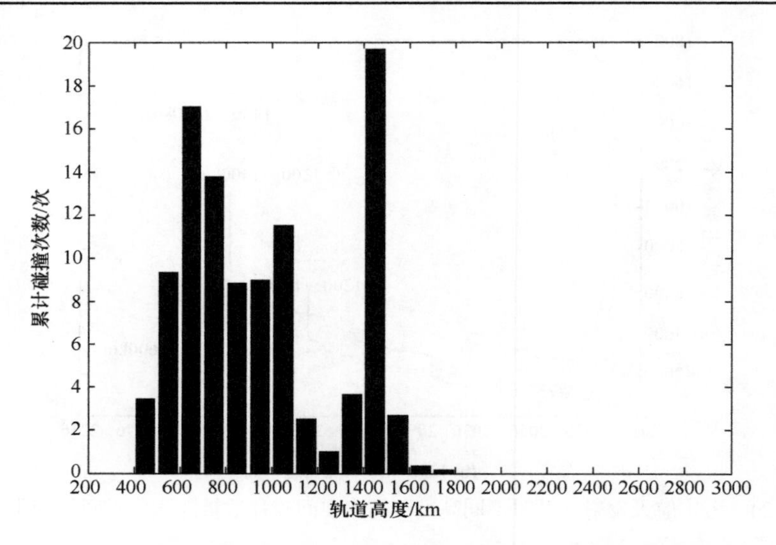

图 5.26　考虑航天发射活动时不同高度区间内累计碰撞次数的统计结果

对比图 5.12 (a)、图 5.19 (a)和图 5.24 (a)可以进一步看出，对于高度区间 700～800km 内空间碎片的规模，在理想演化条件下，呈现了先增长后保持稳定不变趋势；考虑目标爆炸解体或航天发射活动后，该区间内空间碎片数量均呈现不断增加的趋势，故理想演化条件下，该高度区间内空间碎片的产生速度和减少速度已达到了平衡。

表 5.9 给出了考虑航天发射活动时，利用长期演化计算模型得到空间碎片环境未来 200 年的演化结果所需要的计算量。考虑航天发射活动后，总的空间碎片规模增大较多，导致利用长期演化计算模型进行演化计算时需要的计算量也迅速增加，计算量约是理想演化条件下的 10 倍，是考虑目标爆炸解体时演化所需计算量的 2 倍。

表 5.9　考虑航天发射活动时演化计算所需要的计算量

演化模型	计算平台	演化时间/年	演化次数	计算核数	计算时长/h	合计/(核 · h)
长期演化计算模型	天河一号	200	20	480	约 24	约 230400

5.4　空间碎片清除策略对空间碎片环境演化的长期影响

在空间碎片环境的长期演化过程中，发射入轨的航天器进一步促进了空间碎片环境的连锁碰撞过程，导致空间碎片数量加速增长。若能将寿命末期的航天器进行主动离轨清除，则会减少由碰撞产生的解体空间碎片，减缓空间碎片环境的增长趋势。将寿命末期的航天器直接离轨再入大气层，对于减少航天器发生在轨解体最有效，但将消耗很多宝贵的燃料。联合国机构间空间碎片协调委员会在研究不同衰减轨道寿命对空间碎片环境改善效果的基础上指出，将寿命末期的航天器机动到 25 年寿命轨道，可以在合理的燃料消耗条件下减缓空间碎片的增长[6, 7]。

本节利用空间碎片环境的长期演化计算模型，分析评估航天器在寿命末期机动进入 25 年寿命轨道，对减缓空间碎片长期增长趋势的效果。演化计算中，采用 2.4 节建立的航天发射活动模型；航天器在轨工作期间轨道构型不发生变化；航天器不进行主动碰撞规避机动。寿命末期的航天器在远地点实施脉冲机动控制，降低航天器运行轨道的近地点高度，以进入 25 年寿命轨道。

通过对演化模型 20 次的输出结果进行统计平均，得到空间碎片环境在未来 200 年内的演化结果。尺寸大于 10cm 的空间碎片的增长趋势及其在空间中的分布变化情况如图 5.27 和图 5.28 所示。

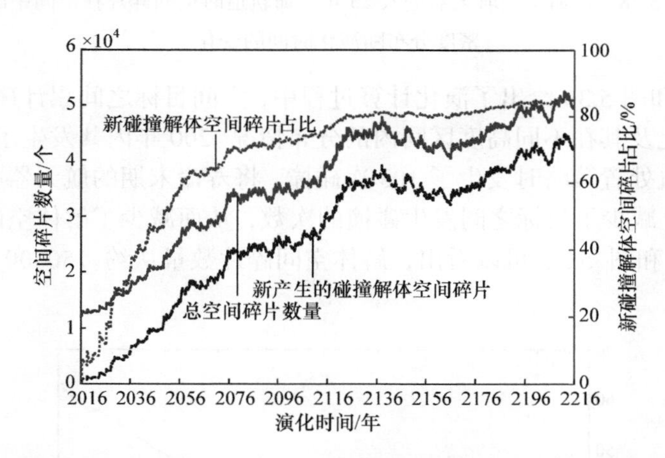

图 5.27　寿命末期航天器进入 25 年寿命轨道时空间碎片数量随演化时间的变化

与不采取离轨处置策略时的空间碎片环境的演化结果进行对比(图 5.22 和图 5.23)可以看出，将寿命末期的航天器机动到 25 年寿命轨道上，可以明显减缓总空间碎片数量的增长速度。对比分析空间碎片总数量变化结果图 5.27 和图 5.22 发现，如果将寿命末期的航天器机动到 25 年寿命轨道，那么经过 200 年的演化，空间碎片总量将减少超过 2/3，从约 160000 个空间碎片减少为约 50000 个；空间碎片数量的增加趋势由加速增长变为减速增长。从空间碎片在空间中的密度分布状态可以看出，500～1000km 和 1300～1500km 高度区间仍是空间碎片增加最多的高度区间。

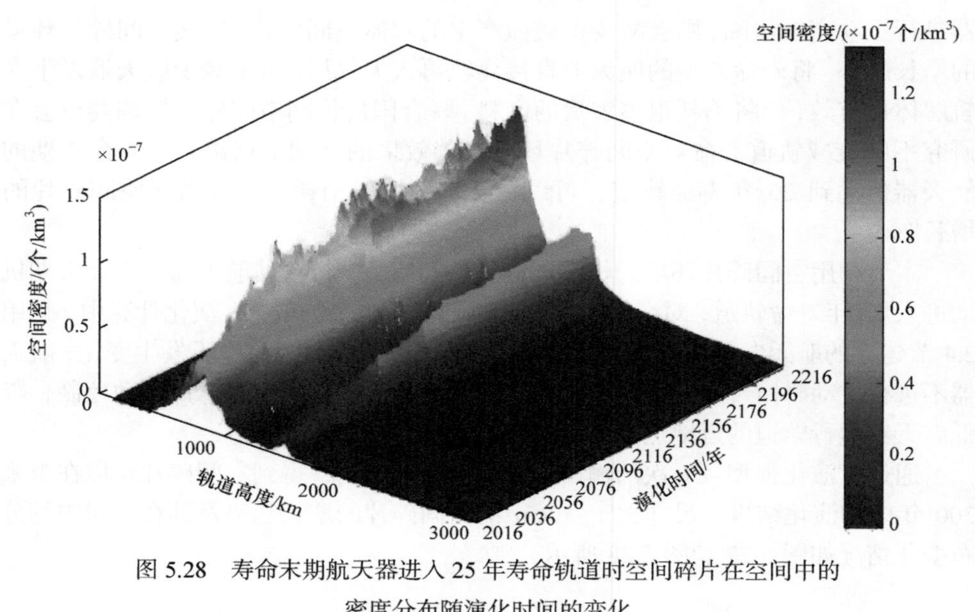

图 5.28　寿命末期航天器进入 25 年寿命轨道时空间碎片在空间中的密度分布随演化时间的变化

图 5.29 和图 5.30 给出了演化计算过程中，空间目标之间累计碰撞次数随演化时间的变化及其在不同高度区间内的分布情况。200 年内共发生了 64 次碰撞，而不采取离轨处置策略时发生了 103 次碰撞。将寿命末期的航天器机动到 25 年寿命轨道上，减少了目标之间发生碰撞的次数，从而减少了解体空间碎片数量。对比图 5.27 和图 5.22 可以看出，解体空间碎片数量从约 150000 个减少到约 40000 个。

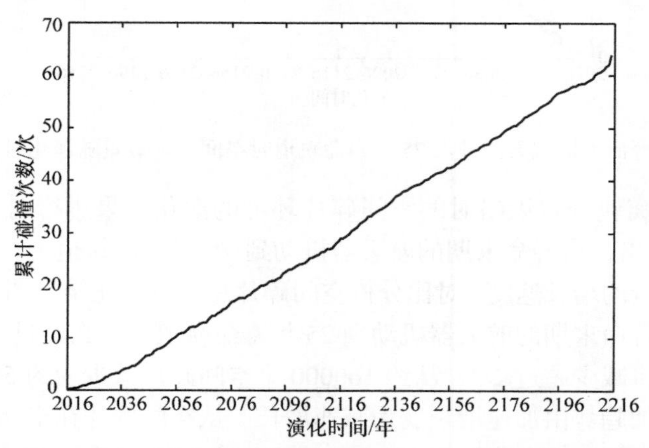

图 5.29　考虑航天器主动离轨时累计碰撞次数随演化时间的变化曲线

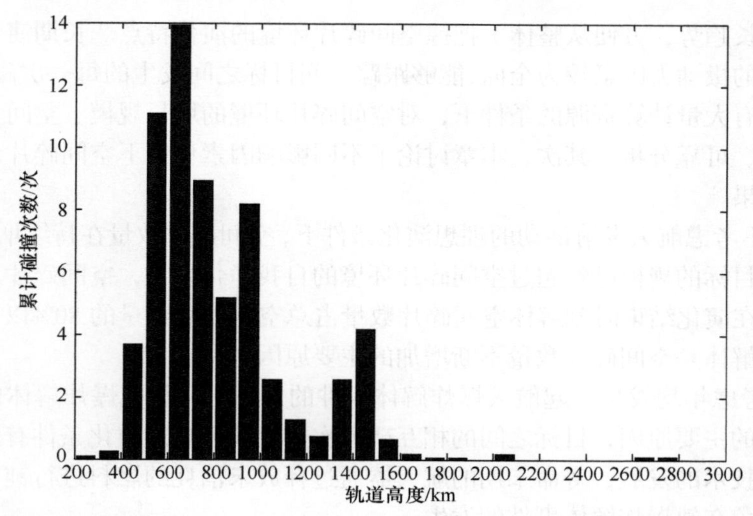

图 5.30 考虑航天器主动离轨时不同高度区间内累计碰撞次数的统计结果

表 5.10 给出了考虑航天器主动离轨时不同尺寸目标之间发生的碰撞次数，与表 5.8 对比可以看出，将寿命末期的航天器机动到 25 年寿命轨道上，有效地减少了目标之间的碰撞次数。

表 5.10 考虑航天器主动离轨时不同尺寸目标发生碰撞的次数

发生碰撞目标的尺寸	未来 200 年内发生碰撞的次数/次
大尺寸目标	4.5
大尺寸目标与小尺寸目标	23.0
小尺寸目标	36.5
合计	64.0

5.5 小 结

本章利用两种演化模型，即长期演化计算模型和分层离散化模型，对空间碎片环境的长期演化结果与主要影响因素进行了分析。分别利用两种模型计算空间碎片环境在未来 200 年的演化状态，讨论了两种演化模型的特点，分析了空间碎片环境的长期演化分布趋势，研究了不同影响因素作用下空间碎片环境的长期演化特点。首先，在理想演化条件下，即不考虑航天发射活动，对比分析了两种演化模型的计算结果。由于分层离散化模型需要更少的计算资源(仅为长期演化计算模型的 1/3000)，适合在计算资源有限的条件下，以较少的计算代价得到空间碎片的长期增长趋势，方便从整体上把握空间碎片环境的演化特点。长期演化计算模型中包含的摄动力因素较为全面，能够跟踪空间目标之间发生的每一次碰撞事件，适合在具有大量计算资源的条件下，对空间碎片环境的增长规模、空间分布状态进行精确、可靠分析。其次，本章讨论了不同影响因素作用下空间碎片环境的长期演化结果。

(1) 不考虑航天发射活动的理想演化条件下，空间碎片数量在持续增加，说明当前空间目标的规模已经超过空间碎片环境的自我净化能力，空间碎片环境是不稳定的。在演化结束时刻解体空间碎片数量占总空间碎片数量的80%以上，目标相互碰撞解体是空间碎片数量不断增加的主要原因。

(2) 考虑年均发生一起航天爆炸解体事件的条件下，目标爆炸解体成为空间碎片增加的主要原因，目标之间的相互碰撞次数相较于理想演化条件有所减少。随着航天技术的发展，寿命末期的航天器通过释放未消耗的燃料进行钝化处理，可有效避免在轨爆炸解体事件的发生。

(3) 航天发射活动使在轨运行航天器数量不断增加，增强了空间碎片环境"碰撞-解体空间碎片-碰撞"反馈连锁碰撞效应，使得碰撞解体空间碎片快速增加，最终导致空间碎片总数量呈现加速增长趋势。

(4) 将寿命末期的航天器送入25年寿命轨道上，能够明显减缓空间碎片数量的增长趋势。

由本章的研究结果可以看出，空间目标之间相互碰撞解体，是空间碎片不断增加的主要原因。因此，避免空间目标相互碰撞解体，才能有效减缓空间碎片不断增加的趋势。

参 考 文 献

[1] 康崇禄. 蒙特卡罗方法理论和应用[M]. 北京: 科学出版社, 2015.

[2] Dolado-Perez J C, Revelin B, diCostanzo R. Sensitivity analysis of the long-term evolution of the space debris population in Leo[J]. Journal of Space Safety Engineering, 2015, 2(1): 12-22.

[3] Liou J C. A statistical analysis of the future debris environment[J]. Acta Astronautica, 2008, 62(2-3): 264-271.

[4] Liou J C, Johnson N L. Instability of the present LEO satellite populations[J]. Advances in Space Research, 2008, 41(7): 1046-1053.

[5] Dolado-Perez J C, Pardini C, Anselmo L. Review of uncertainty sources affecting the long-term predictions of space debris evolutionary models[J]. Acta Astronautica, 2015, 113: 51-65.

[6] IADC. IADC Space Debris Mitigation Guidelines[M]. Inter-Agency Space Debris Coordination Committee, 2002.

[7] IADC. Support to the IADC Space Debris Mitigation Guidelines[M]. Inter-Agency Space Debris Coordination Committee, 2014.

第 6 章 解体空间碎片云长期演化的分布特点及其碰撞风险分析

解体空间碎片云是由空间目标解体产生的大量空间碎片形成的，对空间碎片环境的演化和航天器的在轨安全运行都产生着重要影响。一方面，由第 5 章的分析结果可知，空间目标相互碰撞解体是空间碎片在演化过程中不断增加的最主要原因；另一方面，目标解体产生的空间碎片云相对集中地分布在有限的空间内，将会对邻近航天器产生严重的碰撞威胁。本章以低地球轨道上目标解体产生的空间碎片云为研究对象，分析空间碎片云演化分布特点，并评估空间碎片云对星座卫星的碰撞风险。

6.1 解体空间碎片云演化的三个阶段

对于能够在轨长期运行的空间目标，其解体产生的空间碎片云在空间中的扩散分布状态可以分为三个阶段，分别为集中分布阶段、带状分布阶段和环状分布阶段。本节基于解体模型模拟产生的解体空间碎片云，通过长期演化计算模型对空间碎片云的运动状态进行数值演化，开展空间碎片云在不同演化阶段中分布特点的研究[2,3]。

参考 3.2 节中的计算结果，以一颗 Globalstar 星座卫星受空间碎片碰撞解体为例，给出卫星解体产生的空间碎片数量和运动状态。通过模拟，一颗 Globalstar 星座卫星共解体产生 1495 个尺寸大于 5cm 的空间碎片。在不考虑解体空间碎片之间相互碰撞的条件下，利用长期演化计算模型对空间碎片的运动状态进行更新，结果如图 6.1～图 6.3 所示。

在目标解体后的较短时间内，空间碎片云分布较为集中，如图 6.1(b)所示空间碎片云在空间中的分布状态，为空间碎片云的集中分布阶段。利用空间密度计算公式(4.16)，得到空间碎片云的空间密度分布情况，如图 6.1(a)所示。可以看出，在集中分布阶段空间碎片云聚集在解体目标所在的轨道高度附近。空间碎片云的集中分布阶段持续时间较短，通常仅维持几个轨道周期。由于解体空间碎片云的分布十分密集，当航天器的运行轨道与解体目标的运行轨道相交时，航天器受到空间碎片碰撞的风险将大大增加。

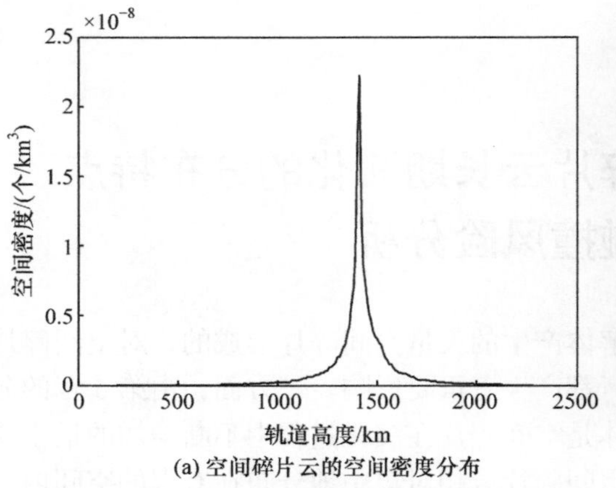

(a) 空间碎片云的空间密度分布　　(b) 空间碎片云在三维空间中的分布

图 6.1　目标解体时刻尺寸大于 5cm 的解体空间碎片的演化分布情况

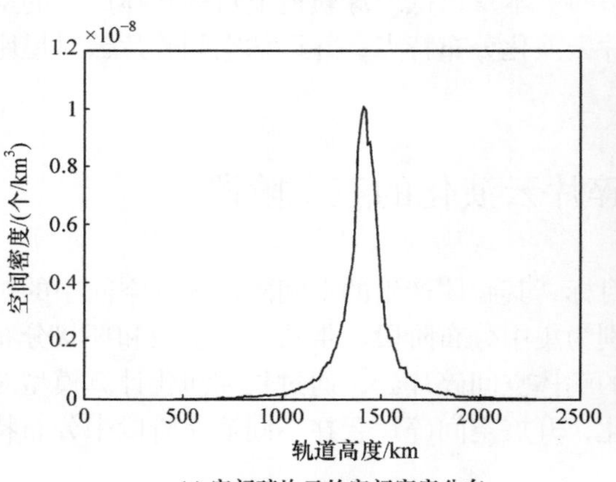

(a) 空间碎片云的空间密度分布　　(b) 空间碎片云在三维空间中的分布

图 6.2　目标解体 1 个月后尺寸大于 5cm 的解体空间碎片的演化分布情况

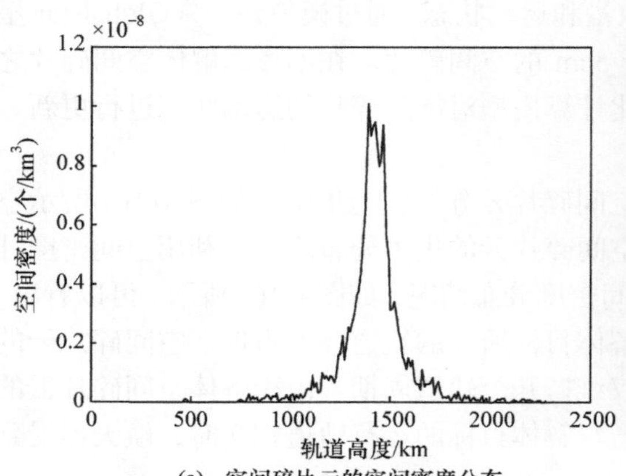

(a)　空间碎片云的空间密度分布　　(b)　空间碎片云在三维空间中的分布

图 6.3　目标解体 5 个月后尺寸大于 5cm 的解体空间碎片的演化分布情况

经过 1 个月的演化,解体空间碎片云在一个轨道面上形成较为均匀的圆带状,空间碎片云进入了带状分布阶段，如图 6.2(b)所示。解体空间碎片获取的速度增量不同，导致解体空间碎片的轨道半长轴和轨道周期均出现差异。速度增量在解体空间碎片轨道切向上的分量，对空间碎片在轨道面内的分布影响最大。根据摄动方程(4.19)，若空间碎片速度增量 $\Delta\boldsymbol{v}$ 沿着轨道切向且与解体目标速度 $\boldsymbol{v}_b$ 方向相同，则空间碎片的轨道半长轴和轨道周期将最大，分别为 $a_b + 2\mu_E^{-1/2} a_b^{3/2} \Delta v$ 和 $T_b(1+3\mu_E^{-1/2} a_b^{1/2} \Delta v)$，其中 a_b 和 T_b 分别为解体目标的轨道半长轴和轨道周期；若空间碎片速度增量 $\Delta\boldsymbol{v}$ 沿着轨道切向且与解体目标速度 $\boldsymbol{v}_b$ 方向相反，则空间碎片的轨道半长轴和轨道周期将最小，分别为 $a_b - 2\mu_E^{-1/2} a_b^{3/2} \Delta v$ 和 $T_b(1-3\mu_E^{-1/2} a_b^{1/2} \Delta v)$。解体空间碎片的速度增量是随机获取的，故空间碎片的轨道周期将在区间 $[T_b(1-3\mu_E^{-1/2} a_b^{1/2} \Delta v), T_b(1+3\mu_E^{-1/2} a_b^{1/2} \Delta v)]$ 内均匀分布，导致空间碎片云在轨道面内逐渐扩散。对比图 6.1(a)和图 6.2(a)可以看出，相比于集中分布阶段，带状分布阶段内的解体空间碎片不仅在相位上呈现差异，也在逐渐向不同高度上扩散。空间碎片云在轨道面内扩散，使解体目标轨道附近航天器面临更多来自解体空间碎片的碰撞风险。形成带状分布阶段所需要的时间较短，与解体目标的轨道高度相关，一般为几个轨道周期。

进入带状分布阶段后，在地球非球形摄动力、大气阻力等的作用下，空间碎片云逐渐向一个球面上扩散，如图 6.3(b)所示，空间碎片云逐渐进入环状分布阶段。地球非球形 J_2 项引力摄动是空间碎片云形成环状分布的主要驱动力。目标解体后，不同空间碎片获取的速度增量不同，导致目标的轨道半长轴、轨道周期等出现差异。进一步根据式(3.11)和式(3.12)，在 J_2 项引力摄动作用下，不同轨道上空间碎片的轨道升交点赤经和近地点幅角的变化率将呈现差异。轨道半长轴的变化引起升交点赤经变化率的改变量为 $\Delta\dot{\Omega} = (-7/2)(\dot{\Omega}\Delta a)/a$，引起近地点幅角变化率的改变量为 $\Delta\dot{\omega} = (-7/2)(\dot{\omega}\Delta a)/a$，其中 Ω 和 ω 分别表示空间碎片轨道的升交点赤经和近地点幅角。解体空间碎片的速度增量是随机获取的，故空间碎片轨道半长轴的变化也是随机获取的，从而空间碎片轨道的 $\Delta\dot{\Omega}$ 和 $\Delta\dot{\omega}$ 也是随机的，最终导致解体空间碎片云经过一段时间的演化后，不断在一个球面上扩散，形成了环状分布状态。

解体空间碎片云的分布特点还可以通过加伯德图(Gabbard diagram)来描述。加伯德图描述了解体空间碎片轨道远地点高度和近地点高度随轨道周期的分布情况，图 6.4 为目标解体时刻空间碎片云的加伯德图。空间碎片云的加伯德图大致呈两线交叉的形状，交点为解体目标发生解体时的位置。交点上方为空间碎片的远地点分布曲线，交点下方为近地点分布曲线。交点附近的空间碎片获得沿轨道切向的速度分量较小，空间碎片的轨道基本与解体目标的轨道重合；交点左边的空间碎片获得轨道切向的速度分量与解体目标的速度方向相反，轨道半长轴变短；交点右边的空间碎片获得轨道切向的速度分量与解体目标的速度方向相同，轨道半长轴变长。

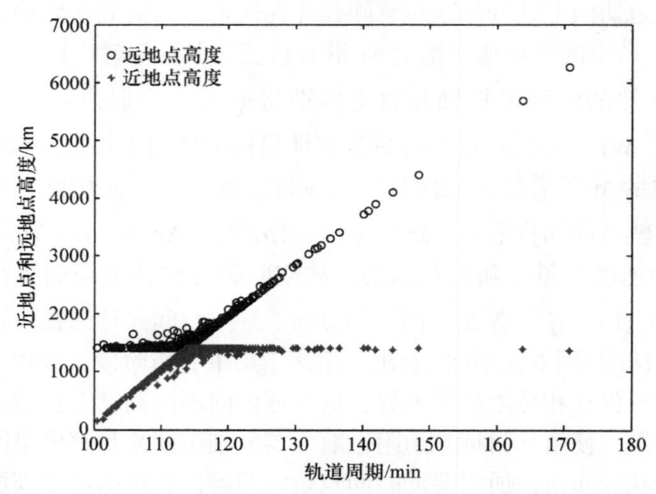

图 6.4　目标解体时刻空间碎片云的加伯德图

6.2　解体空间碎片云的长期演化分布特点

根据前述分析，在地球非球形摄动力作用下，解体空间碎片运行轨道的升交点赤经 Ω 和近地点幅角 ω 趋于随机分布，空间碎片云逐渐进入环状分布阶段。对于低地球轨道上的解体空间碎片云，当进入环状分布阶段时，大气阻力的作用成为空间碎片云演化的主要摄动力，在其作用下解体空间碎片云逐渐向不同轨道高度上扩散，并最终导致解体空间碎片衰减进入大气层。本节利用分层离散化模型对解体空间碎片云的长期演化分布状态进行分析。

若将解体空间碎片按照其所在轨道高度划分到不同高度层，则可认为同一高度层内空间碎片是均匀分布的。因此，环状分布阶段的解体空间碎片云的分布状态满足分层离散化模型的条件。考虑到不同面质比的解体空间碎片受到的大气阻力不同，进一步将同一高度层内的空间碎片划分到不同的面质比区间内。从而将解体空间碎片云划分到不同的空间碎片组 $G_i^j\ (i=1,2,\cdots,N_h;\ j=1,2,\cdots,N_a)$，$N_h$ 和 N_a 分别为高度层和面质比区间个数。针对每个空间碎片组 G_i^j，利用方程(4.41)描述其演化状态。进一步，仅考虑大气阻力作用下空间碎片云的分布演化状态，可通过分层离散化模型的解析解(4.51)来确定空间碎片云的演化状态。针对解体空间碎片云，解析演化模型(4.51)可进一步改写为

$$s_i^j(r,t) = \left[\frac{H_i \ln\left(\frac{\mathrm{Cont}_i^j \sqrt{r_{i_0}}}{H_i} \mathrm{e}^{\frac{r_{i_0}}{H_i}} t + \mathrm{e}^{\frac{r}{H_i}}\right)}{r}\right]^{\frac{5}{2}} \mathrm{e}^{\frac{r - H_i \ln\left(\frac{\mathrm{Cont}_i^j \sqrt{r_{i_0}}}{H_i} \mathrm{e}^{\frac{r_{i_0}}{H_i}} t + \mathrm{e}^{\frac{r}{H_i}}\right)}{H_i}} \cdot \varphi_i^j\left[H_i \ln\left(\frac{\mathrm{Cont}_i^j \sqrt{r_{i_0}}}{H_i} \mathrm{e}^{\frac{r_{i_0}}{H_i}} t + \mathrm{e}^{\frac{r}{H_i}}\right)\right] \tag{6.1}$$

式中，$\varphi_i^j(r) = s_i^j(t,r)\Big|_{t=0}$，为空间碎片云的初始分布状态。

式(6.1)是空间碎片云分布演化的解析表达式，描述了第 i 高度区间和第 j 个面质比区间内的解体空间碎片，在不同高度上随演化时间的分布情况。N_h 个高度区间和 N_a 个面质比区间内解体空间碎片分布的累加，即为解体空间碎片云的分布状态：

$$s(r,t) = \sum_{i=1}^{N_h}\sum_{j=1}^{N_a} s_i^j(r,t) \tag{6.2}$$

针对上述 Globalstar 星座卫星的解体空间碎片云，以其演化一年后的状态作为空间碎片云环状分布阶段的初始状态。将空间碎片云可能扩散的高度范围[200km, 2000km)划分为 180 个高度区间。对于同一个高度层内的解体空间碎片，按照等对数间隔的原则将空间碎片划分到 10 个尺寸区间(单位：m)内，即要求各尺寸区间边界对数值的差值相等。对应的 N_h 和 N_a 分别取值为 180 和 10，从而将解体空间碎片云划分为 1800 个空间碎片组，各空间碎片组的初始空间密度在表 6.1 中给出。

表 6.1　空间碎片云在环状分布阶段的初始空间密度　(密度单位：个/km³)

180 个高度区间	10 个碎片尺寸区间						
	[0.01, 0.02)	[0.02, 0.04)	[0.04, 0.08)	[0.08, 0.16)	…	[2.56, 5.12)	[5.12, 10.24]
[200, 210)	0	0	0	0	…	0	0
⋮	⋮	⋮	⋮	⋮		⋮	⋮
[1380, 1390)	0	0	6.1876×10^{-18}	2.1770×10^{-18}	…	0	0
[1390, 1400)	0	0	6.1204×10^{-18}	2.8385×10^{-18}	…	0	0
[1400, 1410)	0	0	5.4909×10^{-18}	2.1868×10^{-18}	…	0	0
[1410, 1420)	0	0	6.5690×10^{-18}	2.1741×10^{-18}	…	0	0
⋮	⋮	⋮	⋮	⋮		⋮	⋮
[1990, 2000)	0	0	1.3579×10^{-20}	0	…	0	0

利用空间碎片云解析演化模型(6.1)，在主频为 2.93GHz 的个人计算机上，5s 以内能够得到解体空间碎片云 100 年的演化结果，如图 6.5 所示。对演化结果进行分析可得到以下结论：

(1) 空间碎片云的峰值密度在解体目标轨道高度附近，导致解体目标轨道高度附近的航天器将持续受到解体空间碎片云的碰撞威胁。

(2) 受大气阻力作用，空间碎片云分布的峰值密度随演化时间逐渐减小，空间碎片云向更大的高度区间内扩散，使得较低高度区间解体空间碎片密度呈现缓慢增大的趋势。

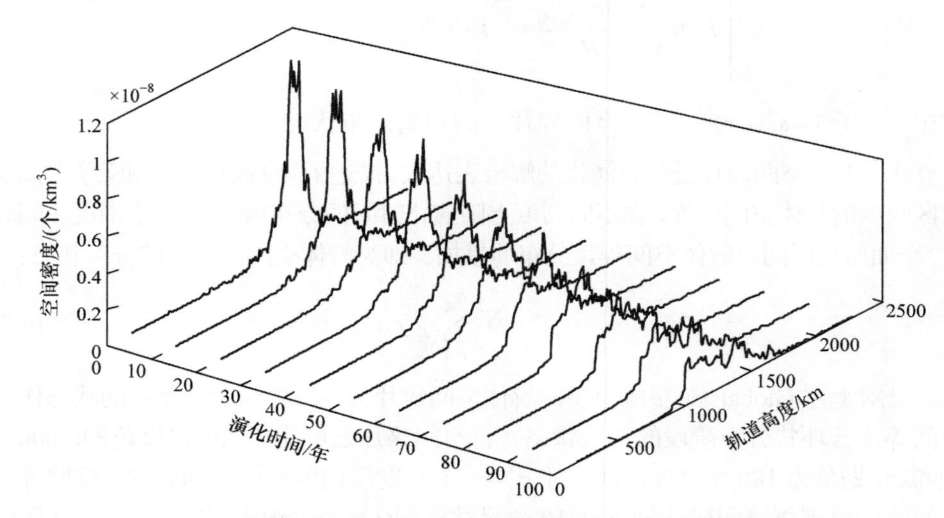

图 6.5　解体空间碎片云空间密度分布随演化时间的长期变化

6.3　解体空间碎片云的碰撞风险分析

如图 6.6 和图 6.7 所示，空间碎片云在目标解体后一段时间内分布非常集中；空间碎片云长期演化的过程中，峰值密度一直在解体目标轨道高度附近，故运行在解体目标高度附近的航天器，将会持续受到空间碎片云的碰撞威胁。本节以 Globalstar 星座卫星为例，分析解体空间碎片云对星座卫星的碰撞风险。

利用上述 Globalstar 星座卫星的解体空间碎片，讨论 Globalstar 星座卫星受解体空间碎片的碰撞风险。星座卫星受到解体空间碎片的碰撞风险，通过式(4.28)确定。Globalstar 星座包含 48 个卫星，这些卫星分布于 8 个高度为 1414km 的近圆轨道上，即每个轨道上运行 6 个卫星。Globalstar 星座卫星的空间密度分布如图 6.6 所示，星座卫星集中分布在 1414km 的轨道高度上。

在空间碎片云的演化过程中，假设 Globalstar 星座卫星具有正常的轨道维持能力。星座卫星受到空间碎片云的碰撞概率如图 6.7 所示。目标解体后较短的一段时间内，星座卫星受到空间碎片的碰撞风险最大，达到 7.21×10^{-3}/年。在空间碎片云演化到环状分布阶段前，空间碎片云对星座卫星的碰撞概率迅速减小；在进入环状分布阶段后，碰撞概率开始缓慢减小。空间碎片云在 100 年的演化过程中，对星座卫星的平均碰撞概率为 2.43×10^{-3}/年。作为对比，Globalstar 星座卫星与低地球轨道空间碎片的平均碰撞概率为 $1\times10^{-9}\,\mathrm{m}^{-2}/\text{年}\times48\times5.5\,\mathrm{m}^2=2.64\times10^{-7}/\text{年}$[1]，在量级上仅是空间碎片云对星座卫星碰撞概率的 10^{-4}。进入环状分布阶段后，空间碎片云对星座卫星的碰撞风险缓慢减小，如图 6.7 所示，100 年后星座卫星受解

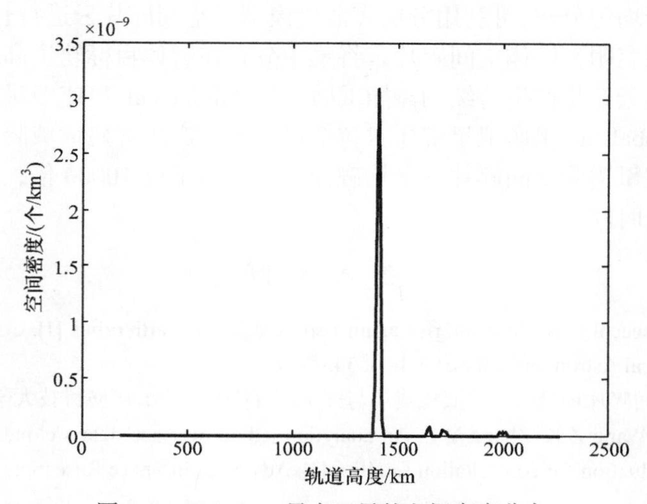

图 6.6　Globalstar 星座卫星的空间密度分布

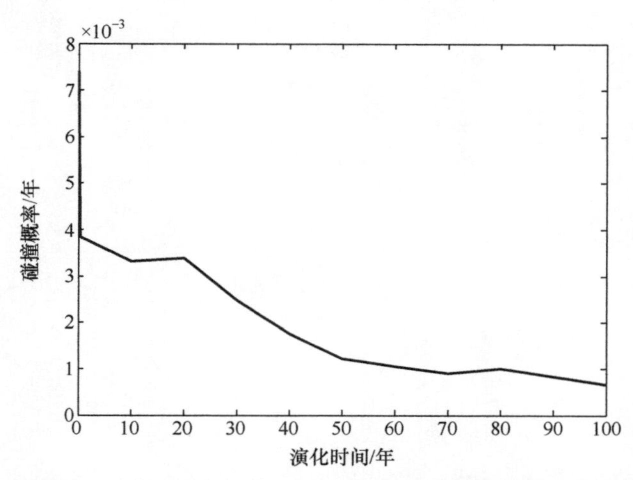

图 6.7　Globalstar 星座卫星与解体空间碎片云碰撞概率随演化时间的变化曲线

体空间碎片运动的碰撞概率仍为10^{-3} /年。

6.4 小 结

本章分析了解体空间碎片云的长期演化分布特点及其对在轨运行航天器产生的碰撞风险。空间碎片云在空间扩散的过程中，有着特殊的分布状态。演化计算结果表明，空间碎片云的演化状态分为三个阶段，即集中分布阶段、带状分布阶段和环状分布阶段。当空间碎片云处于带状分布阶段时，解体空间碎片在同一个高度层内趋于均匀分布，可利用分层离散化模型对空间碎片云进行长期演化分析。长期演化结果表明，解体空间碎片云将集中分布在解体目标轨道高度附近，对该高度附近的航天器将产生持续的碰撞威胁。以 Globalstar 星座卫星为例，本章讨论了一颗 Globalstar 星座卫星解体对整个星座卫星产生的碰撞威胁。解体空间碎片使得星座卫星遭受空间碎片的平均碰撞风险提高了近 10000 倍，且这种碰撞威胁将持续很长时间。

参 考 文 献

[1] Rossi A, Valsecchi G B. Collision risk against space debris in earth orbits [J]. Celestial Mechanics and Dynamical Astronomy, 2006, 95(1-4): 345-356.
[2] 张斌斌. 空间碎片环境的长期演化建模与安全研究[D]. 长沙: 国防科技大学, 2017.
[3] Zhang B B, Wang Z K, Zhang Y L. An analytic method of space debris cloud evolution and its collision evaluation for constellation satellites[J]. Advances in Space Research, 2016, 58(6): 903-913.

第 7 章　大型在轨运行航天器系统受空间碎片碰撞风险评估

随着空间碎片数量的不断增加，在轨运行航天器将持续遭受空间碎片的碰撞威胁。针对在轨运行的航天器，尤其是空间站、载人飞船等重要的大型航天器，开展整个任务期间的碰撞风险分析和评估，对航天器碰撞防护设计、在轨运行的安全管理等都具有重要的意义。本章将给出航天器运行空间内目标分布状态的描述方法，并在此基础上建立碰撞概率计算模型。结合空间碎片环境的长期演化计算结果，进一步研究航天器在不同高度、赤经、赤纬等方向上受到的空间碎片碰撞风险，以及碰撞风险随时间的变化趋势。

7.1　航天器运行空间内空间碎片分布状态的描述方法

考虑在轨运行的航天器O，其运行高度范围为$[h_{p_0},h_{a_0}]$，h_{p_0}和h_{a_0}分别为航天器初始轨道的近地点高度和远地点高度。通过轨道维持控制，航天器通常运行在$[h_{p_0},h_{a_0}]$高度范围内。但在地球非球形摄动力、大气阻力等的作用下，航天器实际运行高度范围会不断变化。在给定的时间段$[t_0,t_f]$，定义航天器的运行高度范围为$[h_{\text{down}},h_{\text{up}}]$，要求对$t\in[t_0,t_f]$、$[h_p,h_a]\subseteq[h_{\text{down}},h_{\text{up}}]$都成立。在此基础上，进一步定义在时间$[t_0,t_f]$范围内航天器的运行空间为

$$S_O=\left\{(r,\lambda,\varphi)\middle|h_{\text{down}}\leqslant r-r_E\leqslant h_{\text{up}},0\leqslant\lambda\leqslant 2\pi,-\pi/2\leqslant\varphi\leqslant\pi/2\right\}\tag{7.1}$$

式中，(r,λ,φ)为航天器空间位置的球坐标表示；r、λ和φ分别为地心距、赤经和赤纬；r_E为地球平均半径。根据定义(7.1)，存在$t\in[t_0,t_f]$，航天器所在位置均在空间S_O内，即$(r,\lambda,\varphi)\in S_O$，故$S_O$为航天器在时间段$[t_0,t_f]$内的运行空间。

显然，航天器只受到进入S_O内的空间碎片的碰撞威胁，首先应确定空间碎片在S_O内的分布状态。参考 3.2 节中空间离散化方法，如图 3.8 所示，将航天器运行空间S_O按照地心距、赤经和赤纬划分为$N_h\times N_\lambda\times N_\varphi$个空间体积元。运行空间$S_O$沿径向、赤经和赤纬方向上的划分间隔分别为$\Delta h$、$\Delta\lambda$和$\Delta\varphi$。对于空间体积元$C_{i,j,k}$，其所包含的空间范围由式(3.25)确定。

基于空间密度的定义式(4.2)，空间碎片 sd 在空间体积元 $C_{i,j,k}$ 中的平均密度可表示为

$$\rho_{i,j,k}^{\mathrm{sd}} = \frac{\Delta t_{i,j,k}^{\mathrm{sd}}}{T_{\mathrm{sd}} V_{i,j,k}} \tag{7.2}$$

式中，$\Delta t_{i,j,k}^{\mathrm{sd}}$ 为空间碎片 sd 在空间体积元 $C_{i,j,k}$ 中的停留时间；T_{sd} 为空间碎片的轨道周期；$V_{i,j,k}$ 为空间体积元 $C_{i,j,k}$ 的体积，由式(3.26)计算。若有 $N_{i,j,k}$ 个空间碎片进入空间体积元 $C_{i,j,k}$，则通过式(7.2)确定该空间体积元内的空间碎片密度 $\rho_{i,j,k}$ 为

$$\rho_{i,j,k} = \sum_{\mathrm{sd}=1}^{N_{i,j,k}} \rho_{i,j,k}^{\mathrm{sd}} \tag{7.3}$$

计算得到所有空间体积元内的空间碎片密度 $\rho_{i,j,k}$ $(i=1,2,\cdots,N_h;\ j=1,2,\cdots,N_\lambda;\ k=1,2,\cdots,N_\varphi)$，从而确定航天器运行空间 S_O 内空间碎片的分布状态。

7.2 基于边界穿越条件的碰撞概率计算方法

为了简化分析，近似认为航天器的体积等于其最小外接包络球的体积，并记该最小外接包络球的半径为 R_c。若航天器的轨道测量误差为 R_{error}，定义 $R_p = R_c + R_{\mathrm{error}}$，则称 R_p 为航天器的安全半径；称以航天器最小外接包络球中心为球心、半径为 R_p 的球体为航天器的安全球；记 $\sigma_O = \pi R_p^2$，为航天器的安全截面积。若空间碎片进入航天器的安全球，则认为空间碎片与航天器发生了碰撞。在空间体积元 $C_{i,j,k}$ 内，航天器与空间碎片的碰撞概率可表示为

$$P_{i,j,k} = V_{i,j,k} \rho_{i,j,k}^{O} \sum_{\mathrm{sd}=1}^{N_{i,j,k}} \sigma_{\mathrm{sd},O} v_{i,j,k}^{\mathrm{sd},O} \rho_{i,j,k}^{\mathrm{sd}} \tag{7.4}$$

式中，$\rho_{i,j,k}^{O}$ 为航天器在空间体积元 $C_{i,j,k}$ 内的密度；$\sigma_{\mathrm{sd},O}$ 为航天器与空间碎片的碰撞截面积；$v_{i,j,k}^{\mathrm{sd},O}$ 为航天器与空间碎片之间的碰撞速度。对于在轨运行的大型航天器，其尺寸比空间碎片尺寸大得多，$\sigma_{\mathrm{sd},O}$ 可以近似用航天器的安全截面积 σ_O 来代替，则式(7.4)可以改写为

$$P_{i,j,k} = V_{i,j,k} \sigma_O \rho_{i,j,k}^{O} \sum_{\mathrm{sd}=1}^{N_{i,j,k}} v_{i,j,k}^{\mathrm{sd},O} \rho_{i,j,k}^{\mathrm{sd}} \tag{7.5}$$

可以看出，只要确定了航天器和空间碎片在体积元内的空间密度以及它们之间的相互碰撞速度，便可以利用式(7.5)计算航天器受到的碰撞风险。

7.2.1　基于边界穿越条件的空间密度计算方法

5.2 节讨论了空间目标在一个高度层内平均空间密度的计算方法，该方法忽略了空间目标轨道升交点赤经和近地点幅角分布的差异性，适合描述空间碎片的长期演化分布状态。针对航天器在轨运行期间的碰撞风险，本节基于空间密度的定义，利用空间目标在空间体积元内的边界穿越条件，建立适用一般轨道构型的空间密度计算方法。由空间密度的定义式(7.2)可以看出，对于空间碎片 sd，确定其在空间体积元内的停留时间后，便可以直接利用定义式(7.2)计算空间碎片在空间体积元内的空间密度。记空间碎片 sd 进入和离开空间体积元 $C_{i,j,k}$ 的时刻分别为 $t_{i,j,k}^{\mathrm{sd,in}}$ 和 $t_{i,j,k}^{\mathrm{sd,out}}$，如图 7.1 所示，则 sd 在 $C_{i,j,k}$ 内停留时间 $\Delta t_{i,j,k}^{\mathrm{sd}}$ 为

$$\Delta t_{i,j,k}^{\mathrm{sd}} = t_{i,j,k}^{\mathrm{sd,out}} - t_{i,j,k}^{\mathrm{sd,in}} \tag{7.6}$$

根据轨道力学理论[1-3]，若记目标经过近地点的时刻为初始时刻，则目标在轨运行的时刻与其轨道真近点角存在下述关系：

$$t = \sqrt{\frac{a^3}{\mu}}\left\{2\arctan\left[\sqrt{\frac{1-e}{1+e}}\tan\left(\frac{f}{2}\right)\right] - \frac{e\sqrt{1-e^2}\sin f}{1+e\cos f}\right\} \tag{7.7}$$

故只需要确定与 $t_{i,j,k}^{\mathrm{sd,in}}$ 和 $t_{i,j,k}^{\mathrm{sd,out}}$ 对应的真近点角 $f_{i,j,k}^{\mathrm{sd,in}}$ 和 $f_{i,j,k}^{\mathrm{sd,out}}$，即空间碎片 sd 进入和离开空间体积元 $C_{i,j,k}$ 时对应的真近点角，便可以根据式(7.7)和式(7.6)计算空间碎片在空间体积元内的停留时间。

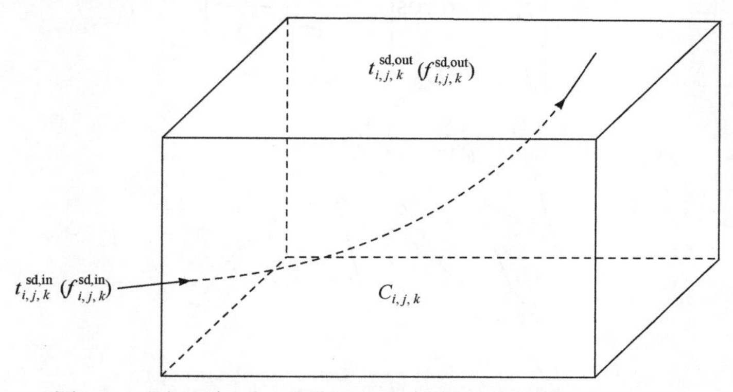

图 7.1　空间目标进入和离开空间体积元的时刻或真近点角

从空间体积元的定义式(3.25)可以看出，空间体积元有 6 个边界面，即 2 个等高度面、2 个等赤纬面和 2 个等赤经面。每个边界面均有可能是空间目标进入或离开空间体积元的边界面，对应的穿越真近点角均是目标进入或离开空间体积元时的真近点角。利用空间体积元 6 个边界面与空间碎片轨道相交可以确定一组真近点角，并将这组真近点角构成的集合称为边界真近点角集 A_f，此时 $f_{i,j,k}^{\mathrm{sd,in}}$ 和

$f_{i,j,k}^{\text{sd,out}}$ 是按照一定条件从 A_f 中筛选出来的两个元素。边界真近点角集 A_f 最多包含 10 个元素，通过下述方法来确定。

根据目标轨道根数和目标位置坐标的关系式(7.8)，可计算得到目标穿过空间体积元边界面时的真近点角。

$$\begin{cases} \cos f = \dfrac{a(1-e^2)-r}{er} \\ \tan(f+\omega) = \dfrac{\tan(\lambda-\Omega)}{\cos i} \\ \sin(f+\omega) = \dfrac{\sin\varphi}{\sin i} \end{cases} \tag{7.8}$$

式中，a、e、i 和 ω 分别为目标轨道半长轴、偏心率、轨道倾角和升交点赤经。

假设空间碎片 sd 穿越了空间体积元 $C_{i,j,k}$，如图 7.2 所示，空间碎片轨道最多可能与 $C_{i,j,k}$ 的两个等高边界面存在 4 个交点。4 个交点对应的 4 个候选边界真近点角分别为

$$\begin{cases} f_{r,1} = \arccos\left[\dfrac{a(1-e^2)-r_i^{\text{down}}}{er_i^{\text{down}}}\right] \\ f_{r,2} = -f_{r,1} \\ f_{r,3} = \arccos\left[\dfrac{a(1-e^2)-r_i^{\text{up}}}{er_i^{\text{up}}}\right] \\ f_{r,4} = -f_{r,3} \end{cases} \tag{7.9}$$

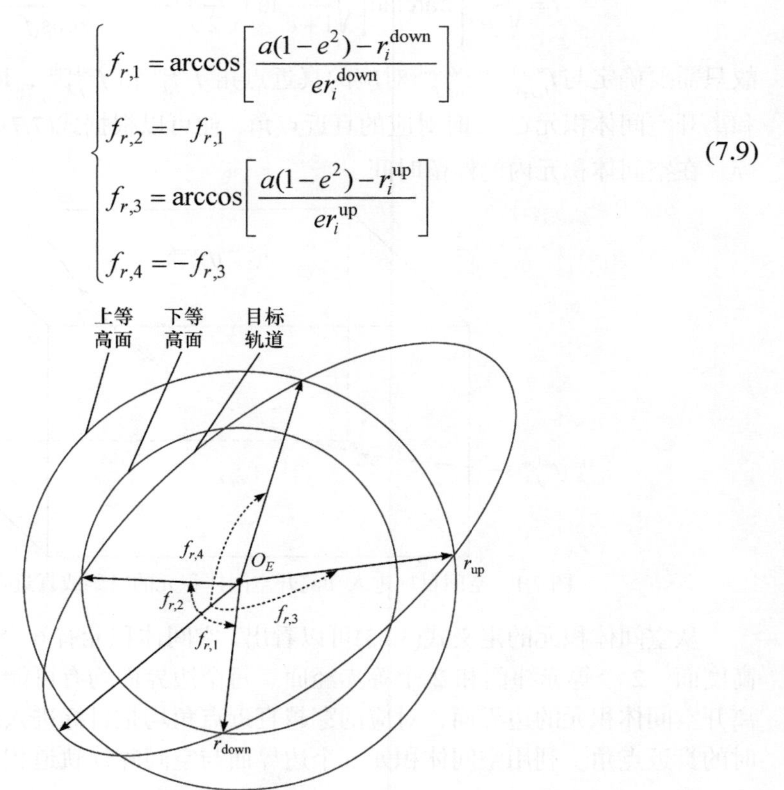

图 7.2 空间目标轨道和空间体积元等高边界面的相交关系

式中，$r_i^{\text{up}} = r_i + \Delta h/2$、$r_i^{\text{down}} = r_i - \Delta h/2$ 分别为空间体积元 $C_{i,j,k}$ 内的最大地心距和最小地心距。

与目标轨道和等高面的相交情况相似，目标轨道与体积元的两个等赤纬面最多存在 4 个交点，对应的 4 个候选边界真近点角分别为

$$
\begin{cases}
f_{\varphi,1} = \arcsin\left(\dfrac{\sin\varphi_i^{\text{down}}}{\sin i}\right) - \omega \\
f_{\varphi,2} = \pi - \arcsin\left(\dfrac{\sin\varphi_i^{\text{down}}}{\sin i}\right) - \omega \\
f_{\varphi,3} = \arcsin\left(\dfrac{\sin\varphi_i^{\text{up}}}{\sin i}\right) - \omega \\
f_{\varphi,4} = \pi - \arcsin\left(\dfrac{\sin\varphi_i^{\text{up}}}{\sin i}\right) - \omega
\end{cases}
\tag{7.10}
$$

式中，$\varphi_i^{\text{up}} = \varphi_i + \Delta\varphi/2$、$\varphi_i^{\text{down}} = \varphi_i - \Delta\varphi/2$ 分别为空间体积元 $C_{i,j,k}$ 的最大赤纬和最小赤纬。

如图 7.3 所示，由于目标轨道真近点角和目标所在位置的升交点赤经是一一对应的，目标轨道与空间体积元的两个等赤经面最多存在 2 个交点，分别为

$$
\begin{cases}
f_{\lambda,1} = \begin{cases}
\arctan\left[\dfrac{\tan(\lambda_i^{\text{down}} - \Omega)}{\cos i}\right] - \omega, & \cos(\lambda_i^{\text{down}} - \Omega) \geqslant 0 \\
\arctan\left[\dfrac{\tan(\lambda_i^{\text{down}} - \Omega)}{\cos i}\right] - \omega + \pi, & \cos(\lambda_i^{\text{down}} - \Omega) < 0
\end{cases} \\
f_{\lambda,2} = \begin{cases}
\arctan\left[\dfrac{\tan(\lambda_i^{\text{up}} - \Omega)}{\cos i}\right] - \omega, & \cos(\lambda_i^{\text{up}} - \Omega) \geqslant 0 \\
\arctan\left[\dfrac{\tan(\lambda_i^{\text{up}} - \Omega)}{\cos i}\right] - \omega + \pi, & \cos(\lambda_i^{\text{up}} - \Omega) < 0
\end{cases}
\end{cases}
\tag{7.11}
$$

式中，$\lambda_i^{\text{up}} = \lambda_i + \Delta\lambda / 2$、$\lambda_i^{\text{up}} = \lambda_i - \Delta\lambda / 2$ 分别为空间体积元 $C_{i,j,k}$ 的最大赤经和最小赤经。

至此，利用式(7.9)～式(7.11)，得到了边界真近点角集 A_f 的所有元素，下面将讨论如何从 A_f 中筛选出 $f_{i,j,k}^{\text{sd,in}}$ 和 $f_{i,j,k}^{\text{sd,out}}$。对式(7.8)进行适当变换，可以得到确定目标位置球坐标的计算式，即

$$
r_f = \frac{a(1-e^2)}{1+e\cos f}, \quad f \in A_f
\tag{7.12}
$$

$$\varphi_f = \arcsin\left[\sin(f+\omega)\sin i\right], \quad f \in A_f \tag{7.13}$$

$$\begin{cases} \sin(\lambda_f - \Omega) = \dfrac{\sin(f+\omega)\cos i}{\cos\delta} \\ \cos(\lambda_f - \Omega) = \dfrac{\cos(f+\omega)}{\cos\delta} \end{cases}, \quad f \in A_f \tag{7.14}$$

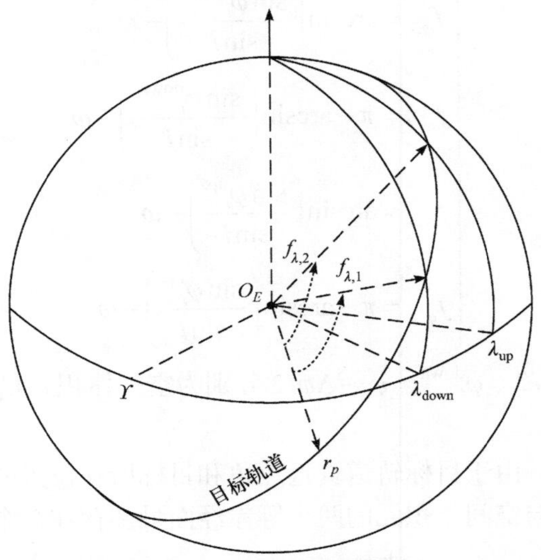

图 7.3　空间目标轨道和空间体积元等赤经边界面的相交关系

可以看出，对于 $f \in A_f$，利用式(7.12)～式(7.14)可以唯一确定一组目标位置的球坐标 $(r_f, \lambda_f, \varphi_f)$。若目标位置球坐标 $(r_f, \lambda_f, \varphi_f)$ 位于空间体积元 $C_{i,j,k}$ 内，即

$$\left(r_f, \varphi_f, \lambda_f\right) \in \left\{ (r, \varphi, \lambda) \middle| |r - r_i| \leqslant \frac{\Delta h}{2}, |\varphi - \varphi_j| \leqslant \frac{\Delta\varphi}{2}, |\lambda - \lambda_k| \leqslant \frac{\Delta\lambda}{2} \right\} \tag{7.15}$$

则对应的真近点角为 $f_{i,j,k}^{\text{sd,in}}$ 或 $f_{i,j,k}^{\text{sd,out}}$。最终可以从边界真近点角集 A_f 中筛选出两个真近点角，对应的目标位置球坐标满足式(7.15)，这两个真近点角中较小的为 $f_{i,j,k}^{\text{sd,in}}$，较大的为 $f_{i,j,k}^{\text{sd,out}}$。

得到目标进入和离开空间体积元时对应的真近点角 $f_{i,j,k}^{\text{sd,in}}$ 和 $f_{i,j,k}^{\text{sd,out}}$ 后，利用式(7.7)、式(7.6)和式(7.2)进一步确定目标在空间体积元内的空间密度。

7.2.2　利用穿越真近点角确定碰撞速度

根据航天器轨道力学理论[1, 3]，已知空间目标的真近点角，目标速度矢量的计算公式为

$$
\begin{aligned}
\boldsymbol{v}=&-\frac{h}{p}\sin f\begin{bmatrix}\cos\Omega\cos\omega-\sin\Omega\sin\omega\cos i\\ \sin\Omega\cos\omega-\cos\Omega\sin\omega\cos i\\ \sin\omega\sin i\end{bmatrix}\\
&+\frac{h}{p}(e+\cos f)\begin{bmatrix}-\cos\Omega\sin\omega-\sin\Omega\cos\omega\cos i\\ -\sin\Omega\sin\omega+\cos\Omega\cos\omega\cos i\\ \cos\omega\sin i\end{bmatrix}
\end{aligned}
\tag{7.16}
$$

式中，$\boldsymbol{v}$ 为目标在 J2000 惯性坐标系中的速度矢量；h 为目标单位质量的角动量；p 为轨道半通径。h 和 p 均可以利用目标轨道根数来确定，即 $h=\sqrt{\mu a(1-e^2)}$，$p=a(1-e^2)$，其中 μ 为目标沿轨道绕行的中心天体的引力常数。针对空间碎片 sd，根据空间碎片进入和离开体积元时对应的真近点角 $f_{i,j,k}^{\mathrm{sd,in}}$ 和 $f_{i,j,k}^{\mathrm{sd,out}}$，计算式(7.16)可确定空间碎片进入和离开空间体积元时对应的速度矢量 $\boldsymbol{v}_{i,j,k}^{\mathrm{sd,in}}$ 和 $\boldsymbol{v}_{i,j,k}^{\mathrm{sd,out}}$。空间碎片在空间体积元内的速度矢量 $\boldsymbol{v}_{i,j,k}^{\mathrm{sd}}$ 用速度矢量 $\boldsymbol{v}_{i,j,k}^{\mathrm{sd,in}}$ 和 $\boldsymbol{v}_{i,j,k}^{\mathrm{sd,out}}$ 的均值来估计，即

$$
\boldsymbol{v}_{i,j,k}^{\mathrm{sd}}=\frac{1}{2}\left(\boldsymbol{v}_{i,j,k}^{\mathrm{sd,in}}+\boldsymbol{v}_{i,j,k}^{\mathrm{sd,out}}\right)
\tag{7.17}
$$

记航天器 O 在空间体积元内的速度矢量为 $\boldsymbol{v}_{i,j,k}^{O}$，则空间碎片相对于航天器 O 的碰撞速度矢量 $\boldsymbol{v}_{i,j,k}^{\mathrm{sd},O}$ 为

$$
\boldsymbol{v}_{i,j,k}^{\mathrm{sd},O}=\boldsymbol{v}_{i,j,k}^{\mathrm{sd}}-\boldsymbol{v}_{i,j,k}^{O}
\tag{7.18}
$$

文献[4]将碰撞速度矢量 $\boldsymbol{v}_{i,j,k}^{\mathrm{sd},O}$ 转化到航天器 O 的轨道坐标系中，以便分析空间碎片相对于航天器的碰撞方向。定义航天器 O 的轨道坐标系为 RSW 坐标系，坐标系原点位于航天器质心，R 轴沿航天器地心矢径方向，S 轴在航天器轨道面内与 R 轴垂直指向航天器运动方向，与 W 轴构成右手坐标系。如图 7.4 所示，在航天器轨道 RSW 坐标系中，定义空间碎片的碰撞方位角 $A_{i,j,k}^{\mathrm{sd},O}$ 和碰撞高度角 $\eta_{i,j,k}^{\mathrm{sd},O}$。碰撞方位角 $A_{i,j,k}^{\mathrm{sd},O}$ 的定义为，在 SW 平面内，即航天器的当地水平面内，将 RSW 坐标系绕 $-R$ 轴转动 $A_{i,j,k}^{\mathrm{sd},O}$ 角度后，S 轴与速度矢量 $\boldsymbol{v}_{i,j,k}^{\mathrm{sd},O}$ 在 SW 平面内的投影重合，此时 $A_{i,j,k}^{\mathrm{sd},O}$ 的取值范围为 $[-\pi,\pi]$；碰撞高度角 $\eta_{i,j,k}^{\mathrm{sd},O}$ 定义为 SW 平面与速度矢量 $\boldsymbol{v}_{i,j,k}^{\mathrm{sd},O}$ 的夹角，当 $\boldsymbol{v}_{i,j,k}^{\mathrm{sd},O}$ 指向空间时，$\eta_{i,j,k}^{\mathrm{sd},O}$ 取正值，易知 $\eta_{i,j,k}^{\mathrm{sd},O}\in[-\pi/2,\pi/2]$。

在确定空间碎片相对于航天器的碰撞方向角 $A_{i,j,k}^{\mathrm{sd},O}$ 和 $\eta_{i,j,k}^{\mathrm{sd},O}$ 时，需将碰撞速度矢量 $\boldsymbol{v}_{i,j,k}^{\mathrm{sd},O}$ 的坐标从 J2000 惯性坐标系转换到航天器的轨道坐标系 RSW 中。记从轨道坐标系 RSW 到 J2000 惯性坐标系的转换矩阵为 $\boldsymbol{T}_M$，可以利用航天器的轨道

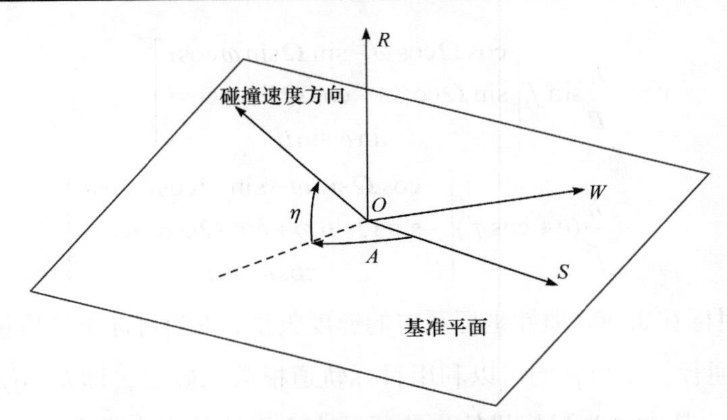

图 7.4 空间碎片相对于航天器碰撞速度方向的定义

根数来确定，计算公式为

$$\boldsymbol{T}_M=\begin{bmatrix}\cos\Omega\cos u-\sin\Omega\sin u\cos i & \sin\Omega\cos u+\cos\Omega\sin u\cos i & \sin u\sin i\\ -\cos\Omega\sin u-\sin\Omega\cos u\cos i & -\sin\Omega\sin u+\cos\Omega\cos u\cos i & \cos u\sin i\\ \sin\Omega\sin i & -\cos\Omega\sin i & \cos i\end{bmatrix} \tag{7.19}$$

式中，$u=\omega+f$ 为航天器的纬度幅角。利用坐标转换矩阵，碰撞速度矢量在 RSW 坐标系中的分量表达式为

$$\left(\boldsymbol{v}_{i,j,k}^{\mathrm{sd},O}\right)_{RSW}=\begin{bmatrix}\left(\boldsymbol{v}_{i,j,k}^{\mathrm{sd},O}\right)_R\\ \left(\boldsymbol{v}_{i,j,k}^{\mathrm{sd},O}\right)_S\\ \left(\boldsymbol{v}_{i,j,k}^{\mathrm{sd},O}\right)_W\end{bmatrix}=\boldsymbol{T}_M\cdot\boldsymbol{v}_{i,j,k}^{\mathrm{sd},O} \tag{7.20}$$

根据定义，利用式(7.20)得到方向角 $A_{i,j,k}^{\mathrm{sd},O}$ 和 $\eta_{i,j,k}^{\mathrm{sd},O}$ 的表达式为

$$\begin{cases}A_{i,j,k}^{\mathrm{sd},O}=\arctan\left[\dfrac{-\left(\boldsymbol{v}_{i,j,k}^{\mathrm{sd},O}\right)_W}{\left(\boldsymbol{v}_{i,j,k}^{\mathrm{sd},O}\right)_S}\right]\\ \eta_{i,j,k}^{\mathrm{sd},O}=\arcsin\left[\dfrac{\left(\boldsymbol{v}_{i,j,k}^{\mathrm{sd},O}\right)_R}{v_{i,j,k}^{\mathrm{sd},O}}\right]\end{cases} \tag{7.21}$$

式中

$$v_{i,j,k}^{\mathrm{sd},O}=\sqrt{\left(\boldsymbol{v}_{i,j,k}^{\mathrm{sd},O}\right)_R^2+\left(\boldsymbol{v}_{i,j,k}^{\mathrm{sd},O}\right)_S^2+\left(\boldsymbol{v}_{i,j,k}^{\mathrm{sd},O}\right)_W^2}$$

需要注意的是，在利用式(7.21)计算碰撞方位角 $A_{i,j,k}^{\mathrm{sd},O}$ 时，应根据计算式分

子和分母的符号来确定 $A_{i,j,k}^{\mathrm{sd},O}$ 取值的正负，一般可以通过反正切函数 $\arctan2(\cdot)$ 来计算。

7.2.3 航天器碰撞风险计算流程和分析方法的应用条件

1. 碰撞风险计算流程

依据上述分析，给出航天器在轨运行受空间碎片碰撞风险分析的流程，如图 7.5 所示。具体步骤如下：

(1) 确定航天器运行空间。根据航天器运行的轨道状态，利用定义式(7.1)给出运行空间 S_O。

(2) 将航天器运行空间离散化。在 J2000 惯性坐标系中，将航天器的运行空间划分为 $N_h \times N_\lambda \times N_\varphi$ 个空间体积元，空间体积元的大小利用式(3.26)来确定。

(3) 确定航天器和空间碎片的边界真近点角集。根据空间体积元的 6 个边界面和目标的运行轨道，利用式(7.9)～式(7.11)，确定真近点角集 A_f，该集合中最多包含 10 个元素。

(4) 确定航天器和空间碎片进入和离开空间体积元的时刻。从目标轨道与空间体积元的交点必位于空间体积元内这一条件出发，根据式(7.12)～式(7.15)，可以从边界真近点角集 A_f 中筛选出 2 个元素，分别对应于航天器或空间碎片进入和离开空间体积元时的真近点角；依据关系式(7.7)，可以确定目标进入和离开空间体积元的时刻。

(5) 计算航天器和空间碎片在空间体积元内的空间密度。已知目标进入和离开空间体积元的时刻，利用式(7.2)和式(7.6)，可计算出航天器和空间碎片在空间体积元内的空间密度。

(6) 计算航天器和空间碎片的碰撞概率。根据目标进入和离开空间体积元的真近点角，利用式(7.16)和式(7.17)计算航天器和空间碎片的碰撞速度；进一步结合航天器和空间碎片在空间体积元内的空间密度，通过式(7.5)计算航天器受到的碰撞概率。利用式(7.21)可以确定碰撞风险的方向。对航天器在每个空间体积元内受到的碰撞概率和碰撞方向进行统计分析，得到航天器受到空间碎片碰撞风险的分布情况。

2. 碰撞风险分析方法的应用条件

在基于边界穿越条件的碰撞概率计算方法中，利用目标的轨道根数来确定目标在空间体积元内的空间密度，不需要目标在空间中的具体位置信息。因此，要求空间碎片的轨道构型不能有大的变化。在地球非球形摄动力、大气阻力等作用下，空间碎片的轨道是缓慢变化的，例如，在一个轨道周期内，可能近似认为空

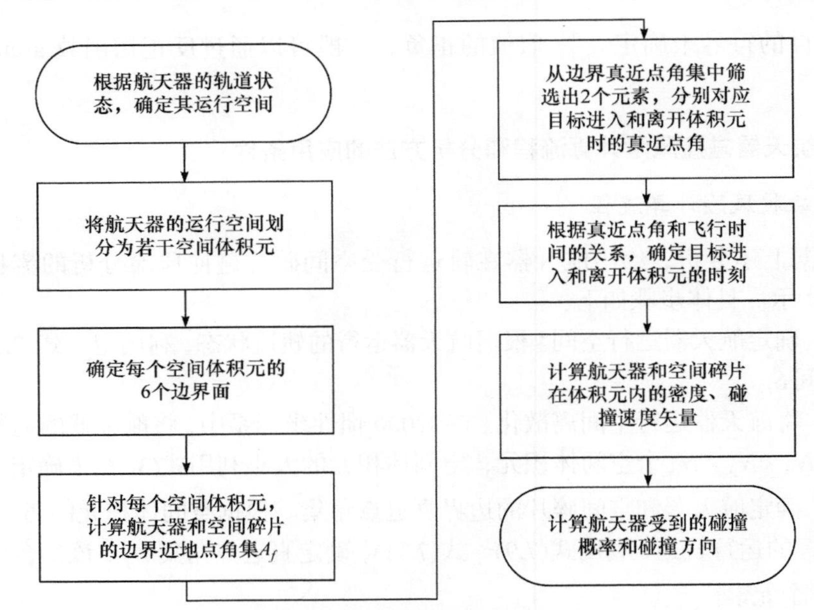

图 7.5　航天器碰撞风险分析流程

间碎片的轨道是不变的。故上述方法可直接用于分析航天器在短期内受到的碰撞风险。对于长期碰撞风险，可以利用长期演化计算模型对空间碎片环境进行演化计算，得到不同时刻空间碎片的分布状态，再利用本章中的方法计算不同时刻航天器受到的碰撞风险。

7.3　天宫二号在轨运行期间的碰撞风险分析

本节以天宫二号空间实验室为研究对象，利用上述建立的碰撞风险分析方法，重点评估天宫二号载人飞行期间可能遭受的碰撞风险。天宫二号空间实验室于 2016 年 9 月 15 日发射入轨，作为我国空间站发展的重要阶段，担负重要的空间实验任务。

表 7.1 给出了天宫二号的运行轨道。可以看出，天宫二号运行在近圆轨道上，近地点高度和远地点高度分别为 384.6km 和 393.5km。考虑到天宫二号具备良好的轨道维持能力，以 300～450km 高度范围内的空间作为天宫二号载人飞行的运行空间，即定义式(7.1)中，$h_{\text{down}}=300\text{km}$，$h_{\text{up}}=450\text{km}$。取 $\Delta h=10\text{km}$、$\Delta\lambda=10°$ 和 $\Delta\varphi=5°$，对应 $N_h=15$、$N_\lambda=36$ 以及 $N_\varphi=36$，将天宫二号的运行空间划分成 19440 个空间体积元。

表 7.1　天宫二号的运行轨道

半长轴/km	偏心率	轨道倾角/(°)	升交点赤经/(°)	近地点幅角/(°)
6767.2	6.6×10^{-4}	42.8	–2.3	162.7

根据美国空间监视网的观测数据，截至 2016 年 9 月 30 日，共有 15573 个编目目标①。通过对编目目标的飞行状态进行分析，可以确定在天宫二号载人飞行的初始时刻，共有 934 个编目目标能够进入天宫二号的运行空间。受地球非球形摄动力、大气阻力等的作用，空间目标的运行轨道缓慢变化。在天宫二号载人飞行期间，其运行空间内的空间目标是动态变化的。采用长期演化计算模型，对编目目标的状态进行为期 30 天的演化计算，并输出目标的运动状态，以分析天宫二号载人飞行期间受空间目标的碰撞风险。

图 7.6 给出了天宫二号载人飞行期间遭受的碰撞风险随时间的变化曲线。可以看出，碰撞概率在 3.0×10^{-7}～1.1×10^{-6}/(年 · m^2)内波动。载人飞行的第 9 天，天宫二号受到可能的碰撞风险最大，碰撞概率达到 10^{-6}/(年 · m^2)，是低地球轨道上目标之间平均相互碰撞概率($\approx10^{-9}$/(年 · m^2))的 1000 倍[5]。

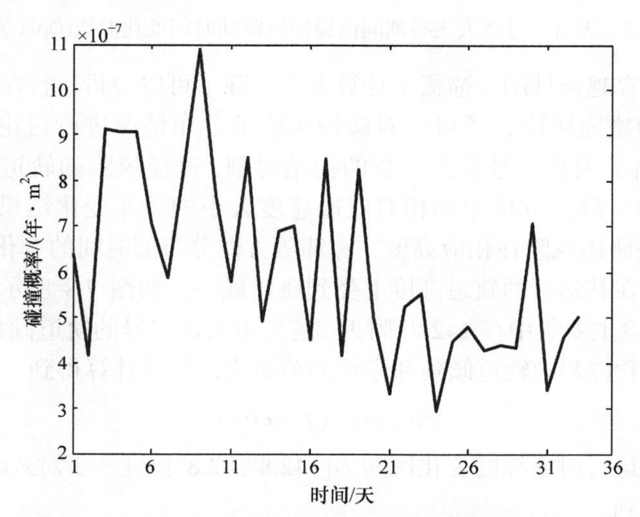

图 7.6　天宫二号载人飞行期间的碰撞风险随时间变化曲线

考虑到天宫二号运行在圆轨道上，也可以用文献[5]和[6]中提到的 Öpik 方法分析碰撞风险。图 7.7 给出了 30 天的分析结果。与利用基于边界穿越条件计算碰撞概率方法相比，基于 Öpik 方法得到的碰撞概率平均要大一个量级。由于 Öpik

① 数据来源于 https://www.space-track.org/ [2016-09-31]。

方法在计算碰撞概率时，假设目标轨道升交点赤经和近地点幅角都是均匀分布的[7-9]，该方法更适合进行长期的碰撞风险分析。在短期内，如天宫二号载人飞行30天期间，上述均匀分布假设不再成立。

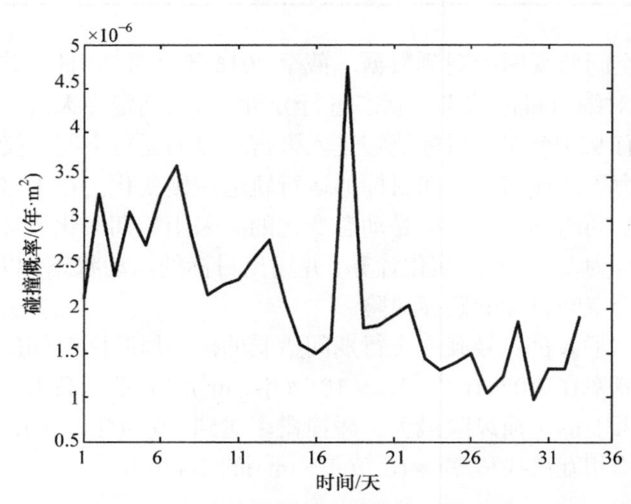

图 7.7　天宫二号载人飞行期间的碰撞风险随时间变化曲线(Öpik 方法)

基于边界穿越条件的碰撞概率计算方法，除了可以分析运行在一般轨道构型上的航天器的碰撞风险，还可以对碰撞风险的分布情况进行讨论。图 7.8(a)～图 7.12(a)给出了天宫二号载人飞行的初始时刻，碰撞风险随轨道高度、赤纬以及碰撞高度角、碰撞方位角和相对碰撞速度大小的分布变化结果；图 7.8(b)～图 7.12(b)则是碰撞风险在相应高度、赤纬等方向分布随时间的变化情况。显然，天宫二号只会在其运行的轨道高度上受到碰撞威胁，如图 7.8 所示。但在赤纬方向上，碰撞风险主要集中在 ±42.8° 附近。这是由天宫二号的轨道倾角为 42.8°所决定的。根据方程(7.8)中轨道倾角和赤纬的关系式，推导计算得到

$$\sin\varphi = \sin(f+\omega)\sin i \tag{7.22}$$

天宫二号在轨运行时赤纬的变化区间为[−42.8°, 42.8°]。进一步对式(7.22)两边关于时间求导，得到

$$\left|\dot{f}\right| = \sqrt{1+\frac{\cos^2 i}{\sin^2 i - \sin^2\varphi}}\left|\dot{\varphi}\right| \tag{7.23}$$

天宫二号运行在圆轨道上，故真近点角变化率的绝对值$\left|\dot{f}\right|$为常值；假设轨道倾角不变，当天宫二号所在赤纬越大时，方程(7.23)右边项赤纬变化率的绝对值$|\dot{\varphi}|$的系数就越大，导致$|\dot{\varphi}|$取值就越小。故当天宫二号在赤纬 ± 42.8°附近时，$|\dot{\varphi}|$取值

最小。$|\varphi|$取值越小，天宫二号在赤纬±42.8°附近停留的时间越长，根据式(7.2)和式(7.5)可知，相应的碰撞风险越大。

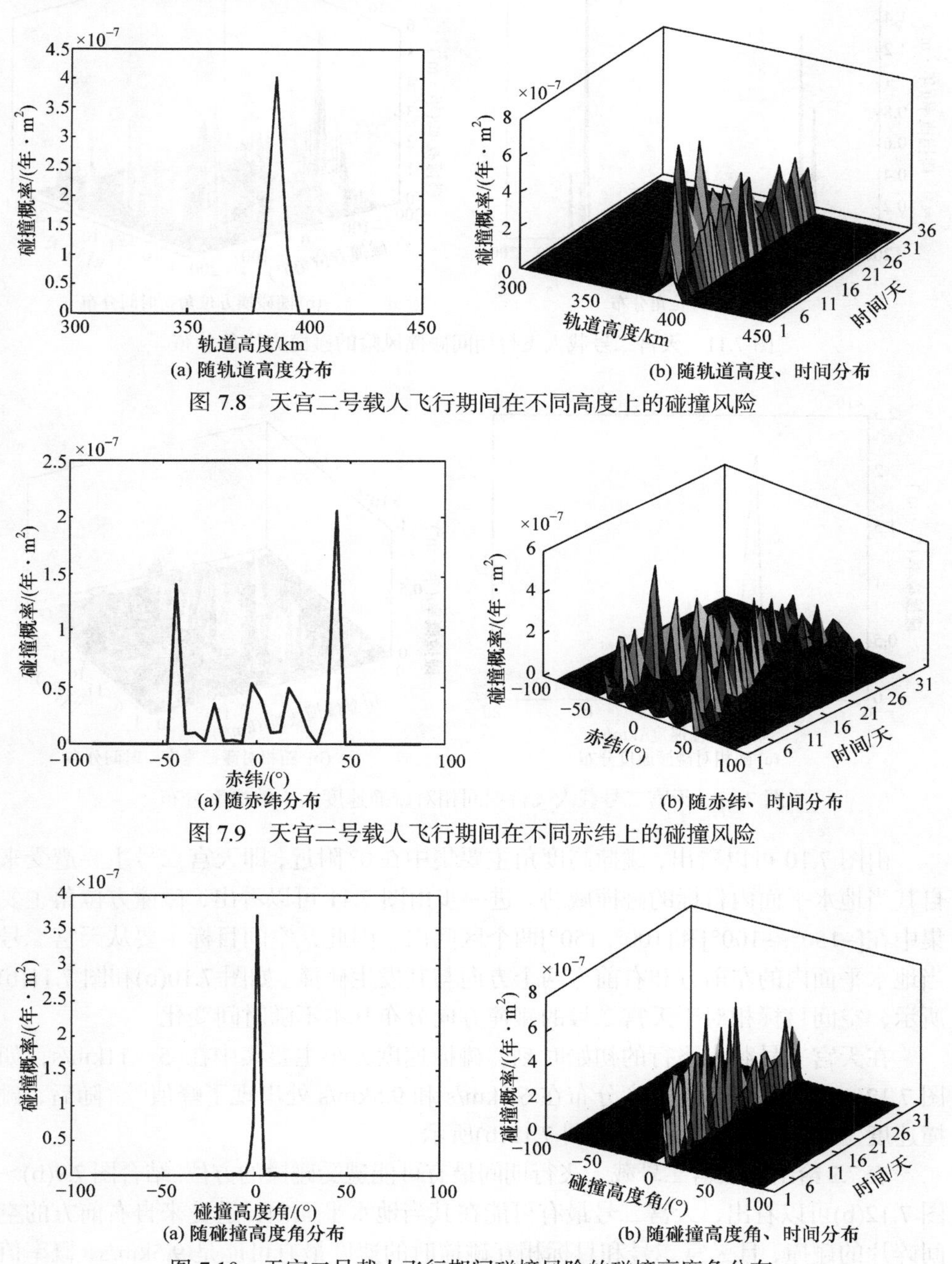

(a) 随轨道高度分布　(b) 随轨道高度、时间分布

图 7.8　天宫二号载人飞行期间在不同高度上的碰撞风险

(a) 随赤纬分布　(b) 随赤纬、时间分布

图 7.9　天宫二号载人飞行期间在不同赤纬上的碰撞风险

(a) 随碰撞高度角分布　(b) 随碰撞高度角、时间分布

图 7.10　天宫二号载人飞行期间碰撞风险的碰撞高度角分布

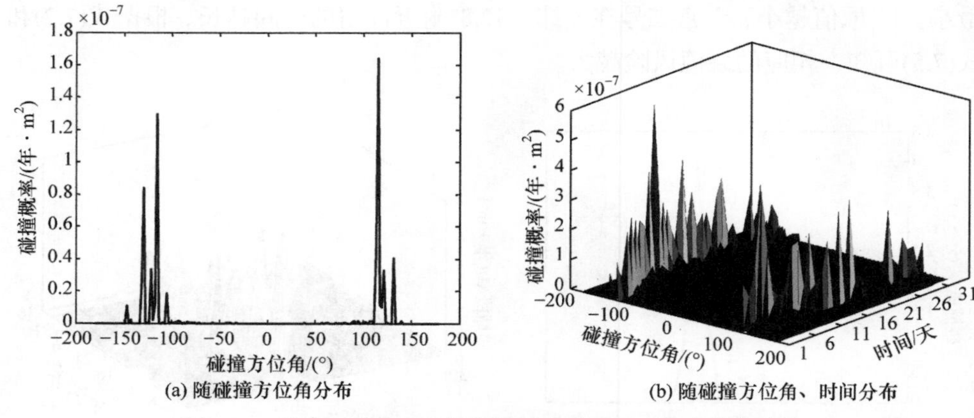

(a) 随碰撞方位角分布　　(b) 随碰撞方位角、时间分布

图 7.11　天宫二号载人飞行期间碰撞风险的碰撞方位角分布

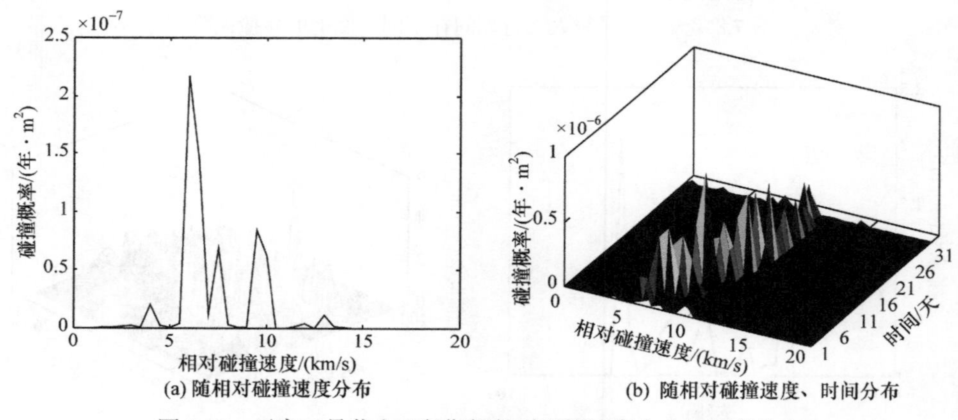

(a) 随相对碰撞速度分布　　(b) 随相对碰撞速度、时间分布

图 7.12　天宫二号载人飞行期间相对碰撞速度大小的概率分布

由图 7.10 可以看出，碰撞高度角主要集中在0°附近，即天宫二号主要遭受来自其当地水平面内目标的碰撞威胁。进一步由图 7.11 可以看出，碰撞方位角主要集中在[−150°, −100°]和[100°, 150°]两个区间内。因此，空间目标主要从天宫二号当地水平面内的左前方和右前方两个方向与其发生碰撞。如图 7.10(b)和图 7.11(b)所示，空间目标相对于天宫二号的碰撞方向分布基本不随时间变化。

在天宫二号载人飞行的初始时刻，碰撞速度大小主要集中在 5～11km/s，如图 7.12(a)所示，且碰撞速度分布在 6.0km/s 和 9.5km/s 处出现了峰值[9]。随后，碰撞速度主要集中在 10km/s，如图 7.12(b)所示。

表 7.2 给出了天宫二号载人飞行期间最有可能遭受碰撞的方位。结合图 7.9(b)～图 7.12(b)可以看出，天宫二号最有可能在其当地水平面内，遭受来自右前方的空间碎片的碰撞，且天宫二号和目标相互碰撞时的速度最有可能是 9.5km/s，概率值

达到 8.9×10^{-7}/(年 · m^2)，这意味着天宫二号一旦被撞击，后果将是灾难性的。

表 7.2　天宫二号最有可能遭受碰撞的方位

方位	赤纬−30°	碰撞方位角−126°	碰撞高度角 2°
碰撞概率/(年 · m^2)	5.7×10^{-7}	6.0×10^{-7}	5.3×10^{-7}

7.4 小　结

本章针对在轨运行的大型航天器，建立了航天器受空间碎片碰撞风险分析方法，讨论了碰撞风险在不同方位上的分布以及风险分布随时间的演化趋势。针对航天器运行空间内的空间碎片环境，通过将运行空间划分成离散的空间体积元，建立了基于空间体积元边界穿越条件的目标空间密度计算方法和碰撞概率计算方法。该方法可用来计算运行在一般轨道构型上目标之间的碰撞概率。以天宫二号在轨执行任务期间的碰撞风险为例，讨论了天宫二号航天器受空间碎片碰撞风险在不同高度、不同赤纬以及碰撞高度角、方位角等方向上的分布情况。结果表明，天宫二号最有可能在其当地水平面内，遭受来自右前方碎片的碰撞。而且，天宫二号和目标相互碰撞时的速度最有可能是 9.5km/s，概率值达到 8.9×10^{-7}/(年 · m^2)，这意味着天宫二号一旦被撞击，后果将是灾难性的。

参 考 文 献

[1] Zhang B B, Wang Z K, Zhang Y L. Collision risk investigation for an operational spacecraft caused by space debris[J]. Astrophysics and Space Science, 2017, 362(4): 1-10.

[2] Vallado D A. Fundamentals of Astrodynamics and Applications[M]. 3rd. New York: Microcosm Press, Hawthorne, and Springer, 2007.

[3] 郗晓宁, 王威. 近地航天器轨道基础[M]. 长沙: 国防科技大学出版社, 2003.

[4] Klinkrad H. Space Debris: Models and Risk Analysis[M]. Berlin: Springer Praxis, 2006.

[5] Rossi A, Valsecchi G B. Collision risk against space debris in earth orbits[J]. Celestial Mechanics and Dynamical Astronomy, 2006, 95(1-4): 345-356.

[6] Vokrouhlicky D, Pokorny P, Nesvorny D. Öpik-type collision probability for high-inclination orbits [J]. Icarus, 2012, 219(1): 150-160.

[7] Kessler D J. Derivation of the collision probability between orbiting objects: The lifetimes of Jupiter's outer moons[J]. Icarus, 1981, 48(1): 39-48.

[8] Valsecchi G B, Rossi A, Farinella P. Visualizing impact probabilities of space debris[J]. Space Debris, 1999, 1(2): 143-158.

[9] 张斌斌. 空间碎片环境的长期演化建模与安全研究[D]. 长沙: 国防科技大学, 2017.

第 8 章　超级星座对空间碎片环境的影响分析

超级星座是利用大量卫星构建的星座系统，通常包含成百上千颗卫星。近年来，利用低地球轨道超级小卫星星座系统，实现全球高速率、不间断互联网接入等通信服务，成为小卫星技术和低地球轨道卫星通信服务技术发展的热点。OneWeb 公司、波音公司、SpaceX 公司等提出了发展低地球轨道超级小卫星星座系统的计划，表 8.1 给出了相关卫星星座的基本情况。

表 8.1　低地球轨道超级小卫星星座系统计划

超级小卫星星座	OneWeb 公司	波音公司	SpaceX 公司	三星公司
卫星个数/颗	720	2969	4425	4600
轨道高度/km	1200	1200	1100	1400
卫星质量/kg	150	>100	390	<200

低地球轨道超级小卫星星座系统运行在较低的轨道高度上，具有降低了通信时延的优势，但需要大量的小卫星才能实现全球连续通信。如表 8.1 所示，SpaceX 公司计划发射 4425 颗小卫星实现全球服务，三星公司计划发射 4600 颗小卫星。如此大规模的小卫星系统，在提供便捷通信服务的同时，也给空间碎片环境带来了挑战。

低地球轨道已经分布着大量空间碎片，上述超级小卫星星座系统给低地球轨道空间碎片环境的稳定性带来了新的不确定性。文献[1]和[2]针对 Iridium、Globalstar 等卫星星座，分析了星座卫星的运行和维护对空间碎片环境的长期影响。研究结果表明，星座卫星对空间碎片环境有着重要影响，如果不能及时将失效的星座卫星离轨清除，那么这些星座卫星会导致解体空间碎片数量迅速增加，甚至会引起卫星星座所在高度附近的空间碎片呈现连锁式的增加趋势。Walker[3, 4]的研究表明，对于空间碎片分布密度较低的低地球轨道区域，能够容纳卫星星座的规模在 300～900 颗；对于分布密度较高的低地球轨道区域，即使只有 300 颗卫星的星座，也将导致该区域内空间碎片数量持续增加。

相比于 Iridium、Globalstar 等卫星星座，OneWeb 公司、SpaceX 公司等提出的超级小卫星星座的规模更大，如 SpaceX 公司提出包含 4425 颗小卫星的星座，是 Iridium 星座卫星数量的近 100 倍，且通常小卫星不具有轨道机动能力，因此不能进行碰撞规避机动和离轨机动。即使对于小卫星星座系统，为了满足星座部署和星座维持需求，小卫星具备轨道控制能力，但通常利用推力较小的电推进系统来实现[5]，例如，OneWeb 公司计划给小卫星安装电推进系统[6]。超级星座卫星很难及时地进行碰撞规避机动，若进行离轨机动，也需要较长时间才能完成。综上，对于超级小卫星星座系统，不仅包含的卫星规模大，而且受小卫星平台机动能力限制，很难避免碰撞解体，这些都给空间碎片环境带来了不利影响。

Virgili 等[7]以一个包含 1080 颗小卫星的星座系统为例，利用演化模型 DELTA 分析了星座寿命、星座卫星碰撞规避机动能力、星座卫星在寿命末期是否采用离轨措施等因素，对空间碎片环境长期演化的影响。结果表明，如果星座卫星在寿命末期不采取离轨措施，超大规模的小卫星星座会加剧空间碎片环境的不稳定性，进一步加速空间碎片的增长趋势。Virgili 等[8]利用 MEDEE、DAMAGE 等演化模型，对包括超级小卫星星座的空间碎片环境进行了长期演化分析。若 90%以上在轨航天器(包括超级星座卫星)在寿命末期能够机动到 25 年寿命轨道上，则总的空间碎片规模在未来 200 年内仍将增加 1/4。Lewis 等[9, 10]、Rossi 等[11]针对超级小卫星星座对空间碎片环境的影响进行了集中讨论，结果均表明超级小卫星星座对空间碎片环境的影响是长期的，如不加以合理管理，空间碎片环境将进一步恶化。

本章将利用空间碎片环境的长期演化计算模型，开展超级小卫星星座对空间碎片环境的长期影响研究，分别讨论小卫星在寿命末期不采取离轨处置策略以及小卫星在寿命末期机动进入 25 年寿命轨道两种情况下空间碎片环境的长期演化结果。

8.1　超级小卫星星座的部署和长期演化条件

超级小卫星星座的规模和运行高度将参考表 8.1 以及文献[7]进行设置。星座包含 1080 颗卫星(包括工作卫星和备份卫星)，分布在 20 个轨道面上，轨道高度为 1100km，轨道倾角为 85°，卫星质量为 200kg，截面积为 $1m^2$。星座在 2018 年开始运行，在轨持续工作 10 年。小卫星在工作期间如果不发生碰撞解体，将在 2027 年变成失效卫星，成为空间碎片。图 8.1 给出了星座卫星在空间中的分布情况，图中每个点均代表一颗卫星。

作为对比，这里考虑了三种演化计算条件(表 8.2)：

(1) 不包含超级小卫星星座，所有工作卫星在寿命末期能通过轨道机动 100%成功进入 25 年寿命轨道。该场景作为基本参考场景，演化计算结果已经在 4.5 节进行了讨论。

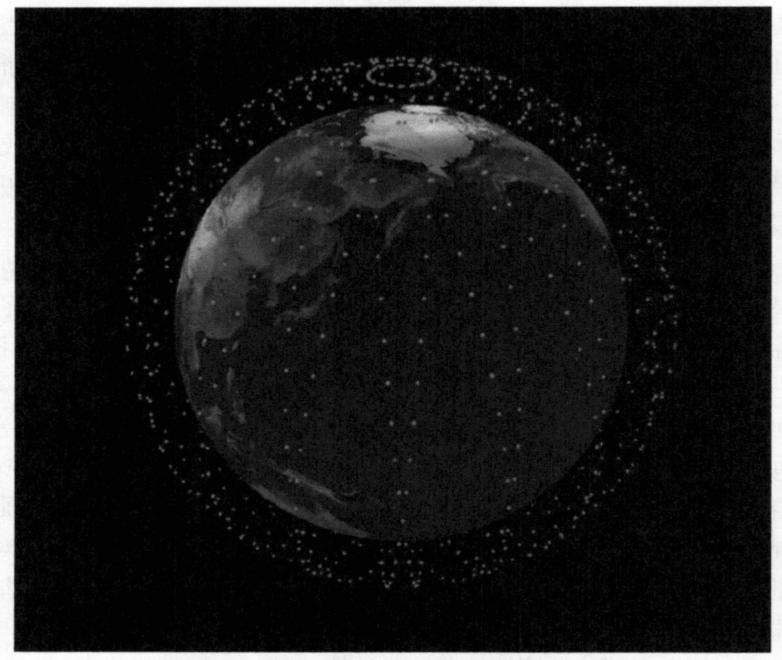

图 8.1　设定的超级小卫星星座在轨分布情况

(2)包含超级小卫星星座，但星座卫星在寿命末期失效，成为空间碎片，其他工作卫星在寿命末期均能通过轨道机动进入 25 年寿命轨道。

(3) 包含超级小卫星星座，星座卫星和其他工作卫星均能通过轨道机动进入 25 年寿命轨道。寿命末期的小卫星机动到 25 年寿命轨道上的方法是，在卫星运行轨道的远地点实施脉冲减速控制，降低卫星轨道的近地点高度，卫星轨道远地点高度与原轨道相同。

表 8.2　包含超级小卫星星座时空间碎片环境的演化计算条件

演化计算条件	设置情况
超级小卫星星座	包含 1080 颗小卫星
星座卫星寿命末期处置策略	不采取处置策略
航天发射活动	参考 2012～2016 年的发射规模
航天器寿命末期处置策略	机动进入 25 年寿命轨道
轨道机动	航天器不进行轨道机动

8.2　包含超级小卫星星座时空间碎片环境的长期演化结果

按照 8.1 节的描述部署超级小卫星星座，根据演化计算条件(2)的描述开展空间碎片环境的长期演化结果分析。在演化计算中，仅考虑尺寸大于 10cm 的空间碎片；考虑了航天发射活动，未来发射入轨的航天器参考 2012～2016 年的发射规模进行设置；寿命末期的航天器机动进入 25 年寿命轨道；航天器在轨运行期间不进行轨道机动。星座卫星在寿命末期不进行离轨处置，而是在大气阻力等摄动力作用下，运行高度缓慢衰减直至再入大气层销毁。

通过对空间碎片环境的 20 次演化结果进行统计平均，得到尺寸大于 10cm 的空间碎片的增加趋势和在空间中的分布变化情况，如图 8.2 和图 8.3 所示。图 8.2 中实线是不包含超级小卫星星座时空间碎片数量随时间的变化曲线；点划线是包含超级小卫星星座时空间碎片数量随时间的变化曲线。对比可以看出，当包含超级小卫星星座时，空间碎片数量增加了约 50%，且以更快的速度增加。

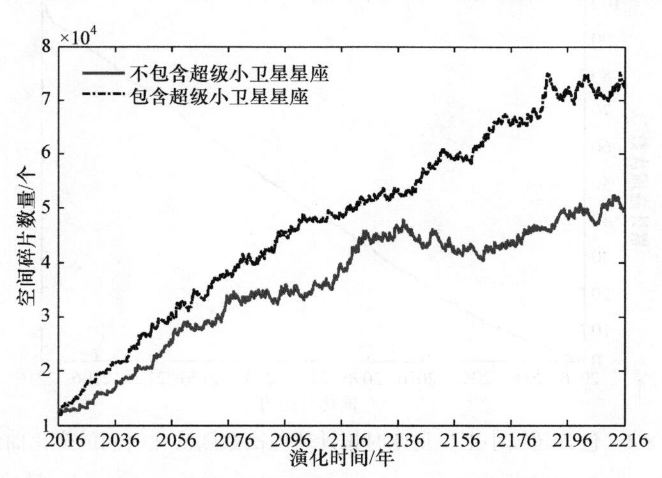

图 8.2　不包含/包含超级小卫星星座时空间碎片数量随演化时间的变化

由图 8.3 可以看出，在超级小卫星星座轨道高度附近，空间碎片的密度分布较为集中，且呈现阶跃式变化特点。结合演化过程中发生的碰撞次数统计结果，如图 8.4、图 8.5 和表 8.3 所示，超级小卫星星座所在轨道高度附近目标发生碰撞的次数明显增多，导致该区域内解体空间碎片数量快速增加。

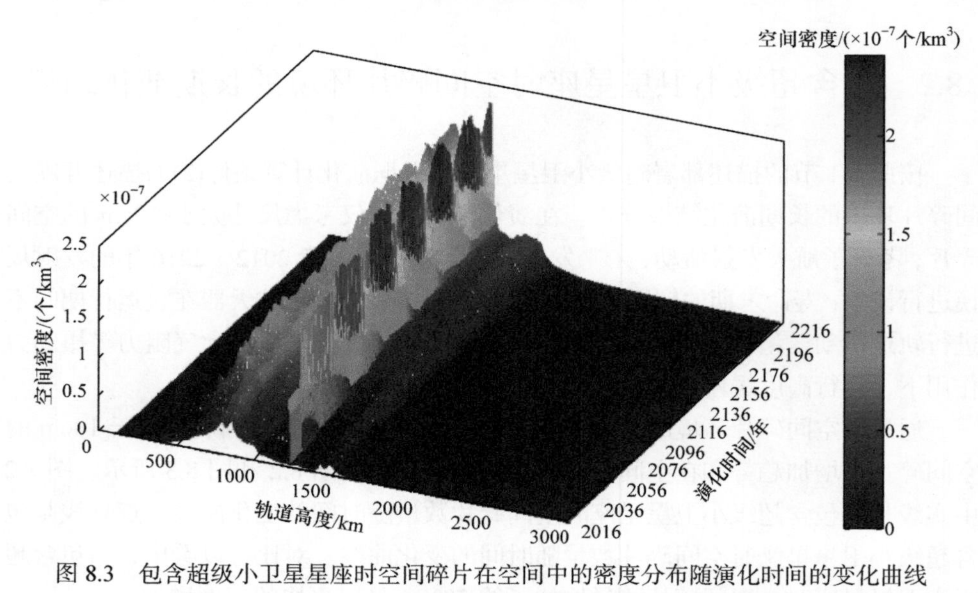

图 8.3　包含超级小卫星星座时空间碎片在空间中的密度分布随演化时间的变化曲线

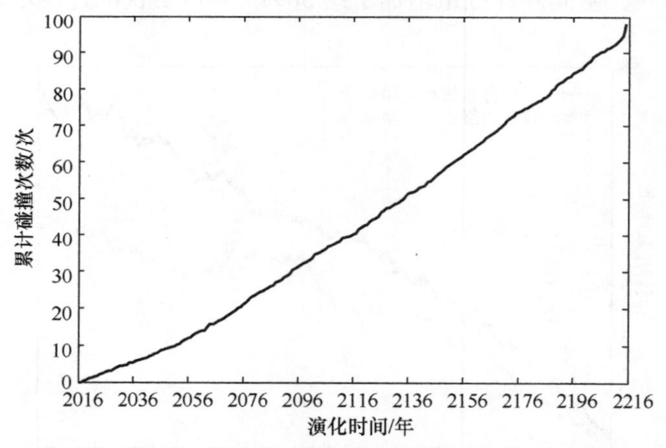

图 8.4　包含超级小卫星星座时累计碰撞次数随演化时间的变化曲线

表 8.3　星座卫星自然衰减时不同尺寸目标发生碰撞的次数

发生碰撞目标的尺寸	未来 200 年内发生碰撞的次数/次
大尺寸目标	3.9
大尺寸目标与小尺寸目标	24.6
小尺寸目标	69.5
合计	98.0

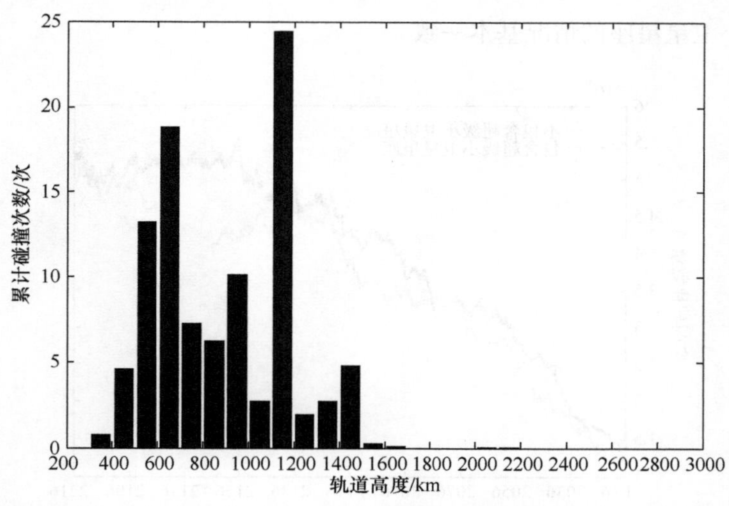

图 8.5　包含超级小卫星星座时不同高度层内累计碰撞次数的统计结果

8.3　小卫星采取离轨清除策略时空间碎片环境的长期演化结果

在 8.2 节的基础上，考虑在星座卫星寿命末期采取离轨处置策略，使小卫星进入 25 年寿命轨道。表 8.4 中列出了详细的演化计算条件。

表 8.4　小卫星采取离轨清除策略时开展空间碎片环境长期演化计算条件

演化计算条件	设置情况
超级小卫星星座	包含 1080 颗小卫星
星座卫星寿命末期处置策略	机动进入 25 年寿命轨道
航天发射活动	参考 2012～2016 年的发射规模
航天器寿命末期处置策略	机动进入 25 年寿命轨道
轨道机动	航天器不进行轨道机动

通过对空间碎片环境的 20 次演化结果进行统计平均，得到尺寸大于 10cm 的空间碎片的增加趋势和在空间中的分布变化情况，如图 8.6 和图 8.7 所示。与不包含超级小卫星星座时的演化结果对比可以看出，将寿命末期的星座卫星送入 25 年寿命轨道后，超级小卫星星座系统对空间碎片环境的长期影响得到了很好的抑制。在 200 年的演化时间内，包含超级小卫星星座时空间碎片数量的增长趋势与

不包超级小卫星星座的情况基本一致。

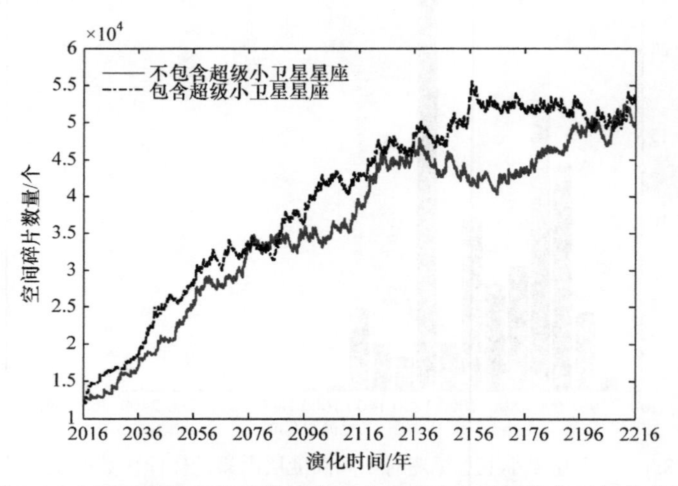

图 8.6　小卫星采取离轨清除策略时空间碎片数量随演化时间的变化

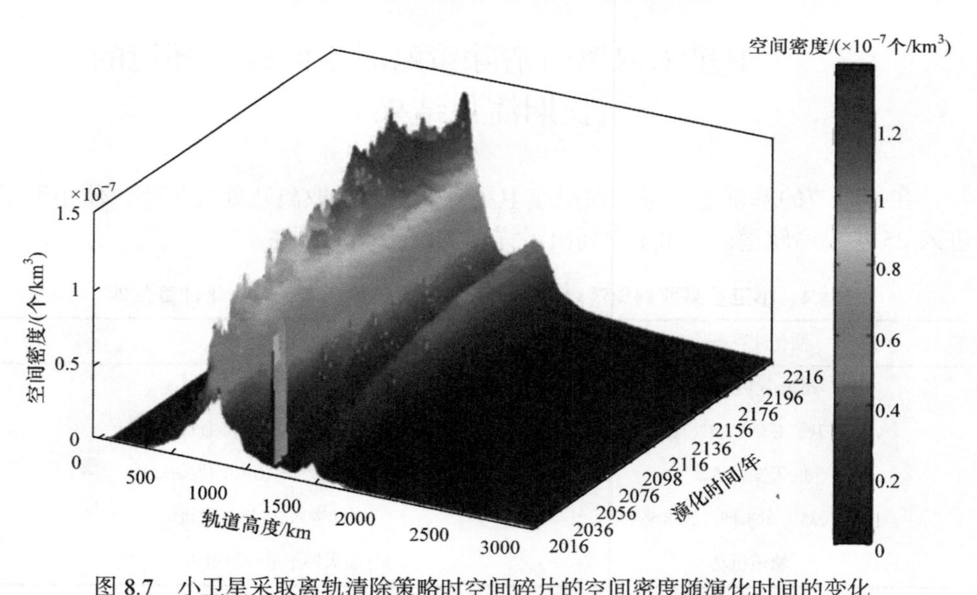

图 8.7　小卫星采取离轨清除策略时空间碎片的空间密度随演化时间的变化

由于采取了离轨处置策略，星座卫星执行完任务后进入半长轴更小的衰减轨道，这导致星座高度处的目标密度减少，如图 8.7 所示。图 8.8 和图 8.9 分别给出了 200 年演化时间内累计碰撞次数及其在不同高度区间内的分布情况。对比图 8.9 和图 8.5 可以看出，星座卫星在寿命末期进入 25 年寿命轨道，减少了卫星星座运行高度处目标之间发生碰撞的次数。与不包含超级小卫星星座的空间碎片环境演化结果相比，累计碰撞次数略微增加，如图 8.8 和表 8.5 所示。

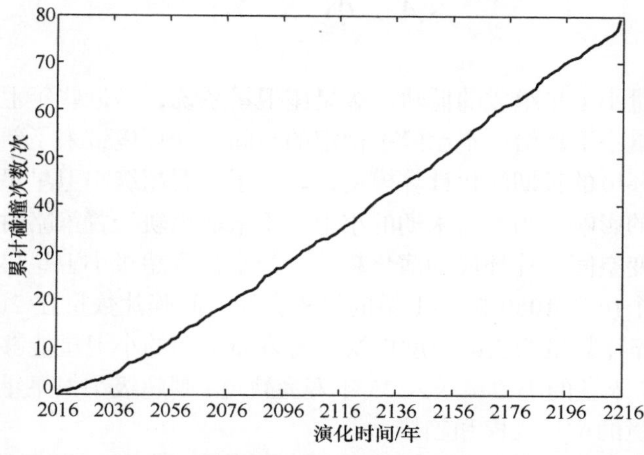

图 8.8　小卫星采取离轨清除策略时累计碰撞次数随演化时间的变化曲线

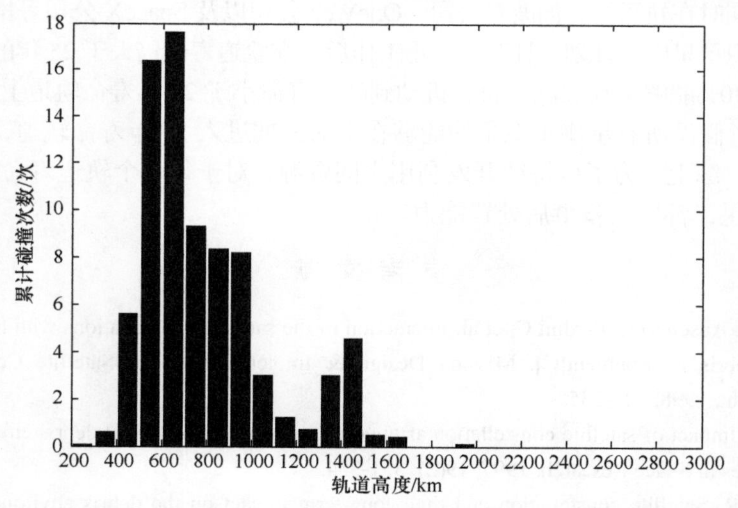

图 8.9　小卫星采取离轨清除策略时不同高度层内累计碰撞次数的统计结果

表 8.5　小卫星采取离轨清除策略时不同尺寸目标发生碰撞的次数

发生碰撞目标的尺寸	未来 200 年内发生碰撞的次数/次
大尺寸目标	4.3
大尺寸目标与小尺寸目标	26.0
小尺寸目标	49.2
合计	79.5

8.4 小　结

构建由大量小卫星组成的低轨超级星座卫星系统，是近些年卫星技术发展的一个热点。大量小卫星给原本已经不稳定的空间碎片环境带来了新的挑战。本章利用空间碎片环境的长期演化计算模型，讨论了部署超级小卫星星座对空间碎片环境长期演化的影响。当寿命末期的小卫星不采取离轨处置策略时，超级小卫星星座会明显改变空间碎片环境的演化趋势。与不包含超级小卫星星座的空间碎片环境相比，一个包含 1080 颗小卫星的星座会使空间碎片数量在 200 年内增加约 50%，且空间碎片数量增长的速度更快。若寿命末期的小卫星能够采取离轨处置策略，如将寿命末期的小卫星送入 25 年寿命轨道，则超级小卫星星座不会明显改变空间碎片环境的增长规模和趋势。

由于本章仅考虑部署一个超级小卫星星座系统，实际可能有多个超级小卫星星座系统同时在轨运行，如波音公司、OneWeb 公司以及 SpaceX 公司等均提出了发展超级小卫星星座的计划，且对于停止工作后所在轨道寿命仍大于 25 年的卫星，仅有 20%～30%能够主动实施变轨，机动到轨道寿命小于 25 年寿命轨道上[8, 12, 13, 14]。因此，本章假设所有星座小卫星均能够在寿命末期进入 25 年寿命轨道，是一种理想的情况。综上，为了可持续开发利用空间资源，对于每一个轨道寿命仍大于 25 年的小卫星，都应具备事后处置能力。

参 考 文 献

[1] Rossi A, Anselmo L, Pardini C, et al. Interaction of the satellite constellations with the low earth orbit debris environment[C]. Mission Design & Implementation of Satellite Constellations, Dordrecht, 1998: 327-335.

[2] Su S Y. Impact of satellite constellation arrangement on the future orbital debris environment[J]. Advances in Space Research, 1997, 19(2): 351-354.

[3] Walker R. Satellite constellation and their long-term impact on the debris environment in low earth orbit[C]. Proceedings of the 2nd European Conference on Space Debris, Darmstadt, 1997:359-366.

[4] Walker R. The long-term interactions of satellite constellations with the orbital debris environment[D]. Southampton: University of Southampton, 2000.

[5] Klinkrad H. Large satellite constellations and related challenges for space debris mitigation[J]. Journal of Space Safety Engineering, 2017,4(2): 59-60.

[6] Katie Dowd.OneWeb Satellites and partners OneWeb and Airbus transform space industry with world's first high-volume satellite production facility in Florida[EB/OL].https://oneweb.net/resources/oneweb-satellites-and-partners-oneweb-and-airbus-transform-space-industry-worlds-first[2022-07-22].

[7] Virgili B B, Krag H. Small satellites and the future space debris environment[C]. 30th International Symposium on Space Technology and Science, Kobe, 2015:1-8.

[8] Virgili B B, Dolado J C, Lewis H G, et al. Risk to space sustainability from large constellations of satellites[J]. Acta Astronautica, 2016, 126: 154-162.

[9] Lewis H G, Radtke J, Beck J, et al. Self-induced collision risk analysis for large constellations [C]. 7th European Conference on Space Debris, Darmstadt, 2017:1-13.

[10] Lewis H G, Radtke J, Rossi A, et al. Sensitivity of the space debris environment to large constellations and small satellites[C]. 7th European Conference on Space Debris, Darmstadt, 2017:1-15.

[11] Rossi A, Alessi E M, Valsecchi G B, et al. A quantitative evaluation of the environmental impact of the mega constellations[C]. 7th European Conference on Space Debris, Darmstadt, 2017:1-11.

[12] Krag H, Lemmens S, Flohrer T, et al. Analysing global achievements in orbital lifetime reduction[C]. 6th European Conference on Space Debris, Darmstadt, 2013: 22-25.

[13] Krag H, Lemmens S, Flohrer T, et al. Global trends in achieving successful end-of-life disposal in LEO and GEO[C]. Proceedings of the 13th International Conference on Space Operations, Pasadena, 2014:1-10.

[14] Morand V, Dolado-Perez J C, Philippe T, et al. Mitigation rules compliance in low earth orbit [J]. Journal of Space Safety Engineering, 2014, 1(2): 84-92.

第 9 章　中轨道卫星轨道长期预报模型

轨道长期预报(long-term orbit predictor, LOP)是一种掌握航天器轨道长期演化及分布情况的常用方法，相较于短期预报，长期预报需要兼顾轨道参数的计算精度和计算效率。因为预报时间尺度很大，主要考虑的轨道根数包括半长轴、轨道倾角、偏心率、升交点赤经和近地点幅角 5 个参数，所以平近点角相对于长期预报为快变量，没有太大的参考意义。

本章以中轨道导航卫星为研究对象，通过分析中轨道导航卫星所受摄动力情况建立摄动力模型，采用半分析法消除一个轨道周期内的短周期项，而后用 Adams-Cowell 积分器对轨道根数积分外推以迅速获得相对准确的轨道形状和空间指向，是一种兼顾计算效率和计算精度的轨道长期预报方法。为了验证长期预报的精度，将轨道根数预报结果与 STK 中的 LOP 工具进行对比，以评估本章采用的长期预报模型的精度。

9.1　摄动力模型的建立

中轨道区域的轨道动力学与低地球轨道区域的轨道动力学有很大不同，主要是因为不需要考虑大气阻力。在近地空间的这一区域，其他扰动(如地球非球形摄动力、太阳/月球三体引力和太阳光压)主导并确定了轨道的演化。废弃卫星在轨运行中受到的作用力，决定了其长期演化的运动状态。图 9.1 给出了航天器受到的摄动力加速度量级(加速度取对数)随轨道高度的变化。

从图 9.1 中可以看出，从低轨道到同步轨道区域，地球非球形摄动力都是最主要的摄动力；随着轨道高度的增加，J_2项摄动力加速度开始衰减，而太阳/月球三体引力摄动力加速度则增加，太阳光压变化不大，但对轨道演化的影响不可忽略。中轨道导航卫星轨道高度为 19000～24000km，因此考虑的摄动力为地球非球形摄动力、太阳/月球三体引力摄动力和太阳光压摄动力。导航卫星在轨过程还受到其他微小摄动力的作用，但其加速度的量级太小，在对中轨道导航卫星轨道长期预报时可以忽略。中轨道导航卫星受到的摄动加速度如下：

$$\boldsymbol{a}_{sd} = \boldsymbol{a}_0 + \boldsymbol{a}_{ns} + \boldsymbol{a}_{sr} + \boldsymbol{a}_S + \boldsymbol{a}_M \tag{9.1}$$

式中，$\boldsymbol{a}_0$ 为地球中心引力项；$\boldsymbol{a}_{ns}$ 为地球非球形摄动项；$\boldsymbol{a}_{sr}$ 为太阳光压摄动项；

$\boldsymbol{a}_S$、$\boldsymbol{a}_M$ 分别为太阳、月球引力摄动项。

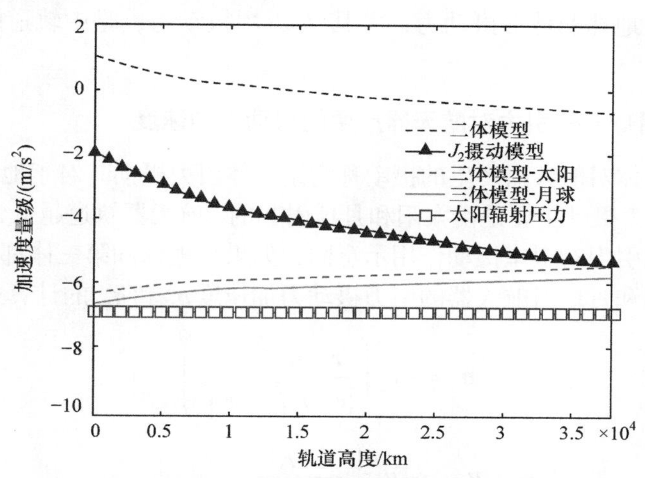

图 9.1　航天器摄动力加速度量级随轨道高度变化曲线

图 9.1 和式(9.1)从整体上分析了中轨道区域航天器所受摄动力的类型及大小，实际上卫星的摄动力计算模型更加复杂，针对不同轨道和精度需要考虑不同重力场模型的阶数以及太阳光压模型等。下面详细介绍中轨道导航卫星的主要摄动力特点及计算公式。

9.1.1　地球非球形摄动力作用特点分析

对于质量分布均匀的球体，其引力场就是质点引力场。但实际上地球的密度分布并不是均匀的，并且地球不是规则的球形，最好的近似也只能看成一个扁球体(旋转椭球体)。由于地球是一个不规则的扁球体，又一直在自转，近地空间任一点的引力位都是随时间的变化而变化的。只有在地球固连坐标系下空间点的引力位是固定的，地球固连坐标系下地球非球形摄动力势函数通常用球谐函数展开，表达式如下：

$$U=\frac{\mu_E}{r}\sum_{n=2}^{\infty}\sum_{m=0}^{n}\left(\frac{R_E}{r}\right)^n P_{nm}(\sin\phi)[C_{nm}\cos(m\varphi)+S_{nm}\sin(m\varphi)] \tag{9.2}$$

式中，地球引力常数 $\mu_E=3.986\times10^{14}\,\mathrm{m}^3/\mathrm{s}^2$；$R_E$ 为地球的平均赤道半径；r、φ、ϕ 分别为航天器在地球固连坐标系的坐标——地心距、经度和纬度；n、m 分别为地球重力场模型的阶数和次数；P_{nm} 为勒让德多项式；C_{nm}、S_{nm} 为地球引力场系数。

由式(9.2)可以看出，地球非球形引力位函数包含两种性质完全不同的球谐项：当 $m=0$ 时，位函数与经度无关，表示带谐项；当 $m\neq0$ 时，位函数与经度有关，表示田谐项，其中 $n=m$，C_{nm}、S_{nm} 又称为扇谐系数，对应的项称为扇谐项。主要带谐项反映天体的扁球形(两极扁，赤道隆起)，而主要田谐项则反映天体赤道是椭圆状的。地球非球形摄动力，尤其是 J_2 项摄动力，是中轨道航天器最主要的摄动力。

9.1.2 太阳/月球三体引力对航天器产生的摄动力加速度

第三个天体对航天器产生的摄动称为第三体引力摄动。对于地球附近的航天器，第三体引力摄动主要是由太阳和月球引起的，航天器轨道越低，摄动力越小。图 9.2 为太阳引力对卫星摄动作用示意图，如果将地球和第三体都看成质点，则不难给出太阳和月球对航天器的引力摄动力加速度 $\boldsymbol{a}_S$ 和 $\boldsymbol{a}_M$ 的计算式[1]：

$$\begin{aligned}\boldsymbol{a}_S &= -\mu_S\left(\frac{\boldsymbol{r}-\boldsymbol{r}_S}{\left|\boldsymbol{r}-\boldsymbol{r}_S\right|^3}+\frac{\boldsymbol{r}_S}{\left|\boldsymbol{r}_S\right|^3}\right)\\ \boldsymbol{a}_M &= -\mu_M\left(\frac{\boldsymbol{r}-\boldsymbol{r}_M}{\left|\boldsymbol{r}-\boldsymbol{r}_M\right|^3}+\frac{\boldsymbol{r}_M}{\left|\boldsymbol{r}_M\right|^3}\right)\end{aligned} \tag{9.3}$$

式中，下标 S、M 分别表示太阳和月球；$\boldsymbol{r}$ 表示航天器在惯性坐标系中的位置矢量；$\boldsymbol{r}-\boldsymbol{r}_S$ 表示太阳到卫星的位置矢量，太阳、月球位置可根据儒略日计算获得。

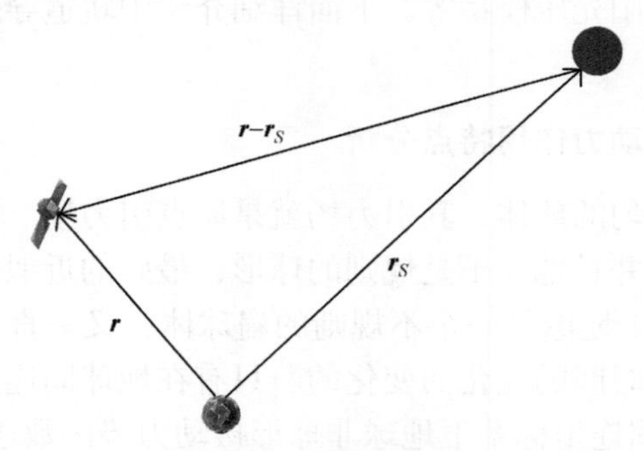

图 9.2　太阳引力对卫星摄动作用示意图

9.1.3 太阳光压对航天器产生的摄动力加速度

太阳光照射在航天器表面，一部分被航天器表面吸收，另一部分被反射，就会对航天器产生一种压力，称为太阳光压。太阳光压大小与航天器表面反射系数和垂直于太阳光的反射面积有关。空间点的光压强度和与太阳的距离有关，取一个日地距离的光压强度为太阳辐射常数，其值为 $4.56\times10^{-6}\text{N/m}^2$，那么距离太阳 $\varDelta$ 处的光压强度为

$$P = P_{\odot}\times\frac{\text{AU}^2}{\varDelta^2} \tag{9.4}$$

式中，$P_{\odot}$ 为太阳辐射常数；AU 为日地平均距离。

航天器所受太阳光压的摄动力加速度可表示为

$$\boldsymbol{a}_{sr} = k_v C_R \frac{A}{m} P_{\odot} \left(\frac{\mathrm{AU}^2}{\left|\boldsymbol{r} - \boldsymbol{r}_S\right|^2} \right) \frac{\boldsymbol{r} - \boldsymbol{r}_S}{\left|\boldsymbol{r} - \boldsymbol{r}_S\right|} \tag{9.5}$$

式中，C_R 为光压参数；A 、m 分别为航天器太阳光照面积和质量；k_v 为阴影系数。

当航天器处于地球本影时，如图 9.3 所示的地球本影区域，$k_v = 0$；当航天器处于光照下时，$k_v = 1$。

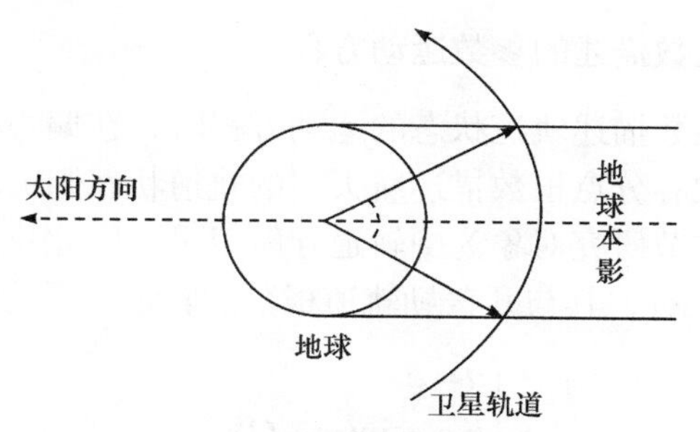

图 9.3　太阳光压地影模型

9.2　长期预报模型的建立

对中轨道区域的航天器轨道进行长期预报，需要按一定的积分步长对航天器的轨道根数进行外推[4]。航天器在摄动力作用下，其轨道状态的变化较为复杂，包含短周期变化、长周期变化和长期变化[5]三部分，如图 9.4 所示。

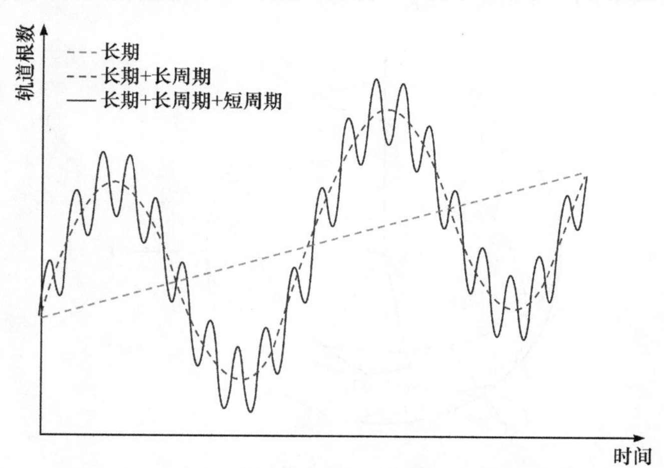

图 9.4　长期演化中航天器轨道的变化特点示意图

航天器的轨道状态可采用开普勒轨道根数描述，平近点M决定了航天器在轨道上的位置，在地球中心引力作用下变化很快，属于短周期变化。长周期变化和长期变化主要体现在其余轨道根数的变化上，主要由地球非球形、太阳光压等摄动力作用引起。

在对航天器进行轨道长期预报时，一般只考虑轨道的长周期变化和长期变化，即平均根数的变化，需要对轨道状态平均化以去除短周期变化。由于去除了短周期变化，积分步长可以设置为数个轨道周期，可以在保证计算精度的情况下大大提高轨道积分外推的计算效率。

9.2.1　利用春分点根数描述的参数运动方程

当采用开普勒根数描述轨道状态的运动方程时，在偏心率和轨道倾角趋于零时无法求解，而选取春分点根数描述航天器的轨道状态则可以有效避免运动方程出现奇异的情况。本节研究对象为中轨道导航卫星，因此只考虑顺行轨道，分点根数记为(a,h,k,p,q,λ)，其与开普勒轨道根数的转换关系为

$$\begin{cases} a = a \\ h = e\sin(\omega + \Omega) \\ k = e\cos(\omega + \Omega) \\ p = \left[\tan(i/2)\right]\sin\Omega \\ q = \left[\tan(i/2)\right]\cos\Omega \\ \lambda = M + \omega + \Omega \end{cases} \tag{9.6}$$

与春分点根数对应，定义分点坐标系$(\hat{\boldsymbol{f}},\hat{\boldsymbol{g}},\hat{\boldsymbol{w}})$，顺行轨道的分点坐标系三轴的方向矢量定义如图 9.5 所示，O_E-XYZ 为 J2000 惯性坐标系。半长轴a与开普勒

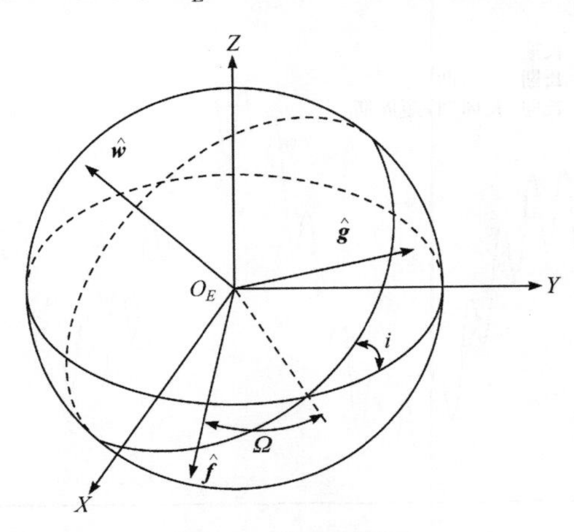

图 9.5　分点坐标系

半长轴相同，偏心率向量的大小与偏心率相等，方向为中心体指向近地点。春分点根数 h 、k 分别为分点坐标系下偏心率向量沿 $\hat{\boldsymbol{f}}$ 轴和 $\hat{\boldsymbol{g}}$ 轴的分量。升交点向量的大小取决于轨道倾角，方向为中心体指向升交点，春分点根数 p 、q 分别为分点坐标系下升交点向量沿 $\hat{\boldsymbol{f}}$ 轴和 $\hat{\boldsymbol{g}}$ 轴的分量。

针对地球固连坐标系，定义方向余弦 (α,β,γ) 为 $\boldsymbol{z}_B$ 轴和分点坐标系 $(\hat{\boldsymbol{f}},\hat{\boldsymbol{g}},\hat{\boldsymbol{w}})$ 夹角的余弦值：

$$\begin{cases}\alpha = \boldsymbol{z}_B \cdot \hat{\boldsymbol{f}} \\ \beta = \boldsymbol{z}_B \cdot \hat{\boldsymbol{g}} \\ \gamma = \boldsymbol{z}_B \cdot \hat{\boldsymbol{w}}\end{cases} \tag{9.7}$$

在 J2000 惯性坐标系下航天器的运动方程为

$$\ddot{\boldsymbol{r}} = -\frac{\mu \boldsymbol{r}}{r^3} + \nabla R_S + \boldsymbol{f}_{\text{non}} \tag{9.8}$$

式中，R_S 为一种类似势能的函数，是由保守摄动力得到的摄动函数；$\boldsymbol{f}_{\text{non}}$ 为航天器受到的非保守摄动力加速度。

运动方程(9.8)是由航天器的位置和速度描述的，将其转化为轨道根数变化率随轨道根数变化的参数运动方程。文献[6]～[8]用 $(a_1,a_2,\cdots,a_6)$ 分别表示春分点根数 (a,h,k,p,q,λ) ，参数运动方程用春分点根数描述为

$$\dot{a}_i = n\delta_{i6} + \frac{\partial a_i}{\partial \dot{\boldsymbol{r}}}\boldsymbol{f}_{\text{non}} - \sum_{j=1}^{6}(a_i,a_j)\frac{\partial R_S}{\partial a_j}, \quad i=1,2,\cdots,6 \tag{9.9}$$

式中，n 为卫星运行的平均角速度；δ_{i6} 为克罗内克函数，其值为 $(0,0,0,0,0,1)$ 。

(a_i,a_j) 的运算规则为

$$(a_i,a_j) = \frac{\partial a_i}{\partial \boldsymbol{r}}\frac{\partial a_j}{\partial \dot{\boldsymbol{r}}} - \frac{\partial a_i}{\partial \dot{\boldsymbol{r}}}\frac{\partial a_j}{\partial \boldsymbol{r}} \tag{9.10}$$

参数运动方程(9.9)轨道根数变化率由三部分组成，等号右边第一项为二体部分；第二项为非保守摄动部分，也称为高斯项；第三部分为保守摄动部分，也称为拉格朗日项。参数运动方程的拉格朗日项包含摄动函数对 p 和 q 的偏导数。然而，摄动函数 R_S 不能简单地用 p 和 q 来描述，最好将 R_S 表示为关于轨道根数 (a,h,k,λ) 和方向余弦 (α,β,λ) 的函数。为了方便描述，引入中间变量 A 、B 和 C ，分别定义为

$$\begin{cases}A = \sqrt{\mu a} \\ B = \sqrt{1-h^2-k^2} \\ C = 1+p^2+q^2\end{cases} \tag{9.11}$$

引入交叉微分算子$U_{,\alpha\beta}$，定义为

$$U_{,\alpha\beta} = \alpha\frac{\partial U}{\partial \beta} - \beta\frac{\partial U}{\partial \alpha} \tag{9.12}$$

通过应用链式规则获得摄动函数R_S对p和q的偏导数：

$$\begin{cases} \dfrac{\partial R_S}{\partial p} = \dfrac{2}{C}\left(R_{S_{,\alpha\gamma}} + qR_{S_{,\alpha\beta}}\right) \\ \dfrac{\partial R_S}{\partial q} = -\dfrac{2}{C}\left(R_{S_{,\beta\gamma}} + qR_{S_{,\alpha\beta}}\right) \end{cases} \tag{9.13}$$

计算可得拉格朗日形式的参数运动方程为

$$\begin{cases} \dfrac{\mathrm{d}a}{\mathrm{d}t} = \dfrac{2a}{A}\dfrac{\partial R_S}{\partial \lambda} \\ \dfrac{\mathrm{d}h}{\mathrm{d}t} = \dfrac{B}{A}\dfrac{\partial R_S}{\partial k} + \dfrac{k}{AB}\left(pR_{S_{,\alpha\gamma}} - qR_{S_{,\beta\gamma}}\right) - \dfrac{hB}{A(1+B)}\dfrac{\partial R_S}{\partial \lambda} \\ \dfrac{\mathrm{d}k}{\mathrm{d}t} = -\left[\dfrac{B}{A}\dfrac{\partial R_S}{\partial h} + \dfrac{h}{AB}\left(pR_{S_{,\alpha\gamma}} - qR_{S_{,\beta\gamma}}\right) + \dfrac{kB}{A(1+B)}\dfrac{\partial R_S}{\partial \lambda}\right] \\ \dfrac{\mathrm{d}p}{\mathrm{d}t} = \dfrac{C}{2AB}\left[p\left(R_{S_{,hk}} - R_{S_{,\alpha\beta}} - \dfrac{\partial R_S}{\partial \lambda}\right) - R_{S_{,\beta\gamma}}\right] \\ \dfrac{\mathrm{d}q}{\mathrm{d}t} = \dfrac{C}{2AB}\left[q\left(R_{S_{,hk}} - R_{S_{,\alpha\beta}} - \dfrac{\partial R_S}{\partial \lambda}\right) - R_{S_{,\alpha\gamma}}\right] \\ \dfrac{\mathrm{d}\lambda}{\mathrm{d}t} = -\dfrac{2a}{A}\dfrac{\partial R_S}{\partial a} + \dfrac{B}{A(1+B)}\left(h\dfrac{\partial R_S}{\partial h} + k\dfrac{\partial R_S}{\partial k}\right) + \dfrac{1}{AB}\left(pR_{S_{,\alpha\gamma}} - qR_{S_{,\beta\gamma}}\right) \end{cases} \tag{9.14}$$

9.2.2 参数运动方程的一阶平均解

通过平均法可以将参数运动方程(9.9)分为两部分：短周期项以及将数值积分步长设为数个周期的慢变化部分。从参数运动方程中分离出短周期项，得到航天器平均根数的变化规律。本节简要地描述参数运动方程(9.9)平均化的过程，具体细节参见文献[7]～[9]。为了应用平均法，将密切根数在平均根数的邻域内展开：

$$\hat{a}_i = a_i + \sum_{j=1}^{\infty} \varepsilon^j \eta_i^j(\boldsymbol{a}, t) \tag{9.15}$$

式中，$\hat{a}_i$为密切根数；a_i为平均根数；$\varepsilon^j \eta_i^j$为一个很小的短周期变化量；η_i^j为第i个轨道根数的第j阶短周期变化项。

在参数运动方程(9.9)中引入参数ε，ε的取值范围为[0,1]，参数运动方程可

改写为

$$\dot{\hat{a}}_i = n(\hat{a})\delta_{i6} + \varepsilon F_i(\hat{a},\hat{h},\hat{k},\hat{p},\hat{q},t), \quad i=1,2,\cdots,6 \tag{9.16}$$

式中

$$F_i(\hat{a},t) = \frac{\partial \hat{a}_i}{\partial \dot{r}} \cdot f_{\text{non}} - \sum_{j=1}^{6}(\hat{a}_i,\hat{a}_j)\frac{\partial R_S}{\partial \hat{a}_i} \tag{9.17}$$

εF_i 项给出了摄动力作用下密切根数的变化率，对于平均根数的参数运动方程，本节假定为以下形式：

$$\frac{\mathrm{d}a_i}{\mathrm{d}t} = n(a)\delta_{i6} + \sum_{j=1}^{\infty}\varepsilon^j A_i^j(a,h,k,p,q,t) \tag{9.18}$$

式中，$\varepsilon^j A_i^j$ 为平均根数的变化率。此时，摄动力是关于平均根数的函数。对于大多数摄动力，A_i^j 与快变量 λ 无关。F_i 和 A_i^j 是时间 t 的显示函数，因为当卫星位置和速度保持恒定时，摄动力可能随时间变化(如太阳、月球运动)。

结合密切根数运动方程(9.15)和平均根数运动方程(9.18)，将式(9.16)中密切根数函数在平均根数的邻域内展开：

$$\begin{aligned} F_i(\hat{\boldsymbol{a}},t) &= F_i\left[\begin{matrix} a+\sum\limits_{j=1}^{\infty}\varepsilon^j\eta_1^j(\boldsymbol{a},t), h+\sum\limits_{j=1}^{\infty}\varepsilon^j\eta_2^j(\boldsymbol{a},t), k+\sum\limits_{j=1}^{\infty}\varepsilon^j\eta_3^j(\boldsymbol{a},t), \\ p+\sum\limits_{j=1}^{\infty}\varepsilon^j\eta_4^j(\boldsymbol{a},t), q+\sum\limits_{j=1}^{\infty}\varepsilon^j\eta_5^j(\boldsymbol{a},t), \lambda+\sum\limits_{j=1}^{\infty}\varepsilon^j\eta_6^j(\boldsymbol{a},t) \end{matrix}\right] \\ &= F_i(\boldsymbol{a},t) + \sum_{j=1}^{\infty}\varepsilon^j f_i^j(\boldsymbol{a},t) \end{aligned} \tag{9.19}$$

式中

$$\begin{cases} f_i^1 = \sum\limits_{j=1}^{6}\dfrac{\partial F_i(\boldsymbol{a},t)}{\partial a_j}\eta_j^1 \\ f_i^2 = \sum\limits_{j=1}^{6}\dfrac{\partial F_i(\boldsymbol{a},t)}{\partial a_j}\eta_j^2 + \dfrac{1}{2}\sum\limits_{j=1}^{6}\sum\limits_{k=1}^{6}\dfrac{\partial^2 F_i(\boldsymbol{a},t)}{\partial a_j \partial a_k}\eta_j^1\eta_k^1 \end{cases} \tag{9.20}$$

类似地，将平均运动角速率函数 $n(\hat{a})$ 在平均根数的邻域内展开：

$$n(\hat{a}) = n\left[a+\sum_{j=1}^{\infty}\varepsilon^j\eta_1^j(\boldsymbol{a},t)\right] = n(a) + \sum_{j=1}^{\infty}\varepsilon^j N^j(a) \tag{9.21}$$

式中

$$\begin{cases} N^1 = -\dfrac{3}{2}\dfrac{\eta_1^1}{a}n(a) \\ N^2 = \left[-\dfrac{3}{2}\dfrac{\eta_1^2}{a} + \dfrac{15}{4}\dfrac{(\eta_1^1)^2}{a^2}\right]n(a) \\ N^3 = \left[-\dfrac{3}{2}\dfrac{\eta_1^3}{a} + \dfrac{15}{4}\dfrac{\eta_1^1\eta_1^2}{a^2} - \dfrac{35}{16}\dfrac{(\eta_1^1)^3}{a^3}\right]n(a) \\ \vdots \end{cases} \tag{9.22}$$

在获得上述展开形式的运动方程后，就能求解平均运动方程。首先，将式(9.15)对时间 t 微分，通过方程(9.18)获得密切根数变化率的表达式为

$$\frac{\mathrm{d}\hat{a}_i}{\mathrm{d}t} = n(a)\delta_{i6} + \sum_{j=1}^{\infty}\left\{\varepsilon^j\left[\frac{\partial \eta_i^j(\boldsymbol{a},t)}{\partial \lambda}n(a) + A_i^j + \frac{\partial \eta_i^j}{\partial t}\right]\right\} + \sum_{j=1}^{\infty}\sum_{l=1}^{\infty}\sum_{k=1}^{6}\varepsilon^{j+l}\frac{\partial \eta_i^j(\boldsymbol{a},t)}{\partial a_k}A_k^l \tag{9.23}$$

然后，将式(9.19)～式(9.22)代入式(9.16)，获得密切根数变化率的另一个表达式：

$$\frac{\mathrm{d}\hat{a}_i}{\mathrm{d}t} = n(a)\delta_{i6} + \varepsilon\left[F_i(\boldsymbol{a},t) + N^1(a)\delta_{i6}\right] + \sum_{j=1}^{\infty}\varepsilon^{j+1}\left[f_i^j(\boldsymbol{a},t) + N^{j+1}(a)\delta_{i6}\right] \tag{9.24}$$

任意参数 ε 属于[0,1]，密切根数变化率的两个表达式都相等，因此对于 $j=0,1,2,\cdots$，ε^j 项的系数也应该相等，分别得到 j 阶的方程如下：

$$\begin{cases} A_i^1 + \dfrac{\partial \eta_i^1}{\partial \lambda}n(a) + \dfrac{\partial \eta_i^1}{\partial t} = F_i(\boldsymbol{a},t) + N^1(a)\delta_{i6} \\ A_i^2 + \dfrac{\partial \eta_i^2}{\partial \lambda}n(a) + \dfrac{\partial \eta_i^2}{\partial t} = f_i^1 + N^2\delta_{i6} - \sum\limits_{k=1}^{6}\dfrac{\partial \eta_i^1}{\partial a_k}A_k^1 \\ A_i^3 + \dfrac{\partial \eta_i^3}{\partial \lambda}n(a) + \dfrac{\partial \eta_i^3}{\partial t} = f_i^3 + N^4\delta_{i6} - \sum\limits_{k=1}^{6}\left(\dfrac{\partial \eta_i^1}{\partial a_k}A_k^2 + \dfrac{\partial \eta_i^2}{\partial a_k}A_k^1\right) \\ \vdots \end{cases} \tag{9.25}$$

通过对式(9.25)求平均可以得到平均根数的变化率 A_i^j。同时，因为短周期项 η_i^1 和 $N^1(a)$ 是关于快变量 λ 的周期性函数，对式(9.25)的第一行求平均，得到一阶项平均根数的变化率：

$$A_i^1 = \langle F_i(\boldsymbol{a},t) \rangle \tag{9.26}$$

式中，平均算子“$\langle\cdot\rangle$”定义为摄动函数对平经度 λ 在一个周期内求平均：

$$<F_{i,\alpha}(\boldsymbol{a},t)>=\frac{1}{2\pi}\int_{-\pi}^{\pi}F_{i,\alpha}(\boldsymbol{a},t)\mathrm{d}\lambda \tag{9.27}$$

一阶平均运动方程的形式可写为

$$\frac{\mathrm{d}a_i}{\mathrm{d}t}=n(a)\delta_{i6}+<F_i(\boldsymbol{a},t)> \tag{9.28}$$

密切根数的变化率函数 F_i 、平均根数的变化率函数 A_i^j 和短周期项 η_i^j 包含不同摄动力的影响，并且各摄动力作用不相关。为了获得 A_i^j 和 η_i^j 的具体表达式，需要将平均运动方程(9.28)拆分成不同摄动力作用的叠加：

$$\frac{\mathrm{d}a_i}{\mathrm{d}t}=n(a)\delta_{i6}+\sum_{\nu}<F_{i,\nu}(\boldsymbol{a},t)> \tag{9.29}$$

式中，ν 为摄动力的种类。

在对不同摄动力求平均摄动函数 $<F_{i,\nu}(\boldsymbol{a},t)>$ 时，可以得到保守摄动力作用下解析的平均摄动函数；对于非保守摄动力，只能通过在一个周期内求平均的方法获得平均摄动函数。平均摄动函数的具体求解还需要考虑很多因素，具体可参考文献[6]和[10]。对于模型精度要求不是特别高的情况，求得平均根数的一阶变化率就足够了，本节简要地给出平均根数在不同摄动力作用下的一阶变化率。

1. 地球非球形带谐项作用下平均根数的一阶变化率

对于地球非球形带谐项，令式(9.2)中 $m=0$ ，即可得到地球非球形带谐项的平均势函数：

$$\bar{U}^z=-\frac{\mu}{a}\sum_{s=0}^{N-2}\sum_{n=s+2}^{N}(2-\delta_{0s})\left(\frac{R}{a}\right)^n J_n V_{n,s}K_0^{-n-1,s}Q_{n,s}G_s \tag{9.30}$$

式中，a 为航天器轨道半长轴；N 为带谐项的最高阶数；R 为地球平均赤道半径；J_n 为重力场带谐项系数；$V_{n,s}$、$K_0^{-n-1,s}$、$Q_{n,s}$、G_s 为系数。

对于系数 $V_{n,s}$ ，若 $n-s$ 为奇数，则 $V_{n,s}=0$ ；若 $n-s$ 为偶数，则有

$$V_{n+2,s}=-\frac{n-s+1}{n+s+2}V_{n,s} \tag{9.31}$$

式(9.31)的初始启动项为

$$\begin{cases}V_{0,0}=1\\ V_{s+1,s+1}=\left(\dfrac{1}{2s+2}\right)V_{s,s}\end{cases} \tag{9.32}$$

式(9.30)中 $K_0^{-n-1,s}$ 为 Hansen 系数，迭代公式为

$$K_0^{-n-1,s}=\begin{cases}0, & n=s\geqslant 1\\ \dfrac{\chi^{1+2s}}{2^s}, & n=s+1\geqslant 1\\ \dfrac{(n-1)\chi^2}{(n+s-1)(n-s-1)}\begin{bmatrix}(2n-3)K_0^{-n,s}\\ -(n-2)K_0^{-n+1,s}\end{bmatrix}, & 2\leqslant s+2\leqslant n\end{cases} \tag{9.33}$$

式中，$\chi=1/\sqrt{1-e^2}=1/\sqrt{1-h^2-k^2}$。

系数$Q_{n,s}=Q_{n,s}(\gamma)$，可通过下述迭代公式进行计算：

$$Q_{n,s}(\gamma)=\begin{cases}(2s-1)Q_{s-1,s-1}(\gamma), & n=s\\ (2s+1)\gamma Q_{s,s}(\gamma), & n=s+1\\ \dfrac{(2n-1)\gamma Q_{n-1,s}(\gamma)-(n+s-1)Q_{n-2,s}(\gamma)}{n-s}, & n>s+1\end{cases} \tag{9.34}$$

系数$Q_{n,s}$的初始项为$Q_{n,s}=1$，多项式G_s和H_s的迭代计算公式分别为

$$\begin{cases}G_s=(k\alpha+h\beta)G_{s-1}-(h\alpha-k\beta)H_{s-1}, & G_0=1\\ H_s=(h\alpha-k\beta)G_{s-1}+(k\alpha+h\beta)H_{s-1}, & H_0=0\end{cases} \tag{9.35}$$

对平均势函数$\bar{U}^z$求导，并将其代入拉格朗日形式的运动方程(9.14)，得到地球非球形带谐项摄动力作用下的一阶平均运动方程：

$$\begin{cases}\dfrac{\mathrm{d}a}{\mathrm{d}t}=0\\ \dfrac{\mathrm{d}h}{\mathrm{d}t}=\dfrac{B}{A}\dfrac{\partial\bar{U}^z}{\partial k}+\dfrac{k}{AB}\left(p\bar{U}^z_{,\alpha\gamma}-q\bar{U}^z_{,\beta\gamma}\right)\\ \dfrac{\mathrm{d}k}{\mathrm{d}t}=-\dfrac{B}{A}\dfrac{\partial\bar{U}^z}{\partial h}-\dfrac{h}{AB}\left(p\bar{U}^z_{,\alpha\gamma}-q\bar{U}^z_{,\beta\gamma}\right)\\ \dfrac{\mathrm{d}p}{\mathrm{d}t}=-\dfrac{C}{2AB}\bar{U}^z_{,\beta\gamma}\\ \dfrac{\mathrm{d}q}{\mathrm{d}t}=-\dfrac{C}{2AB}\bar{U}^z_{,\alpha\gamma}\\ \dfrac{\mathrm{d}\lambda}{\mathrm{d}t}=-\dfrac{2a}{A}\dfrac{\partial\bar{U}^z}{\partial a}+\dfrac{B}{A(1+B)}\left(h\dfrac{\partial\bar{U}^z}{\partial h}+k\dfrac{\partial\bar{U}^z}{\partial k}\right)+\dfrac{1}{AB}\left(p\bar{U}^z_{,\alpha\gamma}-q\bar{U}^z_{,\beta\gamma}\right)\end{cases} \tag{9.36}$$

2. 太阳/月球三体引力作用下平均根数的一阶变化率

对于太阳/月球三体引力摄动，重新定义方向余弦(α,β,γ)为第三体质心相对于地球质心的位置矢量$\boldsymbol{R}_3$与分点坐标系$(\hat{\boldsymbol{f}},\hat{\boldsymbol{g}},\hat{\boldsymbol{w}})$轴夹角的余弦值：

$$\begin{cases} \alpha = \dfrac{\boldsymbol{R}_3}{R_3} \cdot \hat{\boldsymbol{f}} \\ \beta = \dfrac{\boldsymbol{R}_3}{R_3} \cdot \hat{\boldsymbol{g}} \\ \gamma = \dfrac{\boldsymbol{R}_3}{R_3} \cdot \hat{\boldsymbol{w}} \end{cases} \tag{9.37}$$

采用平均算子对第三体引力摄动函数平均化，得到其一阶平均摄动函数如下：

$$\bar{U}^T = -\frac{\mu_3}{R_3} \sum_{s=0}^{N} \sum_{n=\max(2,s)}^{N} (2-\delta_{0s}) \left(\frac{a}{R_3}\right)^n V_{n,s} K_0^{n,s} Q_{n,s} G_s \tag{9.38}$$

式中，μ_3 为第三体引力常数；R_3 为第三体到地球的距离。

式(9.38)中系数 $V_{n,s}$、$Q_{n,s}$ 和 G_s 分别利用式(9.31)、式(9.33)和式(9.34)计算，系数 $K_0^{n,s}$ 的迭代公式为

$$K_0^{n,s} = \begin{cases} \dfrac{2s-1}{s} K_0^{s-2,s-1}, & n = s-1 \geqslant 1 \\ \dfrac{2s+1}{s+1} K_0^{s-1,s}, & n = s \geqslant 1 \\ \dfrac{2n+1}{n+1} K_0^{n-1,s} - \dfrac{(n+s)(n-s)}{n(n+1)\chi^2} K_0^{n-2,s}, & n \geqslant s+1 \geqslant 2 \end{cases} \tag{9.39}$$

初始项为 $K_0^{0,0} = 1$，$K_0^{0,1} = -1$。

对第三体引力的平均摄动函数 $\bar{U}^T$ 求导，并将其代入拉格朗日形式的运动方程(9.14)，得到第三体引力摄动力作用下的一阶平均运动方程，其在形式上与式(9.36)相同。

$$\begin{cases} \dfrac{\mathrm{d}a}{\mathrm{d}t} = 0 \\ \dfrac{\mathrm{d}h}{\mathrm{d}t} = \dfrac{B}{A}\dfrac{\partial \bar{U}^T}{\partial k} + \dfrac{k}{AB}\left(p\bar{U}^T_{,\alpha\gamma} - q\bar{U}^T_{,\beta\gamma}\right) \\ \dfrac{\mathrm{d}k}{\mathrm{d}t} = -\dfrac{B}{A}\dfrac{\partial \bar{U}^T}{\partial h} - \dfrac{h}{AB}\left(p\bar{U}^T_{,\alpha\gamma} - q\bar{U}^T_{,\beta\gamma}\right) \\ \dfrac{\mathrm{d}p}{\mathrm{d}t} = -\dfrac{C}{2AB}\bar{U}^T_{,\beta\gamma} \\ \dfrac{\mathrm{d}q}{\mathrm{d}t} = -\dfrac{C}{2AB}\bar{U}^T_{,\alpha\gamma} \\ \dfrac{\mathrm{d}\lambda}{\mathrm{d}t} = -\dfrac{2a}{A}\dfrac{\partial \bar{U}^T}{\partial a} + \dfrac{B}{A(1+B)}\left(h\dfrac{\partial \bar{U}^T}{\partial h} + k\dfrac{\partial \bar{U}^T}{\partial k}\right) + \dfrac{1}{AB}\left(p\bar{U}^T_{,\alpha\gamma} - q\bar{U}^T_{,\beta\gamma}\right) \end{cases} \tag{9.40}$$

3. 地球非球形田谐项作用下平均根数的一阶变化率

在定轨和轨道预报中，人们往往只关注地球非球形带谐项而忽略了田谐项，因为田谐项对轨道的影响大多数情况下为短周期效应[11]。但当航天器运行的轨道周期与地球自转周期的比值为简单整数比时，会发生轨道共振，使得航天器的轨道状态呈现长期变化[10]。定义地球自转角为θ，航天器赤经为α_B，则航天器的地理经度为赤经与地球自转角的差值：

$$\varphi = \alpha_B - \theta \tag{9.41}$$

将航天器的地理经度φ替代式(3.2)中的经度φ，则田谐项势函数可用地球自转角θ来描述，其平均摄动函数的形式为

$$\begin{aligned}\bar{U}^{RT} &= \frac{1}{4\pi^2}\int_0^{2\pi}\int_0^{2\pi} U(\boldsymbol{a},\theta,t)\mathrm{d}\lambda\mathrm{d}\theta \\ &+ \mathrm{Re}\left[\frac{1}{2\pi^2}\sum_{(j,m)\in B} \mathrm{e}^{\mathrm{i}(j\lambda - m\theta)}\int_0^{2\pi}\int_0^{2\pi} U(\boldsymbol{a},\theta,t)\,\mathrm{e}^{-\mathrm{i}(j\lambda-m\theta)}\,\mathrm{d}\lambda\mathrm{d}\theta\right]\end{aligned} \tag{9.42}$$

式中，i为虚数；Re[·]为选取函数的实数部分。

集合B为满足式(9.43)的正整数集，当航天器运行的轨道周期与地球自转周期的比值为简单的整数比(或偏差很小)时，就会发生田谐项共振，此时田谐项对轨道的长期摄动影响不能忽略。对于大部分航天器的轨道，集合B可能为空集，中轨道导航卫星则接近1∶2共振区域。

$$B = \left\{(m,j)\middle| m\dot{\lambda} = j\dot{\theta}, m\in\mathbb{N}_+, j\in\mathbb{N}_+\right\} \tag{9.43}$$

对田谐项平均摄动函数$\bar{U}^{RT}$求导，并将其代入拉格朗日形式的运动方程(9.14)，得到其一阶平均运动方程：

$$\begin{cases}\dfrac{\mathrm{d}a}{\mathrm{d}t} = \dfrac{2a}{A}\dfrac{\partial \bar{U}^{RT}}{\partial\lambda} \\ \dfrac{\mathrm{d}h}{\mathrm{d}t} = \dfrac{B}{A}\dfrac{\partial\bar{U}^{RT}}{\partial k} + \dfrac{k}{AB}\left(p\bar{U}^{RT}_{,\alpha\gamma} - q\bar{U}^{RT}_{,\beta\gamma}\right) - \dfrac{hB}{A(1+B)}\dfrac{\partial\bar{U}^{RT}}{\partial\lambda} \\ \dfrac{\mathrm{d}k}{\mathrm{d}t} = -\dfrac{B}{A}\dfrac{\partial\bar{U}^{RT}}{\partial h} - \dfrac{h}{AB}\left(p\bar{U}^{RT}_{,\alpha\gamma} - q\bar{U}^{RT}_{,\beta\gamma}\right) - \dfrac{kB}{A(1+B)}\dfrac{\partial\bar{U}^{RT}}{\partial\lambda} \\ \dfrac{\mathrm{d}p}{\mathrm{d}t} = -\dfrac{C}{2AB}\left[p\left(\bar{U}^{RT}_{,hk} - \bar{U}^{RT}_{,\alpha\beta} - \dfrac{\partial\bar{U}^{RT}}{\partial\lambda}\right) - \bar{U}^{RT}_{,\beta\gamma}\right] \\ \dfrac{\mathrm{d}q}{\mathrm{d}t} = -\dfrac{C}{2AB}\left[q\left(\bar{U}^{RT}_{,hk} - \bar{U}^{RT}_{,\alpha\beta} - \dfrac{\partial\bar{U}^{RT}}{\partial\lambda}\right) - \bar{U}^{RT}_{,\alpha\gamma}\right] \\ \dfrac{\mathrm{d}\lambda}{\mathrm{d}t} = -\dfrac{2a}{A}\dfrac{\partial\bar{U}^{RT}}{\partial a} + \dfrac{B}{A(1+B)}\left(h\dfrac{\partial\bar{U}^{RT}}{\partial h} + k\dfrac{\partial\bar{U}^{RT}}{\partial k}\right) + \dfrac{1}{AB}\left(p\bar{U}^{RT}_{,\alpha\gamma} - q\bar{U}^{RT}_{,\beta\gamma}\right)\end{cases} \tag{9.44}$$

4. 太阳光压作用下平均根数的一阶变化率

太阳光压摄动力为非保守摄动力，不能通过平均算子获得解析的平均摄动函数，根据运动方程(9.9)，太阳光压作用下平均根数变化率通过对平经度 λ 积分的方法求解。

$$\dot{a}_i = \frac{1}{2\pi}\int_{-\pi}^{\pi} \frac{\partial a_i}{\partial \dot{\boldsymbol{r}}} \boldsymbol{f}_{\text{non}} \mathrm{d}\lambda, \quad i = 1,2,\cdots,6 \tag{9.45}$$

春分点根数对速度的偏导数和摄动力 $\boldsymbol{f}_{\text{non}}$ 是航天器位置矢量的函数，用真近点角 f 描述更加方便。引入真经度 L 和偏经度 F 两个辅助经度，它们与开普勒偏真近点角 f 和近地点角 E 的关系分别为

$$\begin{cases} L = f + \omega + I\Omega \\ F = E + \omega + I\Omega \end{cases} \tag{9.46}$$

为了求解偏经度 F，需要先求解关于偏经度 F 和平经度 λ 的开普勒方程(9.47)，再通过式(9.48)求解真经度 L。

$$\lambda = F + h\cos F - k\sin F \tag{9.47}$$

$$\begin{cases} \sin L = \dfrac{(1-k^2 b)\sin F + hkb\cos F - h}{1 - h\sin F - k\cos F} \\[2ex] \cos L = \dfrac{(1-h^2 b)\cos F + hkb\sin F - k}{1 - h\sin F - k\cos F} \end{cases} \tag{9.48}$$

式中，$b = (1+B)^{-1}$。

根据式(9.46)～式(9.48)平经度 λ 和四个经度之间的关系，将式(9.45)转化为关于真经度 L 的积分：

$$\dot{a}_i = \frac{1}{2\pi B}\int_{0}^{2\pi} \left(\frac{r}{a}\right)^2 \frac{\partial a_i}{\partial \dot{\boldsymbol{r}}} \boldsymbol{f}_{\text{non}} \mathrm{d}L \tag{9.49}$$

式中，地心距 r 也可以用真经度 L 表示：

$$r = \frac{a(1-h^2-k^2)}{1 + h\sin L + k\cos F} \tag{9.50}$$

因此，春分点根数和摄动力 $\boldsymbol{f}_{\text{non}}$ 都是关于真经度 L 的函数，再利用数值方法对式(9.49)的平均根数变化率进行求解。

式(9.36)、式(9.40)、式(9.44)和式(9.45)是不同摄动力作用下，航天器平均根数的一阶变化率方程，先将不同摄动力作用下的春分点根数一阶变化率相加，再利用数值方法对航天器轨道状态外推更新，可以计算出航天器预报时刻的平均根数。式(9.36)、式(9.40)、式(9.44)和式(9.45)共同构成了中轨道导航卫星轨道长期

预报模型。

9.3　中轨道卫星长期预报模型精度验证

利用上述半分析法轨道长期预报模型，对中轨道区域航天器的轨道根数进行长期外推更新。在轨道长期预报模型的精度验证上，采用与 STK 中 LOP 模型进行对比，以评估其精度性能。分别选取中轨道区域北斗导航卫星系统(BeiDou navigation satellite system, BDS)卫星和GLONASS卫星的典型轨道进行100年的长期预报，选取的轨道初始参数如表 9.1 所示。

表 9.1　选取的轨道初始参数

轨道	半长轴/km	偏心率	轨道倾角/(°)	升交点赤经/(°)	近地点幅角/(°)	平近点角/(°)
轨道 1	25508	0.001	65	34	0	0
轨道 2	27906	0.001	55	150	0	0

根据导航卫星的特点，卫星的质量设为 1000kg，截面积为 20m^2。半分析法轨道长期预报模型的摄动力包括地球非球形摄动力、太阳/月球三体引力和太阳光压。重力场势函数的阶数为 4×4，太阳光压系数 C_R 取为 1.3。在利用半分析法轨道长期预报模型对轨道根数进行外推更新时，采用 4 阶龙格-库塔积分器求解太阳光压摄动力作用下平均根数的变化率，积分步长设置为 0.1rad。轨道根数积分外推则采用 4 阶 Adams-Cowell 预估校正方法进行求解[12]，积分步长设置为 1 天。STK 中 LOP 模型的摄动力和参数设置与半分析法轨道长期预报模型相同。

针对表 9.1 中的轨道 1，轨道根数与 GLONASS 卫星相符合。对轨道 1 进行了 100 年的向后推演，图 9.6～图 9.10 分别给出了不同轨道根数的长期演化结果。图中虚线表示 STK 中 LOP 模型计算结果，实线表示半分析法轨道长期预报模型的计算结果，点划线为两模型预报结果偏差的绝对值。图 9.6 为轨道 1 半长轴的长期演化结果，半分析法轨道长期预报模型的长期演化趋势与 LOP 模型是一致的，只是 LOP 模型短周期性的变化更加明显，半长轴最大偏差保持在 5km 以内，如图中点划线所示。

图 9.7 为航天器轨道 1 偏心率 100 年长期演化结果，利用半分析法轨道长期预报模型得到的偏心率演化结果与 LOP 模型的演化结果在长期变化趋势上保持一致，100 年内两者轨道偏心率的偏差控制在 0.0012 以内。图 9.8 为轨道 1 轨道倾角 100 年长期演化结果，随着演化时间的后推，轨道倾角的偏差存在长期积累和长周期变化，但轨道倾角的最大偏差控制在 1°以内。

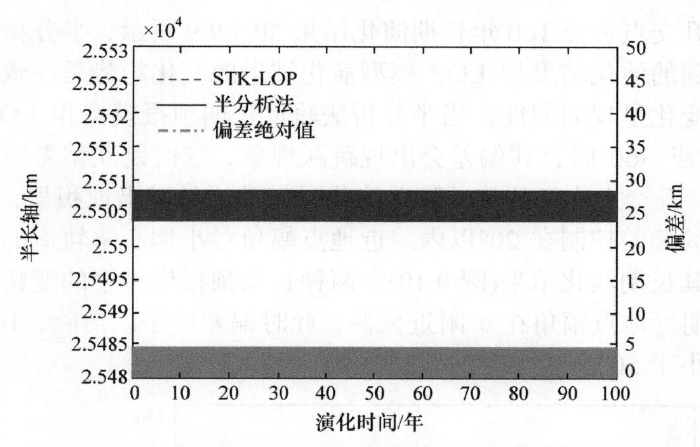

图 9.6　轨道 1 半长轴 100 年长期演化结果(见彩图)

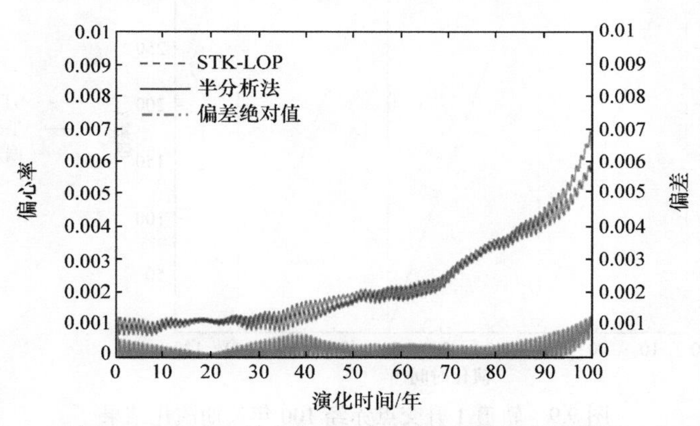

图 9.7　轨道 1 偏心率 100 年长期演化结果(见彩图)

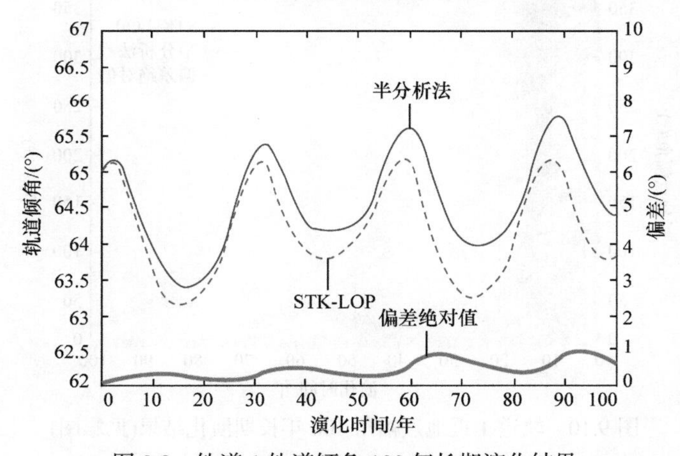

图 9.8　轨道 1 轨道倾角 100 年长期演化结果

轨道 1 升交点赤经 100 年长期演化结果如图 9.9 所示，半分析法轨道长期预报模型得到的演化结果与 LOP 模型演化结果的变化趋势是一致的。由于升交点赤经的变化呈现周期性，当半分析法轨道长期预报模型和 LOP 模型的结果出现在 0°或 360°时，其偏差会出现跳跃现象，这时跳跃偏差应予以消除，使偏差连续。升交点赤经的偏差随着演化时间的增长而出现积累，但 100 年内升交点赤经的偏差控制在 20°以内。近地点幅角对小偏心率轨道的参考意义不是特别大，其长期演化结果(图 9.10)在两种长期预报模型中的变化趋势是一致的。由于早期近地点幅角在 0°附近振荡，此时偏差应予以消除，100 年内近地点幅角偏差小于 50°。

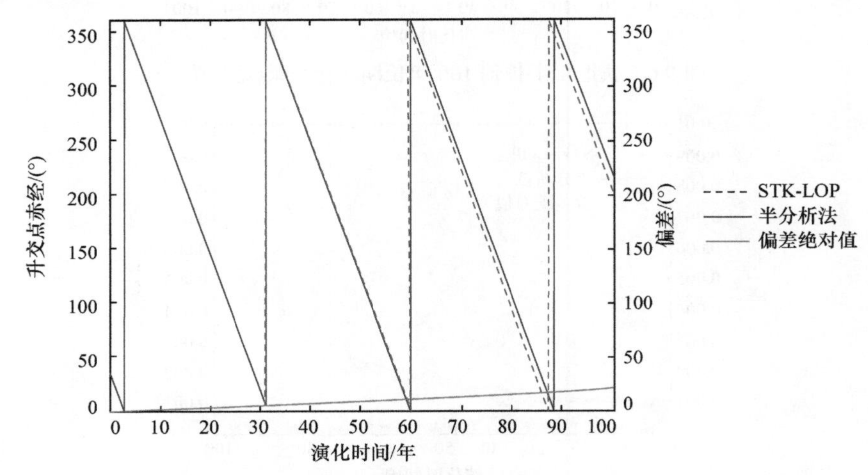

图 9.9　轨道 1 升交点赤经 100 年长期演化结果

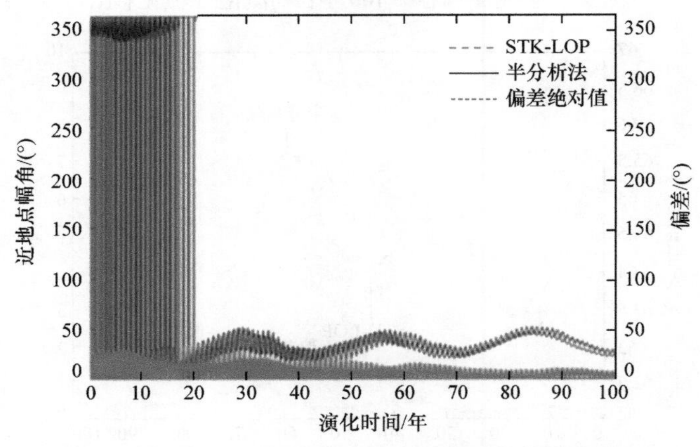

图 9.10　轨道 1 近地点幅角 100 年长期演化结果(见彩图)

对于表 9.1 中航天器轨道 2，轨道状态与中轨道 BDS 卫星相符，对轨道 2

进行 100 年向后推演,并与 LOP 模型进行对比,各轨道根数演化结果如图 9.11～图 9.15 所示。图 9.11 为轨道 2 半长轴 100 年长期演化结果，可以看出半分析法轨道长期预报模型与 LOP 模型半长轴的长期项变化为 0，LOP 模型的短周期项振幅较大,半长轴最大偏差控制在 4km 以内。图 9.12 为轨道 2 偏心率 100 年长期演化结果，最大偏差控制在 0.001 以内。图 9.13 为轨道 2 轨道倾角 100 年长期演化结果，呈现长期增长、短期振荡的变化趋势，轨道倾角最大偏差小于 0.5°。

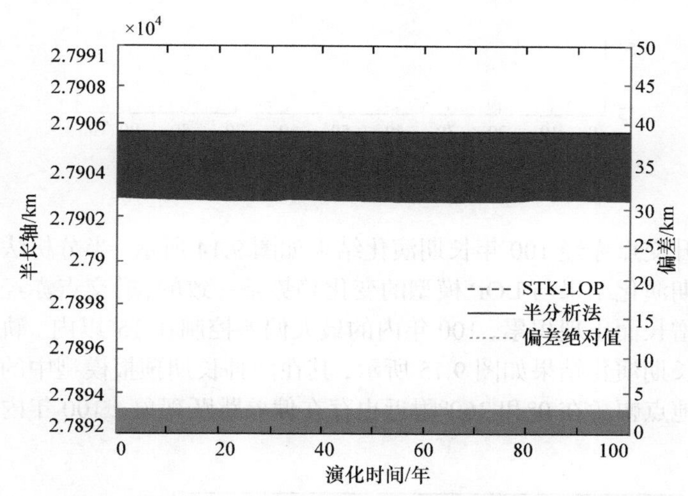

图 9.11　轨道 2 半长轴 100 年长期演化结果(见彩图)

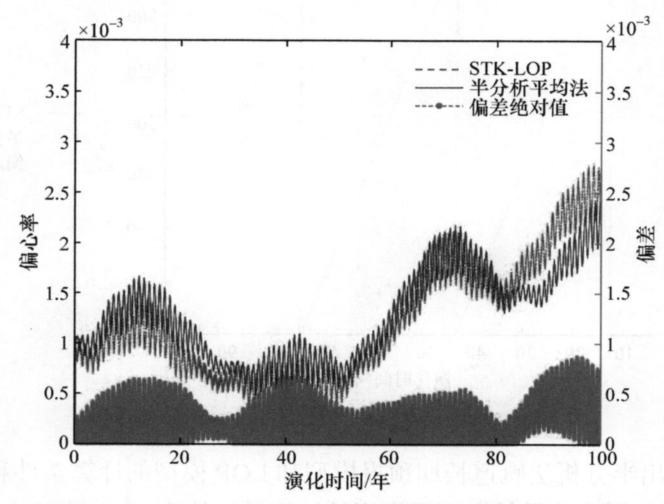

图 9.12　轨道 2 偏心率 100 年长期演化结果(见彩图)

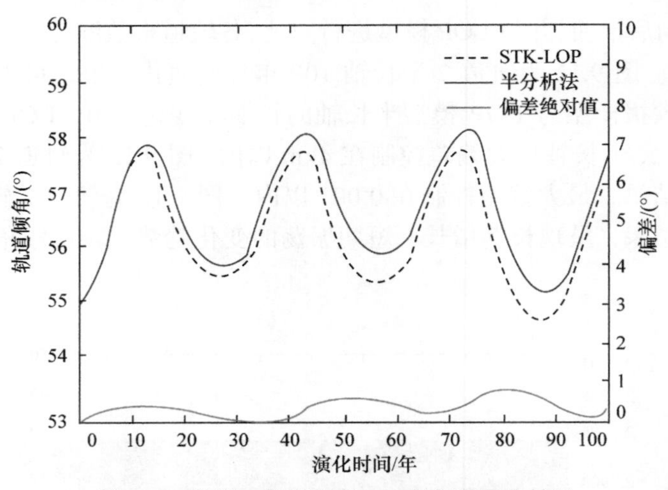

图 9.13　轨道 2 轨道倾角 100 年长期演化结果

轨道 2 升交点赤经 100 年长期演化结果如图 9.14 所示，半分析法轨道长期预报模型的长期演化结果与 LOP 模型的变化趋势是一致的，升交点赤经的偏差随着演化时间的增长而出现积累，100 年内的最大偏差控制在 15°以内。轨道 2 近地点幅角 100 年长期演化结果如图 9.15 所示，其在两种长期预报模型中的变化趋势是一致的，近地点幅角在 0°和 360°附近也存在偏差跳跃现象，100 年内最大偏差小于 50°。

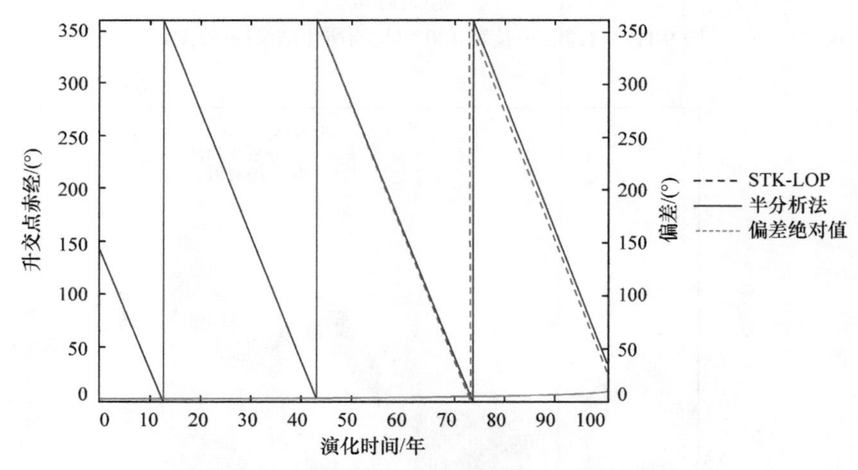

图 9.14　轨道 2 升交点赤经 100 年长期演化结果

表 9.2 给出半分析法轨道长期预报模型和 LOP 模型的计算条件和计算时间。由此可知，半分析法轨道长期预报模型的计算时间约为 LOP 模型的 1/2。半分析法轨道长期预报模型能够在保证长期预报精度的情况下，还具有较高的计算速度。

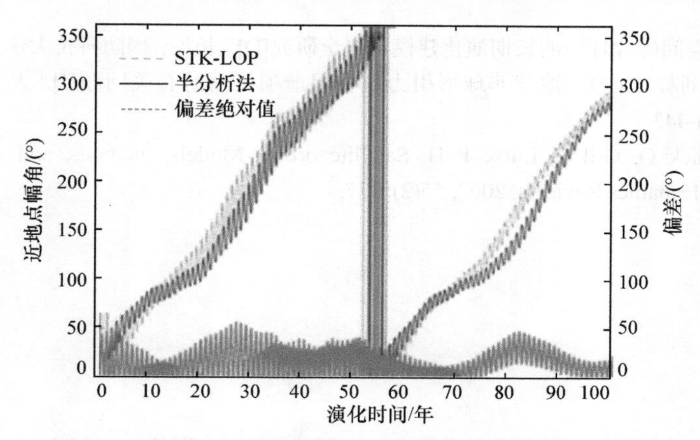

图 9.15　轨道 2 近地点幅角 100 年长期演化结果(见彩图)

表 9.2　半分析法轨道长期预报模型和 LOP 模型的计算条件和计算时间

计算模型	中央处理器型号	演化时间/年	计算步长/天	计算时间/s
半分析法	I5	100	1	约 5
STK-LOP 模型	I5	100	1	约 10

参 考 文 献

[1] 刘红卫. 天基重力测量的解析理论及其编队实现方法[D]. 长沙: 国防科学技术大学, 2015.

[2] 刘林. 航天器轨道理论[M]. 北京: 国防工业出版社, 2000.

[3] 周杨淼. 导航卫星太阳光压建模方法与模型特性分析[D]. 长沙: 湖南大学, 2016.

[4] 张育林, 张斌斌, 王兆魁. 空间碎片环境的长期演化建模方法[J]. 宇航学报, 2018, 39(12): 1408-1418.

[5] Bordovitsyna T V , Tomilova I V , Chuvashov I N . The effect of secular resonances on the long-term orbital evolution of uncontrollable objects on satellite radio navigation systems in the MEO region[J]. Solar System Research, 2012, 46(5): 329-340.

[6] Danielson D A, Sagovac C P, Neta B, et al. Semianalytic satellite theory[R]. Monterey: Defense Technical Information Center, 1995.

[7] Cefola P, Long A, Holloway J G. The long-term prediction of artificial satellite orbits[C]. 12th Aerospace Sciences Meeting, Washington D.C., 1974: 1-10.

[8] McClain W D. A Recursively Formulated First-Order Semianalytic Artificial Satellite Theory Based on the Generalized Method of Averaging[M]. Washington D. C.: The Generalized Method of Averaging Applied to the Artificial Satellite Problem, 1977.

[9] Green A J. Orbit determination and prediction processes for low altitude satellites[J]. Virology, 1979, 292(2): 272-284.

[10] 张斌斌. 空间碎片环境的长期演化建模与安全研究[D]. 长沙: 国防科技大学, 2017.
[11] 马剑波, 刘林, 王歆. 地球非球形引力位中田谐项摄动的有关问题[J]. 天文学报, 2001, 42(4): 436-443.
[12] Montenbruck O, Gill E, Lutze F H. Satellite orbits: Models, methods, and applications[J]. Applied Mechanics Reviews, 2002, 55(2):B27.

第 10 章　中轨道导航卫星废弃轨道长期演化安全性分析

中轨道区域是三个轨道区域(低地球轨道、中地球轨道和地球静止轨道)中最为宽广的区域，虽然其空间碎片平均空间密度还较小，但在导航星座轨道高度附近存在空间密度峰值。这给导航卫星的长期在轨运行带来安全隐患，因此需要分析导航星座的长期演化安全性。中轨道导航星座长期演化的安全性主要从废弃轨道与运行轨道的距离考虑，即对废弃卫星和上面级 100 年演化时间内是否穿越到运行卫星高度进行分析，若穿越到运行卫星高度，则穿越到运行卫星高度的耗时越长，对在轨运行卫星的潜在安全威胁越小。

本章首先统计中轨道区域四大全球卫星导航系统所发射的卫星及上面级，并分别对其轨道进行 100 年长期演化，研究各全球卫星导航系统废弃卫星和上面级对自身及其他全球卫星导航系统安全运行的影响。然后，从影响轨道长期演化的初始轨道参数着手，分别研究不同初始偏心率、升交点赤经和近地点幅角对轨道长期演化的影响，得到初始轨道参数对轨道长期演化的一般规律，该规律对卫星废弃轨道的选取具有一定的参考意义。

10.1　中轨道导航星座轨道长期演化分析

四大全球卫星导航系统星座构型均是 Walker 星座，轨道面有 3 个或 6 个，不同轨道面上的卫星在摄动力作用下其轨道根数的变化趋势不尽相同。在轨运行卫星仍然保持稳定的星座构型，按轨道面分别进行长期演化分析。上面级及废弃卫星则已经偏离运行轨道面且分布较为分散，不需要按轨道面进行分类。依次对四大全球卫星导航系统卫星及上面级轨道进行 100 年长期演化，以是否穿越到运行卫星轨道区域及其穿越耗时为星座长期演化安全性评价指标[1]。

10.1.1　GPS

GPS 星座共发射 72 颗卫星，其中在轨运行卫星 31 颗，废弃卫星 41 颗。对在轨运行的 31 颗卫星按照轨道面进行轨道长期演化，图 10.1 给出了其远、近地点地心距 100 年时间内的变化(其中，R_a 为轨道远地点地心距，R_p 为轨道近地点地心距)。从图中可以看到，GPS 在轨卫星因为初始偏心率较大，轨道高度范围也较大。在 25 年左右部分卫星偏心率增大，导致近地点穿越至 GLONASS 运行区域，40 年左右会穿越到 BDS 运行区域，80 年左右会穿越到 Galileo 运行区域，100 年内稳定性较差。

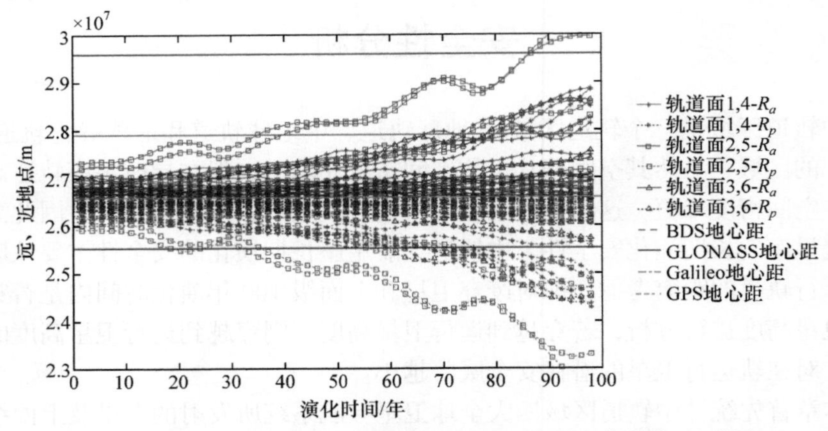

图 10.1 GPS 在轨卫星远、近地点地心距 100 年长期演化(见彩图)

图 10.2 给出了 GPS 废弃卫星 100 年内远、近地点地心距的变化，从图中可以看到，GPS 废弃卫星因为初始偏心率较大，轨道高度范围也大，部分卫星其远、近地点已经穿越到 BDS 和 GLONASS 运行区域，40 年左右会穿越 Galileo 运行区域，100 年内稳定性较差。

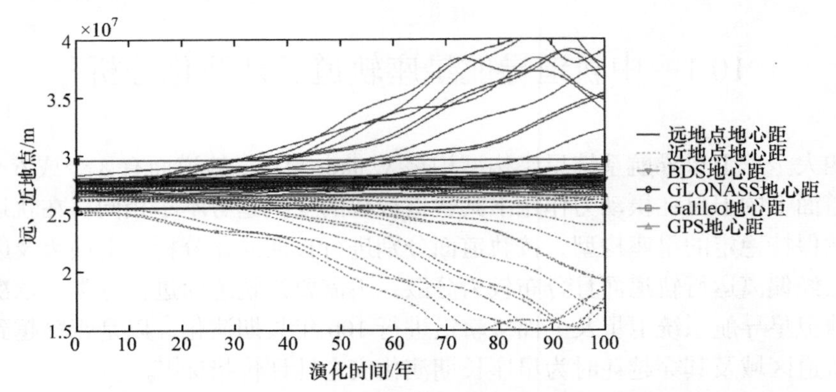

图 10.2 GPS 废弃卫星远、近地点地心距 100 年长期演化(见彩图)

GPS 上面级包括 DELTA 4 R/B 和 ATLAS 5 CENTAUR R/B 两种型号。同时，上面级的处置策略采用抬升轨道高度的方式，部分上面级已经穿越到 BDS 导航星座运行区域，影响 BDS 卫星的在轨安全运行。对 GPS 上面级进行 100 年演化，其远、近地点地心距演化如图 10.3 所示。GPS 上面级穿越到 BDS 和 GPS 运行区

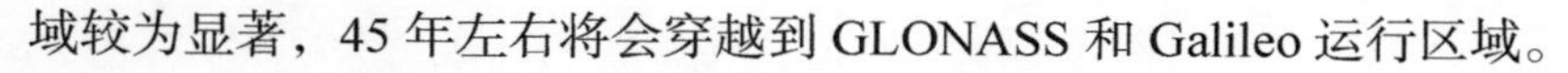

域较为显著，45 年左右将会穿越到 GLONASS 和 Galileo 运行区域。

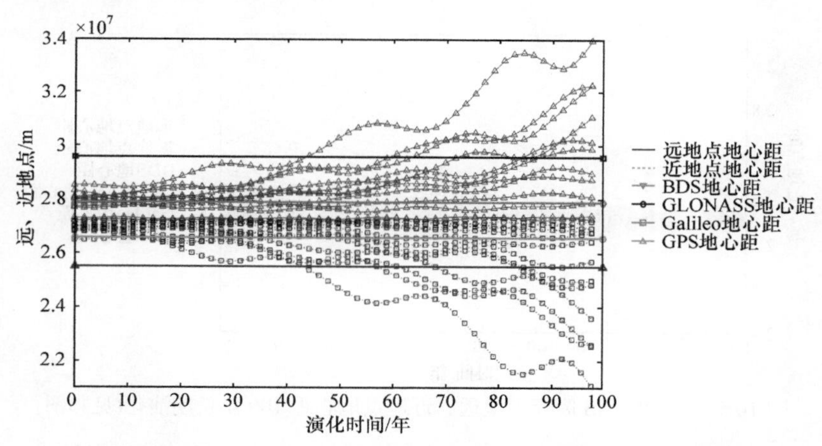

图 10.3　GPS 上面级远、近地点地心距 100 年长期演化(见彩图)

10.1.2　GLONASS

GLONASS 区域共发射 134 颗卫星，其中在轨运行卫星 25 颗，废弃卫星 109 颗。对在轨运行的 25 颗卫星按照轨道面进行轨道长期演化，图 10.4 给出了其 100 年远、近地点地心距的变化。从中可以看到，GLONASS 在轨卫星因为初始偏心率较小，轨道高度范围较小，100 年内其偏心率增长也较小，其相邻的星座仅有 GPS，约 95 年才能穿越到 GPS 运行区域，稳定性较好。

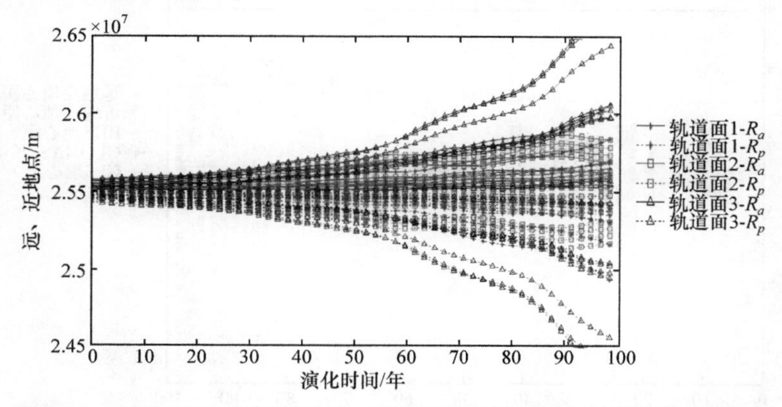

图 10.4　GLONASS 在轨卫星远、近地点地心距 100 年长期演化(见彩图)

对 109 颗 GLONASS 废弃卫星进行长期演化，图 10.5 给出了其 100 年远、近地点地心距的变化。从中可以看到，GLONASS 废弃卫星因为初始偏心率较小，100 年内其偏心率增长也较小。GLONASS 废弃卫星约 65 年才能穿越到 GPS 运行区域，约 95 年才能穿越到 BDS 运行区域，100 年内不会穿越到 Galileo 运行区域，稳定性较好。

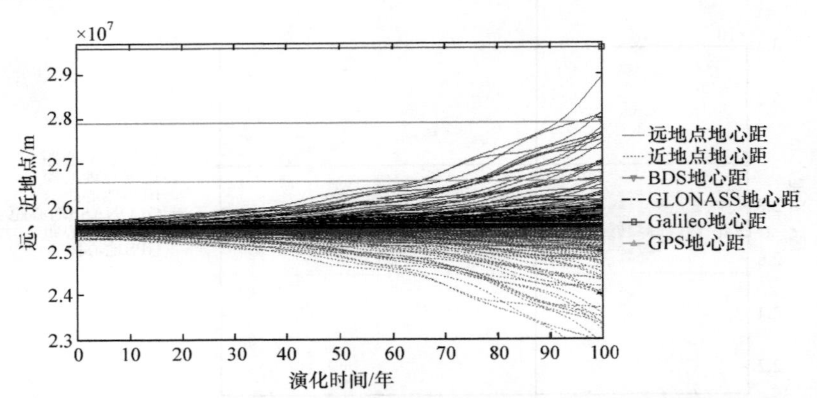

图 10.5　GLONASS 废弃卫星远、近地点地心距 100 年长期演化(见彩图)

GLONASS上面级包括SL-12 R/B(2)和FREGAT R/B两种型号，早期GLONASS上面级没有进行离轨处置，还滞留在运行轨道附近，2011 年之后则采用抬升轨道高度的处置策略。目前，GLONASS 上面级只穿越到 GLONASS 运行区域，尚未穿越到其他导航星座运行区域。对 GLONASS 上面级进行 100 年长期演化，其远、近地点地心距演化结果如图 10.6 所示，上面级穿越到 GPS 运行区域需要 40 年，80 年左右将会穿越到 BDS 运行区域。

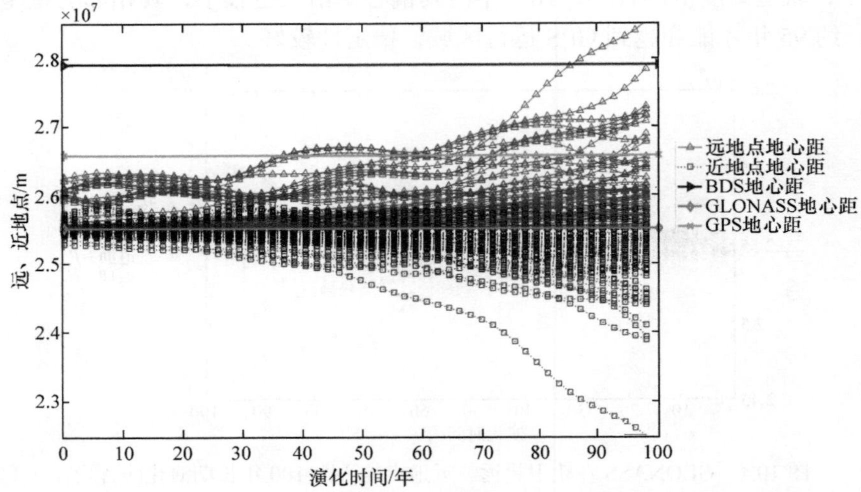

图 10.6　GLONASS 上面级远、近地点地心距 100 年长期演化(见彩图)

10.1.3　Galileo

Galileo 系统共发射了 26 颗卫星，早期发射的 2 颗卫星远、近地点高度统计如表 10.1 所示。由表可见，卫星已经偏离运行轨道面，可见 2 颗卫星因为失败的处置方式而穿越到了 Galileo、BDS、GPS 和 GLONASS 星座的运行高度区域。

表 10.1　Galileo 异常离轨卫星远、近地点高度

编号	远地点高度/km	近地点高度/km
40128	26255	16944
40129	26251	16947

对其余 24 颗 Galileo 卫星按照轨道面分别进行轨道长期演化，图 10.7 给出了其远、近地点地心距 100 年的演化结果。从图中可以看到 Galileo 卫星远、近地点地心距为 29400～29800km，100 年内不会穿越到其他导航星座运行轨道，稳定性很好。

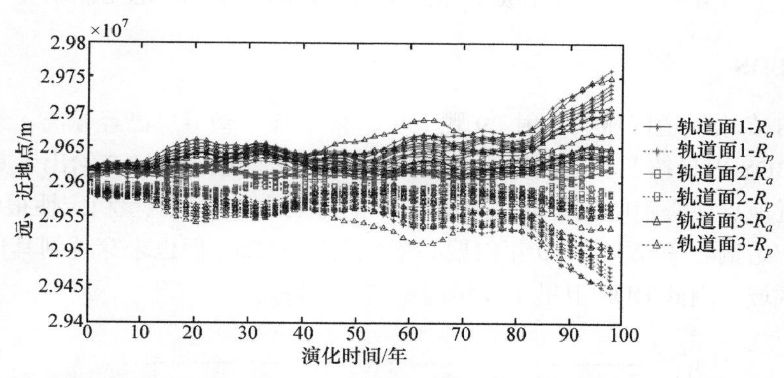

图 10.7　Galileo 卫星远、近地点地心距 100 年长期演化(见彩图)

在 Galileo 导航星座附近还有因发射任务而产生的上面级，Galileo 上面级包括 FREGAT R/B 和 ARIANE 5 R/B 两种型号。同时，Galileo 上面级的处置情况也不同，早期上面级采取抬升轨道高度的处置方式，2016 年后则将上面级机动到运行轨道高度下方。编号为 40130 的上面级的远、近地点高度见表 10.2，可见该上面级已经处于穿越 Galileo、BDS、GPS 和 GLONASS 运行区域的大椭圆轨道。对其余 Galileo 上面级进行 100 年长期演化，其远、近地点地心距随时间演化结果如图 10.8 所示。归功于 Galileo 较小的初始偏心率控制，Galileo 上面级的废弃轨道很稳定，很少穿越到 Galileo 运行轨道高度区域，更加不会穿越到其他导航星座运行轨道区域。

表 10.2　Galileo 异常上面级远、近地点高度

编号	远地点高度/km	近地点高度/km
40130	26090	13500

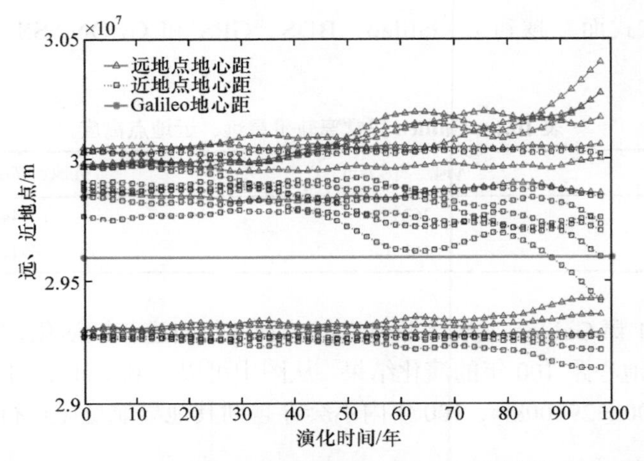

图 10.8　Galileo 上面级远、近地点地心距 100 年长期演化(见彩图)

10.1.4　BDS

BDS 在中轨道区域共发射 29 颗卫星，其中有 1 颗卫星已经偏离了运行轨道面。对 BDS 卫星按照轨道面进行 100 年轨道长期演化，图 10.9 给出了其 100 年内远、近地点地心距的演化结果。从图中可以看到，BDS 卫星稳定性很好，有 1 颗卫星初始偏心率较大，100 年内偏心率增大到 0.025，但也未穿越到其他导航星座运行区域，因此 BDS 卫星 100 年内稳定性较好。

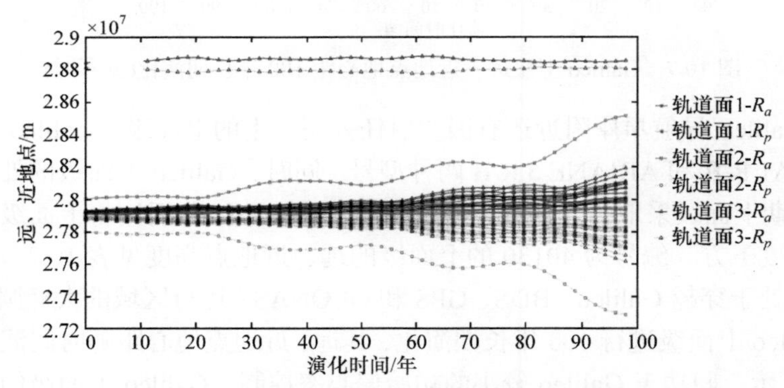

图 10.9　BDS 卫星远、近地点地心距 100 年长期演化(见彩图)

BDS 上面级的型号为 YZ-1 R/B，其处置方式为抬升轨道高度。表 10.3 统计了 2 颗异常 BDS 上面级远、近地点高度，其远地点高度已经穿越到 Galileo 运行轨道区域。

表 10.3　BDS 异常上面级远、近地点高度

编号	远地点高度/km	近地点高度/km
40751	27875	22019
41316	27671	21292

图 10.10 给出了 BDS 上面级 100 年内远、近地点的演化情况，(b)图是(a)图在纵坐标上的放大图。目前，已经有部分 BDS 上面级穿越到 Galileo 和 BDS 星座的运行区域。对于尚未穿越到 Galileo 和 BDS 星座的运行区域的 BDS 上面级，在 100 年内，随着偏心率的增大，其逐渐穿越到 BDS、Galileo、GPS 和 GLONASS 运行区域。

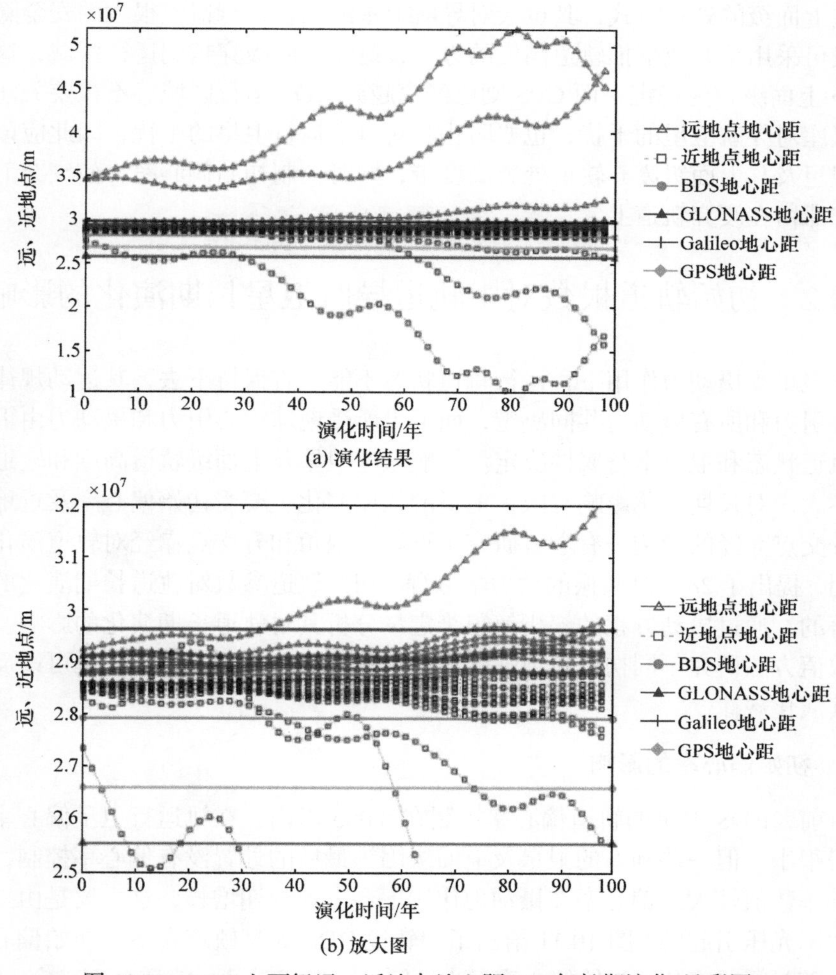

(a) 演化结果

(b) 放大图

图 10.10　BDS 上面级远、近地点地心距 100 年长期演化(见彩图)

从上述分析可知，目前GPS废弃卫星及上面级已经穿越到BDS和GLONASS运行轨道高度，其余导航星座则相对稳定。对于100年长期演化，Galileo卫星及上面级不会穿越到其他导航星座高度，也很少穿越到Galileo运行区域，稳定性很好。BDS和GLONASS在轨卫星稳定性也很好，上面级则随着演化时间推移会穿越到其他星座运行区域内。GLONASS废弃卫星已经穿越到GLONASS在轨运行区域，然后逐渐穿越到GPS、BDS和Galileo运行区域。GPS卫星及上面级穿越到其他导航星座运行区域现象明显，对中轨道导航卫星安全运行的影响较大。因此，针对未来导航卫星的到达寿命末期(简称到寿)处置策略，需要控制废弃轨道远、近地点高度，可以通过废弃轨道高度和初始偏心率来控制，以使到寿卫星不能穿越到其他导航星座运行区域。同时，除了关注导航卫星的到寿处置方式，还要关注上面级的处置方式，其也会对导航卫星的在轨运行造成很大的安全隐患。上面级可采用抬升或下推轨道高度的方式，避免上面级穿越到运行区域，这方面Galileo上面级较为稳定，而GPS则已经穿越到BDS运行区域。不仅要关注其他导航星座对导航卫星的干扰，也要防止其对自身运行卫星的干扰，因此应该划分导航卫星及其上面级废弃轨道处置高度带，同时控制初始偏心率，使废弃卫星长期稳定滞留在废弃轨道上。

10.2 初始轨道根数对中轨道导航卫星长期演化的影响

在卫星受摄动力作用下，运行轨道状态不能一直保持下去，其运动规律由地球中心引力和所有摄动力共同决定，而卫星所受地球中心引力和摄动力由卫星的初始轨道状态和卫星本身属性决定。导航星座卫星及上面级轨道高度和轨道倾角相差不大，对长期演化影响有限，卫星的长期演化主要受初始偏心率及近地点幅角和升交点赤经的影响。有学者研究了近地点幅角和升交点赤经对轨道演化的综合作用，提出了$2\omega+\Omega$共振的动力学方程。初始轨道参数对轨道长期演化的影响是显著的，通过摄动方程的解析解很难定量分析其对轨道长期演化的影响。可以应用数值方法研究不同初始轨道参数对轨道长期演化的影响趋势，也可以反过来分析其演化规律[2]。

10.2.1 初始偏心率的影响

目前，BDS卫星的轨道偏心率控制在0.005以内，在轨运行卫星偏心率往往控制得很小。但一些到寿的卫星及上面级因为最后的处置没有偏心率控制，导致其偏心率数值较大。偏心率在摄动力作用下会出现长期增长，这主要是由三体引力及太阳光压引起的。图10.11给出了中轨道BDS典型轨道在不同初始偏心率下偏心率随时间的变化，初始偏心率越大，偏心率增长越快，轨道越不稳定。同时，仅在摄动力作用下偏心率增长的程度又不足以坠入大气层，因此这种轨道是不稳定的，对在轨卫星安全运行威胁很大。

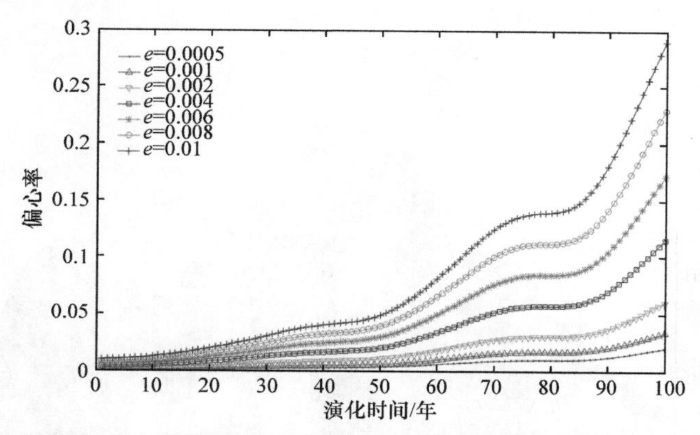

图 10.11 不同初始偏心率下 100 年内偏心率变化(见彩图)

10.2.2 升交点赤经和近地点幅角的综合影响

当前 GNSS 卫星到寿处置方法是将卫星转移到高于或低于标称轨道 500km 的轨道上。随着导航卫星周围空间碎片的增加以及发现这些废弃轨道可能不稳定，人们已经做出了很多努力来寻找处置这些卫星的新策略和新技术。通过对导致上述不稳定(偏心率显著增大)的初始条件进行分析，得出这是由近地点幅角与升交点赤经之间的 2 : 1 共振引起的，一些学者建议将到寿卫星移动到偏心率的增长不足以穿越到运行卫星轨道高度的区域，但这会导致该区域的废弃卫星不断积累，增大废弃轨道区域内卫星发生碰撞的可能性。对于 GNSS 卫星，通常地球扁率是主要部分，其表达式为

$$R_{J_2}=\frac{1}{4}n^2 J_2 R_P^2(3\cos^2 i-1)(1-e^2)^{-\frac{3}{2}} \tag{10.1}$$

式中，n 为卫星的平均运动；R_P 为地球的平均赤道半径。

升交点赤经变化率与近地点幅角变化率的比值可描述为

$$\frac{\dot{\Omega}}{\dot{\omega}}=\frac{2\cos i}{1-5\cos^2 i}=k \tag{10.2}$$

当 k 为整数时，有不依赖半长轴的特殊共振，这些共振通常会影响偏心率。当轨道倾角 i=56.06°或 i=110.99°时，有 $2\dot{\omega}+\dot{\Omega}\approx 0$；当 i=63.4°时，又会发生另一个经典共振。

GNSS 卫星的倾斜度越接近 56.06°，共振对偏心率的影响就越大。BDS 卫星轨道倾角 55°接近此共振角度，也会产生共振影响。图 10.12 和图 10.13 分别给出了中轨道区域 BDS 卫星典型轨道在不同初始近地点幅角和升交点赤经下的 100

年内偏心率最大值分布，斜线为升交点赤经和近地点幅角满足 $2\omega+\Omega=k\pi$ 的情况，可以看到偏心率最大值与斜线偏差较小，因此选取稳定的废弃轨道应该避免接近此区域。

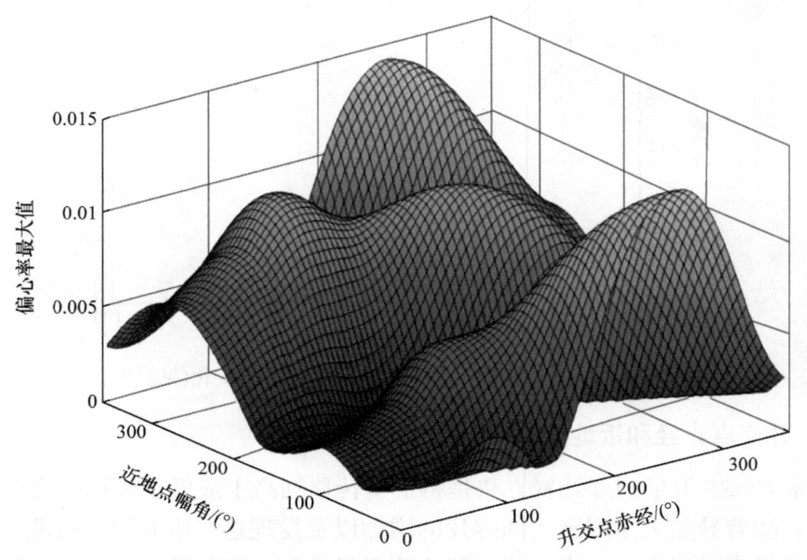

图 10.12　不同初始近地点幅角和升交点赤经 100 年内偏心率最大值(三维图)

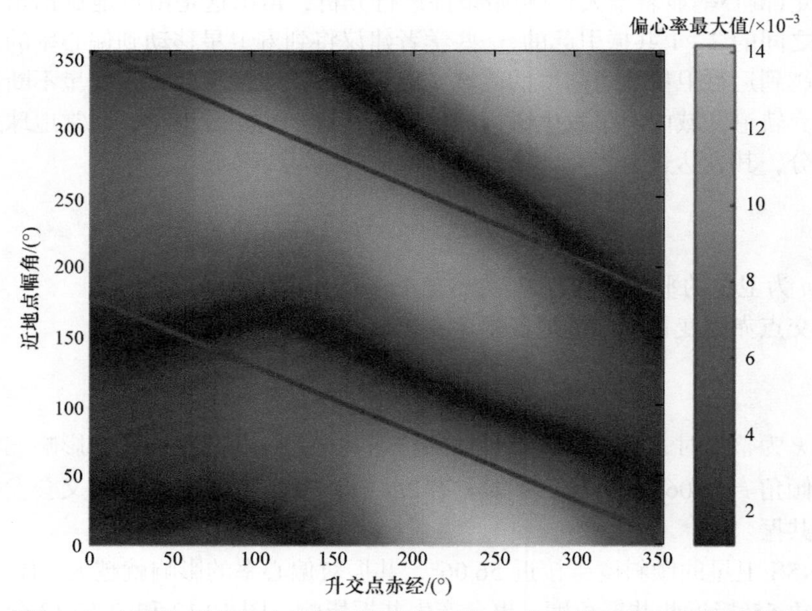

图 10.13　不同初始近地点幅角和升交点赤经 100 年内偏心率最大值(浓度图)

10.3 小　结

本章选取中轨道区域导航星座为研究对象，基于第 4 章的轨道长期预报模型，对导航星座卫星及上面级进行长期演化数值分析。通过分析 Galileo、BDS、GPS 和 GLONASS 在当前处置情况下其废弃卫星和上面级穿越到其他星座运行高度的时间可知，GPS 和 GLOANSS 废弃卫星及上面级数目多、分布广，轨道穿越现象明显；BDS 及 Galileo 废弃卫星及上面级一方面数目较少，另一方面初始偏心率较小，轨道较为稳定。为了避免废弃卫星(上面级)穿越到在轨卫星运行区域，卫星到寿后不能滞留在原轨道，可抬升或下推轨道高度，同时应尽可能控制初始偏心率在较小的水平。通过分析初始偏心率、近地点幅角和升交点赤经对轨道长期演化的影响可知，为了使废弃轨道尽可能稳定，需要控制初始偏心率在很小的范围内，同时应该避免升交点赤经和近地点幅角出现在 $2\omega+\Omega=k\pi$ 的共振区域附近。

参考文献

[1] 徐家辉，胡敏，王许煜，等. 中轨道导航星座长期演化安全性分析[J]. 航天控制，2020, 38(6): 67-73.

[2] 徐家辉，胡敏. 导航卫星轨道安全性分析及离轨处置策略综述[J]. 兵器装备工程学报，2018, 39(12): 137-141.

[3] Sanchez D M, Yokoyama T, de Brasil P I O, et al. Some initial conditions for disposed satellites of the systems GPS and Galileo constellation[J]. Mathematical Problems in Engineering, 2010, 2009(4): 266-287.

第11章 中轨道导航卫星废弃轨道优化设计

中轨道区域是一个很大的空间区域，范围为2000～35786km，其中全球卫星导航系统最为人所知。同时，还有大量空间目标滞留在大椭圆轨道上，其每转一圈的大部分时间都是在中轨道区域(如Molniya)。中轨道区域不仅是卫星的家园，而且滞留了许多运载火箭的空间碎片和上面级，这些都给中轨道区域导航卫星的运行带来了安全隐患。当前，中轨道区域因为低的空间密度和碰撞概率，尚未成为受保护的空间区域。但是，有两个主要因素刺激了对中轨道航天器长期动力学的研究：一是Galileo和BDS卫星的发射，使得该区域的战略重要性变得越来越高(因而变得更加拥挤)；二是地球非球形摄动力和太阳/月球三体引力摄动引起的共振可能会导致废弃轨道的不稳定，从而促使人们重新考虑这些航天器的到寿处置。

为此，人们进行了大量中轨道区域天体动力学和天体力学领域的研究。推动这些研究的三个主要目标是：①研究运行轨道的稳定性以评估轨道保持的要求；②着眼于对运行卫星造成的长期风险，了解全球卫星导航系统废弃轨道的稳定性；③利用摄动的长期影响来设计低成本的再入大气层处置方式。

在对到寿卫星处置时涉及以下几个问题：①是否存在合适的稳定废弃轨道，以使处置轨道中的卫星不会干扰在轨运行的GNSS卫星；②是否存在强烈的不稳定因素，可以利用该不稳定因素实现空间目标坠入大气层，达到永久清除该区域空间目标的目的，避免任何未来的碰撞危险。摄动力作用使轨道偏心率较大，卫星轨道可能衰减进入大气层，在此过程中卫星穿越不同高度的轨道，使得发生碰撞的可能性增大。因此，应该选取长期稳定的废弃轨道。

本章针对中轨道区域导航卫星的到寿处置问题，在主要考虑稳定的废弃轨道的前提下，提出一种中轨道区域废弃轨道优化方法。将中轨道区域导航卫星到寿处置问题描述为一个多目标优化问题，通过智能优化算法进行求解。

11.1 废弃轨道优化模型

解决废弃轨道优化问题的数学公式很简单，已知航天器具体的物理参数(面质比、阻力系数和反射性)、处于到寿处置时期t_0的轨道状态以及可用的最大速度增

量 $V_{\max}$ 时，优化变量为废弃轨道初始轨道根数，选定综合偏心率增长和推进剂消耗最小和远、近地点距离废弃轨道带最远为优化目标。轨道优化模型采用遗传算法建立，初始种群由选定的初始变量确定，根据目标函数计算种群中染色体的适应度值，选择、交叉、变异为遗传算法的搜索算子[1]，终止条件为找到最优值，生成最优废弃轨道。

废弃轨道优化模型设计流程图如图 11.1 所示。

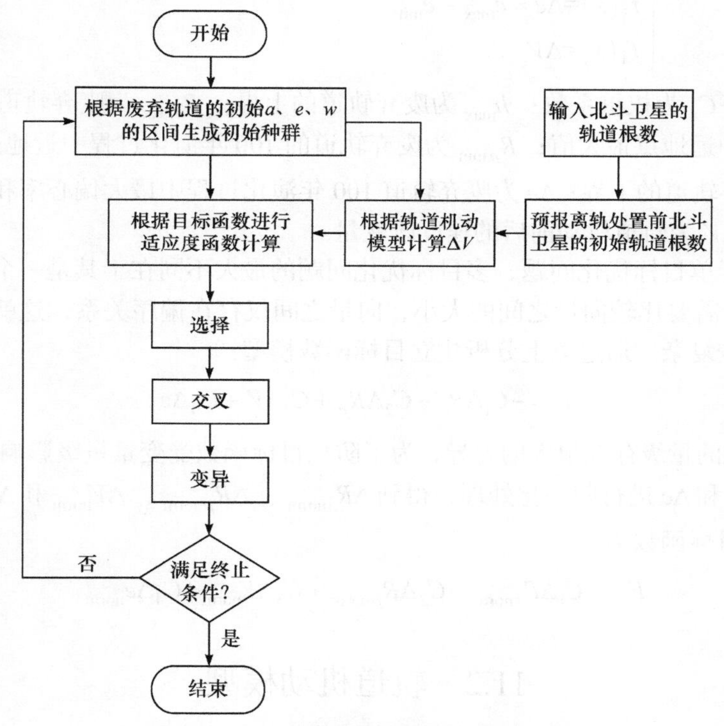

图 11.1　废弃轨道优化模型设计流程图

对于废弃轨道的优化设计，一方面要考虑航天器在 100 年的长期演化过程中轨道的远、近地点不超过给定的边界，并且远、近地点距离边界越远，对导航星座的影响越小，即偏心率增长越小。同时，BDS 导航卫星携带的推进剂制约着轨道机动能力，轨道机动所需的速度增量也作为目标函数的考虑因素。因此，废弃轨道优化是一个多目标优化问题，求解多目标优化问题会得到一个帕累托解集[2]，定义多目标优化问题如下：

$$\min f(x)=\left[f_1(x),f_2(x),\cdots,f_n(x)\right] \tag{11.1}$$

通过非负加权求和把前面多目标优化问题转化为单目标问题：

$$
\begin{cases}
\min J(x) = C_1 f_1(x) + C_2 f_2(x) + C_3 f_3(x) + C_4 f_4(x) \\
R_a = a(1+e) \\
R_p = a(1-e) \\
f_1(x) = \Delta R_a = h_{\max} - R_{a\max} \\
f_2(x) = \Delta R_p = R_{p\min} - h_{\min} \\
f_3(x) = \Delta e = e_{\max} - e_{\text{init}} \\
f_4(x) = \Delta V
\end{cases}
\tag{11.2}
$$

式中，$C_1 \sim C_4$ 为权重系数；$h_{\max}$ 为废弃轨道的上界；$R_{a\max}$ 为废弃轨道的 100 年演化过程中远地点最大值；$R_{p\min}$ 为废弃轨道的 100 年演化过程中近地点最小值；$h_{\min}$ 为废弃轨道的下界；Δe 为废弃轨道 100 年演化过程中最大偏心率和初始偏心率之差；ΔV 为轨道机动前后的速度改变量。

相对于单目标优化问题，多目标优化问题的最大不同在于其是一个向量优化的问题[3]，需要比较向量之间的大小，向量之间仅存在偏序关系，这就导致该优化问题比较复杂。通过以上分析建立目标函数模型：

$$
F = -C_1 \Delta R_a - C_2 \Delta R_p + C_3 \Delta V + C_4 \Delta e \tag{11.3}
$$

4 个量的量级存在很大的差异，为了防止目标函数受变量量级影响，对 ΔR_a、ΔR_p、ΔV 和 Δe 进行归一化处理，得到 $\Delta R_{a\text{norm}}$、$\Delta R_{p\text{norm}}$、ΔV_{norm} 和 Δe_{norm}。

最终目标函数为

$$
F = -C_1 \Delta R_{a\text{norm}} - C_2 \Delta R_{p\text{norm}} + C_3 \Delta V_{\text{norm}} + C_4 \Delta e_{\text{norm}} \tag{11.4}
$$

11.2　轨道机动模型

对于废弃轨道的处置，在采用轨道机动方式时，需要将航天器移出工作区域的同时，还要控制废弃轨道的初始偏心率尽可能小。其目的是将航天器处置在距运行区域一定距离的轨道上，最小化废弃轨道偏心率长期增长，并尽可能减少推进剂消耗。同时，由于中轨道导航卫星在变轨机动的过程中，初始轨道与目标轨道共面，而共面轨道转移可采用双脉冲变轨，包括霍曼变轨和拱线变轨。霍曼变轨将初始轨道和目标轨道看成近圆轨道，没有包含拱线的变化；拱线变轨对轨道的拱线进行转动控制，同时包括对偏心率和半长轴的控制。双脉冲拱线转动控制是共面椭圆轨道变轨的一种极佳控制方式，考虑到目标函数中将 ΔV 作为主要影响量，采用其简化模式——双脉冲 180°对称周向控制作为变轨方式，如图 11.2 所示。作为双脉冲拱线转动控制的一种特殊模式，双脉冲 180°对称周向控制解决了如何在椭圆轨道之间的非特殊点变轨时燃料最省的问题。

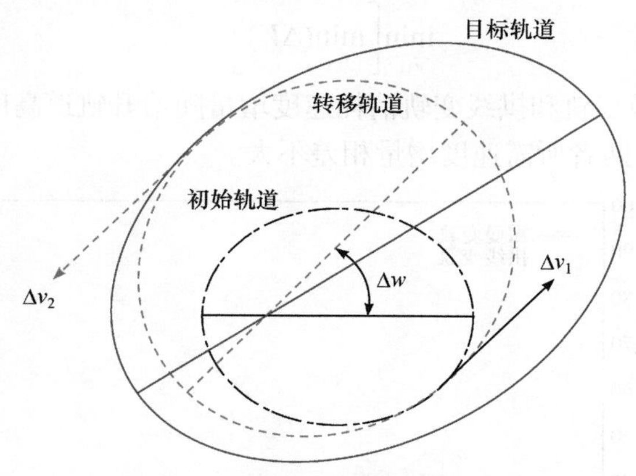

图 11.2　双脉冲变轨示意图

两次脉冲的速度增量是径向速度增量和周向速度增量的合成[4]，表达式为

$$\Delta V=\Delta v_1+\Delta v_2=\{[(v_r)_{T1}-(v_r)_{1T}]^2+[(v_t)_{1T}-(v_t)_{T1}]^2\}^{\frac{1}{2}}$$
$$+\{[(v_r)_{2T}-(v_r)_{T2}]^2+[(v_t)_{2T}-(v_t)_{T2}]^2\}^{\frac{1}{2}} \tag{11.5}$$

式中，Δv_1 为第 1 次脉冲的速度增量；Δv_2 为第 2 次脉冲的速度增量；下标的第 2 项表示下标第 1 项下的条件，如 $(v_r)_{1T}$ 表示在初始轨道第 1 次脉冲作用点上的径向速度。

在机动过程中，卫星在初始轨道、转移轨道以及目标轨道上的速度满足

$$\begin{cases} v_r=\dot{r}=\sqrt{\dfrac{\mu}{p}}e\sin f \\ v_t=r\dot{f}=\sqrt{\dfrac{\mu}{p}}\left(1+e\cos f\right) \end{cases} \tag{11.6}$$

式中，v_r 和 v_t 分别为卫星在脉冲作用点上的径向运动速度和周向运动速度，在计算中可以分解为径向速度和切向速度；μ 为地心引力常数；p 为半通径；e 为当前轨道的偏心率；f 为卫星在脉冲作用点上的真近点角。

脉冲增量公式(11.6)是第一脉冲作用点的真近点角 f_{1T} 和转移轨道待选参数 f_{T1} 的二次函数，按双重极小的最优指标，可求得双脉冲拱线控制的最佳切向作用点和最小速度变化量。

$$\begin{gathered}\Delta V = F(f_{T1}, f_{1T}) \\ \min_{f_{1T}}\left[\min_{f_{T1}}(\Delta V)\right]\end{gathered} \tag{11.7}$$

图 11.3 为霍曼变轨和拱线变轨消耗速度增量随抬升轨道高度的变化情况。对于小偏心率轨道，两者所需速度增量相差不大。

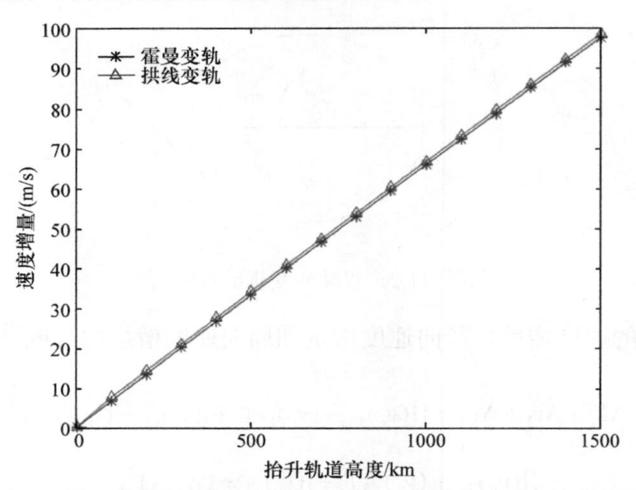

图 11.3　霍曼变轨和拱线变轨消耗速度增量随抬升轨道高度的变化情况

a=27906km，e=0.0005，$\Delta\omega$ =75°

11.3　废弃轨道带区间的选取

废弃轨道带区间的选取以导航星座附近空间目标高度分布情况为依据，本节以北斗二号导航卫星为研究对象，周围空间目标主要包括 BDS、GPS 和 Galileo 卫星。考虑到中轨道导航卫星携带的推进剂质量有限，而改变轨道倾角和升交点赤经消耗的速度增量很大，离轨处置时一般不进行轨道面的调整。因此，在轨道根数中，仅需对半长轴、偏心率和近地点幅角进行范围分析。

中轨道区域导航星座高度分布如图 11.4 所示。与中轨道 BDS 卫星轨道高度距离最近的是 GPS 星座，轨道高度较 BDS 低 1328km；其次是 Galileo 卫星，轨道高度较 BDS 高 1694km。因此，中轨道 BDS 卫星进行离轨时选择抬升或下推处置都是可行的。相对而言，当选取抬升轨道高度的方式进行离轨时，可选择的空间范围更广。

本书根据 Space-Track 公布的数据[①]，筛选出全部运行在北斗二代卫星附近的导航卫星。同时，结合数据拟制了位于中轨道的 GPS、Galileo 和 BDS 卫星的漂

① 数据来源于 https://www.space-track.org/[2016-09-31]。

移区域、废弃卫星允许的漂移区域和适用于废弃轨道选取的带状区域。它们之间的关系如图 11.5 所示。

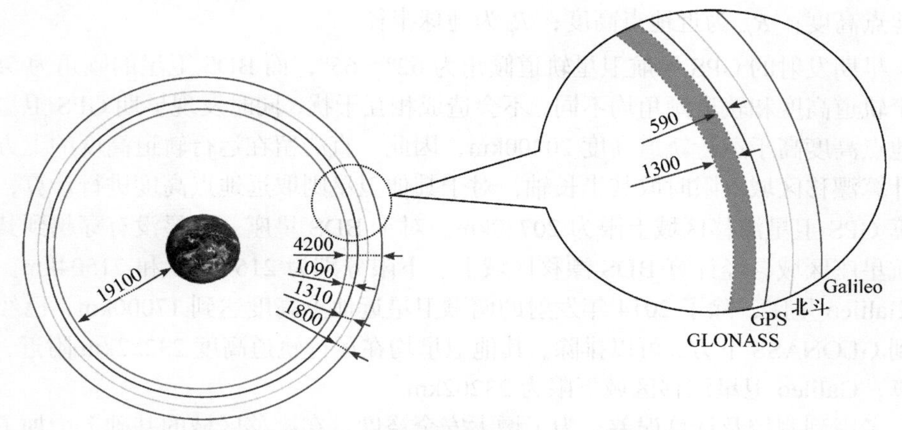

图 11.4　中轨道区域导航星座高度分布(单位：km)

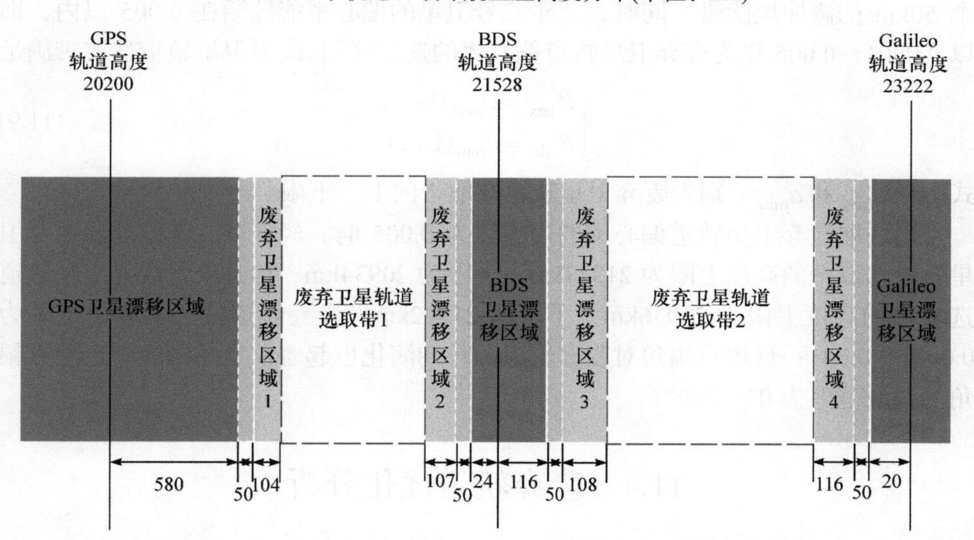

图 11.5　北斗二号中轨道卫星废弃轨道选择区域示意图(单位：km)

在轨卫星漂移区域的范围通过剔除异常的卫星，以远、近地点高度的平均值作为基准，满足

$$
\begin{cases}
R_{a\text{mean}} = \dfrac{1}{m+n} \cdot \left[\displaystyle\sum_{i=1}^{m} (a_i - R_e) + \sum_{j=1}^{n} R_{aj} \right] \\
R_{p\text{mean}} = \dfrac{1}{n} \cdot \left(\displaystyle\sum_{j=1}^{n} R_{pj} \right)
\end{cases}
\tag{11.8}
$$

式中，$R_{a\text{mean}}$ 为卫星远地点的平均值；$R_{p\text{mean}}$ 为卫星近地点的平均值；m 、n 分别为近地点高度高于和低于 GPS 运行轨道高度的卫星数目；a_i 为半长轴；R_{aj} 为远地点高度；R_{pj} 为近地点高度；R_e 为地球半径。

早期发射的 GPS 导航卫星轨道倾角为 62°～65°，而 BDS 卫星的倾角为 55°，由于轨道高度和轨道倾角均不同，不会造成相互干扰，同时发现早期 GPS 卫星的近地点高度高于运行轨道高度 20200km，因此一直滞留在运行轨道高度的上方。在计算漂移区域上限时取其半长轴，对于其他卫星则取远地点高度进行计算，经计算 GPS 卫星漂移区域上限为 20780km。对于 BDS 星座，卫星没有穿越到其他导航星座区域，经计算 BDS 漂移区域上、下限分别为 21644km 和 21504km。对于 Galileo 星座，除了 2014 年发射的两颗卫星近地点高度达到 17000km，已经穿越到 GLONASS 下方，可以排除，其他卫星均在运行轨道高度 23222km 附近，经计算，Galileo 卫星漂移区域下限为 23202km。

考虑到测控及计算误差，为了增大安全裕度，在漂移区域的基础上增加了一个 50km 的碰撞风险带。同时，北斗二号卫星的偏心率能控制在 0.005 以内，即以 0.0001～0.005 作为废弃卫星轨道偏心率的选择区间。废弃卫星轨道选取带满足

$$\begin{cases} R_{\max} = a_{\max}(1-e) \\ R_{\min} = a_{\min}(1+e) \end{cases} \tag{11.9}$$

式中，$a_{\max}$ 和 $a_{\min}$ 分别为废弃卫星轨道选取带的上、下限。

当选取废弃卫星轨道偏心率的边界值为 0.005 时，经计算，下推处置废弃卫星轨道选取带的高度上限为 21347km，下限为 20934km；抬升处置废弃卫星轨道选取带的高度上限为 23036km，下限为 21802km。废弃轨道偏心率取值范围为 0.0001～0.001；近地点幅角对废弃轨道的长期演化也起着重要的影响，近地点幅角的选取范围为 0°～360°。

11.4　废弃轨道优化分析

根据全球导航卫星轨道高度分布情况，与我国中轨道 BDS 星座相邻的是 GPS 和 Galileo 两个星座，因此 BDS 卫星到寿离轨时，选择下推或者抬升轨道高度都是可行的，初始废弃轨道的选取范围在 11.2 节已经给出，综合轨道长期演化的稳定性和轨道机动推进剂消耗最优，采用遗传算法分别在抬升处置和下推处置中选出最优废弃轨道。

以北斗 M3 卫星为例，其轨道根数见表 11.1。选择 2019 年 11 月 17 日 00:00:00 分别进行抬升和下推到寿处置，对比远、近地点高度和偏心率的变化，分析两种

处置策略的优劣。

表 11.1　北斗 M3 卫星轨道根数

轨道根数	参数值
半长轴	27906km
偏心率	0.0002898
轨道倾角	55.3078°
升交点赤经	24.873°
近地点幅角	29.188°
平近点角	258.2336°

11.4.1　抬升处置优化分析

抬升处置废弃卫星轨道选取带的高度为 21802～23036km，对北斗 M3 卫星抬升处置后的最优废弃轨道进行计算分析，目标函数值随迭代次数变化如图 11.6 所示。目标函数迭代 55 次左右收敛，获得最优废弃轨道初始参数(表 11.2)，同时计算出轨道转移消耗的速度增量为 20.26m/s。

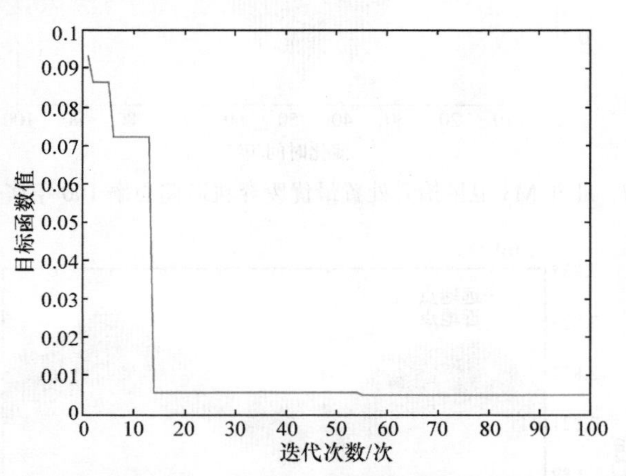

图 11.6　北斗 M3 卫星抬升处置目标函数迭代过程

表 11.2　抬升处置最优废弃轨道初始参数

轨道根数	参数值
半长轴	28199.3km
偏心率	0.00030959
轨道倾角	55.3078°

续表

轨道根数	参数值
升交点赤经	24.873°
近地点幅角	14.09°
速度增量	20.26m/s

同时对废弃轨道进行偏心率，远、近地点高度 100 年长期演化分析，如图 11.7 和图 11.8 所示。从图中可以看出，在 100 年的演化过程中，抬升处置的最优废弃

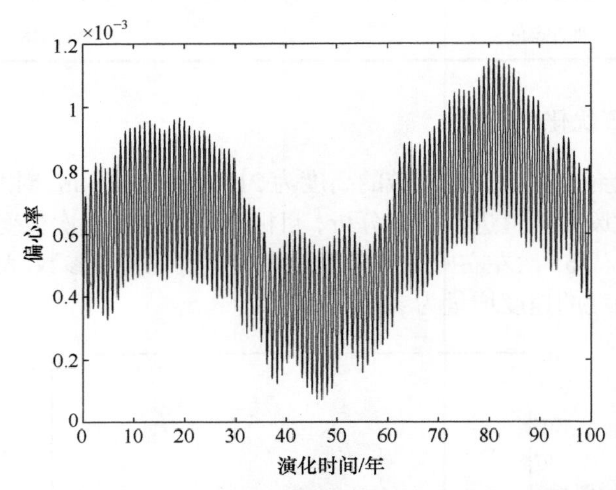

图 11.7　北斗 M3 卫星抬升处置最优废弃轨道偏心率 100 年演化过程

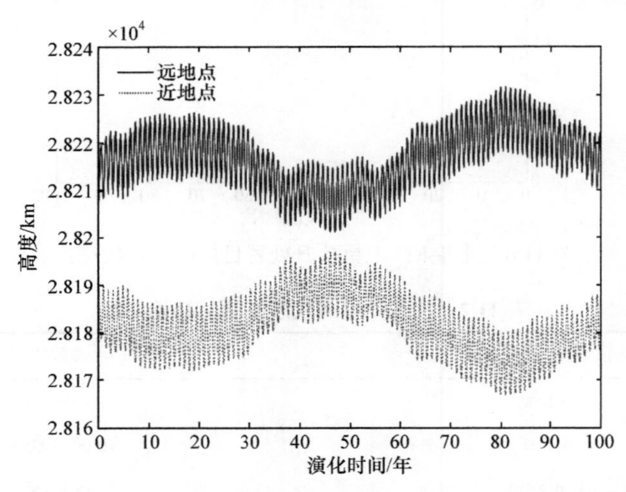

图 11.8　北斗 M3 卫星抬升处置最优废弃轨道远、近地点高度 100 年演化过程

轨道偏心率没有超过 0.0012。远地点的变化在 28202～28233km，距离 Galileo 卫星漂移区域下限的最近距离为 53km。近地点的变化为 28166～28197km，距离 BDS 卫星漂移区域上限的最近距离为 17km。

11.4.2　下推处置优化分析

下推处置废弃卫星轨道选取带的高度为 20934～21347km，对北斗 M3 卫星下推处置后的最优废弃轨道进行计算分析，目标函数值随迭代次数变化见图 11.9。目标函数迭代 7 次左右收敛，获得最优废弃轨道初始参数(表 11.3)，同时计算出轨道转移消耗的速度增量为 13.84m/s。

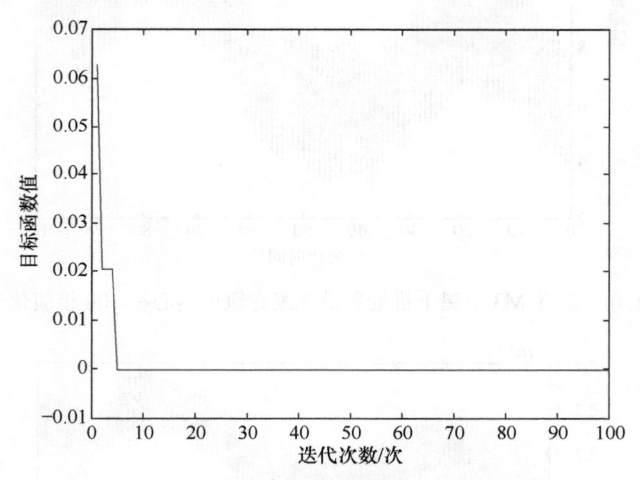

图 11.9　北斗 M3 下推处置目标函数迭代过程

表 11.3　下推处置最优废弃轨道初始参数

轨道根数	参数值
半长轴	27708km
偏心率	0.000387867
轨道倾角	55.3078°
升交点赤经	24.873°
近地点幅角	356.477°
速度增量	13.84m/s

对废弃轨道进行偏心率，远、近地点高度 100 年长期演化分析，如图 11.10 和图 11.11 所示。从图中可以看出，在 100 年的演化过程中，下推处置的最优废

弃轨道偏心率没有超过 0.0016。远地点的变化为 27717～27748km，距离 BDS 卫星漂移区域下限的最近距离为 22km。近地点的变化为 27669～27699km，距离 GPS 卫星漂移区域上限的最近距离为 357km。

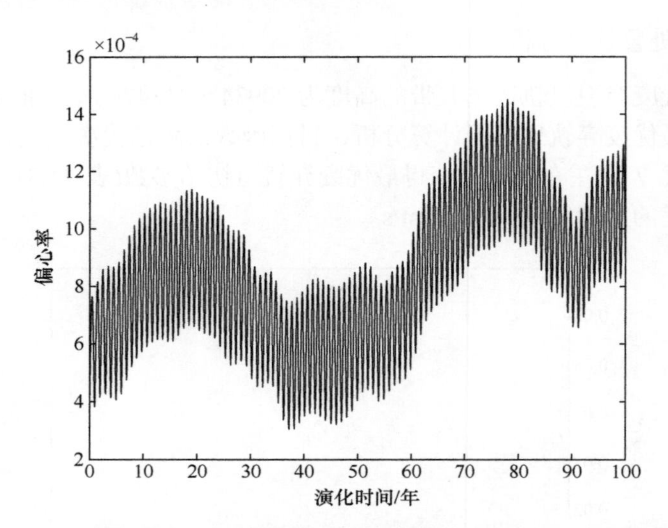

图 11.10　北斗 M3 卫星下推处置最优废弃轨道偏心率 100 年演化过程

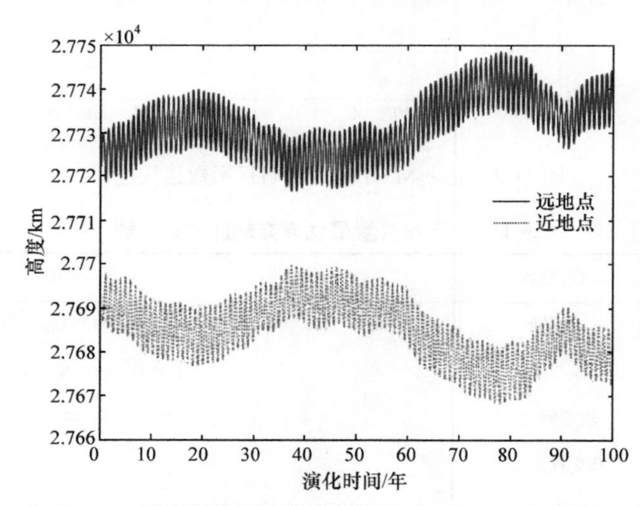

图 11.11　北斗 M3 卫星下推处置最优废弃轨道远、近地点高度 100 年演化过程

结合抬升处置和下推处置的分析结果可以发现，抬升处置的最优轨道偏心率的变化量略小于下推处置，因为抬升的高度较下推高度大，所需速度增量也较大，但相较于对应的上、下限的距离，抬升处置的安全距离更大。

11.5　小　　结

本章以轨道机动速度增量消耗和 100 年偏心率增长最小为目标，建立废弃轨道优化模型，采用遗传算法进行优化求解。由于 BDS 卫星与 GPS 和 Galileo 相邻，抬升和下推处置都是可行的，根据中轨道 BDS 星座周围空间目标分布情况确定废弃轨道带的高度范围；考虑到轨道机动涉及拱线和偏心率的变化，轨道机动采用双脉冲拱线变轨。以北斗 M3 卫星为例，分别进行抬升和下推处置的废弃轨道优化以获得最优解。结果表明，下推处置消耗推进剂较少，但抬升处置可以获得距废弃轨道带更大的安全距离。

参 考 文 献

[1] 智登奎, 李国勇. 基于 GA-NP 算法的约束广义预测控制[J]. 计算机应用与软件, 2014, 31(2): 259-262.
[2] Andersson J. Applications of a multi-objective genetic algorithm to engineering design problems[C]. International Conference on Evolutionary Multi-criterion Optimization, Berlin, 2003: 737-751.
[3] Lei X J, Shi Z K. Overview of multi-objective optimization methods[J]. Journal of Systems Engineering and Electronics, 2004, 15(2): 142-146.
[4] 章仁为. 卫星轨道姿态动力学与控制[M]. 北京: 北京航空航天大学出版社, 2005.

第 12 章　空间交通管理概念与政策

12.1　空间交通管理的历史与现状

空间交通管理(space traffic management，STM)概念内涵的历史发展大致可分为四个主要阶段：

第一阶段(20 世纪 90 年代)：概念孵化阶段。

空间交通管理概念最早起源于 Perek 在 1982 年提出的“外太空交通规则”(Traffic Rules for Outer Space)。之后，欧美对这一概念持续开展研究，试图将地面交通管理概念，尤其是海洋交通管理概念移置于太空，对日益增多的外太空活动予以监督，从而避免空间碎片的产生。1993 年成立的机构间碎片协调机构也一直从事与空间交通管理相关的研究。20 世纪末，相比于美国，欧洲对该研究更加关注，开始提出发射交通的概念，旨在通过加强对发射活动的国内管理和国际协调，保障外空环境和外空活动的安全。

第二阶段(20 世纪 90 年代末～2006 年)：概念构建阶段。

这一阶段具有代表性的是国际宇航科学院(International Academy of Astronautics, IAA)牵头开展的空间交通管理系列研究。2004 年，IAA 开始了题为“空间交通管理”的研究项目，2006 年，德国航空航天中心出版了研究报告，报告指出了外空活动面临的安全挑战，以及国际社会在外空治理方面存在的不足，建议构建以“制定新条约、成立新的国际机构”为核心的空间交通管理制度。该报告的出版使得空间交通管理问题在世界范围内引发广泛关注。

第三阶段(2006～2015 年)：深入研究阶段。

这一阶段，相关国际组织和学术机构开始较为广泛地参与空间交通管理问题的研究。2007 年，国际空间大学开展了空间交通管理研究，提出了具体的空间交通规则建议。2012 年，加拿大麦吉尔大学组织了空间交通管理论坛，成功引导了空间交通管理与航空交通管理的交叉研究。2014 年，美国国会众议院科学空间技术委员会空间分委会组织了题为“空间交通管理：如何避免真实版《地心引力》”的听证会。德国的 Schrogl 在 2014 年当选联合国和平利用外层空间委员会法律小组委员会主席后，发起了题为“空间交通管理”的国际研究项目[1]。

第四阶段(2015 年至今)：联合国以及美国推动下的诠释阶段。

历经多年发展，经过实践、学术、国家层面的论证和准备，以 Schrogl 为代表的欧洲试图在联合国层面形成对“空间交通管理”概念及其体系的共识和构建，从而引导、规范或约束各国的空间活动。同时，美国出于巩固其太空领导地位、掌握规则制定主动权的考虑，加快推动其国内空间交通管理工作。

2015 年，空间交通管理成为联合国和平利用外层空间委员会法律小组委员会的议题，这使得空间交通管理问题持续升温演变。2016 年 11 月，NASA 发布了《空间交通管理评估、框架和建议报告》。2017 年，IAA 在国际宇航大会(International Astronautical Congress，IAC)上全面介绍了空间交通管理研究进展情况，于 2018 年 2 月发布了《空间交通管理执行路线图》最新研究报告，并在第 57 届法律小组委员会会议期间向各国代表进行了发放。2018 年 6 月，美国政府正式颁布了《3 号航天政策令——国家空间交通管理政策》，系统阐述了美国空间交通管理的政策、定义、原则、目标、准则等，体现了美国加强空间交通管理、确保太空领导地位的新思路。

12.2　空间交通管理的概念

空间交通管理的概念伴随着航天活动的发展在不断发展演进中，截至目前，国际社会对这一概念并没有达成清晰而统一的认识。当前，国际宇航科学院、欧盟和美国对空间交通管理的概念有各自不同的界定。

12.2.1　国际宇航科学院对空间交通管理概念的界定

2001～2018 年，国际宇航科学院开展了空间交通管理问题系列研究。国际宇航科学院于 2006 年对空间交通管理的定义是，空间交通管理是促进安全进入外层空间、在外层空间操作和从外层空间返回地球而不受物理或无线电频率干扰的一系列技术和管理规定。国际宇航科学院的报告看似提出了空间交通管理的概念，但并未界定什么是空间交通管理，只是提出了空间交通管理的目标。

12.2.2　欧盟对空间交通管理概念的界定

2017 年，德国航空航天中心代表欧盟发布的《实施欧洲空间交通管理系统》白皮书，系统阐述了空间交通管理概念、系统设计、路线图和十大重要问题。报告将空间交通管理定义为，执行必要的管理和监控安保，根据现有的欧洲空中交通管理系统和基础设施，确保载人和无人轨道空间运载工具及航天飞机在近地空间和航空领域的弹道飞行安全。可见，欧盟提出的空间交通管理概念聚焦的是亚轨道飞行安全。

12.2.3　美国对空间交通管理概念的界定

美国《3 号航天政策令——国家空间交通管理政策》将空间交通管理界定为，空间交通管理是指为提高太空环境中行动的安全性、稳定性和可持续性，而对太空活动进行的规划、协调和在轨同步工作。美国提出的空间交通管理概念初步明确了空间交通管理的目的和内涵，但比较抽象，没有对空间交通管理的具体内容给出清晰说明[2]。

12.3　空间交通管理的核心——数据和法律

空间交通管理类似于空中交通管制，其目的是利用技术和法律制度降低地球轨道碰撞事故和干扰发生的可能性。空间交通管理是以上述需求为中心，力求为空间物体的运行建立技术、法律和规则。这些规则将能够使空间活动规范化，并在可能的轨道事故、干扰问题发生之前便将争端解决。

12.3.1　数据

空间交通管理的第一个核心要素是数据。为了有效管理空间活动，必须了解在轨物体是什么以及掌握其所在时刻、地点、控制主体。这些信息称为空间态势感知(space situational awareness，SSA)数据。目前，SSA 数据被各种系统和大量不同的行为主体收集，但是美国的 SSN 系统掌握的数据最全面、最可行。

SSN 系统是一个收集在轨数据的传感器网络，它由隶属于美军联合空间部队司令部的联合太空作战中心(Combined Space Operations Center，CSpOC)管理。SSN 系统的主要任务是保护军事空间资产和确保军队进入空间。CSpOC 已获得法定授权，从而可以在全球共享这些数据。一方面，这种数据共享旨在保护国家安全，只向其他美国政府组织和盟友提供最敏感的 SSA 数据；另一方面，TLE 是可最广泛获得的数据，其中载有关于在轨物体位置的最基本信息，只需使用在 Space-Track.org 上注册的一个用户账户即可公开查阅这些信息。

尽管 SSN 系统是最全面的 SSA 数据来源，但也有其他国家，特别是俄罗斯和中国在收集 SSA 数据，同时一些非国家组织，如空间数据协会(Space Data Association，SDA)也在收集 SSA 数据。SDA 是一个相互共享 SSA 数据的卫星运营商组织。值得注意的是，SDA 与 CSpOC 签署了双边数据共享协议。然而，至今依然没有囊括全部 SSA 数据的数据池，同时许多数据仍被认为是敏感和受限的。

空间交通管理系统建立的基础是数据。因此，数据必须标准化，以便系统内的行为主体能够访问这些数据并贡献自己的数据。此外，为了避免错误，必须保持系统内数据的完整性。这意味着一个多边的空间交通管理系统的形成需要采用一个数据标准将多个来源的数据综合起来，从而汇编成一个单一的数据库。目前，各行为主体通过不同的传感器收集 SSA 数据，因此必须确保数据的协调统一。此外，空间交通管理需要一个开放的数据系统，以便数据是公开的、可验证的，这就要求空间活动主体之间相互信任。空间交通管理会要求一些卫星运营商移动其在轨物体，从而避免与其他空间物体发生碰撞。如果运营商无法获得决策过程所依据的数据，那么他们可能会拒绝在轨道上进行移动的请求。验证数据无疑需要在系统中的相互信任，这并不容易执行。目前，大多数收集 SSA 数据的国家都是出于对国家安全的考虑，公开可用的数据是不全面的。基于此，建立一个开放的数据库对于空间交通管理至关重要，需要找到一种平衡开放性和国家安全的方法[3]。

随之而来的问题是，如何处理收集到的数据。SSA 提出了一个大数据问题，即 SSA 传感器不会持续监测轨道上的特定空间物体，它们只能感知和测量通过的物体，使用预测物体轨道的算法对这些数据进行处理，直到物体通过另一个传感器数据才会更新。作为 SSA 任务的一部分，CSpOC 使用这种方法进行分析，并与航天器可能面临危险的运营商分享结果。因此，如果基本算法存在缺陷，那么会造成数据处理结果不准确或者被遗漏。例如，2009 年，“铱-33”卫星和“宇宙-2251”卫星在轨道上发生碰撞，但是两个卫星运营商都没有被告知两颗卫星可能会发生碰撞。这在一定程度上是由于美国军方没有将铱星星座列入优先卫星名单，这就引发了关于建立空间环境模型的问题。

用于建立空间环境模型的方法必须能够有效、准确地预测潜在的在轨碰撞。在很大程度上，该算法的成功率取决于所收集到的基础数据，但也需要仔细设计将数据处理成空间环境模型的算法。错过潜在的碰撞或者提供过多的虚警可能会导致运营商对空间交通管理系统本身失去信心，从而导致建立空间环境模型的方法无效。因此，建模算法需要不断完善，以确保结果的完整性。当然，这些算法也应该是开放的，以便结果能够得到验证。这里的开放，同样是为了在系统中建立信任。

12.3.2　法律

风险是理解法律的核心。法律在社会中的核心作用之一即是通过规范行为增加可预测性，从而减少个人和实体面临的风险。

CSpOC 在卫星有危险时通知运营商，但它没有权力强迫运营商移动物体以避免碰撞。从美国的角度来看，目前没有任何联邦机构有权强制运营商将物体移动出轨道。这个管辖权漏洞是美国空间法规在多个机构分散的结果，而若被移植到国际环境中，这个漏洞会更加严重。尽管 CSpOC 可以通知运营商或者该运营商的国家权力机关，但是不能保证任何一方将作出反应，也没有法律要求任何一方必须这样做。

因此，当航天器必须移动以避免碰撞另一个空间物体时，必须具有法律标准和规则。因为航天器移动以避免碰撞不仅燃料价格高，还意味着航天器寿命缩短。一些运营商可能选择承担碰撞的风险，而不是消耗现有燃料。在这种情况下，运营商的损失可能只会对其造成经济影响，但这将增加该轨道内或附近所有运营商的风险。因此，需要制定法律标准，以确保所有运营商在轨道上负责任地活动。

国内和国际的空间交通管理都需要法律标准。一方面，国家是最可能迫使运营商在轨道上按某种方式行事的主体，因此空间交通管理规则应该成为许可程序的重要部分；另一方面，为了使国家知道何时需要以这种身份采取行动，需要进行国际合作和协调。法律标准不仅对强制运营商具有重要意义，而且在解决争端方面也发挥着关键作用。

12.4 美国空间交通管理政策提出的背景

2020 年 3 月，印度空间研究组织(Indian Space Research Organisation，ISRO)与美国德克萨斯大学签署了《关于在太空态势感知领域科学合作的谅解备忘录》。此前，美国与英国、法国、日本等国均签署了空间态势感知合作协议。美国与多国签署空间态势感知协议是其空间交通管理政策中的重要一环，是对其太空交通管理政策的具体落实[4]。

在日益严峻的太空安全形势下，讨论空间物体信息共享、空间碎片清除、在轨避碰等问题都是迫切和重要的。这些问题不仅牵涉复杂的技术问题，更涉及敏感的规则制定与运用问题。在国际太空规则对上述问题的解决尚有空白和模糊，同时停滞不前的情况下，美国于 2018 年 6 月发布了《3 号航天政策令——国家空间交通管理政策》，并计划向国际社会推广其空间交通管理标准和做法，为其牟取国际规则制定主导权奠定基础。该政策涉及空间安全中的多个问题，范围极广。全面深入研究美国空间交通管理政策，在当前空间安全日益严峻、空间安全问题错综复杂、美国正积极与盟友加快制定空间活动道路规则的形势下，尤为重要。

《3 号航天政策令——国家空间交通管理政策》是美国首份完整、综合性的空间交通管理政策。空间交通管理的目的就是建立安全、稳定和可持续运行的空间环境。当前太空正变得越来越拥挤，太空物体数量不断增多，同时太空商业活动的数量和多样性也显著增多[5]。

12.4.1 太空正变得越来越拥挤且越来越具竞争性

美国认为，太空正变得越来越拥挤且越来越具竞争性，这一趋势给美国太空活动的安全性、稳定性和持续性带来了挑战。美国国防部已经在太空中追踪到超过 20000 个物体，随着功能更强大的、能够探测到较小物体的新型传感器投入使用，这个数字将大幅增加。美国国防部发布太空物体编目，并发布可能的太空物体交汇点(两个或更多物体在相同或几乎相同的时间聚集到同一太空地点)的通知。但是，随着包括空间碎片在内的太空物体数量的增多，这种有限的交通管理活动和架构将无法满足需要。迄今，因为管理不善，人类通过轨道监测与计算已经确认了几起严重的空间相撞事故。例如，1991 年 12 月，俄罗斯一颗失效卫星 COSMOS 1394 撞上了本国另一颗卫星 COSMOS 926，释放出来大量空间碎片，前者产生了 2 块可跟踪的空间碎片，后者则解体为无法被跟踪的更小的空间碎片。1996 年 7 月，一块欧洲太空局 Ariane 火箭的空间碎片以 14.8km/s 的相对速度撞断了法国正在工作的电子侦察卫星 CERISE 的重力梯度稳定杆，后者姿态失去控制。NASA 专家 Kessler 对空间碎片的碰撞级联效应进行了研究，提出了一个恶性循环的可能性，当某一轨道高度的空间碎片密度达到临界值时，这一轨道变得尤为拥堵，加剧了空间碎片之间碰撞的可能性，空间碎片之间的碰撞产生更多新空间碎片，新空间碎片能够继续碰撞使得空间更加拥堵。与此同时，美国认为，太空的争夺属性正不断要求美国国防部保护和捍卫美国太空资产和利益。

12.4.2　太空商业活动数量和多样性显著增加

太空商业活动数量和多样性的显著增加，也将影响未来太空运行环境，如卫星服务、空间碎片清除、空间制造和太空旅游等新兴商业活动，以及促进小卫星和超大型卫星星座发展的新技术，其发展速度越来越超出了为应对这些新活动而制定和实施的政策与规则的速度。随着越来越多的运营商进入太空领域，在空间交通管理政策的引领下，美国希望在建立行为标准和行为规范方面取得进展，减缓有害空间碎片的产生，使空间活动安全而有序。

12.4.3　国际社会缺乏有效的空间交通管理规则框架

从 20 世纪 60 年代起，国际社会制定了以《外空条约》为代表的一系列外空治理规则。随着科学技术的快速发展，太空活动参与主体、活动范围与类型等不断扩展，这些法律和条约不足以对空间交通管理起到应有的规范。同时，当前现实意义上的空间交通管理程序还没有切实存在。除了国际电信联盟协调制定的频率轨位资源占有使用规则，国际社会还未有协调空间交通活动的正式规则。从国际法角度来说，国际条约、国际惯例的形成并非易事，广泛的国家实践是国际标准达成的土壤。美国将空间交通管理纳入其国家航天政策的范畴，意在将空间交通管理的各个方面早日形成国内立法，之后迅速向国际社会推广，当越来越多的国家认可并实践之后，美国标准也就会成为国际惯例或者国际标准。

1. 《外空条约》下的空间交通管理

《外空条约》提供了空间交通管理的基本法律原则。《外空条约》规定，不能以任何方式占用外层空间；发射国要对外空活动带来的损害承担赔偿责任；发射国要对其运营商的外空活动负责，并要对其进行持续管理和监督；发射国要尽快对射入外空的物体履行登记义务；发射国在最大可能的情况下通知联合国外空活动的性质、方法、地点和结果信息；发射国在外空的活动必须尊重其他国家的相应利益。《外空条约》的约束力可以扩展到不是条约缔约国的国家，因为条约在实质上已经成为习惯国际法，这就要求各国及商业实体遵守其规定，即使一个国家决定退出该条约也要如此。

然而，从上述《外空条约》的规范内容可以看出，《外空条约》对各国外空活动的行为要求不细致，与空间交通管理比较密切相关的通报、登记以及监管义务，规定得也不严谨，同时执行力有限，导致国家不履行或者在履行时打折扣。《外空条约》第六条，要求国家对商业实体的外空活动进行授权、管理和监督。因此，国家需要通过国内立法来实施上述权利，但一些国家还没有达到这个要求。例如，美国目前还没有明确的立法授权其联邦航空管理局监督美国在外层空间的非政府活动[6]。

2. 新外空规则议题下的空间交通管理

正是因为以《外空条约》为主的外层空间法存在一些问题，所以国际社会就外空治理规则制定开展了广泛磋商，形成了四项议题，但是这些议题关注的内容焦点与空间交通管理存在很大差距，因此在空间交通管理上很难有效发挥作用。这四项议题分别描述如下：

2008 年，中国和俄罗斯向日内瓦裁谈会提交了《防止在外空部署武器、对外空物体使用或威胁使用武力条约》(Prevention of the Placement of Weapons in Outer Space, PPWT)草案，草案要求各缔约国承诺不在环绕地球的轨道放置携带任何种类武器的物体，不在天体上安置此类武器，不以任何其他方式在外空放置此类武器；不对外空物体使用或威胁使用武力；不协助、不鼓励其他国家、国家集团或国际组织参与本条约所禁止的活动。草案提出了防止外空武器化、对外空资产进行威胁和破坏，进而防止外空军备竞赛的各项措施，旨在达成一项具有法律约束力的条约。这是目前日内瓦裁谈会在防止外空武器化和军备竞赛领域的最主要成果，得到了大多数国家的支持。但是，美国以外空武器定义不清、涵盖内容不全、无法核查等为由，反对该草案，致使该草案的实质性谈判未能真正启动。2014 年，中国和俄罗斯又联合推出新版的 PPWT 案文，同样遭到以美国为首的西方国家的反对。这项军控草案以禁止外空武器为目的，与空间交通管理规则之间在内容上还有很大的差距。

2011 年，应联合国大会 63/68 决议的要求，时任联合国秘书长潘基文设立了外空透明与建立信任措施政府专家组，这个政府专家组发源于联合国大会第一委员会。其目的是通过提高各国外空活动透明度，减少外空活动中由误解和误传带来的安全风险，维护外空活动的可持续性，最终目的是形成一个达成一致并自愿遵守的关于透明度和建立信任措施的结论与建议的报告，从而维护外空领域战略上的稳定。2013 年，第 68 届联合国大会通过“外空透明与建立信任措施政府专家组”报告，报告要求外空活动主体提供太空政策信息、太空活动信息，为减少太空活动风险进行通报，以及接触并访问航天发射场和设施等。这是对现有外层空间法的补充，其中很多内容也是未来空间交通管理规则制定的重要内容。然而，该报告本身并不具备法律约束力，同时缺乏实施细则和监督机制，无法核实各国的外空活动是否遵守了相关要求。

2008 年，欧盟提出《外空活动行为准则》草案，2012 年又提出了更新版《外空活动国际行为准则》草案。草案旨在通过提高透明度和建立互信措施，减少空间碎片、避免在轨物体碰撞、防止对空间物体的有意攻击，从而维护太空安全。虽然草案对在轨避碰、空间碎片减缓、空间活动登记和通报等内容要求签约国做出承诺，但是草案所规定的这些一般性措施和合作机制过于宽泛，具体操作性差，同时囊括的内容也较少，没有涵盖空间态势感知数据的建立和共享机制等。因此，国际社会难以用该草案作为框架建立空间交通管理制度[7]。

2010 年，联合国和平利用外层空间委员会将“外空活动长期可持续性”(long-term sustainability，LTS)议题列入科技小组委员会议程，并设立专门工作组，在审查有利于加强外空活动长期可持续性措施的基础上，编写最佳实践指南，指导各国外空活动的开展。2019 年 6 月，联合国和平利用外层空间委员会通过了《外空活动长期可持续性指南》21 条准则和序言。这 21 条准则代表了各国在外空问题上的最佳做法，包括：加强空间物体的登记；共享有关空间物体和事件的联系信息和空间态势感知数据；在发射和在轨操作期间进行合力评估，以发现潜在的碰撞；设计卫星以提高其可追踪性；解决不受控制的大气层再次进入的风险；加强国家监管框架以执行国际条约；分享太空天气数据和预报；并提高对空间可持续性的认识。未通过审议的其他几项准则涉及未来空间活动的重要问题：空间活动的和平性质；保护地面空间基础设施；主动清除杂物并故意破坏空间物体；处理未注册的空间物体，安全的会合和近距离操作，空间环境的修改以及网络安全。2019 年 6 月，联合国和平利用外层空间委员会决定设立五年期的外空长期可持续性新工作组，制定外空长期可持续性新准则、交流各国自愿执行已通过准则的经验、提高各国认识和能力建设。

LTS 议题的内容与空间交通管理联系紧密，但是与全面的空间交通管理规则大不相同。同时，对某些问题国际社会还存在分歧，例如，国家对空间碎片治理责任存在分歧。《外空活动长期可持续性指南》要求开展太空活动的国家不仅要有进入外空的能力，还应具备处置废弃在轨物体的技术实力，以减少空间碎片。但是，新兴航天国家表示反对，认为空间碎片主要由发达国家长期开展外空活动造成，治理责任应主要由发达国家承担。另外，因为 LTS 准则要求自愿执行，所以将来在国际上的执行力还有待检验。

3. 《联合国空间碎片减缓指南》与空间交通管理

空间交通管理一个重要的方面就是空间碎片的减缓和消除问题。2007 年，联合国和平利用外层空间委员会在《跨机构空间碎片协调委员会空间碎片减缓指南》的基础上，形成了《联合国空间碎片减缓指南》，在联合国大会表决通过。联合国大会通过的《联合国空间碎片减缓指南》反映了国际社会在空间碎片减缓方面达成的共识。《联合国空间碎片减缓指南》要求各国在今后的外空活动中有效控制空间碎片的产生，具体包括：防止航天器在轨碎裂；把已经达到飞行终点的航天器和轨道级从有用的密集轨道区域移除等。《联合国空间碎片减缓指南》还指出，2000km 以下的低地球轨道需要保护，建议在寿命末期将航天器机动到废弃轨道，使其在 25 年内再入大气层。随着商业卫星星座的发展，低地球轨道交通管理迫在眉睫，25 年的再入期与当前的需要已经不再适用。另外，对于低地球轨道交通管理，不仅需要管理废弃航天器、制定航天器碰撞规避运行规则等，还需要加大对航天器通信频谱的管理。国际电信联盟提出的“先占先得”的频谱使用规则对于低轨航天器能否长期适用，是摆在国际社会面前一个非常现实的问题[8]。

12.5 美国空间交通管理政策分析

12.5.1 内容解读

美国《3 号航天政策令——国家空间交通管理政策》一共分为七节：第一节政策、第二节定义、第三节原则、第四节目标、第五节准则、第六节任务和责任、第七节总则。这七节内容节节相扣，紧密联系，不断深入和强化，构建起美国空间交通管理的框架，未来美国将制定相关细化的规则来支持这一框架[9]。

第一节介绍了当前美国出台《3 号航天政策令——国家空间交通管理政策》的原因和背景。其中指出，为了保持美国在太空领域的领导地位，美国必须在科学技术上确定空间交通管理创新的优先事项，在法律上建立最新的空间交通管理架构，最终目标是要推动国际社会建立空间安全行为标准和空间安全最佳做法。美国强调政策的出台是为了保持在太空的领导地位，这和其在 2018 年出台的美国《航天战略》一脉相承，将美国优先作为在航天领域的政策制定和实施的长远目标。

第二节对美国空间交通管理要触及的三个核心概念进行了界定，即空间态势感知信息、空间交通管理、太空碎片。空间交通管理和空间态势感知大不相同，可以说，空间态势感知是进行空间交通管理的前提，对空间态势感知信息掌握的程度，决定了在轨航天器碰撞预警、减缓和清除空间碎片等行动能否顺利开展，但是空间交通管理涵盖的范围要大得多。空间交通管理包含的内容极广，从管理阶段上可以分为发射前、运行中和再入时，对这三个阶段都要进行行为的规范和约束，包括发射前建立技术准则，保证最低安全等。空间碎片这一概念，在外层空间法学界一直存在着争议，如失效的航天器是否属于空间碎片等。该政策将其界定为"不再具有任何使用目的的人造空间物体"，也就明确表达了美国认为失效的空间物体即空间碎片。

第三节明确了空间交通管理的四项原则。这四项原则是：①维护太空环境的安全、稳定，保持太空活动的可持续性；②提供及时、可用的空间态势感知数据和空间交通管理服务；③定期修订空间碎片减缓准则、标准和政策，在美国国内实施，在国际上推广应用；④空间交通管理框架应包括最佳做法、技术准则、安全标准、行为规范、发射前风险评估和在轨避碰服务。原则中提到的空间态势感知、空间碎片减缓和清除、技术和行为规范，正是空间交通管理最核心的三项内容，可以说空间交通管理的四项原则就是围绕这三项内容的落地展开的。

第四节提出了空间交通管理的九项目标，也清晰地表达出空间交通管理的五大内容。这九项目标实际上就是围绕空间交通管理的五项内容制定的，也使得人们更加明确地认识到空间交通管理的五大内容，即除了上述提到的空间态势感知、空间碎片减缓和清除、技术和行为规范，还包括防止频率干扰和空间物体的通知、登记。在空间态势感知方面，美国要促进空间态势感知和空间交通管理技术发展，提升美国在空间态势感知和空间交通管理领域的商业领导力，向公众提供空间态势感知基础数据和空间交通管理基本服务，引领并提高空间态势感知数据互操作性，推动数据共享；在空间碎片方面，美国要减轻轨道空间碎片对太空活动的影响；在技术和行为规范方面，美国要制定空间交通管理行为标准和最佳做法，并通过发放许可证对空间活动的行为进行监管，同时塑造一个能够保持及时予以回应的监管环境；在频率干扰方面，美国要防止非故意的射频干扰；在太空物体通知和登记方面，美国要改进本国的空间物体登记制度，确保向联合国提交准确和及时的登记记录。

第五节围绕空间交通管理的内容，提出了各项内容实施的具体方面和要素。在空间态势感知方面，通过空间态势感知数据共享、购买空间态势感知数据或提供新传感器，提高空间态势感知覆盖范围和准确性；美国国防部公开发布部分空间态势感知基础数据，继续免费提供给直接用户。数据是空间态势感知的基础，美国要建立一个开放式的空间态势感知数据库架构，构建开放式的数据库制定标准和协议，将民用、商业、国际和其他可用数据进行整合，促进与卫星运营商开展更多的数据共享。这个数据库具有以下基本特征：

(1) 数据完整性措施，确保数据的准确性和可用性。

(2) 数据标准，确保不同来源数据的质量。

(3) 保护专有或敏感数据的措施，包括国家安全信息。

(4) 卫星所有者、操作人员提供星历表，以通知轨道位置和计划中的机动。

(5) 标准化的格式，支持应用开发，以利用数据。

同时，美国要基于空间态势感知数据提供在轨防止碰撞信息服务。美国认为，及时预警可能出现的碰撞，对保护所有空间活动的安全至关重要。目前，基本的防止碰撞信息服务一直(并且应该)免费地提供给直接用户。预防在轨碰撞，需要向卫星运行者提供共享编目数据、预测近距离接触、提供有源预警等信息服务，使其能对卫星机动计划进行评估以降低风险。为避免发生在轨碰撞，美国应该做到：

(1) 基于卫星跟踪数据为持续更新编目提供服务。

(2) 使用自动化避碰程序。

(3) 提供及时有效的联合评估。

(4) 向运行者提供数据，实现对在轨机动规划的评估。

在空间碎片方面，该政策指出，美国要最大限度地减少新生成的空间碎片。同时，美国应该采取行动积极移除空间碎片，将其作为确保在主要轨道能安全飞行的必要的长期方法，同时不应该对可持续发展目标和国际上正在制定的空间碎片减缓相关协议造成损害。另外，应开发更好地跟踪空间碎片的能力和新的方法，对这些空间碎片进行编目，并建立可行的避碰警告阈值，以尽量减少误报。该政策指出，美国现行的《减缓轨道碎片标准做法》(Orbital Debris Mitigation Standard Practices，ODMSP)不足以控制空间碎片的增长，该标准做法应被修改更新，制定新的标准规范，为 21 世纪空间安全运行提供更好的保证[10]。

在制定技术和行为规范方面，要建立最低安全标准和最佳做法。首先，要确立减少空间碎片的行为标准。空间运行和减少空间碎片的最低标准的确立，部分来源于美国《减缓轨道碎片标准做法》，还要纳入其他标准和最佳做法。其次，从卫星设计到寿终的所有阶段，制定全部相应行为的标准和最佳做法，同时要实现将其纳入联邦法律和联邦政府规章中，以便开展相应的许可工作[11]。该政策强调，建立卫星和卫星星座发射前许可认证程序至少应考虑以下要素：

(1) 对轨道利用进行协调以防止在轨碰撞。

(2) 卫星星座拥有者和运营商通过管控确保星座内部不出现碰撞。

(3) 拥有者和运营商提前告知计划中的机动事件，同时共享卫星轨道位置数据。

(4) 提供在轨跟踪协助，包括按需提供射频或遥感增强。

(5) 加密地面站运行所需的卫星指挥控制链路和数据保护措施。

(6) 根据任务类型和运行阶段，设置最低可靠性。

(7) 关注对国家安全、美国国际政治利益、国际义务的影响。

(8) 根据运行寿命、拥有者、运行者的处置建议，以主动空间碎片移除方式进行自我处置。

在防止频率干扰方面，美国认为，重要轨道拥堵加剧要求对协调频谱活动的方法进行改进，并采取越来越动态的方法来协调这些活动。美国政府应解决以下频谱管理问题：

(1) 在适当情况下，审查当前政策、国内与国际准则是否与空间进出、空间运行、射频频谱等方面的目标相一致。

(2) 研究使频谱分配与空间交通管理系统、标准和最佳做法相协同带来的优势。

(3) 提高频谱使用的灵活性，调查当前可用于空间系统的新兴技术。

(4) 确保空间交通管理系统中与频谱相关的部分(如卫星间安全通信和主动空间碎片移除系统)，能顺利获取完成任务所需的频谱资源。

第六节明确了政府各部门的职责。空间交通管理问题涉及多个美国政府部门现有和未来的职能。此前，美国有关人士呼吁尽快成立联邦太空交通部门统筹管理美国空间交通，并引领国际相关组织尽快有序地加入空间交通管理中。然而，该政策将空间交通管理五项核心内容的管理权责分散到了美国的多个机构和部门，并没有设置一个统筹部门来统一协调和总体负责。在空间态势感知方面：

(1) 国防部部长和商务部部长，与国务卿、交通部长、美国国家航空航天局局长以及国家情报总监合作，共同制订一项计划，直接提供基本的空间态势感知数据和基本的空间交通管理服务，或通过与产业界或学术界合作的方式提供这些数据和服务。

(2) 商务部部长与国务卿、国防部部长、交通部长、国家航空航天局局长以及国家情报总监开展合作，制定开放式架构数据库的标准和协议，以提高空间态势感知数据互操作性，并实现更大程度的空间态势感知数据共享。商务部部长应在政府内部或通过与工业界或学术界的合作关系开发选项，评估建立这种存储库的技术和经济可行性。国防部部长应确保向有权访问知识库的任何个人或实体发布涉及国家安全活动的数据不会损害国家安全利益。

(3) 国防部部长应维持权威性的空间物体编目职责。

(4) 美国商务部负责民用空间态势感知数据的管理，并作为民用机构负责防止空间碎片碰撞。

在缓解轨道空间碎片方面。美国国家航空航天局局长应根据具体情况，与国务卿、国防部部长、商务部部长、交通部长和国家情报总监合作，并与联邦通信委员会主席协商，在此基础上牵头更新美国《缓减轨道碎片标准做法》，并制定新的卫星设计和运行准则。商务部部长和交通部长与联邦通信委员会主席协商后，将根据具体情况评估把更新后的标准和最佳做法纳入其各自许可程序的适配性。

在制定空间交通行为标准和最佳做法方面。国防部部长、商务部部长和交通部长与国务卿、美国国家航空航天局局长和国家情报总监合作，并与联邦通信委员会主席协商，制定空间交通标准和最佳做法，包括技术准则、最低安全标准、行为规范以及与发射前风险评估和在轨避碰支持服务有关的轨道交汇预防协议。

在防止非故意的射频频率干扰方面。商务部部长和交通部长与国务卿、国防部部长、美国国家航空航天局局长和国家情报总监合作，并与联邦通信委员会主席协商，合作减轻有害干扰的风险并及时解决任何可能发生的有害干扰。

在改进美国国内太空物体登记工作方面。国务卿与国防部部长、商务部部长、交通部长、美国国家航空航天局局长以及国家情报总监合作，并与联邦通信委员会主席协商，负责美国政府在空间态势感知和空间交通管理方面参与有关国际透明度和空间物体注册的工作[12]。

另外，国防部部长、商务部部长和交通部长与国务卿、美国国家航空航天局局长和国家情报总监合作，应定期评估空间飞行任务中出现的新趋势，在必要的时候根据具体情况，对现有的空间态势感知和空间交通管理政策与法规提出修订意见。

第七节指出了空间交通管理政策的任何内容均不得被解释为损害或以其他方式影响以下方面：法律授予行政部门或机构或其首脑的权力；行政管理和预算局局长在预算、行政或立法提案方面的职能。同时指出，该政策的执行应根据适用法律，并视可用拨款情况而定。最后指出，授权并指示商务部部长在《联邦纪事》上公布该政策。

12.5.2 主要特点

1. 美国空间交通管理政策围绕五项内容展开

美国空间交通管理政策看似内容庞杂，涉及要素多，部门多，但实际主要内容有五项，即空间态势感知、空间碎片减缓和清除、技术和行为规范、防止频率干扰和空间物体的通知、登记。美国空间交通管理提出的四项原则、九项目标、实施准则及各部门的任务职责，都是围绕上述五项内容展开的。按照这五项内容，完善和共享数据或是建立技术规范、制定行为规则等，空间交通管理政策才能落地[13]。

2. 美国空间态势感知数据军民分开管理

美国空间交通管理政策将美国商务部指定为民用空间态势感知数据的管理者并作为民用机构负责防止太空碰撞。该政策指出，为促进这种增强的数据共享，并认识到国防部需要聚焦于进入太空和在太空的行动自由，民用机构应根据相关法律，负责管理国防部编目中可公开发布的部分，并负责管理开放式数据仓库的架构。商务部应是这个民用机构。该政策还指出，为在未来运行环境中确保对太空交通的安全协调，同时为确保国防部能将精力投入维护太空的自由进出，应指派民用机构负责防止太空碰撞，商务部应该承担这一民用机构的职责。

美国的空间态势感知技术主要由美国空军研发并执行，现在商业公司和民间公司也在积极研发这项技术，在自己的空间系统中运用这项技术确保系统安全。美国空军、FAA、国务院和商务部等部门组织都在进行这些工作。有学者指出，未来不仅需要一个统一的系统来监控所有的空间物体，追踪这些空间物体的位置和轨道，避免碰撞，还急需成立一个联邦办公室来快速有效地监控所有空间物体和实时预测潜在的碰撞。但是，美国在空间交通管理政策中给予了否定的回应。该政策将权责一分为二，明确了国防部继续负责维持权威性的太空物体编目，聚焦进入空间和空间自由的职权，而商务部负责管理开放式数据，根据国防部编制的太空(物体)目录，向政府部门和私人提供基本的空间态势感知服务，并作为民用机构以防止太空碰撞。

空间态势感知数据用于通知卫星运营商有可能与另一颗经过的卫星或空间碎片碰撞，这使操作员有机会安全地操纵其卫星。目前，美国天军第2三角队在加利福尼亚范登堡空军基地的第18太空控制中队提供空间态势感知服务,并向世界各地的卫星运营商发出碰撞警告。随着越来越多的国家和商业实体活跃在太空中，空间态势感知和空间交通管理变得越来越重要。同时，空间活动的空前增长使得空间态势感知和发出碰撞警告所涉及的工作量迅速增加。将提供基本空间态势感知服务的职责从国防部移交给美国商务部这样的民用机构，将使国防部能够专注于太空中的国家安全威胁并保护美国太空资产。另外，此次明确的分工，还考虑了政府各部门优势，商务部负责公布空间态势感知数据，以利于集成商业能力，淡化空间态势感知的军事色彩。

3. 未就空间交通管理设置一个总体负责部门

空间交通管理问题与多个美国政府部门的现有和未来职能密切相关。但是，目前在美国还没有任何部门、组织牵头总体负责太空活动的秩序和安全。此前，美国有关人士呼吁尽快成立联邦空间交通部门统筹管理美国空间交通，并引领国际相关组织尽快有序地加入空间交通管理中。因为空间交通管理涉及多样的太空活动，所有权归属和责任划分都很复杂，所以空间交通管理活动必须由一个联邦部门牵头，负责统筹解决国际、国内利益相关者关心的问题。

有美国学者建议，成立的联邦空间交通管理部门是一个与美国政府机构、商业卫星实体和国际利益相关者建立联系的新的独立机构，可以为实现空间安全目标提供一个有效的综合“行动中枢”。联邦空间交通管理部门不依附于任何其他机构，能够在国内外协调有关政府部门和私人机构。但是，美国空军、NASA、美国交通运输部、美国商务部和其他政府机构的一些部门要整合到联邦空间交通管理部门内。例如，为了保留和更好地利用具有丰富太空经验的政府人员，交通运输部的商业航天运输办公室与商务部的商业航天办公室合并，成为联邦空间交通管理部门的一个独立办公室。其他不并入联邦空间交通管理部门的联邦机构和部门以及学术和商业团体，将与联邦空间交通管理部门紧密协调，为联邦空间交通管理部门提供建议。例如，国务院下的空间和先进技术办公室负责确保美国的太空政策和多边科学活动、支持美国的外交政策目标、提升美国的空间和技术竞争力，在联邦空间交通管理部门成立后，会继续为联邦空间交通管理部门的国际问题起到联络和顾问作用。

然而，该政策将空间交通管理五项内容的管理权责分散到美国的多个机构和部门，并没有建议设置一个统筹部门来统一协调，总体负责。

4. 美国将实施全球空间交通管理战略

美国空间交通管理政策立足国内，但从长远来看，是其向国际推广、实施全球空间交通管理战略的前提。当前外空规则存在诸多问题，空间交通管理成为当前外空规则磋商的热点议题，被视为应对日益严峻的太空安全问题的重要方式。美国将空间交通管理纳入其国家空间政策的范畴，意在将空间交通管理的各个方面早日形成国内立法，之后发挥其领导垂范作用，迅速向国际社会推广其空间交通管理标准和做法，促使其他国家或国际组织快速加入由美国主导下的全球空间交通管理体系中。在越来越多的国家认可并实践之后，美国标准就会成为国际惯例或者国际标准，从而为其争得国际外空规则制定的主导权奠定了基础。

美国认为，作为一个主要航天国家，美国应继续推动制定太空中的系列行为规范、最佳做法和安全行动标准，以减少空间碎片、推动数据共享、协调太空活动。因此，美国将通过与其他航天国家就空间交通管理进行密切讨论，建立双边协议和多边协议，并在联合国和平利用外层空间委员会、机构间空间碎片协调委员会、国际标准组织、时空系统咨询委员会等国际组织中分享其计划，鼓励国际社会采用新的太空行为规范和最佳做法，以期建立可扩展到国际空间规则框架的国家体系。但无论如何，美国的全球太空交通管理战略的达成并非易事，外太空是人类的共有场所，从来不是一个国家能够主宰和控制的。空间态势感知数据共享、空间碎片的减缓和清除、空间物体防止在轨碰撞和解体等方面，都需要国际社会达成共识。

12.5.3　总体评价

美国政府发布《3号航天政策令——国家空间交通管理政策》表明，在太空日益拥挤、对抗加剧，特别是商业航天力量快速发展的背景下，美国将强化空间交通管理作为维护国家航天利益的重要手段，并将其视为当前急需推动落实的重要航天政策。

1. 美国首次将空间交通管理纳入国家航天政策范畴

从航天政策的纵向范畴来看，2017年年底至今，美国先后发布了1号～7号航天政策令，对美国政府的军、民、商航天政策进行了较为全面的阐述。《3号航天政策令——国家空间交通管理政策》是美国新恢复的国家太空委员会航天政策制定的重中之重。美国政府制定的航天政策目标，如1号和2号航天政策令的目标——深空探索和促进商业航天发展，很大程度上依赖对轨道运行情况的了解以及开发更有效的方式来安全、可持续地管理越来越多的空间物体。虽然美国政府相关代表在国内外不同场合已就空间交通管理问题展开研究探讨，例如，美国联邦航空管理局曾与国防部探讨空间交通管理活动过渡方案，美国代表曾在联合国和平利用外层空间委员会等国际舞台上发表过相关观点，但美国政府从未将其上升到国家航天政策层面。《3号航天政策令——国家空间交通管理政策》将空间交通管理首次纳入美国航天政策的范畴。

2. 太空交通管理政策是美国航天协调发展的利益需要

空间交通管理涉及国家航天战略与政策、航天装备与技术以及相关法规与标准等领域，与承担军、民、商航天管理职责的多部门密切相关，必须明确部门职责，高效管理与推进。美国空间交通管理政策符合美国军、民、商航天协调发展利益。

美国空间交通管理政策将空间态势感知数据管理军民分开，明确了国防部继续负责维持权威性的空间物体编目，聚焦进入空间和空间自由的职权，而商务部负责管理开放式数据，向政府部门和私人提供基本的空间态势感知服务，并作为民用机构负责防止太空碰撞。此前，美国空军、FAA、国务院和商务部等部门和组织都在进行这些工作。《4号航天政策令——成立天军》颁布之后，美国国会已批准成立天军，专业化的美国天军正在组建，以应对美国认为的“太空已经成为作战疆域”的形势，保护美国空间安全利益不受侵犯。美国空间态势感知数据分发等工作从天军剥离出来由商务部负责，有利于统筹好军民的态势感知力量，使天军聚焦于应对空间资产威胁、保护太空安全、开展太空备战。同时，快速发展的商业空间态势感知能力，需要国家层面的综合规划、充分利用。美国商业实体也掌握着很多空间态势感知数据，空间交通管理相关工作，尤其是数据发布与应用工作交由商务部负责，有利于统筹好民商的态势感知力量，尤其是集合商业实体的能力，从而使美国商业空间态势感知能力得到有效发挥[14]。

3. 美国需要制定具体法律规范落实空间交通管理政策

在空间碎片减缓、空间行为准则和最佳做法等方面，美国还需要制定相应的法律规范使空间交通管理政策落地。当前，美国政府各部门正积极制定具体法律规范落实政策要求，维护美国在航天领域的优先地位。2019 年 4 月，美国商务部在《联邦公报》上发布了《空间态势感知数据和空间交通管理服务的商业能力信息征询书》落实政策，增强空间态势感知数据和空间交通管理服务能力。在空间碎片减缓方面，2019 年 12 月，美国发布了经修订的《减缓轨道碎片标准做法》。这是在该规范 2001 年发布以来美国进行的首次更新，意在反映对卫星运行和造成空间碎片数量日益增多的技术问题已有更好的认识。这也是在空间交通管理政策颁布以来，对空间碎片减缓标准制度完善的积极回应。但空间安全界很多人对改动范围有限表示失望，例如，新版指南并未涉及有关空间碎片减缓的最大问题之一，即是否要收紧对卫星任务结束后做离轨处理的 25 年时间要求。航天界很多人都认为这一时间应比 25 年短，尽管具体该是多长时间还未形成共识。很多人担心，如果不采取措施来缩短任务结束后处置时间或提高离轨系统可靠性，未来几年部署的大型星座将导致空间碎片问题恶化。因此，在空间碎片减缓、空间行为准则和最佳做法等方面，美国还需要制定相应的、符合现实需要的具体法律规范，填补、完善、细化相关的国内法律规范，让空间交通管理政策落地。

12.6 空间交通管理国际法律制度的构建要素

美国要将空间交通管理政策上升为国际法律制度还需要走很长的路。当前，美国空间交通管理国内法规政策处于建设过程中，对于外空资源开采、空间碎片、小卫星发射等问题的管理体制还在构建和不断完善中。现阶段，美国加快推进的是在联合国框架外美国主导的与空间交通管理相关的某一领域的双边协议，例如，2020 年 3 月，美国德克萨斯大学与印度空间研究组织签署的《关于在太空态势感知领域科学合作的谅解备忘录》。美国在空间交通管理国家机制构建完毕后，才能在联合国框架内空间交通管理多边国际机制的构建上真正发挥主导作用。同时，空间交通管理国际法律制度的构建还需要考虑现有外空国际规则存在的问题、空间技术的影响以及各国的共识等因素[15]。

12.6.1　现有外空国际规则的问题

现有的具有法律拘束力的外空国际规则是在二十世纪六七十年代，美苏两个超级大国冷战的背景下制定的，不仅迎合了美苏两国利用规则约束对手的利益需要，而且符合其他国家对外空探索和利用的需要，是各国协商一致的结果，主要包括《外空条约》《登记公约》《责任公约》《营救协定》《月球协定》这五大条约。这五大条约都是在二十世纪六七十年代形成的,本身具有滞后于现实变化的特点，远远跟不上空间技术前进的脚步，很难解决因空间技术发展带来的一些新问题，例如，对目前各国普遍关注的空间碎片问题就没有及时进行有效规制。同时，这些条约是各国在协商过程中相互妥协的产物，因此规定得比较笼统，天然就存在漏洞和缺陷，如外层空间划界、空间物体的定义等问题都没有得到解决，而这些问题的解决进程直接影响着空间交通管理国际制度的构建。

12.6.2　空间技术的影响

空间交通管理制度的构建需要空间技术的支持。如果按照航天器的生命周期来划分，空间交通管理需要在航天器发射、在轨运行、在轨再入三个阶段进行制度安排。就发射阶段而言，航天器发射通报制度的构建需要相关技术支持和监督，确保各国执行。在轨运行阶段，空间物体在轨碰撞预警与避撞，空间碎片减缓与清除、防止在轨航天器的频率干扰等都依赖技术的发展。再入阶段，航天器的主动离轨操作、航天器的可重复使用等都需要技术推动。因此，空间交通管理国际制度的构建与技术发展有着密不可分的关系。同时，空间技术先进的国家可能不愿意缔结限制其空间活动的条约，而空间技术相对落后的国家可能不愿意加入技术门槛过高的条约，给自己戴上“枷锁”，使其在空间领域落后的现状固化，各国可能更愿意采取谨慎与保守的态度和立场。因此，空间交通管理国际制度的制定难以取得实质性的进展。

12.6.3　各国的共识

空间交通管理国际制度的构建主要包括制定法律、政策、行为规范、技术标准、程序要求等。空间交通管理国际制度需要通过制定条约、准则等达成。空间交通管理本身是为了维护各国共同的外空安全利益、保障外空活动长期可持续发展，但其间又涉及各国的不同利益诉求，因此需要各国通力合作，达成共识。

随着各国空间能力和商业航天的发展，频率轨位资源异常紧张，空间碰撞事件发生的概率增大，空间碎片问题亟待解决。空间安全的威胁加剧，然而国家之间强化空间合作的意愿以及在空间利益上的共识减少了。2001 年 12 月，美国退出了《限制反弹道导弹系统条约》(简称《反导条约》)。2019 年 8 月，美国退出《中导条约》,《中导条约》宣告失效。在联合国框架内建立务实的空间交通管理制度，在很大程度上取决于空间交通管理制度本身是否符合各国的共同利益，而就此问题达成共识困难重重。

参 考 文 献

[1] 左清华. 美国空间交通管理政策的背景分析及思考[J]. 中国航天, 2020, (8): 58-62.

[2] 王国语，张玉沛，杨园园. 空间交通管理内涵与发展趋势研究[J]. 国际太空，2020，(11): 32-39.

[3] 刘震鑫, 周巍, 郭丽红. 从 LTS 看太空交通管理(STM)发展[C]. 外层空间新兴问题国际法治研讨会论文集, 北京, 2019: 147-148.

[4] The White House. Space Policy Directive-3:National Space Traffic Management Policy[EB/OL]. https://www. whitehouse.gov/presidential-actions/space-policy-directive-3-national-space-traffic-management-policy/[2020-06-25].

[5] Blount P J. Space traffic management: Standardizing on-orbit behavior[J]. American Journal of International Law, 2019, 113: 120-124.

[6] Vedda J. Aerospace examines us regulation on space commerce[EB/OL]. https://aerosp ace.org/press-release/aerospace-examines-us-regulation-space-commerce[2018-12-15].

[7] Theresa Hitchens.Space Traffic Management[R]. Mary land: National Academy of Sciences ASEB Meeting, 2016.

[8] Anzaldua A, Dunlop D, Swan P A. An open letter to vice president pence and the national space council on space traffic management[EB/OL]. http://www.thespacereview.com/article/3369/1[2019-12-10].

[9] Harrison T. How the space policy directive3 affects space traffic management?[EB/OL]. https://www.indiaamericatoday.com/article/space-policy-directive-3-affect-space-traffic-management/[2019-12-10].

[10] Peterson G, Sorge M, Ailor W. Space Traffic Management in the age of new space[R]. Arlington: Center for Space Policy and Strategy, the Aerospace Corporation, 2018.

[11] Larsen P B. Space traffic management standards[J]. Journal of Air Law and Commerce, 2018, 83(2): 359-387.

[12] International Space University. Space traffic management final report[R]. Beijing: Summer Session Program, 2007.

[13] 刘海印，张莉敏. 太空交通管理——美国航天政策新范畴[EB/OL]. http://mp.weixin.qq.com/s?_biz=MzI1ODY4MDUwNQ==&mid=2247486289&idx=1&sn=6fd3819ffeb9234a1f0ce4b85ec10f7a &chksm[2020-11-10].

[14] Contant-Jorgenson C, Lala P, Schrogl K U. The International Academy of Astronautics (IAA) Cosmic Study on Space Traffic Management[R]. Vienna: UNCOPUOS, 2006.

[15] 中国国防科技信息中心. 美国和印度扩展太空态势感知领域合作[EB/OL]. https://www.sohu.com/a/384068127_313834[2021-01-05].

第 13 章　空间交通安全规则与管理策略

13.1　轨道资源分析

基于空间目标的编目数据分析空间目标的分布特点。编目目标的初始化状态根据空间目标实际观测数据确定。目标的观测数据可以从 Space-Track 网站上下载，这些数据是美国空间监视网以两行轨道根数格式定期发布的。两行轨道根数是用特定方法去掉了周期性扰动项的平均根数，需要根据生成平均根数的模型，即 SGP4/SDP4 模型，反演计算目标的密切根数，作为仿真演化系统目标的初始化状态。

从 Space-Track 网站获取的两行轨道根数数据，每个目标都有美国空间监视网的编号，如图 13.1 所示。

从图 13.1(a)中可以看出，编目目标集中在低地球轨道和同步轨道处，对图 13.1(a)局部放大得到图 13.1(b)，可以看出每个目标的空间监视网编号。

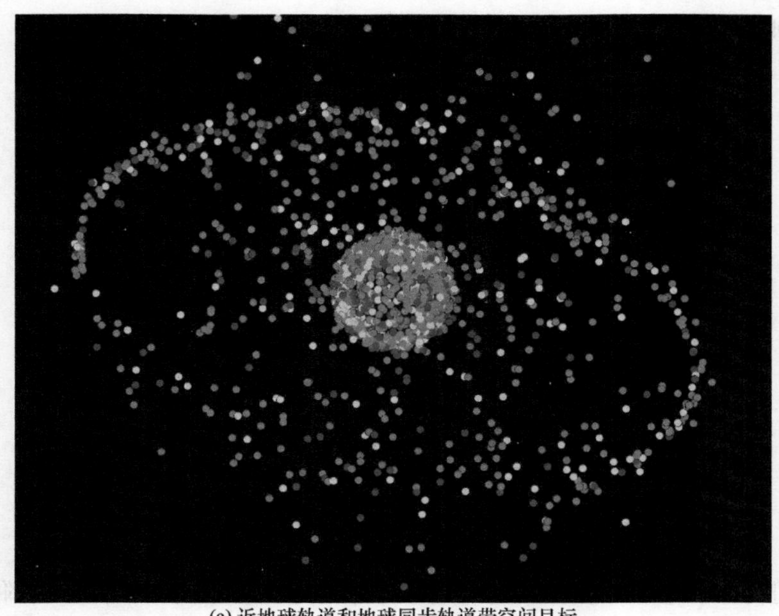

(a) 近地球轨道和地球同步轨道带空间目标

(b) 近地球轨道空间目标

图 13.1　编目目标的初始分布状态

当前空间目标环境分布状态的分析结果表明，低地球轨道上空间目标主要集中在 800km、950km 和 1450km 的轨道高度层，如图 13.2 所示。

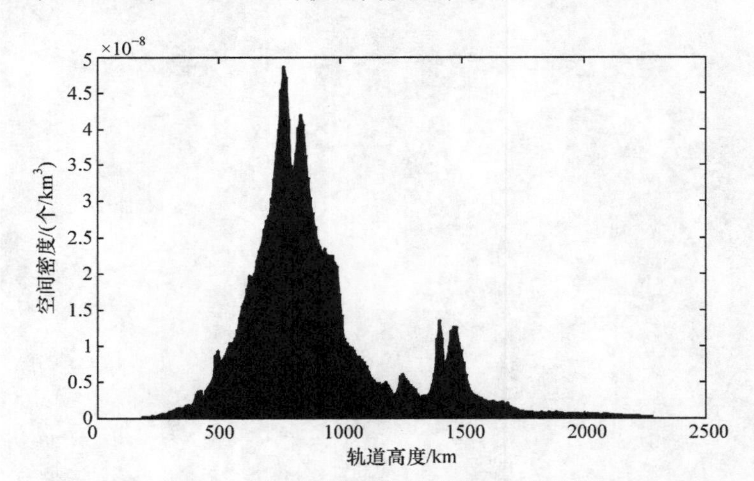

图 13.2　空间密度分布随轨道高度的变化

空间目标沿地球纬度方向呈现集中分布的趋势，主要集中在 ± 80°附近，如图 13.3 和图 13.4 所示。

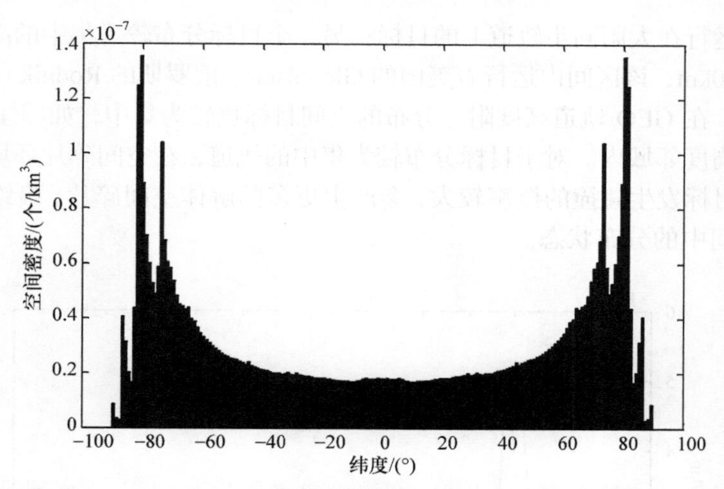

图 13.3 500～800km 轨道高度范围内空间目标分布随纬度的变化

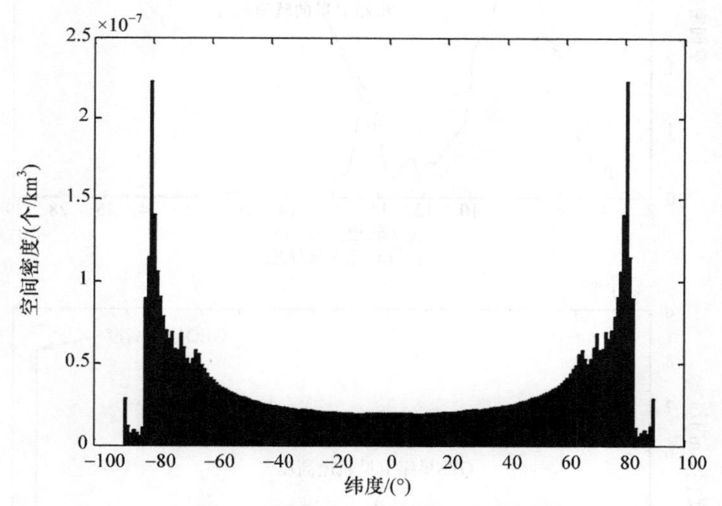

图 13.4 800～1000km 轨道高度范围内空间目标分布随纬度的变化

低地球轨道上空间目标主要集中在 800km、950km 和 1450km 高度范围；沿地球纬度方向呈现集中分布的趋势，主要集中在 ± 80°附近。

空间目标在不同轨道高度上的分布差异较大，在一些轨道高度上出现较为集中分布的特点，如图 13.5 所示。图 13.5 是基于空间监视网 2016 年的编目目标数据，利用目标空间密度公式计算得到的。从结果可以看出，编目目标在两个区域内密集分布，一个在低地球轨道区域，图 13.5(a)中所示 3000km 高度以下的区域。在低地球轨道上，700～900km 高度区间内的目标分布最为密集，该高度区间内包含大量运行在太阳同步轨道上的目标；另一个目标分布较为集中的高度区间是1400～1600km，该区间内运行着美国的 Globalstar、俄罗斯的 Rodnik 等低轨通信星座卫星。在 GEO 轨道高度附近分布的空间目标也较为集中，如图 13.5(b)所示36000km 高度邻域内。对于目标分布较为集中的轨道，在空间碎片环境的演化过程中通常目标发生碰撞的概率较大，会产生更多的解体空间碎片，最终影响空间碎片在空间中的分布状态。

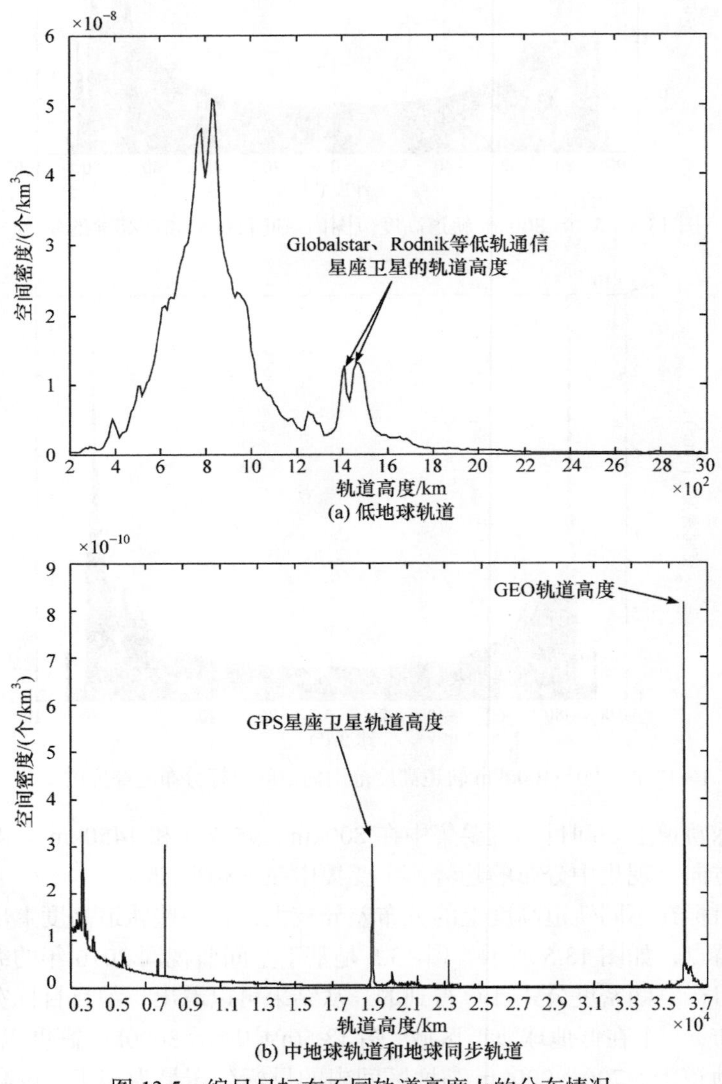

图 13.5 编目目标在不同轨道高度上的分布情况

根据编目目标数据，空间目标主要运行在圆轨道上。如图 13.6 所示，85%以上目标的轨道偏心率小于 0.1，不到 1%的目标运行在偏心率超过 0.5 的大椭圆轨道上。图 13.7 中给出了在轨编目目标轨道偏心率随轨道半长轴的分布情况，图中每个点代表一个空间目标。可以看出，在低地球轨道和地球同步轨道上的目标偏心率绝大部分小于 0.1；中地球轨道上目标的轨道偏心率较大，很大一部分偏心率超过 0.4。

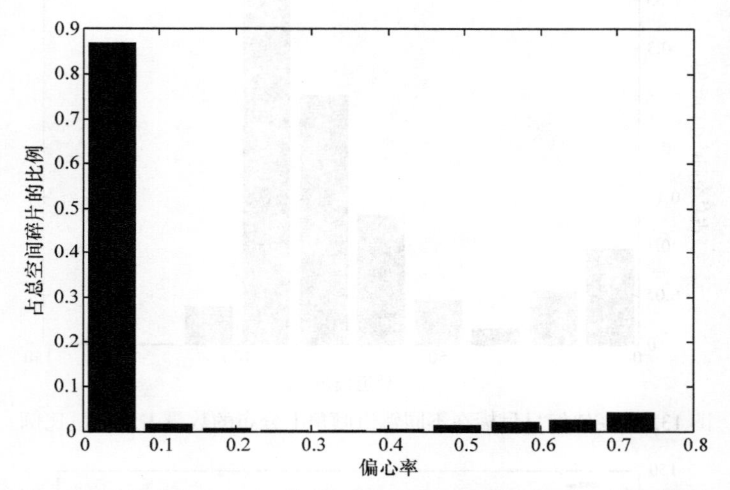

图 13.6　在轨编目目标在不同轨道偏心率上分布的数量占总数量比例

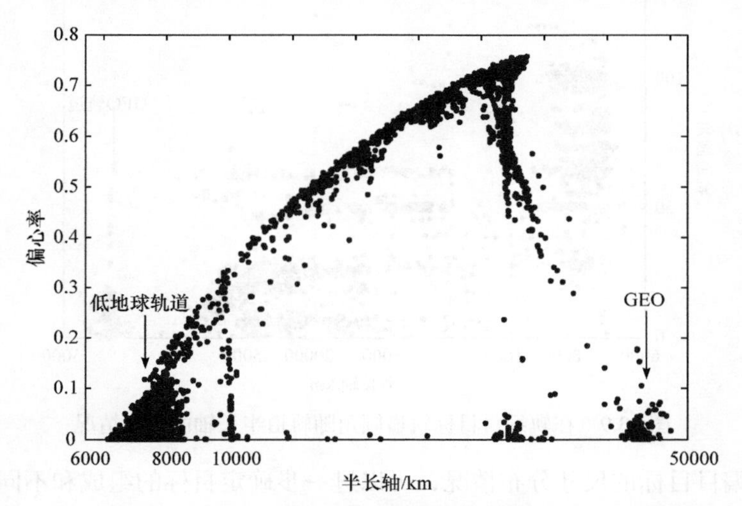

图 13.7　在轨编目目标的轨道偏心率随轨道半长轴的分布情况

图 13.8 和图 13.9 给出了在轨编目目标在不同轨道倾角上的分布情况，可以看出，空间目标主要运行在轨道倾角小于 100°的轨道上；存在大量运行在太阳同步

轨道上的航天器，导致 90°～100°轨道倾角的轨道上分布的目标相对集中，占总空间目标数量的 35%以上。从轨道倾角随轨道半长轴的分布图 13.9 中可以看出，低地球轨道上目标的轨道倾角分布区间大，在 100°轨道倾角附近分布的目标较多；地球同步轨道上目标的轨道倾角集中分布在 0°附近，即主要在地球静止轨道上。

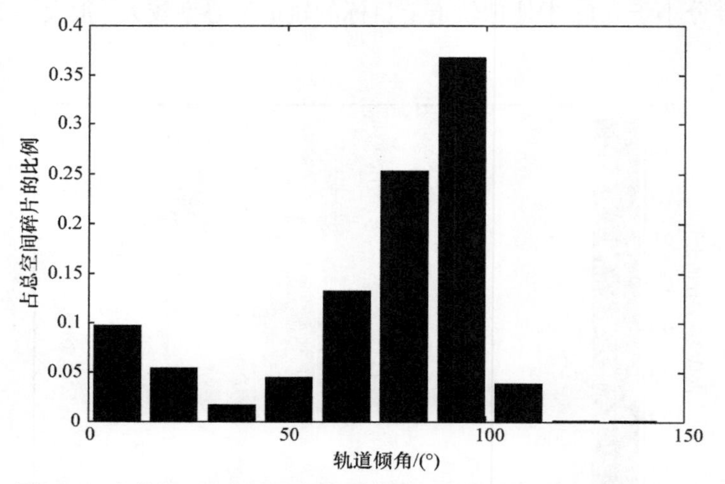

图 13.8　在轨编目目标在不同轨道倾角上分布的数量占总数量比例

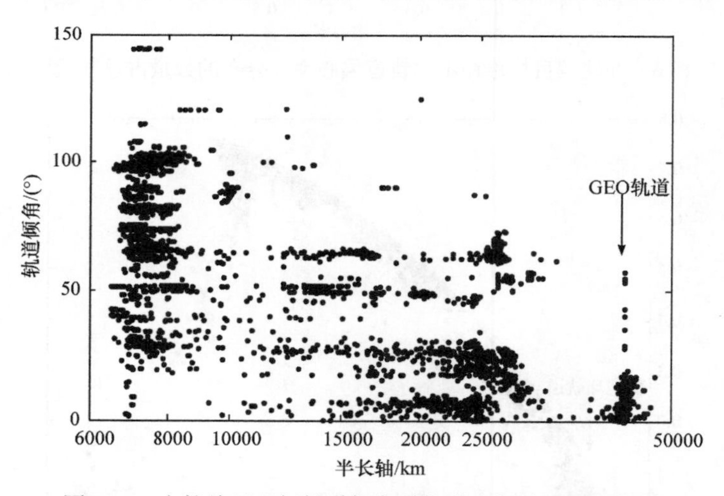

图 13.9　在轨编目目标轨道倾角随轨道半长轴的分布情况

根据编目目标的尺寸分布情况，可以进一步确定目标的组成和不同高度上空间碎片的分布特点。目标的雷达截面积是反映目标尺寸的测量值，通常雷达截面积越大对应目标尺寸越大。图 13.10 根据目标的雷达截面积，给出了不同尺寸区间内编目目标的数量分布情况。从图中可以看出，70%以上目标的尺寸在[$0m^2$, $1m^2$]

内，若近似认为目标的雷达截面积等于目标的横截面积，且假设目标为球体，则约 70%以上目标尺寸均小于 1m。剩下约 30%的目标尺寸大于 1m，这里面有 3.2%的目标尺寸大于 5m(对应雷达截面积值大于 20m^2)，这类大尺寸目标对未来空间碎片环境的演化起着重要影响。对于大尺寸空间目标，通常受到的潜在碰撞风险也较大，且大尺寸目标一旦解体将产生大量空间碎片，造成空间碎片数量急剧增加。

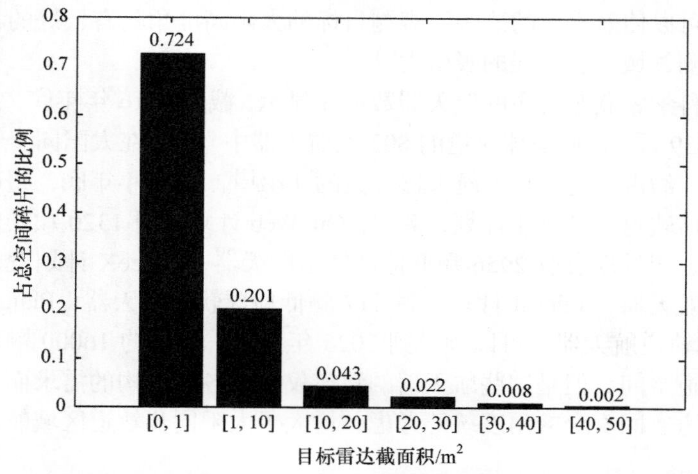

图 13.10　在轨编目目标在不同尺寸区间内的数量分布情况

图 13.11 给出了不同轨道半长轴上对应不同尺寸目标的分布情况，可以看出在低地球轨道上较为集中地分布着大量较小尺寸的目标，但也存在尺寸大于 5m 的大尺寸目标，而地球同步轨道上分布的目标中大尺寸目标较多。

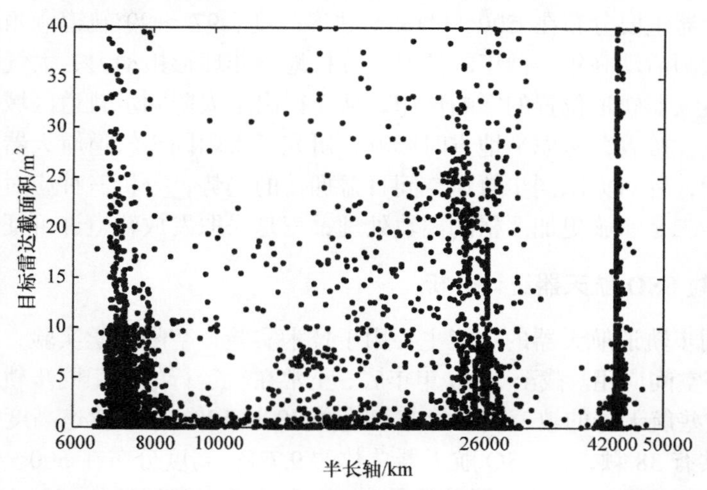

图 13.11　在轨编目目标的雷达截面积随目标轨道半长轴的分布情况

13.2 典型轨道分配规则研究

作为一种特殊的空间轨道，太阳同步轨道的主要优点在于航天器的降交点地方时基本保持不变，航天器从同方向飞经同纬度的地方平太阳时相等。采用太阳同步轨道，可以使航天器的能源、观测目标的太阳高度角具有较好的特征，对航天器对地观测领域具有很强的吸引力[1]。

由忧思科学家联盟公布的航天器数据库显示，截至 2016 年年底，在轨运行的航天器共 1459 颗，在低地球轨道的 803 颗航天器中，运行在太阳同步轨道的航天器有 394 颗，约占低地球轨道航天器总数的 49%[2]。2016 年年底，超过 5 家机构提出了低地球轨道大型星座计划，例如，OneWeb 计划发射 1320 颗低地球轨道航天器，波音公司计划发射 2956 颗低地球轨道航天器，SpaceX 计划发射 11943 颗低地球轨道航天器，Telesat 计划发射 117 颗低地球轨道航天器，Planet 计划发射 67 颗低地球轨道航天器。可以预见到 2025 年左右，将有约 16000 颗新航天器进入低地球轨道空间，但是这些航天器的轨道仅依据各家机构的需求而定，并没有从低地球轨道空间安全的角度统筹考虑，增大了太阳同步轨道区域航天器碰撞的风险。

太阳同步轨道区域的安全管理正在引起航天领域的广泛关注。2017 年 5 月结束的第九届国际空间轨道设计大赛，要求设计成本最低的空间碎片交会任务，清除最具危害性的 123 颗空间碎片。

本节首先统计现有太阳同步轨道空间物体的分布情况，得出现有在轨太阳同步轨道航天器主要分布在 500～900km 轨道高度、97°～99°轨道倾角的结论。其次，针对太阳活动高年、低年的情况，分析地球非球形摄动力、大气阻力摄动力等因素对航天器轨道位置的影响规律，从而得出了太阳同步轨道区域按轨道高度划分的依据。接着，考虑平地方时影响，研究了太阳同步轨道航天器轨位的划分依据。最后，针对太阳同步轨道空间日益拥挤的趋势，分析三种应对策略：一是保持现状；二是实施更加严格的离轨处理；三是采取发放轨道许可证的方式。

13.2.1 在轨 SSO 航天器统计分析

太阳同步轨道航天器的功能主要用于技术实验、空间科学实验，以及对地观测、通信等空间应用。截至 2016 年年底，正常在轨运行的太阳同步轨道航天器共 394 颗，这些航天器的轨道高度分布大致在 392～1201km。轨道高度低于 500km 的航天器共有 38 颗，占 SSO 航天器总数的 9.7%；高度分布在 500～900km 的航天器共 348 颗，占 SSO 航天器总数的 88.3%；轨道高度高于 900km 的航天器共 8 颗，占 SSO 航天器总数的 2%。统计结果如表 13.1 所示。

表 13.1　在轨 SSO 航天器轨道高度分布情况

航天器轨道高度/km	航天器数量/颗	占总数比例/%
500 以下	38	9.7
500～900	348	88.3
900 以上	8	2

这些航天器的轨道倾角分布大致在 96°～100.5°。轨道倾角小于 97°的航天器共有 38 颗，占 SSO 航天器总数的 0.8%；轨道倾角在 97°～99°的航天器共 348 颗，占 SSO 航天器总数的 96.9%；轨道倾角大于 99°的航天器共有 8 颗，占 SSO 航天器总数的 2.3%。统计结果如表 13.2 所示。

表 13.2　在轨 SSO 航天器轨道倾角分布情况

航天器轨道倾角	航天器数量/颗	占总数比例/%
小于 97°	38	0.8
97°～99°	348	96.9
大于 99°	8	2.3

图 13.12 给出了目前太阳同步轨道航天器空间分布情况，可以看出，目前太阳同步轨道航天器的轨道高度和降交点地方时呈无规律的特点。

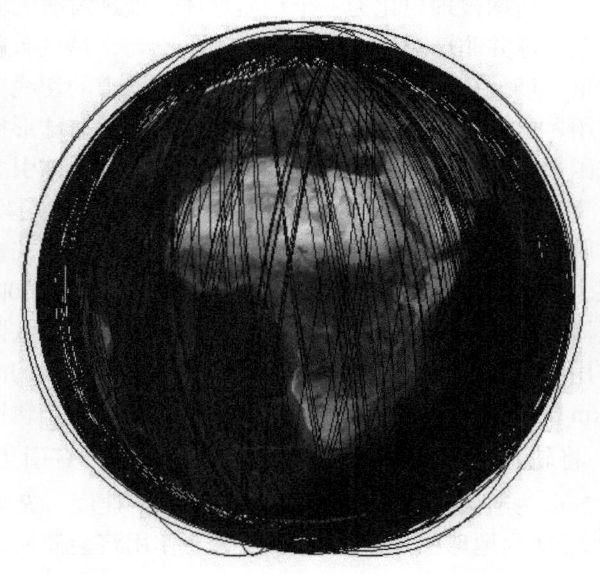

图 13.12　目前 SSO 航天器空间分布情况

13.2.2 SSO 航天器摄动分析

太阳同步轨道是航天器轨道面的进动角速度与平太阳在赤道上移动的角速度相等的轨道。

在地球非球形 J_2 项摄动力的影响下，升交点赤经的长期变化率为

$$\frac{\mathrm{d}\Omega}{\mathrm{d}t}=-1.5n\left(\frac{R_e}{a}\right)^2 J_2\frac{\cos i}{(1-e^2)^2} \tag{13.1}$$

式中，R_e 为地球平均赤道半径，R_e=6378.137km；n 为轨道平均角速度。

对于小偏心率轨道，可得

$$\frac{\mathrm{d}\Omega}{\mathrm{d}t}=-9.964\times\left(\frac{R_e}{a}\right)^{7/2}\cos i \tag{13.2}$$

太阳同步轨道航天器的轨道平面绕地球极轴进动的角速度，等于地球绕太阳公转的平均角速度(0.985647°/天)，则有

$$0.9856=-9.964\times\left(\frac{R_e}{a}\right)^{7/2}\cos i \tag{13.3}$$

由式(13.3)可以看出，轨道半长轴和轨道倾角相互约束。

对于太阳同步轨道航天器，航天器所受到的摄动力主要是地球非球形摄动力、大气阻力摄动力、太阳/月球三体引力摄动力以及太阳光压摄动力。

在二体条件下，地球被理想化为一个均质球体，地球对航天器的作用力只有中心引力。实际上地球并非球对称，质量分布也不均匀，是具有扁平度的梨形椭球体，导致地球重力场分布不均匀。因此，航天器在轨道的切线方向和法线方向同样受到引力作用，可将这些额外的力学因素统称为地球非球形摄动。因此，需在地球引力场位函数中增加一系列球面调和函数，以表示地球引力等位面与等球面的不重合。

大气模型对航天器的影响，与航天器的高度具有很高的相关性，并且与太阳活动的强弱有很大的相关性。一般来说，在航天器高度较低(600km 以下)时，大气模型将对航天器在轨运行产生很大影响，这种影响将会改变太阳状态值。准确地说，大气的作用将会直接改变航天器的半长轴，降低航天器的高度，有资料显示，高度为 600km 的太阳同步航天器，在大气模型的作用下，轨道高度衰减速度约每年 1.5km。将轨道近似为圆形，这样粗略地根据万有引力方程($mv^2/R=GMm/R^2$ ，其中，m 为航天器质量，v 为航天器运动的速度，R 为运动半径，G 为万有引力常数，M 为地球质量。)可以得到大气作用将会使航天器沿航迹方向速度变快。

下面利用高精度动力学模型，分析太阳活动高年和低年时，太阳同步轨道主要高度在一个月内的轨道高度变化情况。地球引力场采用 EGM96 模型，引力场阶数取为 21×21，大气阻力采用 Jacchia 模型，大气阻力系数 C_d 取 2.2，面质比取 0.02m²/kg，太阳光压摄动力取为 1，考虑太阳/月球三体引力摄动，并考虑太阳活动高年和低年的影响，主要分析太阳辐射指数 F10.7 的变化。太阳活动高年时的 F10.7 可以取 200，太阳活动低年时的 F10.7 可以取 70。表 13.3 给出了太阳活动高年 SSO 航天器平均轨道高度变化。

表 13.3　太阳活动高年 SSO 航天器平均轨道高度变化

轨道高度/km	500	600	700	800	900
一个月	9.69	2.56	0.76	0.26	0.07

表 13.4 给出了太阳活动低年 SSO 航天器平均轨道高度变化。

表 13.4　太阳活动低年 SSO 航天器平均轨道高度变化

轨道高度/km	500	600	700	800	900
一个月	0.67	0.12	0.04	0.02	0.02

图 13.13 给出了在太阳活动高年，500km 高度的 SSO 在一个月内平均轨道高度的变化图。

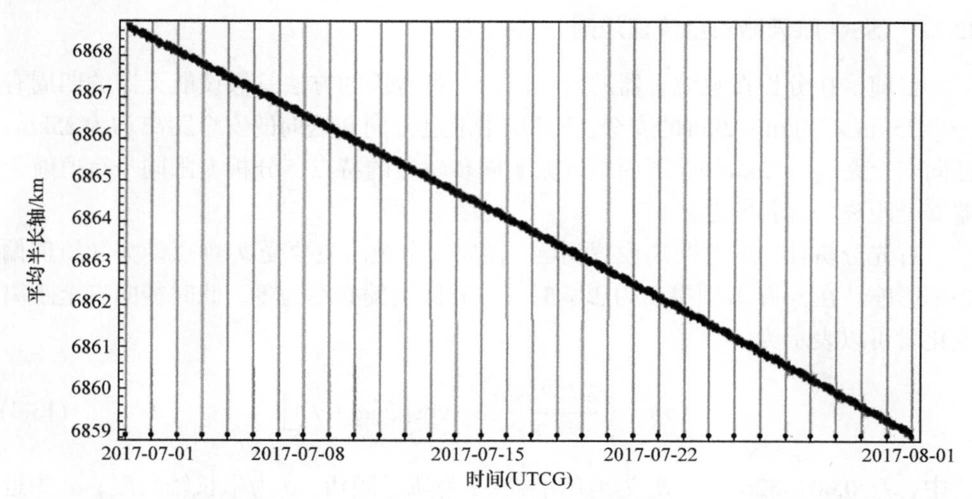

图 13.13　太阳活动高年 500km 高度的 SSO 在一个月内平均轨道高度的变化图

图 13.14 给出了在太阳活动低年，500km 高度的 SSO 在一个月内平均轨道高度的变化图。

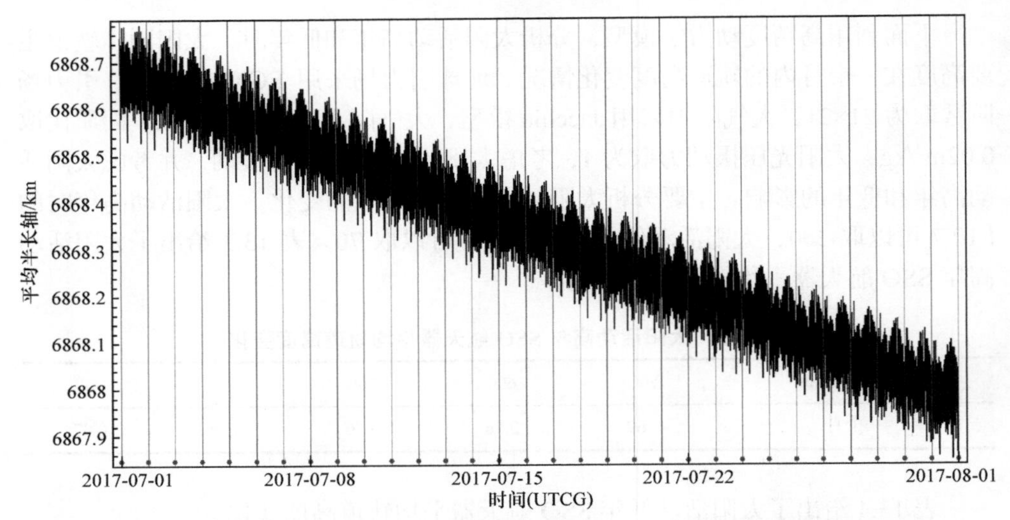

图 13.14　太阳活动低年 500km 高度的 SSO 在一个月内平均轨道高度的变化图

由表 13.3、表 13.4、图 13.13 和图 13.14 可以看出，太阳活动高年和低年，对太阳同步轨道平均高度变化影响很大。以典型的 500km 高度为例，在太阳活动高年，平均轨道高度在一个月内下降 9.69km，在太阳活动低年，平均轨道高度在一个月内下降 0.67km。因此，在制定太阳同步轨道区域航天器管理规则时，需要充分考虑太阳活动高年时太阳同步轨道的受摄动情况。

13.2.3　SSO 航天器安全管理规则

目前，在分析在轨航天器的安全时，一种常用的方法是假设航天器的四周有一个 25km × 25km × 2km 的安全盒，其中沿航迹方向和法向的安全距离均为 25km，径向安全距离为 2km[3]。下面结合太阳同步轨道的特点，分析太阳同步轨道航天器安全距离的设置问题。

首先分析径向安全距离设置问题。径向安全距离主要受 J_2 项摄动力和轨道偏心率影响。在分析 J_2 项摄动力影响时，首先假设偏心率为零，此时径向安全距离变化量可以表示为

$$\Delta a_{SP}=\left(\frac{3J_2R_e^2\sin^2 i}{2a}\right)\cos\left[2(\omega+f)\right] \tag{13.4}$$

式中，J_2=0.0010826267；R_e 为地球半径；i 为轨道倾角；a 为半长轴长度；ω 为近地点俯角；f 为真近点角。表 13.5 给出了不同轨道高度的 SSO 航天器径向安全距离变化的最大值。

表 13.5　J_2 项摄动力影响下 SSO 航天器径向安全距离变化最大值

轨道高度/km	500	600	700	800	900
径向安全距离变化最大值/km	9.45	9.29	9.14	9.00	8.85

由表 13.5 可以看出，由 J_2 项引起的径向安全距离变化最大值不会超过 10km。

下面分析偏心率变化对径向安全距离的影响。对于平均轨道高度为 1000km 的航天器，0.001 的偏心率会引起近地点和远地点间约 15km 的变化。

因此，考虑最小径向安全距离为 2km，J_2 项摄动力引起的 10km 变化范围，偏心率引起的 15km 变化范围，以及测量与摄动误差考虑的余量 3km，可以将径向安全距离设定为 30km，假定航天器在 30km 的轨道高度范围内变化是安全的[4]。

目前在轨 SSO 航天器的轨道高度分布在 392～1201km，将这个区域按照 30km 间隔划分，将所有轨位分为 27 个高度。

对于同一轨道高度的 SSO 航天器，划分轨位的依据是地方时。一般认为地方时相差 15min 是安全的，这样轨位的总数为 24h/15min=96。

每一个 360°轨道的升交点赤经间隔为 $\Delta\Omega = 360°/96=3.75°$。

本节定义 $f = 2\Omega$ 为离散化的一个参量，其差值 2.5°定义一个轨位[5]。表 13.6 给出具体数值例子以便于理解，例如本节考虑 Ω 为 30°～41.25°。

表 13.6　同一轨道高度的 SSO 航天器轨位计算

Ω	f	轨位(Δ=2.5°)
⋮	⋮	⋮
30°	60°	60°，62.5°，65°
33.75°	67.5°	67.5°，70°，72.5°
37.5°	75°	75°，77.5°，80°
41.25°	82.5°	82.5°，85°，87.5°
⋮	⋮	⋮

由表 13.6 可以看出，每个 Ω 对应三个轨位，这样在同一轨道高度共有 96×3=288 个轨位。图 13.15 给出了轨位划分示意图。

图 13.15 中每一个 Ω 对应的轨迹为灰色轨迹，每条灰色轨迹之间相差 3.75°，共有 96 条灰色轨迹。每一条灰色轨迹上有三个点，相当于每个 Ω 上的三个轨位，一个高度的轨道上共 288 个轨位。于是，在 392～1201km 高度区间，可以划分 $27 \times 288 = 7776$ 个 SSO 航天器轨位。

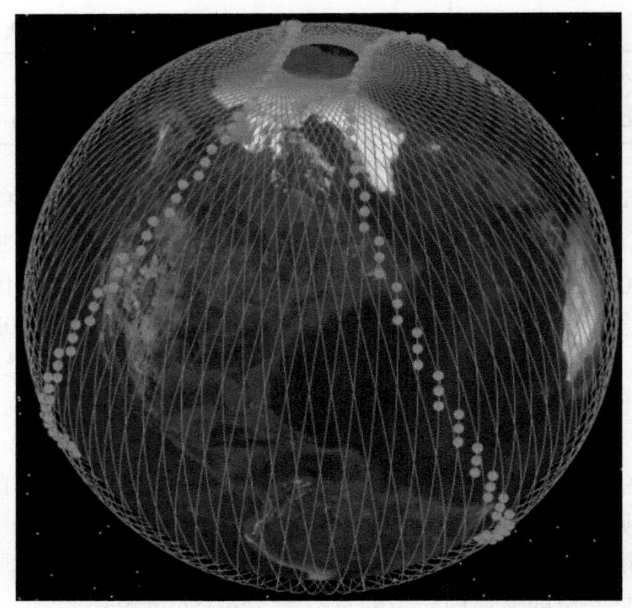

图 13.15　同一轨道高度的 SSO 航天器轨位划分示意图

文献[6]中提及 SSO 区域航天器的安全管理规则，指出在 500～1000km 的太阳同步轨道区域，可以分成 12 个高度，每个高度上可以按照升交点赤经划分成 42 条轨道，每条轨道上约有 1000 个轨位，这样总的轨位数约为 504000 个。由于 SSO 航天器都是近极地轨道，如果按照这种方式，SSO 航天器将集中通过极地上空带来很大的碰撞风险。本节研究的划分方法优点在于，考虑了同一轨道高度的 SSO 航天器通过极地上空的安全问题，SSO 航天器通过极地上空时，平均地方时保持在 5min 左右，可以保证航天器的安全。

13.2.4　SSO 航天器安全管理策略

目前，在低地球轨道的 803 颗航天器中，运行在太阳同步轨道的航天器约占 49%。而且，由于太阳同步轨道的优势，越来越多的微纳航天器也被发射到太阳同步轨道，这些航天器大多没有轨道机动能力，如何应对太阳同步轨道日益拥挤的压力，本节分析了三种应对策略[7, 8]。

一是保持现状。针对日益拥挤的太阳同步轨道，不采取任何措施地保持现状，是很不明智的。随着航天器数量的日益增多，如果航天器在太阳同步轨道区域发生爆炸解体或碰撞解体，在短时间内，解体空间碎片将在原航天器运行轨道面内呈带状分布，导致同轨道航天器碰撞概率大大增加；长期演化后，解体空间碎片将在原航天器运行轨道下的一个壳层内，沿赤经和径向均匀分布，导致原航天器轨道高度以下的空间目标碰撞概率大大增加，从而可能导致 Kessler 现象的发生。

二是实施更加严格的离轨处理。目前对于低轨航天器，通用的做法是采用机构间空间碎片协调委员会提出的 25 年规则，意思是在低轨空间，航天器和运载轨道的轨道段在寿命末期应推入 25 年内陨落的轨道上。但是，随着低轨航天器数量的急剧增加，25 年规则可能还是显得宽松，会导致很多航天器留在轨道上。当然，利用一些先进的手段去清除太阳同步轨道区域的大型空间碎片，也是非常有意义的尝试。例如，第九届国际空间轨道设计大赛的题目，就是清除太阳同步轨道上最具危害性的 123 颗空间碎片。

三是采取发放轨道许可证的方式。目前，地球静止轨道区域的管理比较规范，任何想发射地球静止轨道航天器的国家必须向国际电信联盟申请轨道和频率资源。但是，目前发射太阳同步轨道航天器还是比较随意的，随着太阳同步轨道航天器数量越来越多，太阳同步轨道区域航天器安全管理的矛盾日益突出。可以借鉴航空管控的思想，对任何想要进入太阳同步轨道的航天器轨位进行约束。例如，除了目前在轨的太阳同步轨道航天器，未来发射的太阳同步轨道航天器必须放置在设计的 7776 个轨位上。这样的管理规则可能会损害部分运营商的利益，但是对太阳同步轨道区域的可持续健康发展是有利的。

13.3　航天器运行规则研究

研究航天器运行规则和相关法规问题，可以实现航天器的安全运行和空间资源的高效利用。目前，对空间交通管理问题研究比较系统的是国际空间大学于 2007 年发布的研究报告[6]。

航天器运行规则制定的核心是碰撞规避。防止卫星碰撞有两个步骤：一是碰撞危险评估；二是碰撞规避机动。碰撞危险评估就是对在轨运行的空间飞行器发生碰撞的预判。碰撞规避机动是通过对空间飞行器的在轨机动来避免相互碰撞。碰撞危险评估一般分为多个级别，针对低级别的预警，需要对风险进行进一步评估，逐步提高精度；对于中等级别的预警，需要确定规避策略；对于高级别的预警，则需要执行规避策略。

13.3.1　碰撞危险评估

碰撞计算首先应该收集到所有受控编目卫星(主要对象)和所有其他编目物体(其他对象)的信息，然后在所有编目对象周围设定不同大小的目标预警区域，如图 13.16 所示，以此来设定阈值和碰撞预警。另外，对轨道的预报通常需要提前一段时间，一般为几天。

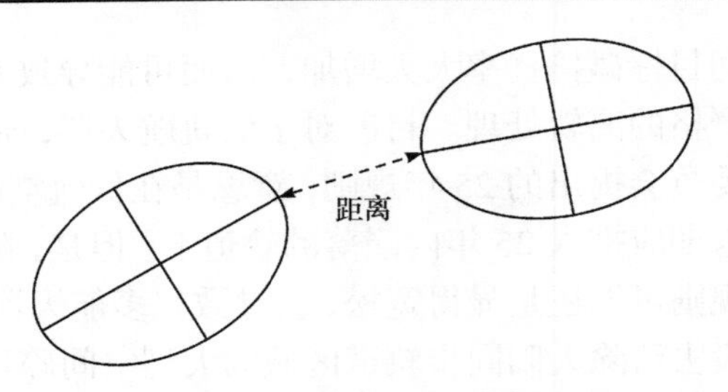

图 13.16　碰撞计算示意图

影响评估精度的因素主要有三方面：数据的精度、预报模型的精度和预报提前的时间。所有的编目目标都需要被评估，进行的评估越精确，需要的设备、时间和努力就越多。

在预警阶段，预报模型通常需要牺牲预报精度来提高预警速度。一旦其他物体进入目标预警区域，就需要采用更精确的算法进行预警，更小的预警区域称为机动预警区域，虽然预警区域缩小了，但是仍然比编目为飞行器的体积要大得多。

例如，美国航空航天局定义航天飞机的预警区域在轨道方向 25km，轨道横向 5km，竖直方向 5km，每天有 10～30 个物体闯进航天飞机的目标预警区域，因此必须采用更小的机动预警区域来进行评估，机动预警区域范围是轨道方向 5km，轨道横向 2km，竖直方向 2km，如果其他物体进入该区域，航天飞机就不得不进行轨道机动来进行碰撞规避。

13.3.2　碰撞规避机动

当预测到一个物体进入航天器周围的目标预警区域时，可以改变航天器的运行轨道来避免碰撞。在实施轨道机动之前，首先要计算机动的方向、距离和时间，尽量使碰撞规避机动的操作消耗燃料最少，因为航天器上的燃料是有限的，如果航天器没有燃料，那么向太空每发射 1kg 物体重量就需要花费约 20000 欧元。

为了防止消耗过多航天器上的燃料，航天器设立了碰撞规避机动预案。表 13.7 列出了不同的预警级别以及应采取的相应措施，其主要针对像航天飞机和欧洲环境卫星这样的费用高、价值大的航天器。

表 13.7　碰撞规避预警级别及相应措施

预警级别	飞行器碰撞前飞行轨道圈数	采取的措施
级别 1：第一预警区域	10～20	进行风险评估和对目标物体的鉴定
级别 2：第二预警区域	5～10	利用更高精度的轨道数据和模型重新进行风险评估
级别 3：机动预警区域	4	确定规避策略
级别 4：必须机动区域	＜3	执行规避机动操作

一旦确定需要采用轨道机动，就面临脉冲式和非脉冲式两种机动方法。脉冲式就是通过脉冲喷射器改变飞行器的瞬时速度，一般用于高比冲的喷射系统，如化学火箭。非脉冲式喷射时间比脉冲式长，这种方式消耗大，效率低，一般用于低比冲的喷射系统，如离子发动机。

13.3.3　数据精度影响

预警区域的大小同监视数据的精度和轨迹模型的精度成反比，更大预警区域可以弥补预测目标位置的不准确性，但是这会导致更多的碰撞次数，增加对碰撞规避机动的成本。图 13.17 是在轨卫星的碰撞次数与目标预警区域大小的关系图。

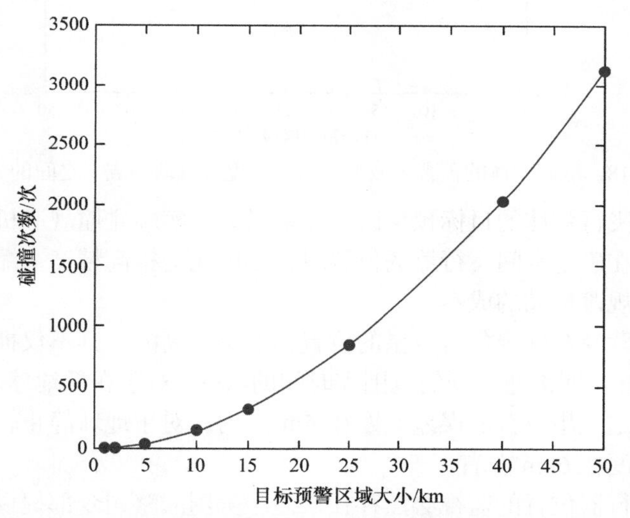

图 13.17　在轨卫星的碰撞次数与目标预警区域大小的关系图

如图 13.17 所示，卫星的碰撞次数随着目标预警区域的增大而增加，随着碰撞预报的增加，实施碰撞监视和碰撞规避的成本也会相应增加。因此，需要准确的监视数据和高精度的预报模型，提高空间物体的位置精度，缩小空间目标预警区域来减少花费。

图 13.18 是在各种空间物体的预警区域大小与实施规避机动的成本之间的关系图。实施碰撞规避机动最小的花费就是对空间飞行器在轨道近地点实施速度脉冲机动，这一操作的关键就是改变卫星在轨道上运行的极少时间(通常是几秒)，从而使飞行器到达预计碰撞点的时间稍有不同。也就是说，使飞行器在轨道方向周围机动几千米的距离(相当于目标机动预警区域的大小)，迫使飞行器暂时在原轨道的邻近轨道运行几秒。

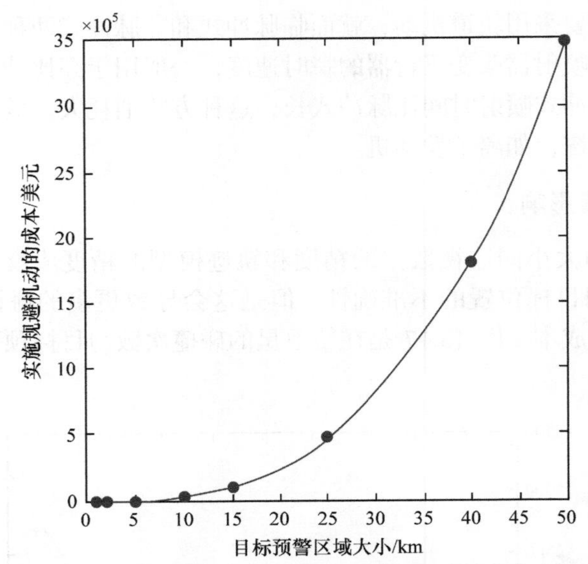

图 13.18 空间物体的预警区域大小与实施规避机动的成本之间的关系图

随着空间飞行物体的目标预警区域逐渐增大，实施碰撞规避机动的成本也逐渐上升，因此在确定空间飞行器的位置时，尽可能地提高精度，缩小目标预警区域，减少碰撞规避机动的成本。

卫星的运营商对确定各自卫星的位置精度是最高的，其不仅拥有卫星内部导航系统，还拥有定期沟通得到的范围和时间的数据，对于在低地球轨道上的卫星，运营商可以确定卫星位置的误差幅度在 5m 之内；对于地球静止轨道，确定卫星位置的误差幅度在 6km 左右。

对空间飞行器位置的监视必然存在误差。美国战略司令部提供的关于空间飞行器的基本轨道信息可以为空间交通管理系统提供主要数据依据，但是这些两行轨道根数的精度并不高。外界对两行轨道根数的精度进行了评估，发现两行轨道根数在 24h 内对低地球轨道的卫星产生了 1～5km 的误差，对地球同步轨道卫星产生了 20～50km 的误差。

13.3.4 规则 1 和规则 2

1. 规则 1

对于碰撞危险评估，空间交通管理系统计算出碰撞概率、碰撞速度概率以及解体空间碎片对其他飞行器的影响概率。

2. 规则 2

对碰撞危险评估的双方，至少有一方必须具备机动能力，当碰撞发生的概率超过 1/10000 时，空间交通管理系统必须向运营商提供碰撞规避机动的建议。

规则 1 和规则 2 的基本原理和技术分析如下：

这些交通规则定义了由空间交通管理系统提供的基本数据，空间交通管理系统的运营商会对所有的受控卫星提供日常碰撞危险评估，该系统为飞行器的运营商提供风险评估的基本数据，通过计算碰撞空间碎片对其他飞行器威胁的概率，来决定是否进行碰撞规避机动。

不是所有的运营商都具有数据和经验去实施碰撞机动。这些规定使空间交通管理系统可以为卫星运营商提供实施碰撞规避的所有信息。

13.3.5　规则 3 和规则 4

1. 规则 3

如果空间交通管理系统预报到小于 1/3000 的碰撞概率，那么飞行器运营商可以选择是否进行碰撞规避、何时进行碰撞规避以及怎样进行碰撞规避。

2. 规则 4

如果空间交通管理系统预报到大于 1/3000 的碰撞概率，并且空间碎片很有可能会危及到其他航天器，那么飞行器运营商需要选择由空间交通管理系统提供的较合适的规避方法，但只要其他方法是安全的，也是可以选择的。

规则 3 和规则 4 的基本原理和技术分析如下：

定义这些规则的目的是定义一种状态，这种状态确定了碰撞有可能损害主要卫星的概率和对其他卫星产生威胁的概率。这是一个困难的计算过程，它必须计算出所有碰撞空间碎片的数量和速度。做出这些概率评估，需要紧紧依赖碰撞双方的大小、重量和材质等各种信息。

空间交通管理系统既要考虑到需要进行机动的飞行器运营商对航天器机动导致的经济损失，也要考虑到不进行机动后，发生的碰撞对其他飞行器运营商产生的经济损失。

13.4　航天器入轨和离轨管理策略研究

对于低地球轨道交通管理，机构间空间碎片协调委员会制定的《IADC 空间碎片减缓指南》指出，2000km 以下的低地球轨道需要得到保护，建议在寿命末期将航天器机动到废弃轨道，使其在 25 年内再入大气层。

为避免地球静止轨道航天器过于拥挤造成的问题，国际电信联盟规定，所有国家和组织发射地球静止轨道航天器，必须向国际电信联盟提出轨道位置和航天器通信频率的申请，对地球静止轨道的健康、有效利用发挥了重要作用。

在地球静止轨道上，机构间空间碎片协调委员会提议设置 ± 40km 为机动区，其中−40～40km 为浮动带，用来进行轨道维持，其东西方向的预警区为 0.1°，南北方向为 ± 37km，这样可以保证东西、南北方向的距离足够航天器用来抵抗摄动力影响。地球静止轨道上下区域 41～200km 是留给航天器进行变换位置机动用的，如图 13.19 所示，这样使得航天器能够每天至少向西漂移 0.524°，向东漂移 0.525°。

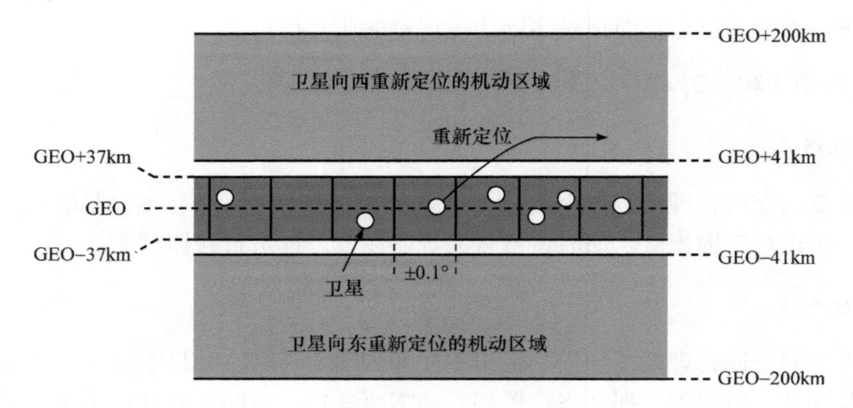

图 13.19　地球静止轨道航天器机动区域示意图

另外，设置地球静止轨道向外 235km 的地方为废弃轨道，使航天器在留有一些燃料的情况下机动至废弃轨道，让出地球静止轨道宝贵的空间资源。国际空间大学 2007 年的研究报告提出了地球静止轨道管理规则，包括地球静止轨道航天器的运营商必须定期向空间交通管理系统提供航天器位置数据来支撑系统的碰撞规避任务，而且有权把自己的航天器位置数据信息，通过空间交通管理系统分享给该航天器附近的其他航天器运营商，用以共同优化航天器在轨维护机动计划。地球静止轨道航天器应该提前 48h 向空间交通管理系统提供航天器的最初轨道位置、在轨维护机动和变换位置机动的信息。

本节主要针对中轨道导航卫星的离轨问题展开研究。

13.4.1　中轨道 GNSS 废弃卫星处置现状

1989 年，Chobotov[9]检验了超同步废弃轨道的稳定性。研究结果表明，将废弃卫星提升至高于 GEO 300～600km 以减小碰撞风险是经济且有效的处理措施。鉴于这一思想，在 MEO 的导航卫星退役后也基本上是将废弃卫星储存在高于运行轨道的废弃轨道上。2001 年，Gick 等[10]对 GPS 废弃卫星轨道研究时发现了偏心率增长很多这一事实，即废弃轨道是不稳定的。在地球非球形摄动力和太阳/月球三体引力摄动力的综合影响下，偏心率在几十年里增长显著。2000 年，Chao[11]又发现废弃轨道的偏心率增长依赖轨道初始参数。2004 年，Chao 等[12]又通过解析法得出了三体摄动对废弃轨道偏心率随时间的变化的简化公式，并通过对退役的 GPS Block-I 卫星长期数值演化研究得出其轨道偏心率不断增大的结论；同时还对退役 GLONASS 进行长期演化分析，得出了其会在 40 年内穿过 GPS 轨道高度。

1. 废弃卫星处置策略分析

在导航卫星的处理策略上主要有两个困难：一个是减小运行卫星与废弃卫星的碰撞风险，这就希望废弃轨道尽可能稳定；另一个是减小废弃卫星之间的碰撞风险，这种情况下选择偏心率增大的再入轨道。为此形成了两种废弃卫星的处置策略：一种是偏心率最小增长策略，也就是在卫星失效前将卫星调整到其偏心率在 200 年内增长很小的废弃轨道；另一种是偏心率最大增长策略，在卫星失效时进入一条偏心率在摄动力作用下最大长期增长的轨道，或者通过小推力和太阳光压等外力实现偏心率的长期增长，使其近地点高度不断减小，最终再入大气层。

1) 偏心率长期稳定轨道策略

因为偏心率的增长对初始轨道参数极度敏感，所以选取合适的初始轨道参数，使偏心率在 200 年内增长最小是其主要研究内容。这种策略称为偏心率增长最小化策略，可以减少穿越导航星座的废弃航天器的数目。Jenkin 等[13]在 2005 年建立了废弃轨道的空间密度模型，发现 100 年之后废弃轨道空间密度远高于星座空间密度，并且星座的碰撞概率维持在一个很低的水平，星座运行轨道较为安全。

周静等[14]在卫星离轨参数选择时，研究了不同初始偏心率对 200 年长期演化的影响，得出要满足 200 年偏心率小于 0.0123 的要求，卫星离轨轨道的初始偏心率应小于 0.001 的结论。升交点赤经和近地点幅角对废弃轨道的长期演化也有很重要的影响，很多学者也是将两者放在一起研究，发现了 $2\omega+\Omega$ 共振的动力学行为，认为 $2\omega+\Omega=0, 2\pi$ 是偏心率稳定的点，并且偏心率增长与半长轴 a 无关。轨道倾角为 56°和 63.5°是偏心率增长最大的临界值，而导航卫星的倾角就在临界值附近，改变倾角可以有效提高废弃轨道的稳定性，但是改变倾角消耗的推进剂太多而不具有可行性，对于大面质比的空间目标，其太阳光压的摄动不能忽略，甚至可以加以利用实现空间目标的离轨。

将废弃卫星送入废弃轨道带来的问题是废弃轨道中的废弃卫星之间的碰撞风险增大。如果废弃轨道离星座很近，那么废弃卫星之间的碰撞空间碎片就会穿越到运行轨道上，而这些碰撞空间碎片大多是小于检测尺寸的，空间碎片模型的建立更加复杂，这对星座的碰撞风险预测和规避带来很大的困难。

2) 偏心率增长再入大气层策略

高偏心率增长策略是通过增大偏心率，使得近地点高度不断减小，最终实现再入大气层。这也是基于选取初始轨道参数，使 100 年后偏心率最大或者实现再入大气层的最短时间。对于轨道高度约为 20000km 的导航卫星，仅在摄动力作用下其半长轴基本不发生变化，再入大气层所需的最小偏心率为 0.7，这是很难实现的。为此产生了利用小推力推进和利用太阳光压增强装置的离轨技术。小推力推进离轨策略是在远地点减速和在近地点加速，以获得降低近地点高度和提升远地点高度的综合效果，因此轨道的偏心率不断增大，但半长轴是减小的。太阳光压离轨策略则是在卫星到寿时展开一个太阳帆结构，从而实现太阳光压的放大作用。同时，太阳帆的姿态控制与太阳角相关，即卫星靠近太阳时太阳帆与太阳光垂直，远离太阳时太阳帆与太阳光平行，使得轨道高度不断衰减。与此同时，利用太阳光压和小推力推进的组合离轨策略也在研究中，其组合了小推力推进的短期偏心率增长效率和太阳光压适合长期工作的优点，从而减小了推进剂质量并提高了其效率。

偏心率增长策略带来的一个问题是废弃航天器与其他导航星座系统、低地球轨道卫星和同步地球轨道卫星的碰撞风险增大。但研究发现，废弃 GNSS 卫星与低地球轨道和地球静止轨道保护区域的相互作用可以忽略不计，只有在再入段低地球轨道区域的碰撞概率有很大的增加，但是时间很短，因此与导航星座的交互才是最值得考虑的。

考虑到废弃轨道的不稳定性，最初为全球定位系统卫星建议的处置策略无法防止废弃卫星穿越到其他 GNSS 卫星运行轨道。本节提出最小偏心率增长策略来延迟废弃卫星穿越到其他 GNSS 星座区域。它在很大程度上依赖处置轨道的初始参数，因此讨论的解决方案集中在初始轨道参数的选择上。

2. 中地球轨道 GNSS 废弃卫星处置现状

目前，中地球轨道区域的导航卫星到寿后的处置还没有明确的原则，不同导航卫星系统对到寿卫星的处置各有不同，GLONASS 卫星到寿后不做任何处置，仍然保留在运行轨道，GPS 卫星既有下推轨道高度以处置到寿卫星，也有抬升轨道高度以防止干扰在轨卫星，BDS 和 Galileo 到寿卫星则采取抬升轨道高度的处置方式，由于推进剂限制，中地球轨道区域的航天器很难机动至低地球轨道和地球静止轨道区域，只能抬升或下推轨道高度几百千米。

图 13.20 和图 13.21 分别给出了导航星座及上面级(火箭末级)轨道高度分布情况，由于没有偏心率增长控制策略，这些 GPS 废弃卫星已经穿过 GLONASS、GPS 和 BDS 星座的轨道高度，并且在 BDS 轨道高度上有空间密度峰值，GPS 上面级处置后也穿过 BDS 运行轨道区域，给 BDS 带来了碰撞风险。GLONASS 有 100 个废弃卫星遗留在运行轨道，因此在 GLONASS 轨道高度上空间物体较为密集。

其中，GPS 和 GLONASS 已经部署完成，每年发射的导航卫星主要用于替换退役卫星，而 Galileo 和 BDS 仍在部署之中，其每年的卫星发射量更多。表 13.8 统计了导航星座卫星发射数目及保留在 MEO 区域的上面级数目，表 13.9 给出了 GNSS 卫星及上面级到寿后的处置情况。

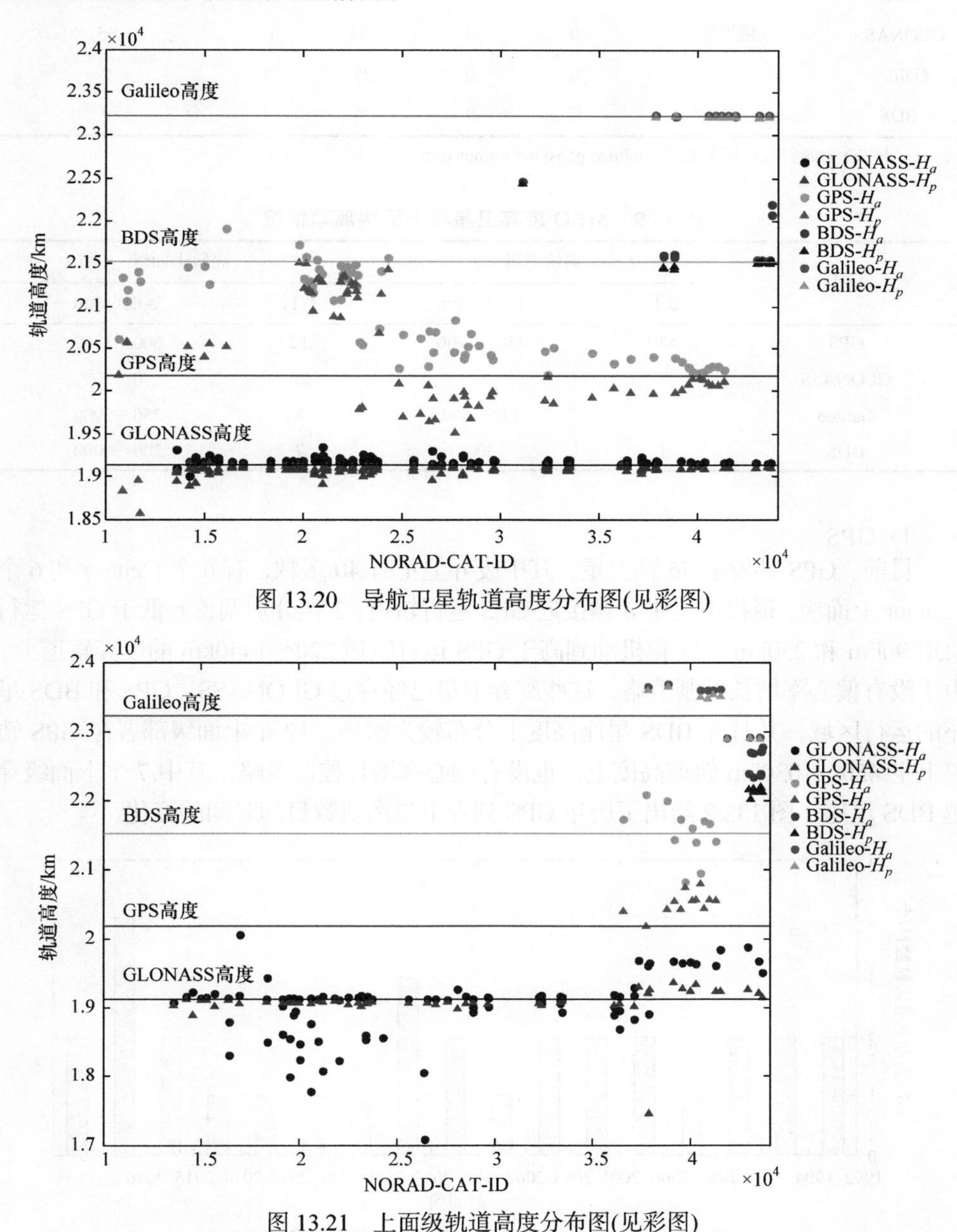

图 13.20　导航卫星轨道高度分布图(见彩图)

图 13.21　上面级轨道高度分布图(见彩图)

表 13.8　导航星座卫星统计情况

星座	国家	卫星数目				上面级(火箭末级)数目
		GEO	IGSO	MEO	合计	
GPS	美国	0	0	76	76	12
GLONASS	俄罗斯	0	0	133	133	95
Galileo	欧洲	0	0	28	28	9
BDS	中国	12	9	26	47	9

注：IGSO 为倾斜地球同步轨道(inclined geosynchronous orbit)。

表 13.9　MEO 废弃卫星和上面级离轨情况

星座	离轨卫星		离轨上面级	
	数目	远地点/km	数目	远地点/km
GPS	>30	350～1700	12	600～1900
GLONASS	—	—	20	0～00
Galileo	2	120～600	8	350～2900
BDS	1	300	7	200～6000

1) GPS

目前，GPS 共发射 76 颗卫星，其中废弃卫星有 40 多颗，有 6 个 Delta-4 和 6 个 Centaur 上面级。退役卫星中 8 颗接近 GPS 运行轨道，2 颗分别调整到低于 GPS 运行轨道 90km 和 250km，25 颗机动到高于 GPS 运行轨道 220～1440km 的废弃轨道上。由于没有偏心率增长控制策略，这些废弃卫星已经穿过 GLONASS、GPS 和 BDS 星座的运行区域，并且在 BDS 星座高度上分布较为密集。12 个上面级部署在 GPS 轨道上空 450～1030km 轨道高度上，也没有偏心率增长控制策略，其中 7 个上面级穿越 BDS 星座。图 13.22 给出了历年 GPS 到寿卫星离轨数目随时间的变化。

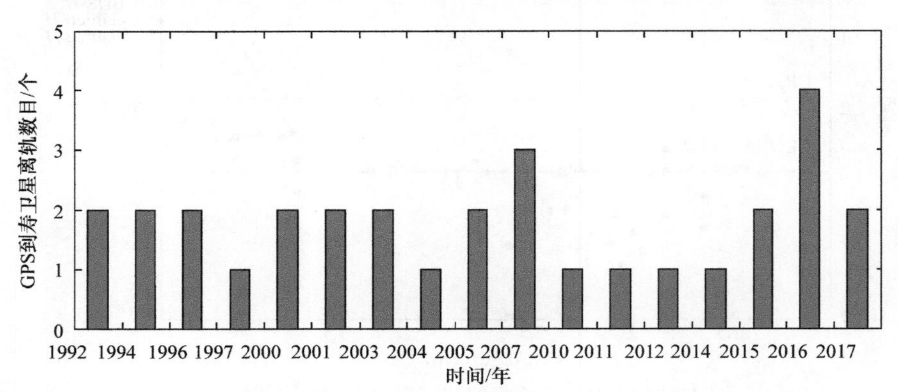

图 13.22　GPS 到寿卫星离轨数目随时间的变化

2) GLONASS

GLONASS 共发射 133 颗卫星，有 100 颗废弃 GLONASS 卫星遗留在运行轨道上，95 个火箭末级保留在近地点大于 17000km 的中地球轨道，42 个火箭末级近地点高度低于 1500km 进入低地球轨道区域，其余 53 个火箭末级留在运行轨道附近，且没有穿过其他星座运行区域。虽然在 GLONASS 高度上空间物体较为密集，但至少在 50 年内，这些废弃卫星和火箭末级不会穿越其他全球定位系统卫星星座轨道。但是随着偏心率的演化，这些上面级将威胁其他全球卫星导航系统。

3) Galileo

Galileo 共发射 28 颗卫星，两个 GIOVE 卫星分别运行在高于 Galileo 轨道 118km 和 598km，Galileo 5 和 Galileo 6 没有到达相应高度而运行在更低的轨道。有 10 个上面级还停留在中地球轨道区域，其中 6 个轨道高度高于运行轨道，4 个上面级轨道高度低于运行轨道。Galileo 采用了限制偏心率增长的策略，可以保证 GIOVE 废弃卫星和上面级在 200 年内、Galileo-IOV 航天器在 100 年内的低偏心率增长水平。

4) 北斗卫星

北斗共发射 4 颗实验卫星和 43 颗导航卫星，其中 26 颗中地球轨道卫星，仅有 1 颗北斗 M1 卫星执行了离轨操作，有 9 个上面级留在中地球轨道区域，而且高于运行轨道，短时间内不会穿越到其他导航星座运行区域。北斗 M1 卫星废弃轨道高度高于北斗卫星运行轨道 924km，在 Galileo 运行轨道下方 770km，北斗卫星废弃轨道的选择是限制 200 年内的偏心率增长在 0.0013 内，这避免了与全球卫星导航系统的交叉穿越，限制远地点和近地点偏移小于 35km。

13.4.2　中轨道卫星废弃轨道设计现状

废弃轨道的设计主要考虑的是空间碎片减缓及轨道安全性问题，再入大气层轨道需要在尽可能短的时间内使轨道衰减，废弃轨道则要求轨道尽可能稳定，不会扩散到其他 GNSS 星座区域，从而保证中轨道导航星座的长期安全运行。

1. 废弃轨道设计的指导意见

机构间空间碎片协调委员会是一个关于空间碎片问题的国际合作论坛，它的首要目的是交换不同机构成员之间关于空间碎片研究活动的信息，以增加合作研究空间碎片的机会、评估正在合作项目的进展和确定空间碎片减缓措施。其中一项工作就是建议空间碎片减缓准则，强调成本效益，以便在规划和设计航天器及运载火箭时加以考虑，以尽可能减少运行期间空间碎片的产生。2002 年通过的《IADC 空间碎片减缓指南》对地球静止轨道和低地球轨道两种轨道类型的航天器均给出了到寿卫星的具体处置原则：

(1) 废弃轨道应该避免穿越地球静止轨道保护区域。

(2) 废弃轨道应该最小化穿越低地球轨道保护区域的时间(不超过 25 年)。

对于其他轨道上的卫星，要求航天器或上面级在完成它的运行阶段穿过其他轨道区域时，应实施轨道机动来减小轨道寿命，可与低地球轨道卫星限制寿命标准相当，如果对其他高利用率区造成干扰，那么其处置办法另议。因此，该指南对中地球轨道卫星离轨还没有明确的处置原则。

国际标准化组织(International Standardization Organization，ISO)/欧洲太空局程序标准和规范标准体系(European Space Agency Program Standard and Norm System，ESCC)和 ESA 指导意见则要求废弃轨道至少 100 年或者永远不能穿越 GEO 保护区域。

目前，GLONASS 到寿卫星没有采取处置策略，北斗卫星处置策略还在研究中，Galileo 卫星采用的指导意见如下：

(1) 废弃卫星处置在 Galileo 轨道上方，上面级处置在 Galileo 轨道下方。

(2) 将足够的推进剂用于到寿处置，抬升轨道高度至少 300km，采用小的初始偏心率和优化近地点幅角以最小化偏心率的增长。

(3) 利用更多的推进剂进一步抬升轨道高度；改变轨道倾角以最小化偏心率增长。

2. *废弃轨道优化设计方法*

2015 年，Armellin 等[15]针对大偏心率轨道(high eccentricity orbit，HEO)提出了利用轨道摄动力作用减少处置代价的再入大气层处置策略，并把这个问题归结为多目标优化问题。已知航天器物理参数(面质比、大气阻力系数、反射系数)、轨道状态、到寿处置初始时刻 t_0 和可利用的 $\Delta V_{\max}$，优化目标是单脉冲处置机动，优化向量为 $x=\left(\Delta V,\alpha,\delta,t\right)$ 或 $x=\left(\alpha,\delta,t\right)$，优化目标函数根据处置策略分为以下两种。

1) 再入大气层

最大再入大气层时间为 25 年，对于 25 年近地点高度大于地球交接点(earth interface point，EIP)高度 h_{EIP}，目标函数为 $f_1(x)=\min h_p$；否则目标函数为 $f_2(x)$，见表 13.10，其中 L_{EIP} 是指航天器在地球交接点离得最近的一个地球极的纬度距离。

表 13.10　再入大气层目标函数

条件	目标函数
$\min h_p > h_{\text{EIP}}$	$f_1(x)=\min h_p$
$\min h_p \leqslant h_{\text{EIP}}$	$f_{2a}(x)=\left(\min h_p,\min\lvert L_{\text{EIP}}\pm 90\rvert\right)$ $f_{2b}(x)=\left(\Delta V,\min h_p,\min\lvert L_{\text{EIP}}\pm 90\rvert\right)$

2) 废弃轨道

废弃轨道的主要要求是尽可能避免与低地球轨道和地球静止轨道保护区域的穿越，大偏心率轨道经过到寿处置后主要考虑与低地球轨道区域的穿越，其目标函数见表 13.11。

表 13.11　废弃轨道目标函数

条件	目标函数
$\min h_p \leqslant h_{LEO}$	$f_1(x) = -\min h_p$
$\min h_p > h_{LEO}$	$f_{2a}(x) = (\Delta V, -\min h_p)$ $f_{2b}(x) = (\Delta V, \Delta e)$

Mistry 等[16]提出了一种基于粒子群优化算法的中地球轨道航天器到寿机动优化设计方法，该问题通过一组目标函数进行数学建模，然后采用多目标粒子群优化算法求解。利用半解析传播方法，在几秒的计算时间内，将 Galileo 卫星的轨道向前传播了 100 年。这样做是为了减少计算所需的工作量和时间，优化过程的目标是将燃料消耗和与其他运行卫星的碰撞风险降到最低。

在废弃轨道处理上，航天器的初始条件来自可用的 TLE 数据，利用简化常规摄动模型(simplified general perturbation version4, SGP4)理论将这些初始条件转换为状态向量(r_0, v_0)，其目标是优化航天器废弃处置阶段的脉冲机动。这些机动取决于所采取的处置方法，每一种机动都由它的ΔV和方向$(\Delta V, \alpha, \delta)$、执行时间$t$和执行时的真近点角$f$来决定。使用这些参数，每一次机动的优化向量从$X = (\Delta V, \alpha, \delta, t, f)$中选取。

同时，还使用了两个连续目标函数的策略。当航天器处于干扰中地球轨道航天器轨道时，目标函数是干扰的统计。这就产生了将航天器脱离运行区域的效果。在没有干扰的情况下，第一个性能指标是最大化航天器与运行区域之间的距离(用Δh_{grave}表示)，第二个性能指标是最小化用于此目的的推进剂总量。为了增加航天器与操作区域之间的距离，在寻找目标函数的最大值时，在Δh_{grave}中增加了负号。

表 13.12　废弃轨道处置目标函数

条件	目标函数
$\sum \text{Inter} > 0$	$f_1(x) = \sum \text{Inter}$
$\sum \text{Inter} = 0$	$f_2(x) = (-\Delta h_{grave}, \Delta V)$

徐家辉等[17]建立了最小 GNSS 星座间干扰的优化模型，利用混合粒子群优化-二次序列规划算法优化废弃轨道参数。选择初始轨道和 200 年演化后轨道高度的

差值、最小推进剂预算作为优化性能指标。其目标函数为

$$J = C_1\left(a_{\text{prop}} - a_{\text{initial}}\right) + C_2\Delta V \tag{13.5}$$

式中，C_1、C_2为权重系数。

13.4.3　中轨道卫星废弃轨道优化设计

1. 轨道机动模型

中轨道导航卫星在变轨机动的过程中，初始轨道与目标轨道共面，双脉冲拱线转动控制是共面椭圆变轨的一种最佳控制模式，考虑到目标函数中将Δv作为主要影响量，本节采用其简化模式——双脉冲180°对称周向控制作为变轨方式。

双脉冲180°对称周向控制作为双脉冲拱线转动控制的一种特殊模式，解决了如何在椭圆轨道之间的非特殊点变轨时实现最省燃料的问题。

在机动过程中，卫星在初始轨道、转移轨道以及目标轨道上的速度满足

$$v = \sqrt{\frac{\mu}{p}} e\cos f \tag{13.6}$$

式中，v为卫星在脉冲作用点上的运动速度，在计算中可以分解为径向速度、切向速度；μ为地心引力常数(取$3.98600436\times10^{14}\,\text{m}^3/\text{s}^2$)；$e$为当前轨道的偏心率；$f$为卫星在脉冲作用点上的真近点角。卫星在机动过程中的实时地心距满足

$$r = \frac{p}{1+e\cos f} \tag{13.7}$$

f_{T1}表示转移轨道待选参数；f_{1T}表示第一脉冲作用点的真近点角，两次脉冲的速度增量Δv是径向速度增量和切向速度增量的叠加，即

$$\Delta v = \Delta v_1 + \Delta v_2 \tag{13.8}$$

$$\begin{aligned}\Delta v = &\{[(v_r)_{T1} - (v_r)_{1T}]^2 + [(v_t)_{T1} - (v_t)_{T1}]^2\}^{\frac{1}{2}} \\ &+ \{[(v_r)_{2T} - (v_r)_{T2}]^2 + [(v_t)_{2T} - (v_t)_{T2}]^2\}^{\frac{1}{2}}\end{aligned} \tag{13.9}$$

在转移轨道上，按照180°对称周向控制，在两次作用点上，转移轨道的径向速度互为负值，即$(v_r)_{T1} = -(v_r)_{T2}$，两者都取决于转移轨道在第一脉冲作用点的f_{T1}。同样在转移轨道上，若选取参数f_{T1}，则在两次脉冲作用点的切向速度$(v_t)_{T1}$、$(v_t)_{T2}$由第一脉冲作用点的f_{1T}直接确定。初始轨道和目标轨道的径向速度和切向速度$(v_r)_{1T}$、$(v_r)_{2T}$、$(v_t)_{1T}$、$(v_t)_{2T}$也由第一脉冲作用点的真近点角f_{1T}直接确定，显然，上述脉冲增量式是第一脉冲作用点的真近点角f_{1T}和转移轨道待选参数f_{T1}的二次函数：

$$\Delta v = F(f_{T1}, f_{1T}) \tag{13.10}$$

按双重极小的最优指标

$$\min_{f_{1T}}\left[\min_{f_{T1}}(\Delta v)\right] \tag{13.11}$$

可求得双脉冲拱线控制的最佳切向作用点和最小速度变化量。

2. 轨道优化模型

遗传算法具有很强的全局优化能力，采用遗传算法优化设计北斗二号导航卫星的废弃轨道。优化处置目标轨道有两个策略：一个是高偏心率增长策略，即通过增大偏心率增长，使得近地点高度不断减小，最终实现再入大气层；另一个是保持处置轨道的稳定，减小废弃卫星和其他空间目标的碰撞风险。本节的轨道优化策略主要采取后一种。

1) 选定初始变量与对应区间

北斗二号 MEO 导航卫星离轨初始轨道参数分析应针对轨道半长轴、偏心率、轨道倾角、升交点赤经和近地点幅角 5 个参数进行确定。考虑中高轨道卫星携带推进剂能力有限，一般不对轨道平面进行调整，即卫星离轨前后轨道倾角和升交点赤经的初值均保持不变。因此，仅需要对初始轨道半长轴、偏心率和近地点幅角进行分析。

与北斗二号中地球轨道导航卫星轨道高度距离最近的是 GPS 星座，高度低 1328km，其次是 Galileo 星座，高度高 1672km，因此我国中高轨道卫星离轨时选择下推或者抬升轨道高度都是可行的，并且选取抬升轨道高度的方式进行离轨时轨道高度的可选择范围更广。

根据 Space-Track 公布的最新数据，本节筛选出全部运行在北斗二号中地球轨道卫星附近的空间物体，并结合数据拟制了位于中地球轨道的 GPS 卫星、Galileo 卫星、北斗卫星的漂移区域，以及废弃卫星允许的漂移区域和适用于废弃轨道选取的带状区域。它们之间的关系如图 13.23 所示。

卫星漂移区域的上、下限值取决于在轨卫星的漂移范围，漂移区域满足

$$\begin{cases} R_{\max} = R_{a_{\max}} + 50 \\ R_{\min} = R_{p_{\min}} - 50 \end{cases} \tag{13.12}$$

式中，$R_{\max}$ 为漂移区域的上限；$R_{\min}$ 为漂移区域的下限；$R_{a_{\max}}$ 为卫星星座中卫星的最大远地点量；$R_{p_{\min}}$ 为卫星星座中卫星的最小近地点量；50(单位：km)为考虑到测控误差选取的碰撞风险带。经计算，GPS 卫星漂移区域上限为 27723km，北斗卫星漂移区域下限为 27773km，上限为 29085km，Galileo 卫星漂移区域下限为

29135km。

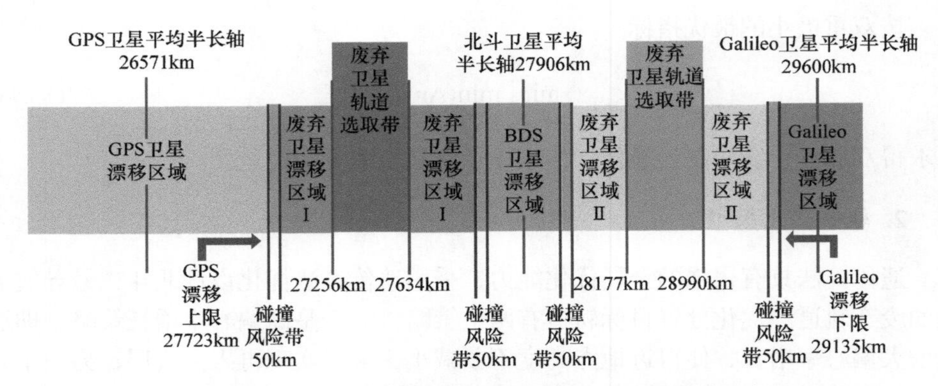

图 13.23 北斗二号中地球轨道卫星废弃轨道选择区域示意图

在考虑测控误差的情况下，北斗二号卫星的偏心率能控制在 0.005 以内，即以 0.0001～0.005 作为废弃卫星轨道偏心率的选择区间。废弃卫星轨道选取带满足

$$\begin{cases} a_{\max} = R_{\max}(1+e) \\ a_{\min} = R_{\min}(1-e) \end{cases} \tag{13.13}$$

式中，$a_{\max}$、$a_{\min}$ 分别为废弃卫星轨道选取带的上、下限。当 e 选取废弃卫星轨道偏心率的边界值即 0.005 时，经计算，下推处理废弃卫星轨道选取带的半长轴上限为 27634km，下限为 27256km；第二条废弃卫星轨道选取带的半长轴上限为 28990km，下限为 28177km。

近地点幅角对废弃轨道的长期演化影响很大，近地点幅角的选取范围为 0～360°。

2) 目标函数模型的建立

对于废弃轨道的优化设计采取的策略主要是考虑在 200 年长期演化过程中废弃轨道的近地点和远地点不超过给定的边界，偏心率增长较小。同时，北斗导航卫星携带的推进剂制约着轨道机动的能力，轨道机动速度改变量也作为目标函数的考虑因素。通过以上分析建立目标函数模型：

$$\begin{cases} F = C_1\Delta R_a + C_2\Delta R_p + C_3\Delta V + C_4\Delta e \\ Ra = a\cdot(1+e) \\ Rp = a\cdot(1-e) \\ \Delta R_a = h_{\max} - R_{a_{\max}} \\ \Delta R_p = R_{p_{\min}} - h_{\min} \\ \Delta e = e_{\max} - e_{\text{init}} \end{cases} \tag{13.14}$$

式中，C_1～C_4 为权重系数；$R_{a_{\max}}$ 为废弃轨道的 200 年演化过程中远地点最大值；

$h_{\max}$ 为废弃轨道的上界；$R_{p_{\min}}$ 为废弃轨道的 200 年演化过程中近地点最小值；$h_{\min}$ 为废弃轨道的下界；ΔV 为轨道机动前后的速度改变量；Δe 为废弃轨道 200 年演化过程中最大偏心率和初始偏心率之差。

由于三个量的量级有很大差异，为了防止目标函数受变量量级影响，对 ΔR_a、ΔR_p、ΔV、Δe 进行归一化处理得出 $\Delta R_{a_{\text{norm}}}$、$\Delta R_{p_{\text{norm}}}$、$\Delta V_{\text{norm}}$、$\Delta e_{\text{norm}}$，即最终目标函数为

$$F = C_1 \Delta R_{a_{\text{norm}}} + C_2 \Delta R_{p_{\text{norm}}} + C_3 \Delta V_{\text{norm}} + C_4 \Delta e_{\text{norm}}$$

3) 轨道优化模型建立

轨道优化模型由遗传算法建立，初始种群由选定的初始变量确定，适应度函数根据目标函数计算种群中染色体的适应度值，选择、交叉、变异为遗传算法的搜索算子，终止条件为找到最优值，生成最优废弃轨道。

轨道优化模型设计思路如图 13.24 所示。

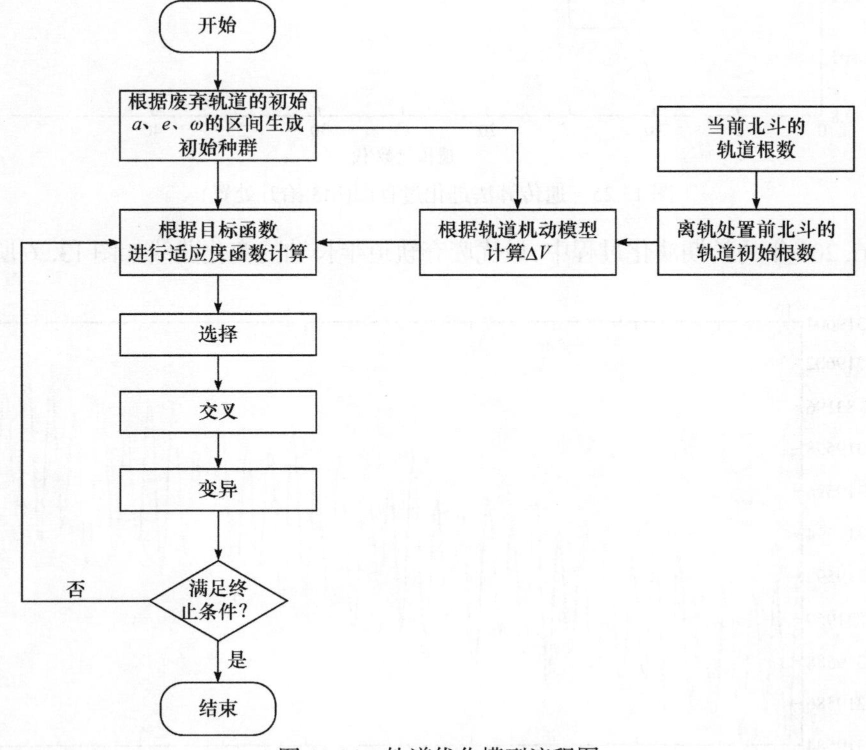

图 13.24　轨道优化模型流程图

13.4.4　北斗中轨道卫星离轨策略

下面针对北斗二号 3 颗 MEO 卫星，分别分析离轨策略。

1. 北斗 M3 卫星离轨策略

1) 对北斗 M3 卫星抬升处置后的最优废弃轨道进行计算分析

遗传算法中最优解的变化曲线逐渐趋于收敛，得到的遗传算法进化过程如图 13.25 所示。

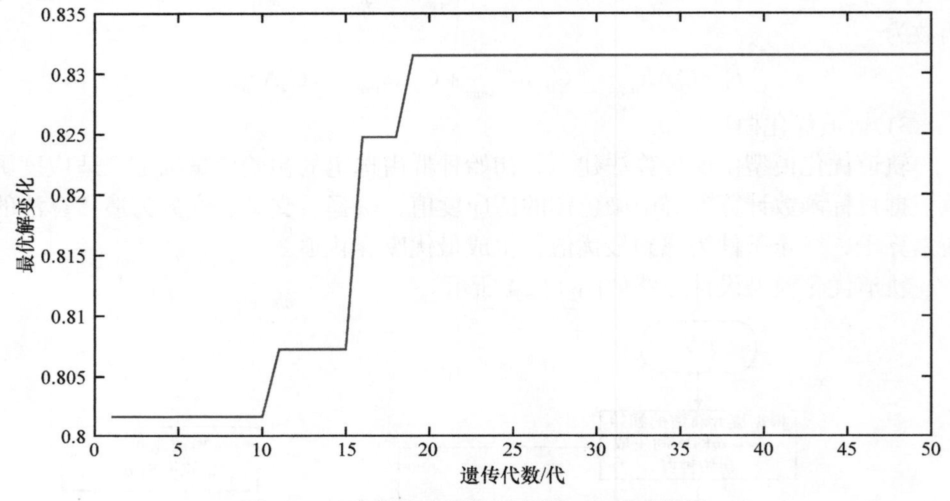

图 13.25　遗传算法进化过程图(M3,抬升处置)

在 200 年的长期演化过程中，最优废弃轨道半长轴的变化曲线如图 13.26 所示。

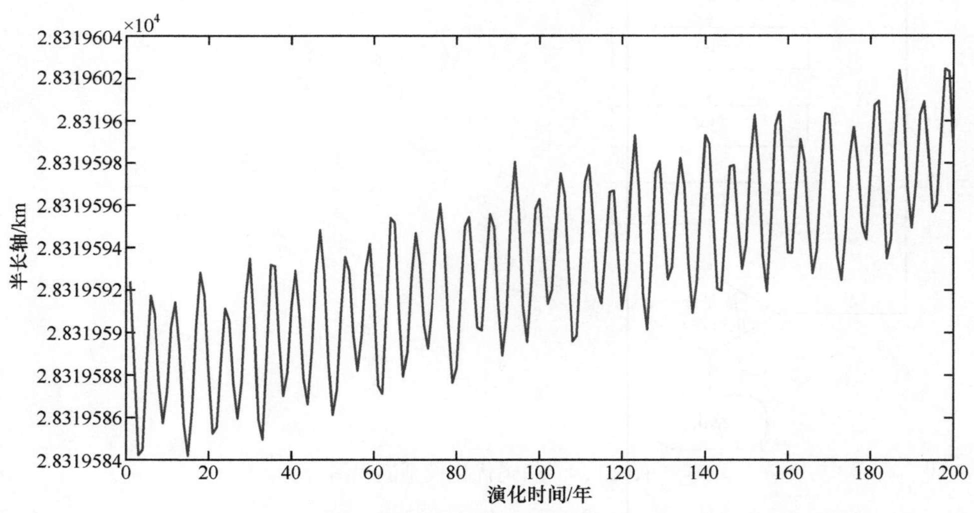

图 13.26　北斗 M3 卫星最优废弃轨道半长轴 200 年演化过程图(抬升处置)

在 200 年的长期演化过程中，最优废弃轨道偏心率的变化曲线如图 13.27 所示。

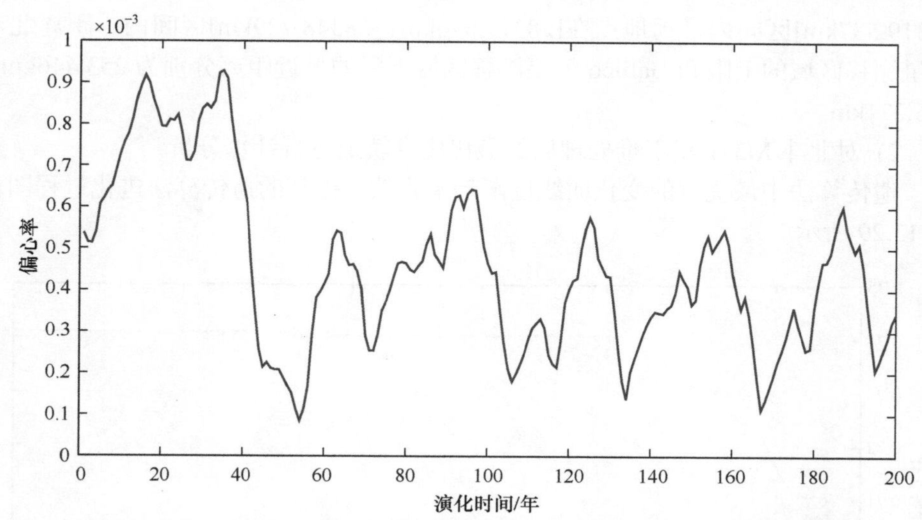

图 13.27　北斗 M3 卫星最优废弃轨道偏心率 200 年演化过程图(抬升处置)

在 200 年长期演化过程中，最优废弃轨道的最小近地点与最大远地点的变化情况如图 13.28 所示。

由图 13.25～图 13.27 可以看出，在 200 年的演化过程中，抬升处置的最优废弃轨道半长轴 a 的变化在[28319.584km,28319.604km]区间内，即半长轴的变化不超过 20m；偏心率 e 的变化在[0.0001，0.001]区间内，即偏心率的变化不超过 0.0009。

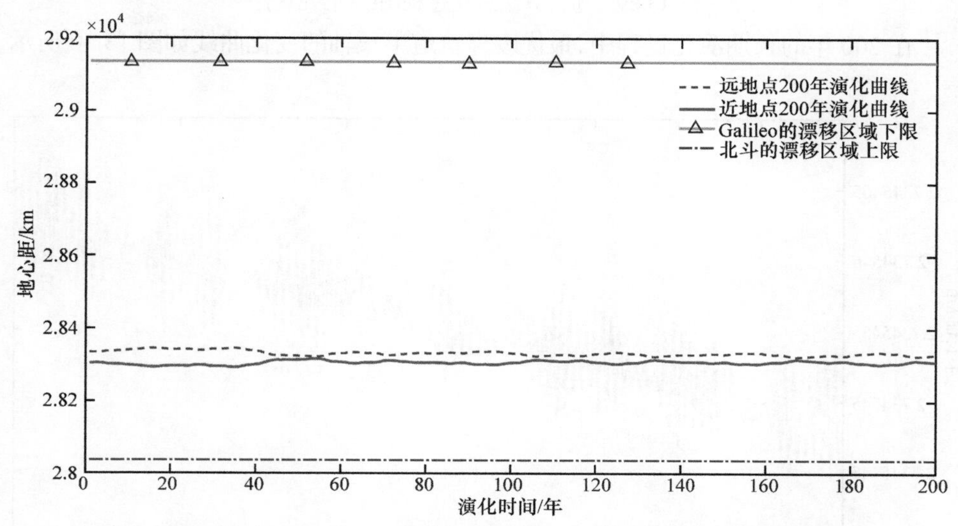

图 13.28　北斗 M3 卫星最优废弃轨道近地点 200 年演化过程图(抬升处置)

在 200 年的长期演化过程中，最优废弃轨道的近地点在[28290.446km，

28319.537km]区间内，远地点在[28319.646km，28348.729km]区间内，距离北斗卫星漂移区域的上限和 Galileo 卫星漂移区域下限的最近距离分别为 253.446km、786.271km。

2) 对北斗 M3 卫星下推处理后的最优废弃轨道进行计算分析

遗传算法中最优解的变化曲线逐渐趋于收敛，得到的遗传算法进化过程图如图 13.29 所示。

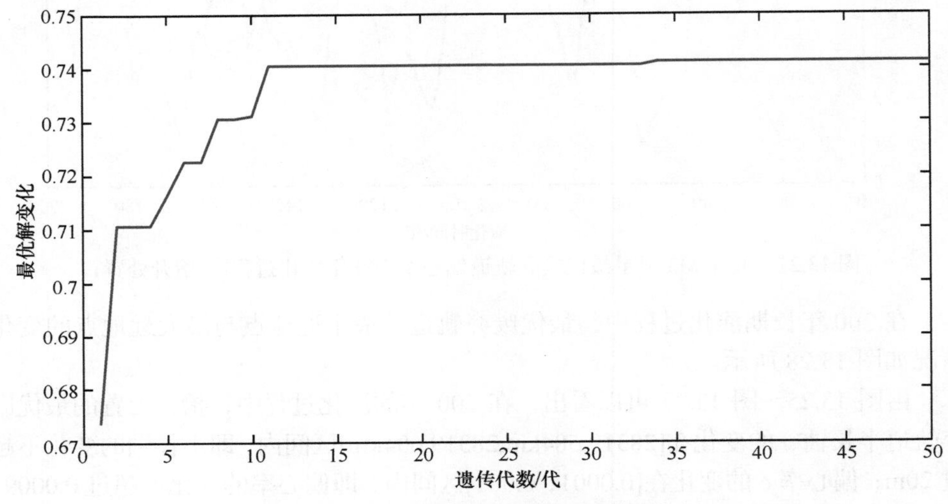

图 13.29　遗传算法进化过程图(下推处置)

在 200 年的长期演化过程中，最优废弃轨道半长轴的变化曲线如图 13.30 所示。

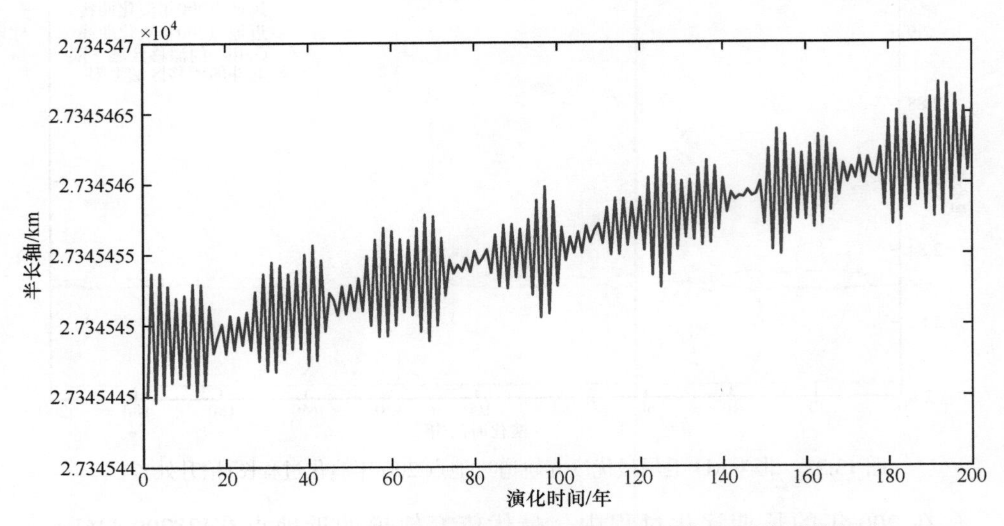

图 13.30　北斗 M3 卫星最优废弃轨道半长轴 200 年演化过程图(下推处置)

在 200 年的长期演化过程中，最优废弃轨道偏心率的变化曲线如图 13.31 所示。

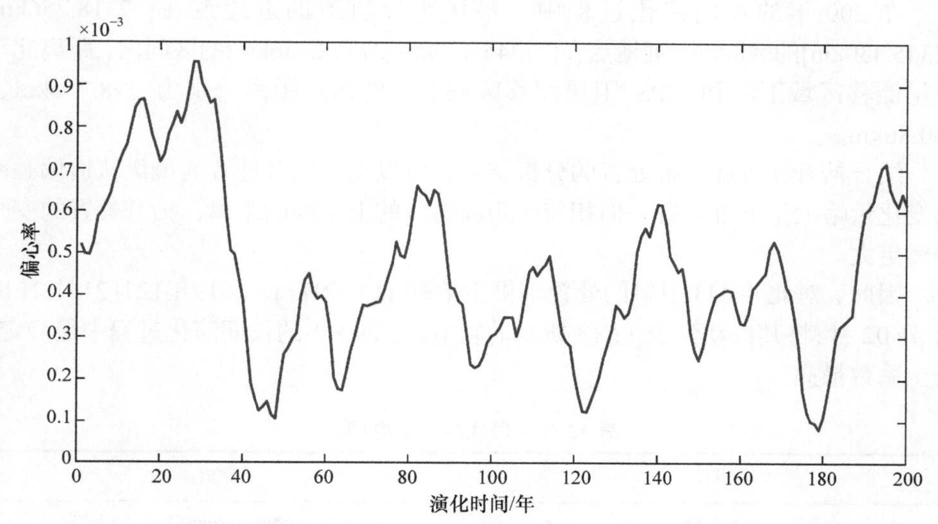

图 13.31　北斗 M3 卫星最优废弃轨道偏心率 200 年演化过程图(下推处置)

在 200 年长期演化过程中，最优废弃轨道的最小近地点与最大远地点的变化情况如图 13.32 所示。

由图 13.29～图 13.31 可以看出，在 200 年的长期演化过程中，下推处置的最优废弃轨道半长轴 a 的变化在[27345.44km, 27345.47km]区间内，即半长轴的变化不超过 30m；偏心率 e 的变化在[0.0001, 0.000976]的区间内，即偏心率的变化不

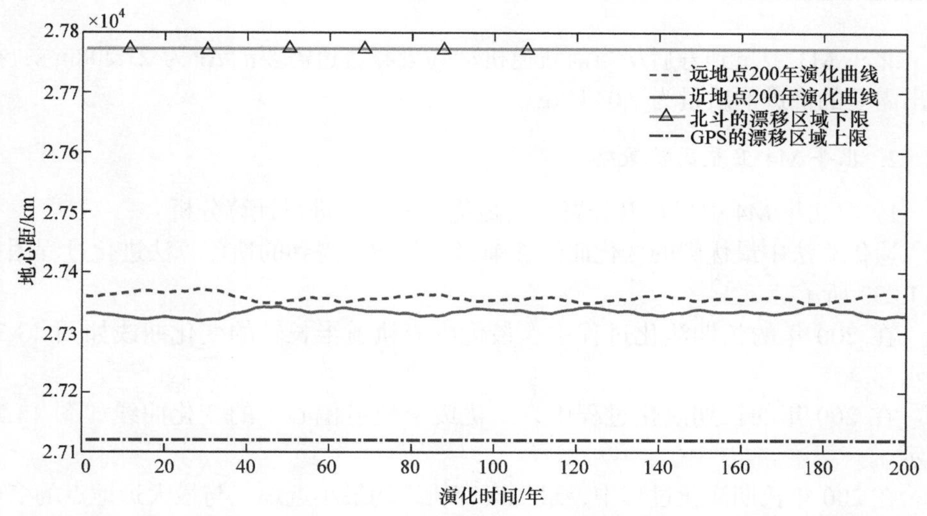

图 13.32　北斗 M3 卫星最优废弃轨道近地点 200 年演化过程图(下推处置)

超过 0.000876。

在 200 年的长期演化过程中，最优废弃轨道的近地点在[27318.756km, 27345.430km]的区间内，远地点在[27345.479km, 27372.136km]的区间内，距离北斗卫星漂移区域下限和 GPS 卫星漂移区域上限的最近距离分别为 198.756km、400.86km。

结合抬升处置和下推处置的分析结果，可以发现抬升处置的最优轨道偏心率的变化量略大于下推处置，但相较于距离对应的上下限的距离，抬升处置的安全距离更大。

因此，对北斗 M3 卫星的处置结果为抬升 413.421km，2019年12月21日 21 时 21 分 02 秒，将其机动到表 13.13 所示的轨道，在 200 年的长期演化过程中最稳定，安全系数最高。

表 13.13　最优废弃轨道根数

轨道根数	参数值
半长轴	28319.588km
偏心率	0.000541
轨道倾角	56.5517°
升交点赤经	24.3113°
近地点幅角	159.951°
平近点角	275.2975°

北斗 M3 卫星到寿后从当前轨道机动到废弃轨道需要的 Δv 为 21.208m/s，推算出需要的推进剂质量为 7.0444kg。

2. 北斗 M4 卫星离轨策略

1) 对北斗 M4 卫星抬升处置后的最优废弃轨道进行计算分析

遗传算法中最优解的变化曲线逐渐趋于收敛，得到的遗传算法进化过程图如图 13.33 所示。

在 200 年的长期演化过程中，最优废弃轨道半长轴的变化曲线如图 13.34 所示。

在 200 年的长期演化过程中，最优废弃轨道偏心率的变化曲线如图 13.35 所示。

在 200 年长期演化过程中，最优废弃轨道的最小近地点与最大远地点的变化情况如图 13.36 所示。

由图 13.34～图 13.36 可以看出，在 200 年的演化过程中，抬升处置的最优废弃轨道半长轴 a 的变化在[28500.768km, 28500.788km]区间内，即半长轴的变化不超过 20m；偏心率 e 的变化在[0.0001, 0.000976]区间内，即偏心率的变化不超过 0.000876。

在 200 年的长期演化过程中，最优废弃轨道的近地点在[28470.103km, 28500.724km]区间内，远地点在[28500.832km, 28531.442km]区间内，距离北斗卫星漂移区域上限和 Galileo 卫星漂移区域下限的最近距离分别为 433.103km、603.558km。

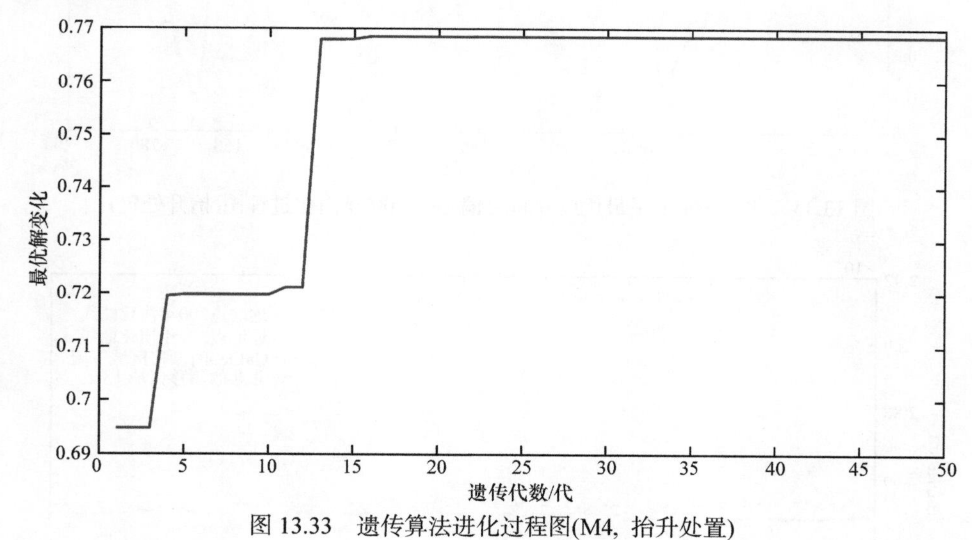

图 13.33　遗传算法进化过程图(M4，抬升处置)

图 13.34　北斗 M4 卫星最优废弃轨道半长轴 200 年演化过程图(抬升处置)

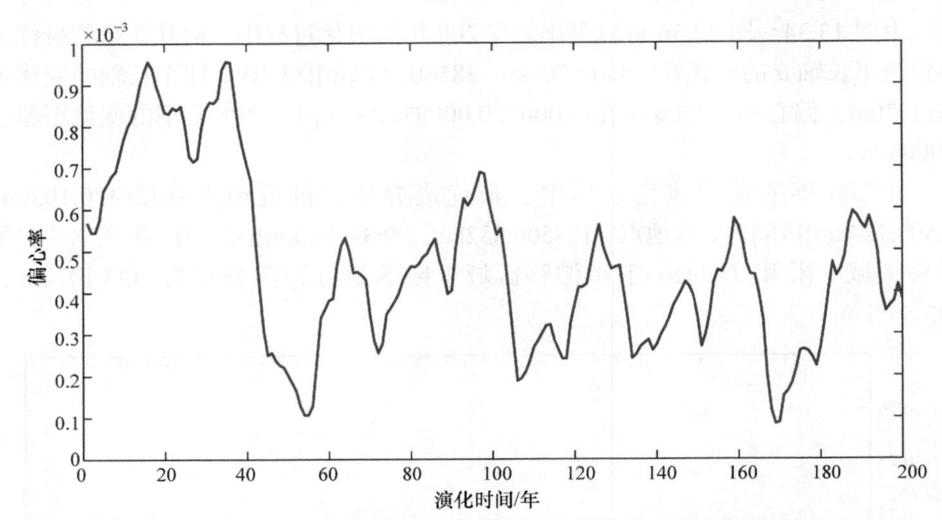

图 13.35　北斗 M4 卫星最优废弃轨道偏心率 200 年演化过程图(抬升处置)

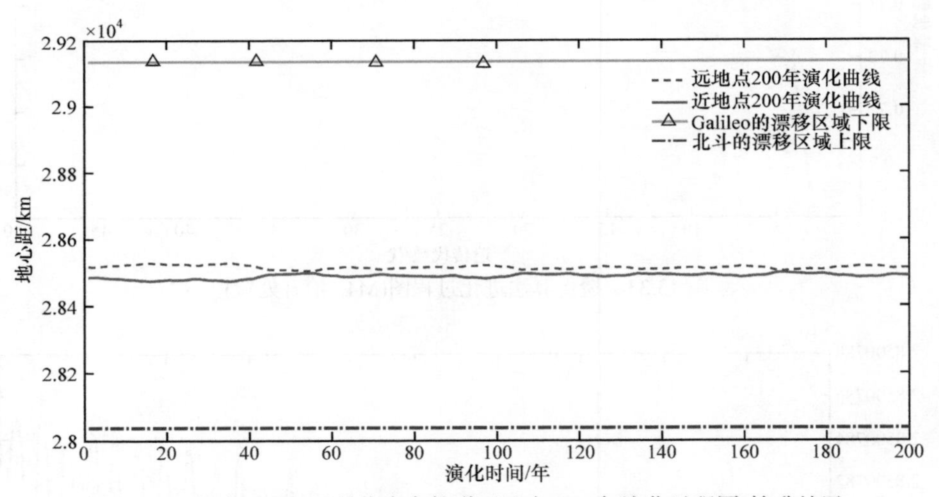

图 13.36　北斗 M4 卫星最优废弃轨道近地点 200 年演化过程图(抬升处置)

2) 对北斗 M4 卫星下推处置后的最优废弃轨道进行计算分析

遗传算法中最优解的变化曲线逐渐趋于收敛，得到的遗传算法进化过程图如图 13.37 所示。

在 200 年的长期演化过程中，最优废弃轨道半长轴的变化曲线如图 13.38 所示。

在 200 年的长期演化过程中，最优废弃轨道偏心率的变化曲线如图 13.39 所示。

在 200 年长期演化过程中，最优废弃轨道的最小近地点与最大远地点的变化情况如图 13.40 所示。

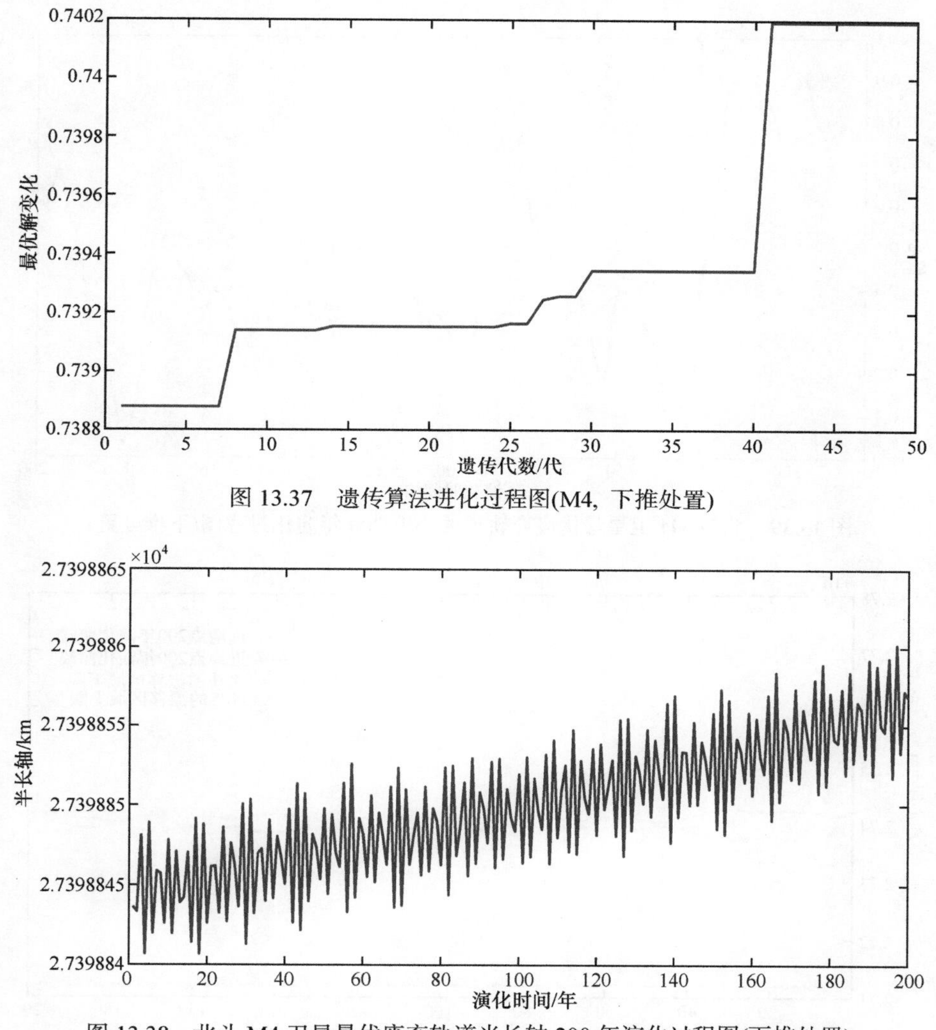

图 13.37　遗传算法进化过程图(M4，下推处置)

图 13.38　北斗 M4 卫星最优废弃轨道半长轴 200 年演化过程图(下推处置)

由图 13.38～图 13.40 可以看出，在 200 年的演化过程中，下推处置的最优废弃轨道半长轴 a 的变化在[27398.84km, 27398.860km]区间内，即半长轴的变化不超过 20m；偏心率 e 的取值范围为[0.000001, 0.00980]，即偏心率不超过初始偏心率 0.001019。

在 200 年的长期演化过程中，最优废弃轨道的近地点在[27370.897km, 27398.831km]区间内，远地点在[27398.876km, 27426.791km]区间内，距离北斗卫星漂移区域下限和 GPS 卫星漂移区域上限的最近距离分别为 250.897km、346.209km。

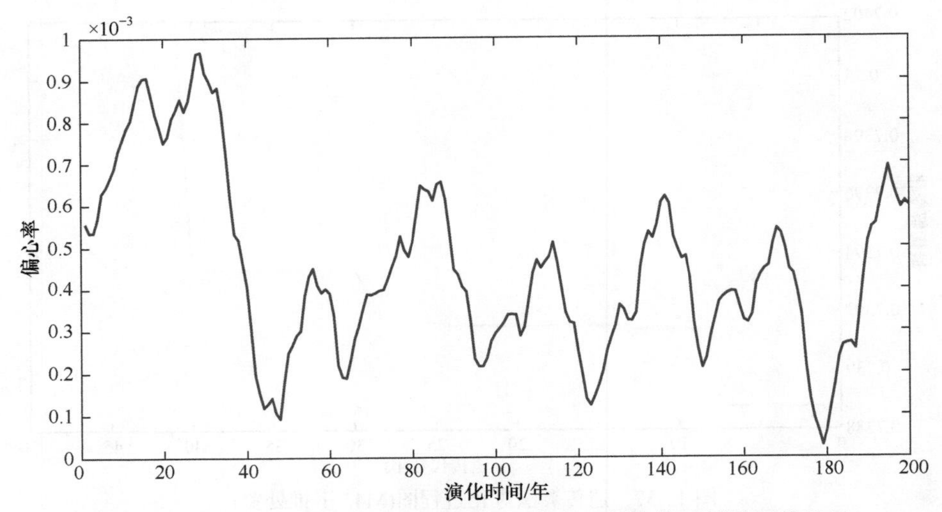

图 13.39　北斗 M4 卫星最优废弃轨道偏心率 200 年演化过程图(下推处置)

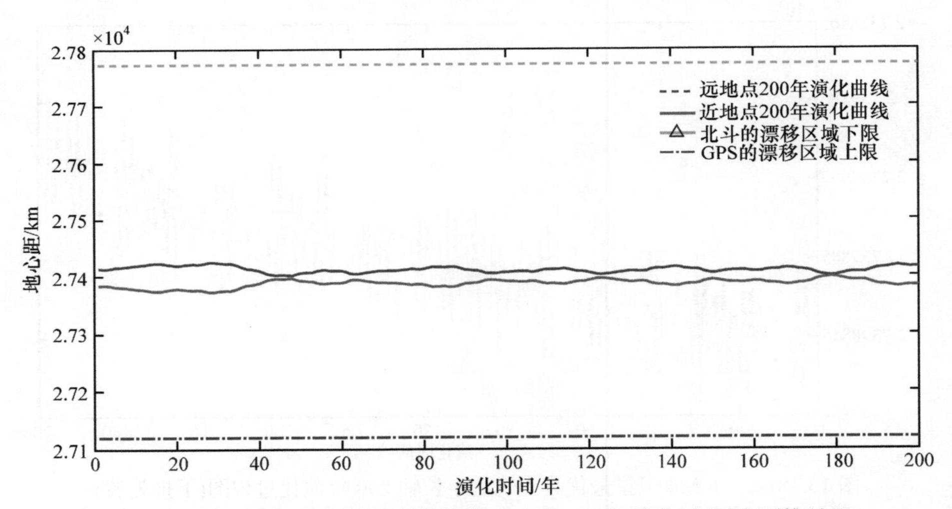

图 13.40　北斗 M4 卫星最优废弃轨道近地点 200 年演化过程图(下推处置)

结合抬升处置和下推处置的分析结果可以发现，抬升处置的最优轨道偏心率的变化量略大于下推处置，但相较于距离对应的上下限的距离，抬升处置的安全距离更大。

因此，对北斗 M4 卫星的处置结果为抬升 594.837km，2019年12月21日 21 时 21 时 02 秒离轨，将其机动到表 13.14 所示的轨道，在 200 年的长期演化过程中最稳定，安全系数最高。

表 13.14　最优废弃轨道根数

轨道根数	参数值
半长轴	28500.771km
偏心率	0.000574
轨道倾角	56.487°
升交点赤经	23.6°
近地点幅角	161.749°
平近点角	265.885°

北斗 M4 卫星到寿后从当前轨道机动到废弃轨道的 Δv 为 31.194m/s，推算出需要的推进剂质量为 10.3441kg。

3. 北斗 M6 卫星离轨策略

1) 对北斗 M6 卫星抬升处置后的最优废弃轨道进行计算分析

遗传算法中最优解的变化曲线逐渐趋于收敛，得到的遗传算法进化过程图如图 13.41 所示。

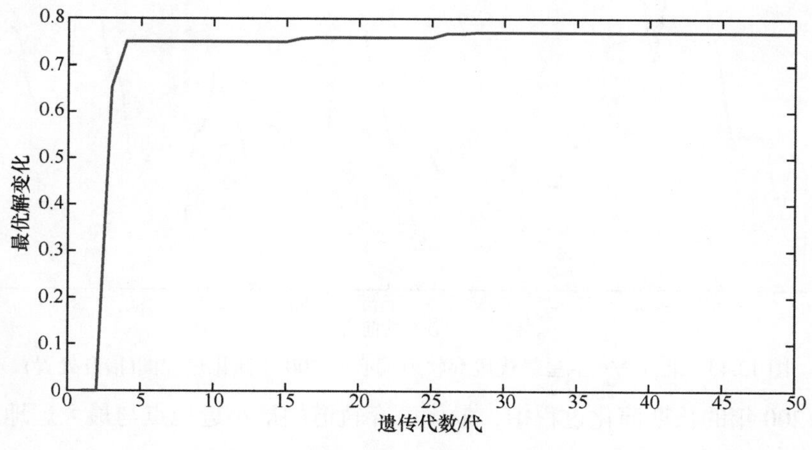

图 13.41　遗传算法进化图(M6，抬升处置)

在 200 年的长期演化过程中，最优废弃轨道半长轴变化曲线如图 13.42 所示。

在 200 年的长期演化过程中，最优废弃轨道偏心率变化曲线如图 13.43 所示。

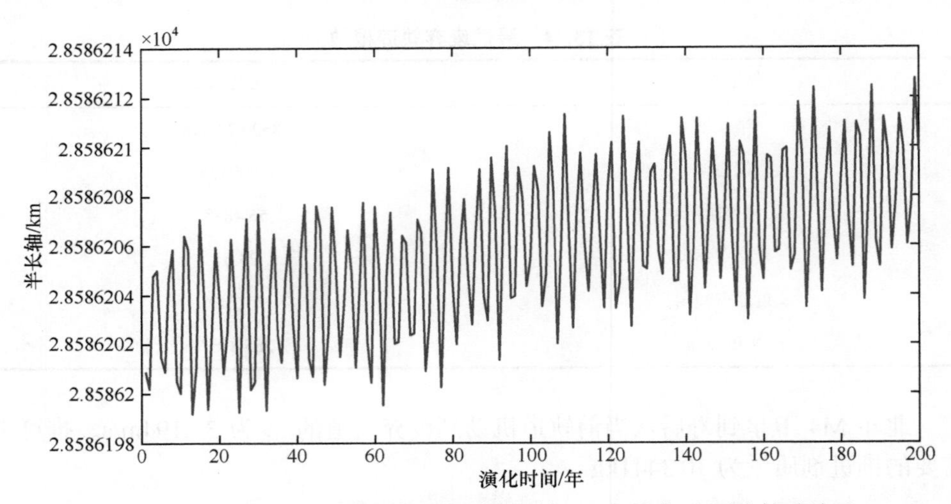

图 13.42　北斗 M6 卫星最优废弃轨道半长轴 200 年演化过程图(抬升处置)

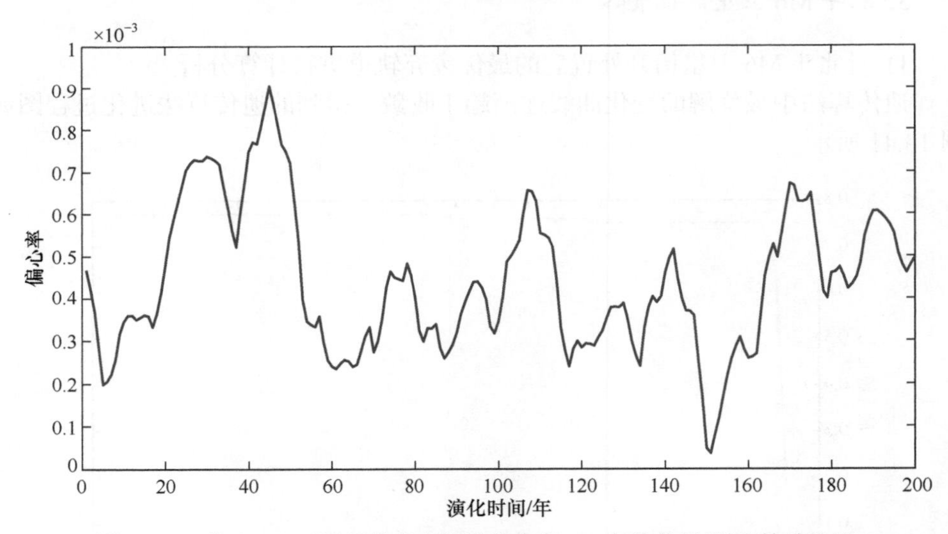

图 13.43　北斗 M6 卫星最优废弃轨道偏心率 200 年演化过程图(抬升处置)

在 200 年的长期演化过程中，最优废弃轨道的最小近地点与最大远地点的变化情况如图 13.44 所示。

由图 13.42～图 13.44 可以看出，在 200 年的长期演化过程中，抬升处置的最优废弃轨道半长轴 a 的变化在[28586.198km, 28586.214km]区间内，即半长轴的变化不超过 16m；偏心率 e 的变化在[0.00005, 0.000916]区间内，即偏心率的变化不超过 0.000866。

在 200 年的长期演化过程中，最优废弃轨道的近地点在[28560.017km, 28586.210km]区间内，远地点在[28586.209km, 28612.392km]区间内，距离北斗卫星漂移区域的上限和 Galileo 卫星漂移区域下限的最近距离分别为 523.017km、522.608km。

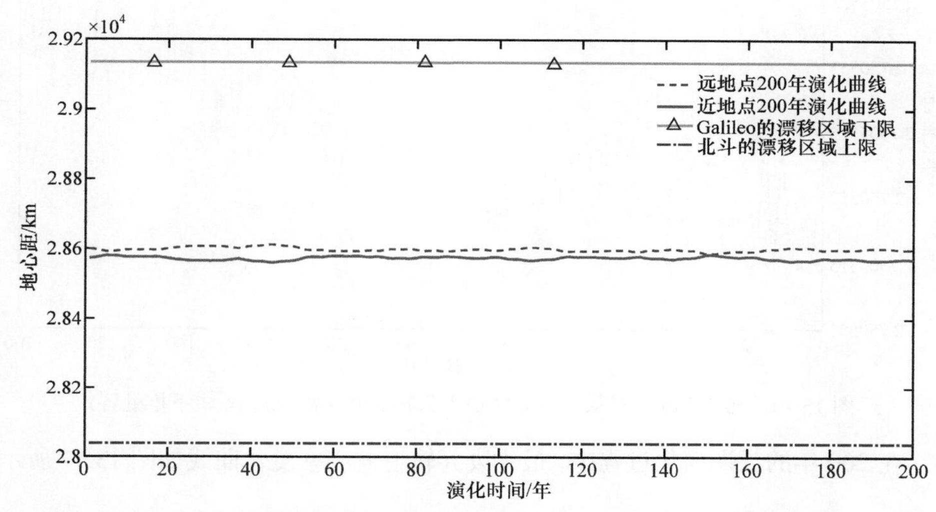

图 13.44　北斗 M6 卫星最优废弃轨道近地点 200 年演化过程图(抬升处置)

2) 对北斗 M6 卫星下推处置后的最优废弃轨道进行计算分析

遗传算法中最优解的变化曲线逐渐趋于收敛，得到的遗传算法进化过程图如图 13.45 所示。

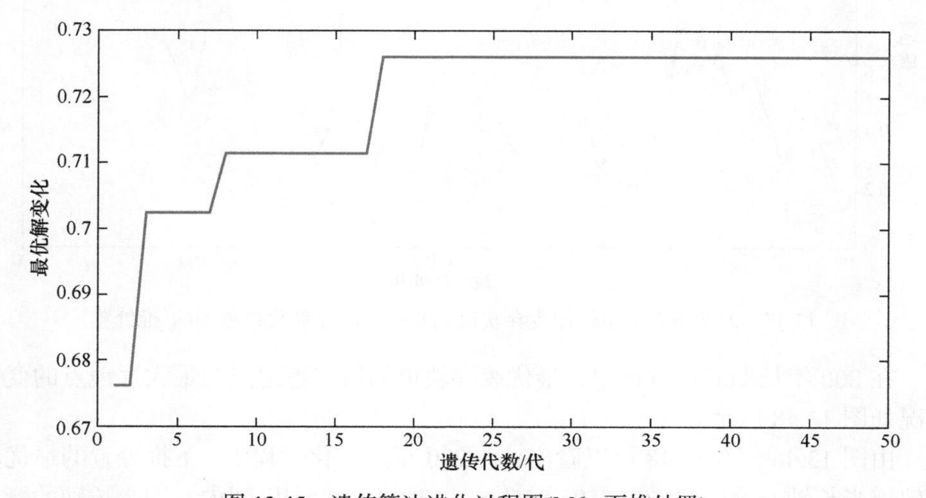

图 13.45　遗传算法进化过程图(M6，下推处置)

在 200 年的长期演化过程中，最优废弃轨道半长轴的变化曲线如图 13.46 所示。

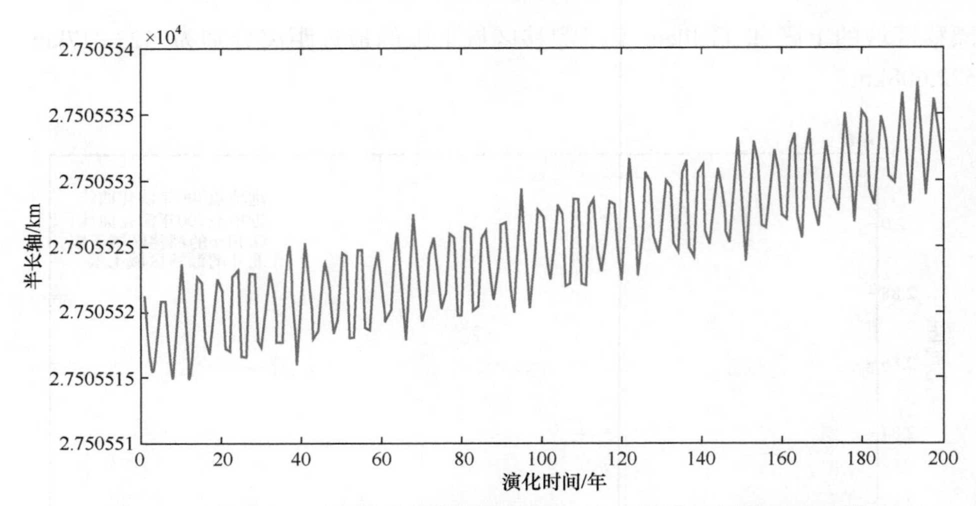

图 13.46　北斗 M6 卫星最优废弃轨道半长轴 200 年演化过程图(下推处置)

在 200 年的长期演化过程中，最优废弃轨道偏心率变化曲线如图 13.47 所示。

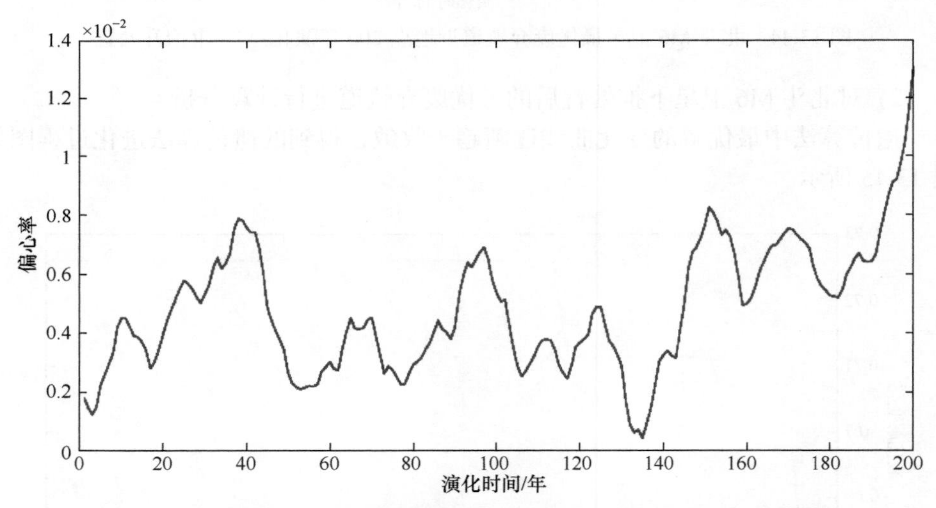

图 13.47　北斗 M6 卫星最优废弃轨道偏心率 200 年演化过程图(下推处置)

在 200 年长期演化过程中，最优废弃轨道的最小近地点与最大远地点的变化情况如图 13.48 所示。

由图 13.46～图 13.48 可以看出，在 200 年的演化过程中，下推处置的最优废弃轨道半长轴 a 的变化在[27505.515km，57505.545km]区间内，即半长轴的变化不超过 25m；偏心率 e 的取值范围为[0.0005, 0.013]，即偏心率不超过初始偏心率 0.001521。

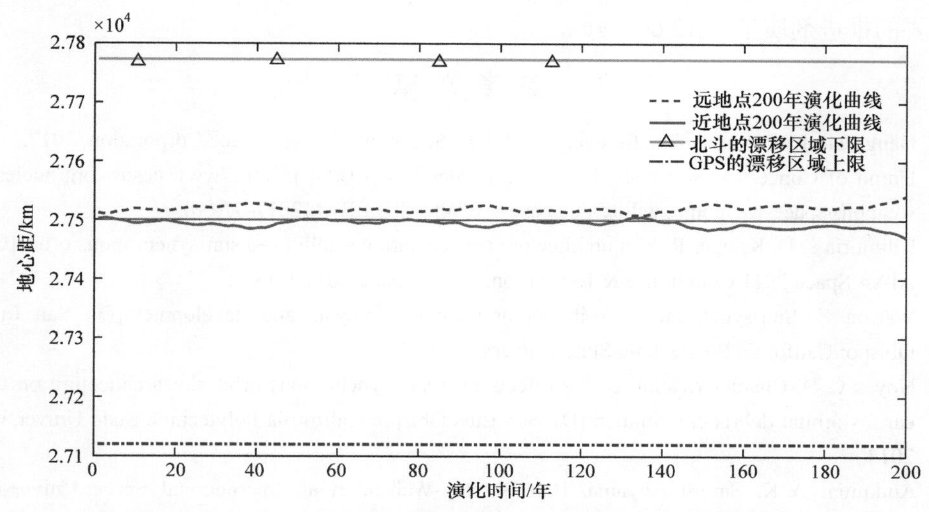

图 13.48　北斗 M6 卫星最优废弃轨道近地点 200 年演化过程图(下推处置)

在 200 年的长期演化过程中，最优废弃轨道的近地点在[27460.264km, 27506.498km]区间内，远地点在[27506.544km, 27552.797km]区间内，距离北斗卫星漂移区域的下限和 GPS 卫星漂移区域上限的最近距离分别为 340.264km、220.203km。

结合抬升处置和下推处置的分析结果可以发现，抬升处置的最优轨道偏心率的变化量远小于下推处置，并且相较于距离对应的上下限的距离，抬升处置的安全距离更大。

因此，对北斗 M6 卫星的处置结果为抬升 682km，在2019年12月21日 21 时 21 分 02 秒离轨，将其机动到表 13.15 所示的轨道，在 200 年的长期演化中最稳定，安全系数最高。

表 13.15　最优废弃轨道六根数

轨道根数	参数值
半长轴	28586.001km
偏心率	0.000449
轨道倾角	54.9168°
升交点赤经	142.744°
近地点幅角	166.683°
平近点角	185.714°

北斗 M6 卫星到寿后从当前轨道机动到废弃轨道的 Δv 为 38.066m/s，推算出

需要的推进剂质量为 12.6085kg。

参 考 文 献

[1] Gangestad J W. Orbital slots for everyone[R]. El Segundo: The Aerospace Corporation, 2017.

[2] Union of Concerned Scientists. UCS satellite database[EB/OL]. http://www.ucsusa.org/nuclear-weapons/space-weapons/satellite-database#. WWKy8HqEBvA[2017-07-08].

[3] Bilimoria K D, Krieger R. Slot architecture for separating satellites in sun-synchronous orbits[C]. AIAA Space 2011 Conference & Exposition, Long Beach, 2011:1-13.

[4] Watson E. Sun-synchronous orbit slot architecture analysis and development[D]. San Luis Obispo: California Polytechnic State University, 2012.

[5] Noyes C D. Characterization of the effects of a sun-synchronous orbit slot architecture on the earth's orbital debris environment[D]. San Luis Obispo: California Polytechnic State University, 2013.

[6] Anikumar A K, Satoru Aoyama, Ben Baseley-Walker, et al. International Space University Summer Session Program 2007[R]. Beijing: Space Traffic Management, 2007.

[7] 胡敏, 杨茗棋, 宋俊玲, 等. 太阳同步轨道区域航天器安全管理规则研究[C]. 第二届中国空天安全会议, 大连, 2017: 50-60.

[8] 胡敏, 杨茗棋, 宋俊玲, 等. 一种太阳同步轨道航天器安全管理策略: 201710581522.9[P]. 2020-10-23.

[9] Chobotov V A. Disposal of spacecraft at end of life in geosynchronous orbit[J]. Journal of Spacecraft and Rockets, 2015, 27(4): 433-437.

[10] Gick R A, Chao C C. GPS disposal orbit stability and sensitivity study[J]. Advances in the Astronautical Sciences, 2001, 108: 2005-2017.

[11] Chao C C. MEO disposal orbit stability and direct reentry strategy[J]. Advances in Space Research, 2000, 105: 817-827.

[12] Chao C C, Gick R A. Long-term evolution of navigation satellite orbits: GPS/GLONASS/GALILEO[J]. Advances in Space Research, 2004, 34(5): 1221-1226.

[13] Jenkin A B, Gick R A. Dilution of disposal orbit collision risk for the medium earth orbit constellations[C]. 4th European Conference on Space Debris, Darmstadt, 2005: 1-6.

[14] 周静, 杨慧, 王俐云. 中高轨道卫星离轨参数研究[J]. 航天器工程, 2013, 22(2): 11-16.

[15] Armellin R, San-Juan J F, Lara M. End-of-life disposal of high elliptical orbit missions: The case of INTEGRAL[J]. Advances in Space Research, 2015, 56(3): 479-493.

[16] Mistry D, Armellin R. The design and optimization of the end of life disposal manoeuvre for GNSS spacecraft: The case of Galileo [C]. 66th International Astronautical Congress, Jerusalem, Israel, 2015: 1-13.

[17] 徐家辉, 胡敏, 张竞远, 等. 中轨道导航卫星废弃轨道优化设计[J]. 航天控制, 2019, 37(6): 42-47.

彩　　图

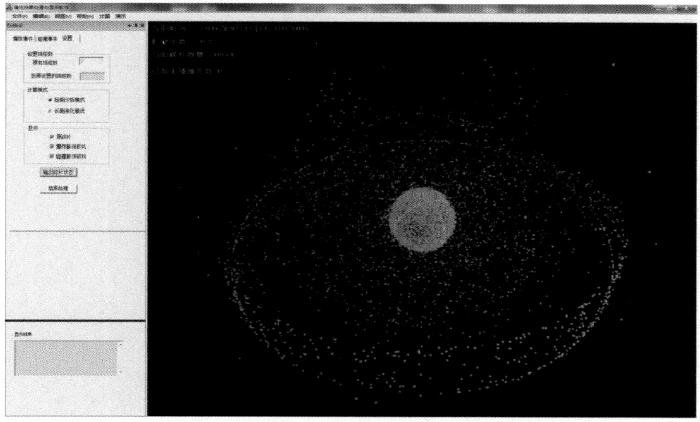

图 3.31　演化结果处理与显示软件的三维展示界面

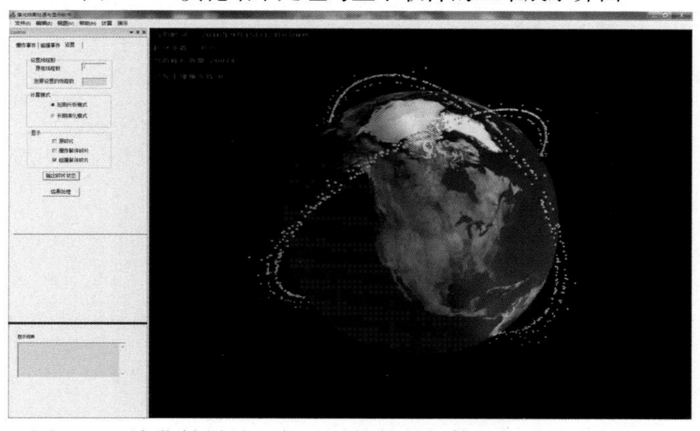

图 3.32　演化结果处理与显示软件的解体空间碎片分析界面

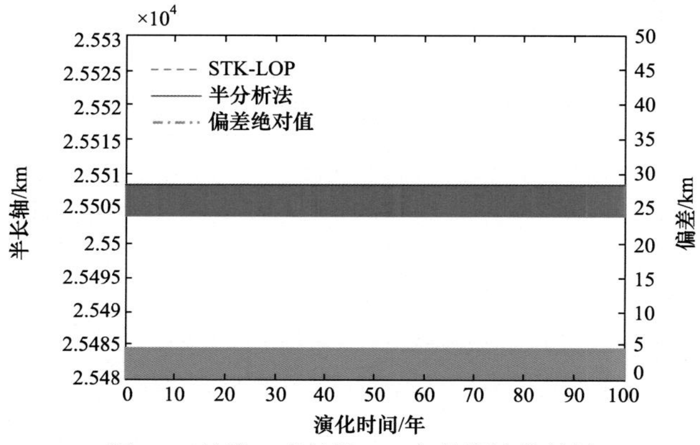

图 9.6　轨道 1 半长轴 100 年长期演化结果

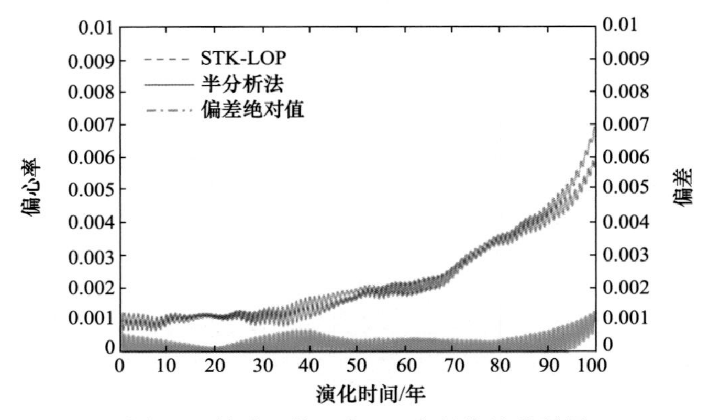

图 9.7　轨道 1 偏心率 100 年长期演化结果

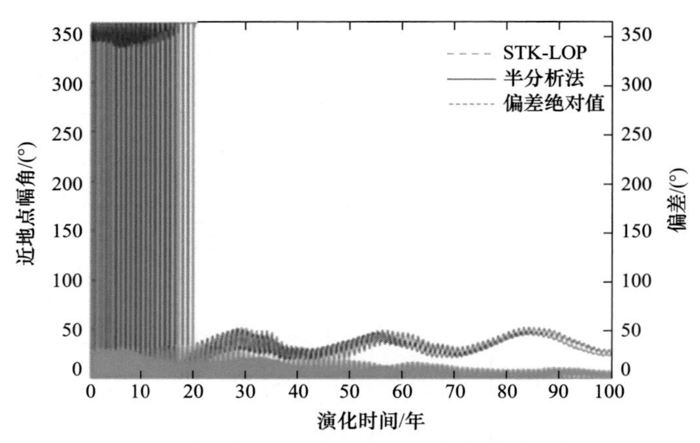

图 9.10　轨道 1 近地点幅角 100 年长期演化结果

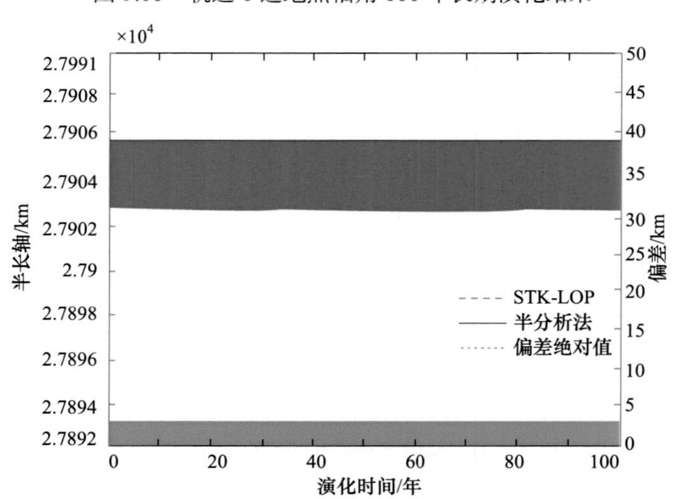

图 9.11　轨道 2 半长轴 100 年长期演化结果

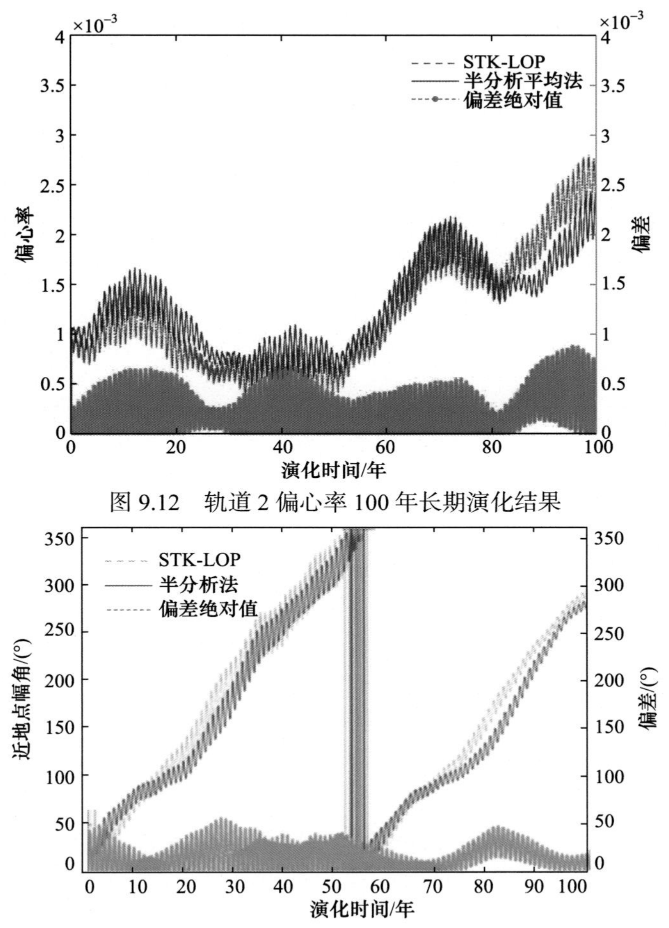

图 9.12　轨道 2 偏心率 100 年长期演化结果

图 9.15　轨道 2 近地点幅角 100 年长期演化结果

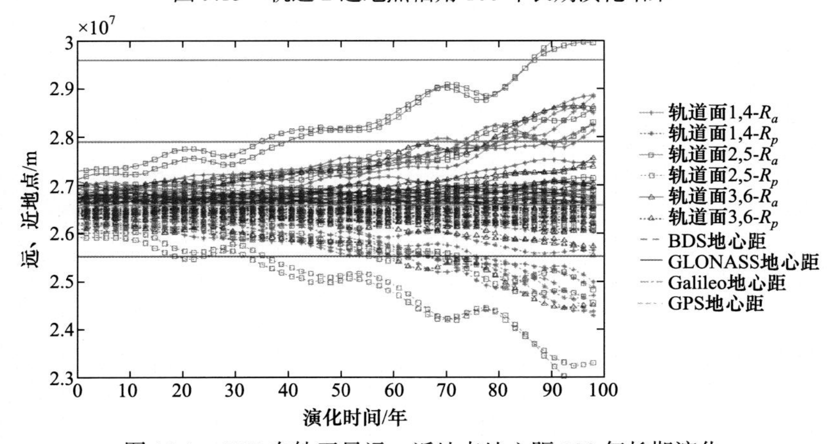

图 10.1　GPS 在轨卫星远、近地点地心距 100 年长期演化

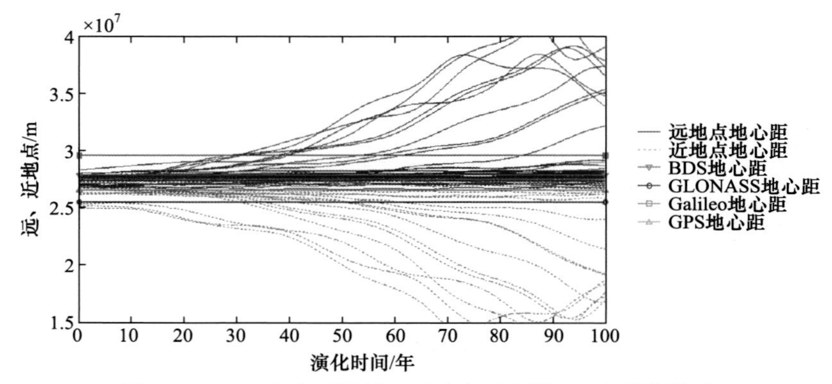

图 10.2　GPS 废弃卫星远、近地点地心距 100 年长期演化

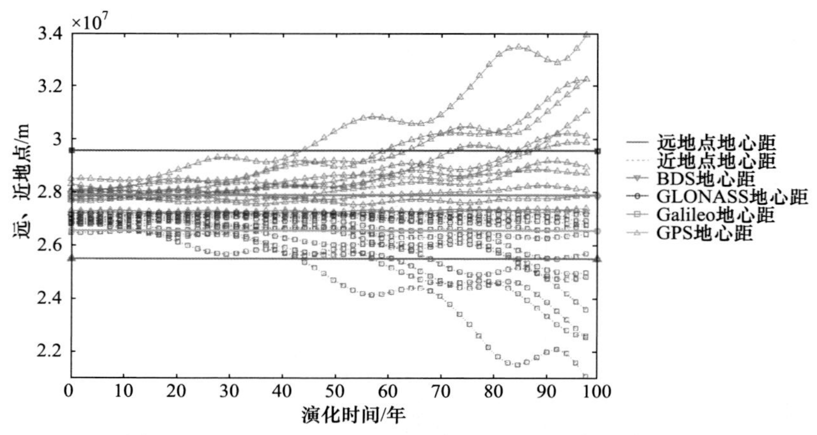

图 10.3　GPS 上面级远、近地点地心距 100 年长期演化

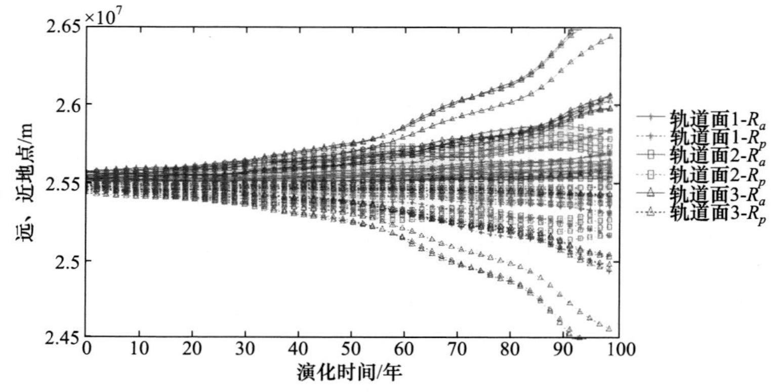

图 10.4　GLONASS 在轨卫星远、近地点地心距 100 年长期演化

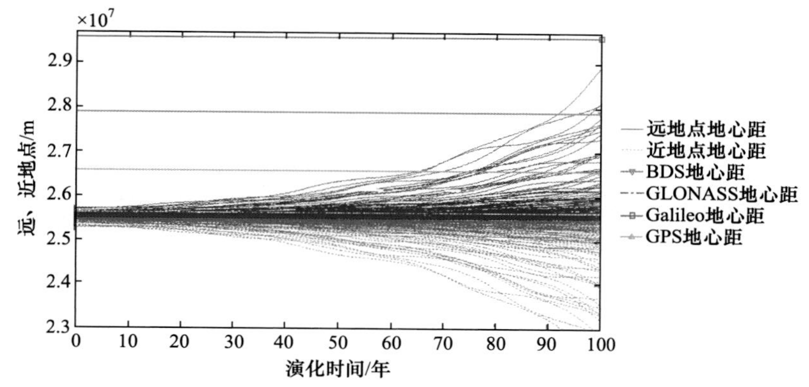

图 10.5 GLONASS 废弃卫星远、近地点地心距 100 年长期演化

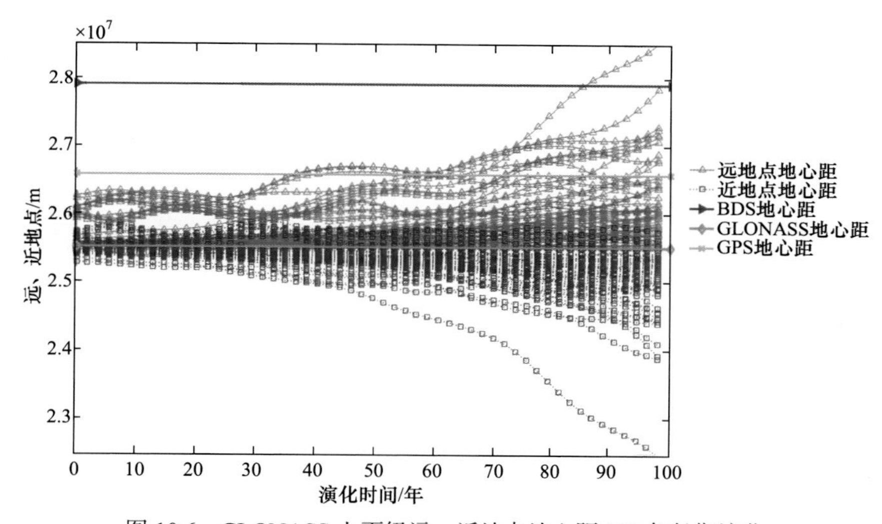

图 10.6 GLONASS 上面级远、近地点地心距 100 年长期演化

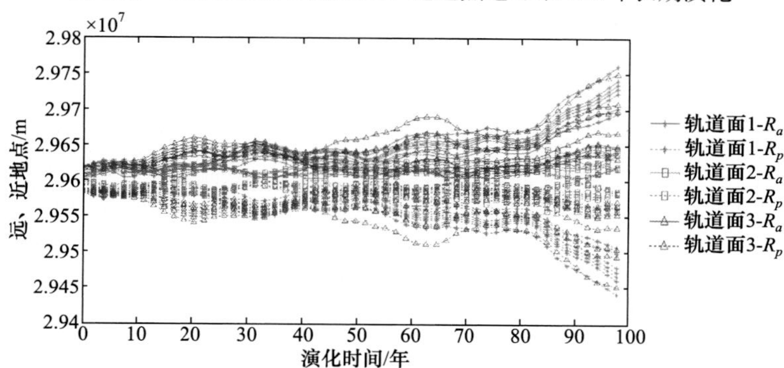

图 10.7 Galileo 卫星远、近地点地心距 100 年长期演化

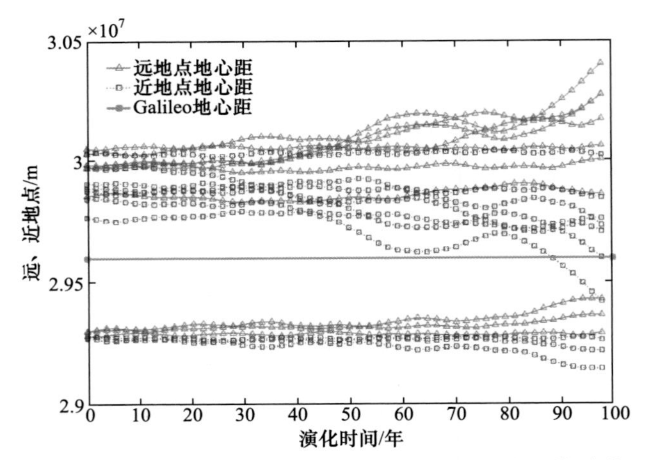

图 10.8　Galileo 上面级远、近地点地心距 100 年长期演化

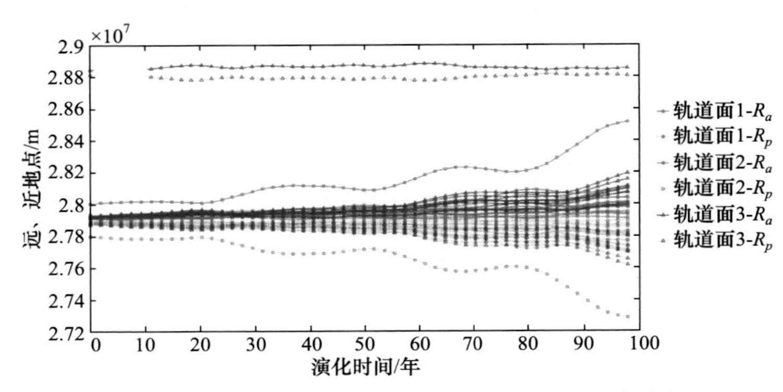

图 10.9　BDS 卫星远、近地点地心距 100 年长期演化

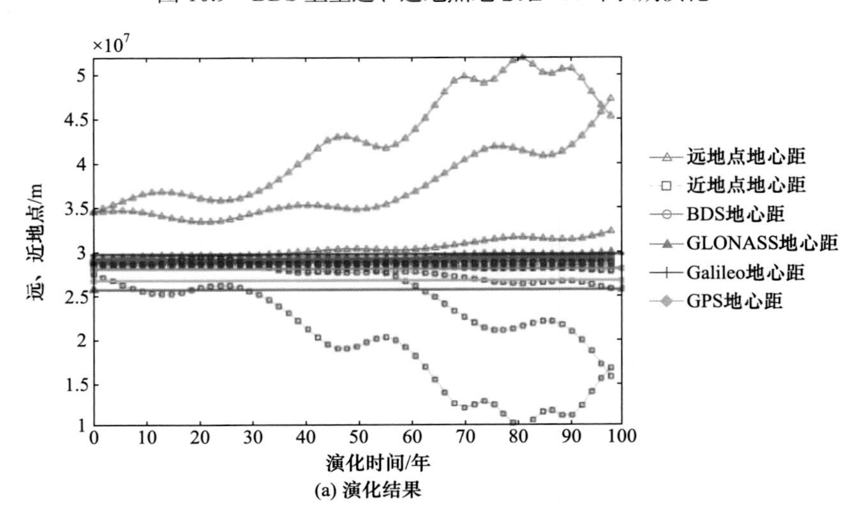

(a) 演化结果

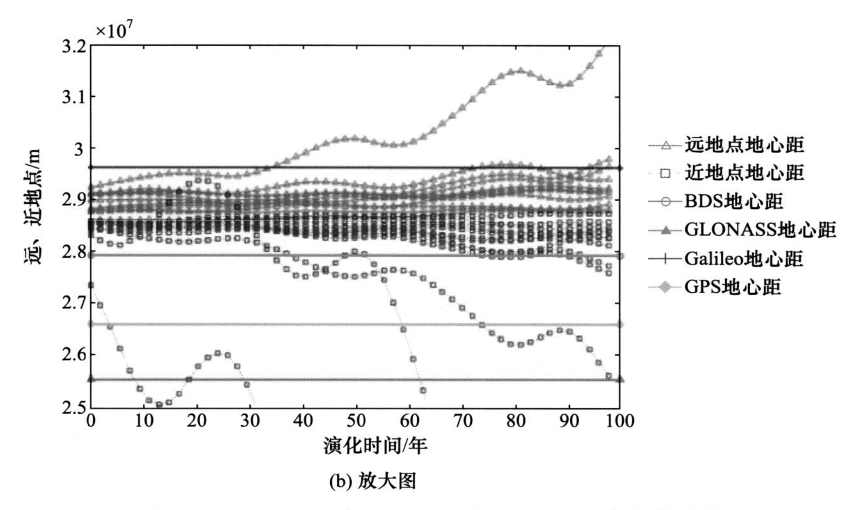

(b) 放大图

图 10.10　BDS 上面级远、近地点地心距 100 年长期演化

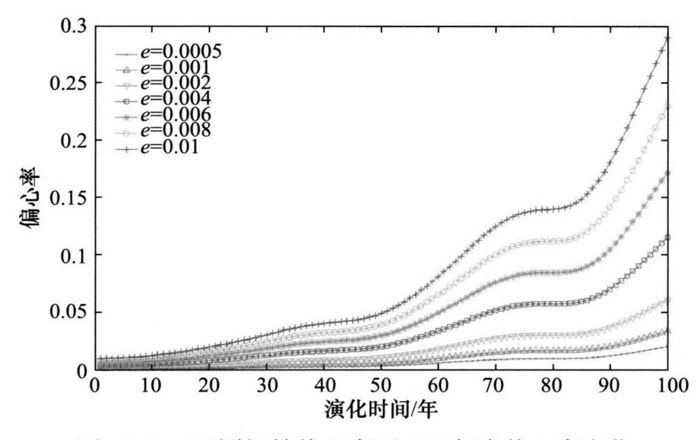

图 10.11　不同初始偏心率下 100 年内偏心率变化

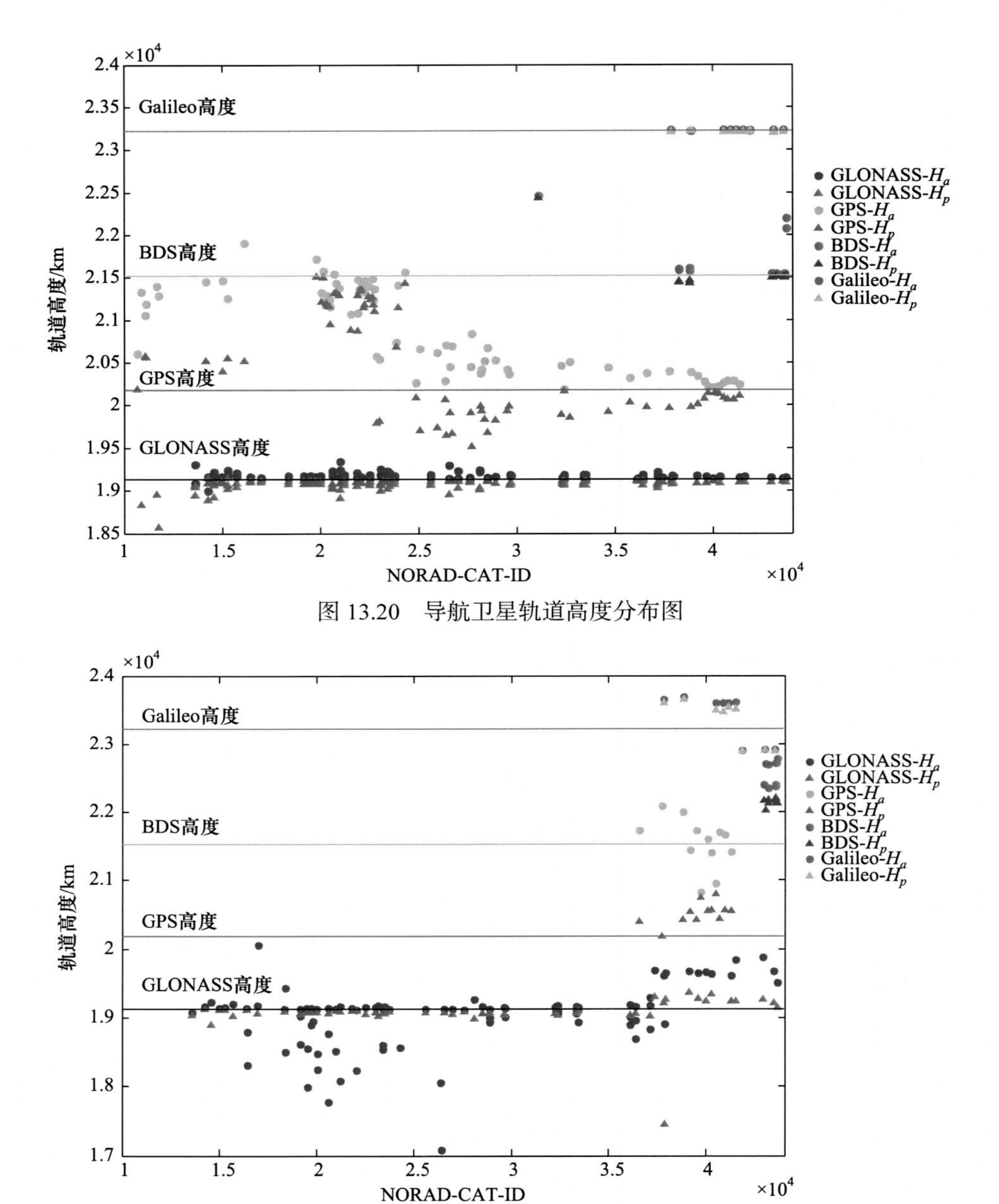

图 13.20　导航卫星轨道高度分布图

图 13.21　上面级轨道高度分布图